建筑工程施工现场专业人员
岗位资格培训教材

安全员
专业基础知识

Anquanyuan Zhuanye Jichu Zhishi 　第2版

主　编　盛　良

副主编　李宁宁

参　编　陈卫平

中国电力出版社
CHINA ELECTRIC POWER PRESS

内 容 提 要

本书紧扣住房和城乡建设部颁布的《建筑和市政工程施工现场专业人员职业标准》（JGJ/T 250—2011），以够用、实用为目标，教材内容浅显易懂，采用丰富的图片、图样，使表达直观化。本书共分 8 章，包括建筑工程图识读，民用建筑构造，工业建筑构造，建筑工程材料，建筑力学基本知识，建筑结构基本知识，建筑工程施工技术，工程建设项目管理等。

本书既能满足建设行业安全管理岗位人员持证上岗培训需求，又可满足建筑类职业院校毕业生顶岗实习前的岗位培训需求，充分兼顾了职业岗位技能培训和职业资格考试培训需求。

图书在版编目（CIP）数据

安全员专业基础知识/盛良主编. —2 版. —北京：中国电力
出版社，2015.7
建筑工程施工现场专业人员岗位资格培训教材
ISBN 978 - 7 - 5123 - 7820 - 9

Ⅰ.①安… Ⅱ.①盛… Ⅲ.①建筑工程－工程施工－安全技术
－技术培训－教材 Ⅳ.①TU714

中国版本图书馆 CIP 数据核字（2015）第 114915 号

中国电力出版社出版、发行
（北京市东城区北京站西街 19 号　100005　http：//www.cepp.sgcc.com.cn）
责任编辑：周娟华　E-mail：juanhuazhou@163.com
责任印制：蔺义舟　责任校对：王开云
汇鑫印务有限公司印刷·各地新华书店经售
2011 年 7 月第 1 版·2015 年 7 月第 2 版·第 3 次印刷
787mm×1092mm　1/16·19.25 印张·472 千字
定价：48.00 元

前　言

　　2011 年 8 月，住房和城乡建设部颁布了《建筑与市政工程施工现场专业人员职业标准》（JGJ/T 250—2011），自 2012 年 1 月 1 日起实施。为了做好建设行业专业技术管理人员的岗位培训工作，我们组织相关职业培训机构、职业院校的专家、老师，参照最新颁布的新标准、新规范，以岗位主要工作职责和所需的专业技能、专业知识为依据编写了《安全员专业基础知识》，以满足培训工作和项目现场安全管理工作的需求。

　　《安全员专业基础知识》出版到现在已经有将近 5 年的时间，在这段时间内，建筑工程设计、施工相关规范和标准都作了修订。为了使得教材与现行规范、标准一致，我们参考了相关新规范和新标准，对教材相关内容和使用中发现的问题进行了修订和增补。

　　《安全员专业基础知识》（第 2 版）紧扣"安全员岗位职业标准"，既保证教材内容的系统性和完整性，又注重理论联系实际、解决实际问题能力的培养；既注重内容的先进性、实用性和适度的超前性，又便于实施案例教学和实践教学。本书包括建筑工程图的识读、民用建筑构造、工业建筑构造、建筑工程材料、建筑力学基础知识、建筑结构基础知识、建筑工程施工技术、工程建设项目管理等。既能满足建设行业安全管理岗位人员持证上岗培训需求，又可满足建筑类职业院校毕业生顶岗实习前的岗位培训需求，充分兼顾了职业岗位技能培训和职业资格考试培训需求。

　　《安全员专业基础知识》（第 2 版）由中国建筑五局教育培训中心、长沙建筑工程学校组织修订，由盛良担任主编、李宁宁担任副主编，参与修订编写的人员有陈卫平。由于时间较仓促和水平有限，不足之处还请各有关培训单位、职业院校及时提出宝贵意见。

　　在本书编写和修订过程中，得到编者所在单位，中国电力出版社有关领导、编辑的大力支持，同时还参阅了大量的参考文献，在此一并致以深深的谢意。

编　者

第1版前言

根据住房和城乡建设部颁布的《建筑和市政工程施工现场专业人员职业标准》（JGJ/T 250—2011）要求和有关部署，为了做好建筑工程施工现场专业人员的岗位培训工作，提高从业人员的职业素质和专业技能水平，我们组织相关职业培训机构、职业院校的专家和老师，参照最新颁布的新标准、新规范，以岗位所需的专业知识和能力编写了这套《建筑工程施工现场专业人员岗位资格培训教材》，涉及施工员、质量员、安全员、材料员、资料员等关键岗位，以满足培训工作的需求。

本书紧扣《建筑和市政工程施工现场专业人员职业标准》（JGJ/T 250—2011），以够用、实用为目标，教材内容浅显易懂，采用丰富的图片、图样，使表达直观化。本书共分8章，内容包括建筑工程图识读，民用建筑构造，工业建筑构造，建筑工程材料，建筑力学基本知识，建筑结构基本知识，建筑工程施工技术，工程建设项目管理等。本书既能满足建设行业安全管理岗位人员持证上岗培训需求，又可满足建筑类职业院校毕业生顶岗实习前的岗位培训需求，充分兼顾了职业岗位技能培训和职业资格考试培训需求。

本书由中国建筑五局教育培训中心和长沙建筑工程学校组织编写，由陈卫平担任主编、李宁宁担任副主编，参与编写的人员有盛良、黄小英。由于时间较仓促，水平有限，不足之处请各有关培训单位、职业院校及时提出宝贵意见。

在本书编写过程中，得到编者所在单位，中国电力出版社有关领导、编辑的大力支持，同时还参阅了大量的参考文献，在此一并致以由衷的谢意。

编　者

目　录

第1章

建筑工程图识读

1.1 建筑工程图概述

1.1.1 建筑工程图的种类

1. 建筑总平面图

建筑总平面图也称为总图，它是整套施工图中领先的图纸，是说明建筑物所在的地理位置和周围环境的平面图。一般在图上标出新建筑的外形、层数、外围尺寸、相邻尺寸，建筑物周围的地物、原有建筑、建成后的道路，水源、电源、下水道干线的位置，如在山区还要标出地形等高线等。有的总平面图，设计人员还根据测量确定的坐标图，绘出需建房屋所在方格网的部位和水准标高。为了表示建筑物的朝向和方位，在总平面图中，还绘有指北针和表示风向的风玫瑰图等。

同时伴随总图的还有建筑的总说明，说明以文字形式表示，主要说明建筑面积、层数、规模、技术要求、结构形式、使用材料、绝对标高等应向施工者交代的一些内容。

2. 建筑部分的施工图

建筑部分的施工图主要是说明房屋建筑构造的图纸，简称为建筑施工图，在图类中以建施××图标志，以区别其他类图纸。建筑施工图主要将房屋的建筑造型、规模、外形尺寸、细部构造、建筑装饰和建筑艺术表示出来。它包括建筑平面图、建筑立面图、建筑剖面图和建筑构造的大样图（或称详图），还要注明采用的建筑材料和做法要求等。

3. 结构施工图

结构施工图部分是说明一座建筑物基础和主体部分结构构造和要求的图纸。它包括结构类型、结构尺寸、结构标高、使用材料和技术要求，以及结构构件的详图和构造。这类图纸在图标上的图号区内常写为结施××图。它也分为结构平面图、结构剖面图和结构详图，由于基础图归在结构图中，因此把地质勘察图也附在结构施工图中一起交给施工单位。

4. 电气设备施工图

电气设备的图纸是主要说明房屋内电气设备位置、线路走向、总需功率、用线规格和品种等构造的图纸。它分为平面图、系统图和详图，在这类图的前面还应有技术要求和施工要求的设计说明文字。

5. 给水排水施工图

这类图纸主要表明一座房屋建筑中需用水点的布置和它用过后排出的装置，主要包括卫生设备的布置，上、下水管线的走向，管径大小，排水坡度，使用的卫生设备品牌、规格、型号等。这类图纸也分为平面图、透视图（或称系统图）以及详图（尤其盥洗间），还有相应的设计说明。

6. 采暖和通风空调施工图

采暖施工图主要是北方需供暖地区要装置的设备和线路的图纸。它有区域的供热管线的总图，表明管线走向、管径、膨胀穴等。在进入一座房屋后要表示立管的位置（供热管和回水管）和水平管走向，散热器装置的位置和数量、型号、规格、品牌等。图上还应表示出主要部位阀门和必需的零件。这类图纸也分为平面图、透视图（系统图）和详图，还有施工的技术要求等设计说明。

通风空调施工图是在房屋建筑功能日趋提高后出现的。图纸可分为管道走向的平面图和剖面图。图上要表示它与建筑的关系尺寸、管道的长度和断面尺寸、保温的做法和厚度。在建筑上还要表示出回风口的位置和尺寸，以及回风道的建筑尺寸和构造。通风空调图中同样也有所要求的技术说明。

1.1.2 建筑工程图中的常用符号及画法规定

1. 定位轴线

定位轴线采用细单点长划线表示。它是表示建筑物的主要结构或墙体的位置，也可作为标志尺寸的基线。定位轴线一般应编号，在水平方向的编号，采用阿拉伯数字，由左向右依次注写；在竖直方向的编号，采用大写英文字母，由下而上顺序注写。轴线编号一般标志在图面的下方及左侧，如图 1-1 所示。

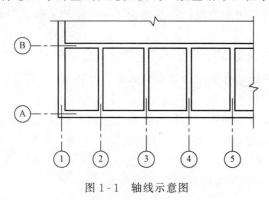

图 1-1 轴线示意图

国标还规定轴线编号中不得采用 I、O、Z 三个字母。此外，一个详图如果是用于几个轴线时，应将各有关轴线的编号注明，注法如图 1-2 所示，其中左边的①、③轴图形是用于两个轴线时；中间的①、③、⑥等的图形是用于三个或三个以上轴线时；右边的①～⑮轴图形是用于三个以上连续编号的轴线时。

通用详图的轴线号只用圆圈表示，不注写编号，画法如图 1-3 所示。

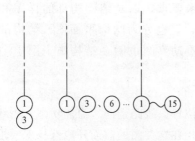

图 1-2 轴线标法

图 1-3 通用详图标法

两个轴线之间，如有附加轴线时，图线上的编号就采用分数表示，分母表示前一轴线的编号，分子表示附加的第几道轴线，分子用阿拉伯数字顺序注写。1号轴线或A号之前的附加轴线的分母应以 01 或 0A 表示。表示方法如图 1-4 所示。

2. 剖面的剖切线

一般采用粗实线，图线上的剖切线是表示剖面的剖切位置和剖视方向。编号是根据剖视方向注写于剖切线的端部，如图 1-5 所示，其中"2-2"剖切线就是表示人站在图右边向左方向（即向标志 2 的方向）视图。

国标还规定剖面编号采用阿拉伯数字，按顺序连续编排。此外转折的剖切线（如图 1-5 中"3-3"剖切线）的转折次数一般以一次为限。当我们看图时，被剖切的图面与剖面图不在同一张图纸上时，在剖切线下会有注明剖面图所在图纸的图号。

图 1-4　附加轴线标志法

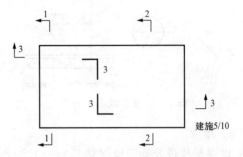

图 1-5　剖切标志法

再有，如果构件的截面采用剖切线时，编号也用阿拉伯数字，编号应根据剖视方向注写于剖切线的一侧，例如向左剖视的数字就写在左侧，向下剖视的就写在剖切线下方，如图 1-6 和图 1-7 所示。

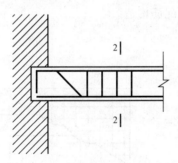

图 1-6　剖切号的标志方法

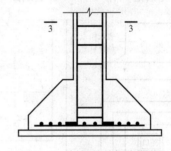

图 1-7　剖切号的标志方法

3. 中心线

中心线用细点画线或中粗点画线绘制，是表示建筑物或构件、墙身的中心位置。图 1-8 是一座屋架中心线的表示。此外，为了省略对称部分的图面，在图上用点画线和两条平行线表示这个符号绘在图上，称为对称符号。这个中心对称符号是表示该线的另一边的图面与已绘出的图面是完全相同的。

4. 引出线

引出线用细实线绘制。引出线是为了注释

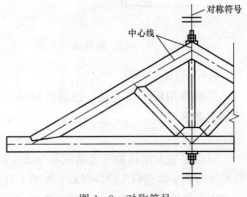

图 1-8　对称符号

图纸上某一部分的标高、尺寸、做法等文字说明，因为图面上书写部位尺寸有限，所示用引出线将文字引到适当位置加以注解。引出线的形式如图1-9所示。

5. 折断线

折断线一般采用细实线绘制。折断线是绘图时为了少占图纸而把不必要的部分省略不画的表示，如图1-10所示。

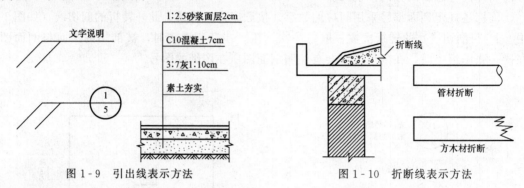

图1-9　引出线表示方法　　　　　图1-10　折断线表示方法

6. 虚线

虚线是线段及间距应保持长短一致的断续短线。它在图纸上有中粗、细线两类。它表示：①建筑物看不见的背面和内部的轮廓或者界限，如图1-11（a）所示；②设备所在位置的轮廓。图1-11（b）表示一个基础杯口的位置和一个房屋内锅炉安放的位置。

7. 波浪线

波浪线可用中粗或细实线徒手绘制。它表示构件等局部构造的层次，用波浪线勾出以表示构件内部构造。图1-12为用波浪线勾出柱基的配筋构造。

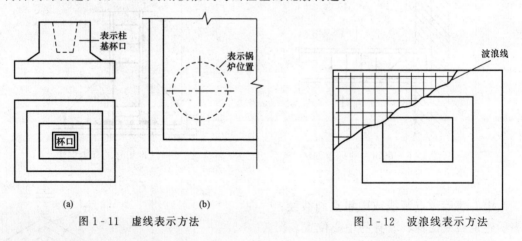

图1-11　虚线表示方法　　　　　图1-12　波浪线表示方法

8. 图框线

图框线用粗实线绘制。它表示每张图纸的外框，外框线应符合国标规定的图纸规格尺寸绘制的要求。

9. 标高

标高是表示建筑物的地面或某一部位的高度。在图纸上标高尺寸的注法都是以 m 为单位，一般注写到小数点后三位，在总平面图上只要注写到小数点后二位就可以了。总平面图上的室外标高用全部涂黑的三角表示，例如▼75.50。在其他图纸上都用如图1-13所示的方法表示。

在建筑施工图纸上用绝对标高和建筑标高两种方法表示不同的相对高度。

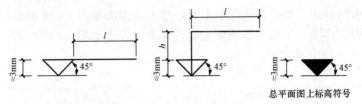

总平面图上标高符号

图 1-13 标高绘法

l—注写标高数字的长度；h—高度视需要而定

绝对标高：它是以海平面高度为 0 点（我国是以青岛黄海海平面为基准），图纸上某处所注的绝对标高高度，就是说明该图面上某处的高度比海平面高出多少。绝对标高一般只用在总平面图上，以标志新建筑所处地面的高度。有时在建筑施工图的首层平面上也有注写，它的标注方法如 ±0.000＝▼ 50.00，表示该建筑的首层地面比黄海海平面高出 50m，绝对标高的图式是黑色三角形。

建筑标高：除总平面图外，其他施工图上用来表示建筑物各部位的高度，都是以该建筑物的首层（即底层）室内地面高度作为 0 点（写作 ±0.000）来计算的。比 0 点高的部位我们称为正标高，如比 0 点高出 3m 的地方，标高为 3.000，而数字前面不加"＋"号。反之，比 0 点低的地方，如室外散水低 45cm，标高为 −0.450，在数字前面加上"−"号。建筑施工图上表示标高的方法如图 1-14 所示，图中（6.000）、（9.000）是表示在同一个详图上几个不同标高时的标注方法。

10. 指北针与风玫瑰

在总平面图及首层的建筑平面图上，一般都绘有指北针，表示该建筑物的朝向。国标规定的指北针的形式如图 1-15 所示。有的也有别的画法，但主要是在尖头处要注明"北"字。如为对外工程，或国外设计的图纸，则用"N"表示"北"字。

风玫瑰是总平面图上用来表示该地区每年风向频率的标志。它是以十字坐标定出东、南、西、北、东南、东北、西南、西北等 16 个方向后，根据该地区多年平均统计的各个方向吹风次数的百分数值绘成的折线图形，叫它风频率玫瑰图，简称风玫瑰图。图上所表示的风的吹向，是指从外面吹向地区中心的。风玫瑰的形状如图 1-16 所示，此风玫瑰图说明该地多年最频风向是东南风。虚线表示夏季的主导风向。

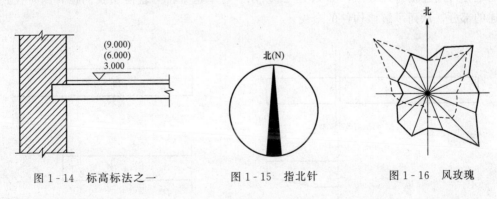

图 1-14 标高标法之一　　　图 1-15 指北针　　　图 1-16 风玫瑰

11. 索引标志

索引标志是表示图上该部分另有详图的意思，用圆圈表示，圆圈直径一般为 8~10mm。索引标志的不同表示方法有以下几种：

（1）所索引的详图，如在本张图纸上时，其表示方法如图1-17所示；

（2）所索引的详图，不在本张图纸上时，其表示方法如图1-18所示；

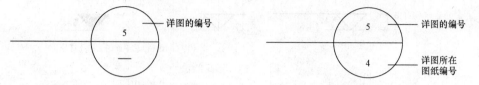

图1-17　详图索引在本图　　　　　　　图1-18　详图索引在其他图

（3）所索引的详图，如采用标准详图时，其表示方法如图1-19所示。

（4）局部剖面的详图索引标志，用图1-20的方法表示，所不同的是索引线边上有一根短粗直线，表示剖切位置，索引线所在方向表示投影方向。

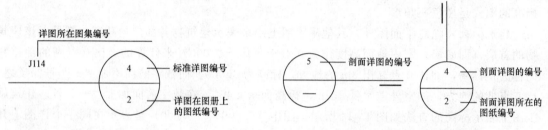

图1-19　标准图索引　　　　　　　　　图1-20　剖面详图索引

图1-21　零件、
钢筋编号表示

零件、钢筋、构件等编号也用圆圈表示，圆圈的直径为6～8mm，其表示方法如图1-21所示。

12.连接符号

连接符号是用在连接切断的结构构件图形上的符号。当一个构件的这一部分和需要相接的另一部分连接时，就采用这个符号来表示。它有两种情形：①所绘制的构件图形与另一构件的图形仅部分不相同时，可只画出另一构件不同的部分，并用连接符号表示相连，两个连接符号应对准在同一线上，如图1-22所示。②当同一个构件在图纸上绘制有限制时，在图纸上就将它分为两部分绘制，在相连的地方再用连接符号表示，如图1-23所示。有了这个符号就便于我们在看图时找到两个相连的部分，从而了解该构件的全貌。

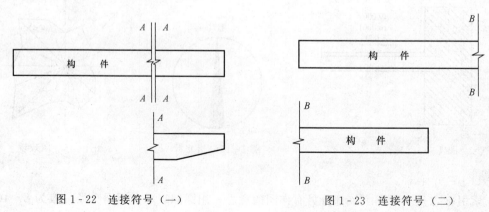

图1-22　连接符号（一）　　　　　　　图1-23　连接符号（二）

1.2 建筑施工图识读

1.2.1 建筑施工图首页

建筑施工图首页图是建筑施工图的第一张图纸，主要内容包括图纸目录、设计说明、工程做法和门窗表。

1. 图纸目录

图纸目录说明工程由哪几类专业图纸组成，各专业图纸的名称、张数和图纸顺序，以便查阅图纸。看图前应首先检查整套施工图图纸与目录是否一致，防止缺页给识图和施工造成不必要的麻烦。

2. 设计说明

设计说明是对图纸中无法表达清楚的内容用文字加以详细的说明，其主要内容有建设工程概况、建筑设计依据、所选用的标准图集的代号、建筑装修构造的要求，以及设计人员对施工单位的要求。小型工程的总说明可以与相应的施工图说明放在一起。

3. 工程做法表

工程做法表主要是对建筑各部位构造做法用表格的形式加以详细说明。在表中对各施工部位的名称、做法等详细表达清楚。如采用标准图集中的做法，应注明所采用标准图集的代号、做法编号。如有改变，在备注中加以说明。

4. 门窗表

门窗表是对建筑物上所有不同类型的门窗统计后列成的表格，以备施工、预算需要。在门窗表中应反映门窗的类型、大小、所选用的标准图集及其类型编号。如有特殊要求，应在备注中加以说明。

1.2.2 建筑总平面图

1. 总平面图的形成和用途

将新建工程四周一定范围内的新建、拟建、原有和拆除的建筑物、构筑物连同其周围的地形、地物状况用水平投影方法和相应的图例所画出的工程图纸，即为总平面图。主要是表示新建房屋的位置、朝向，与原有建筑物的关系，以及周围道路、绿化和给水、排水、供电条件等方面的情况，可作为新建房屋施工定位、土方施工、设备管网平面布置，安排在施工时进入现场的材料和构件、配件堆放场地，构件预制的场地以及运输道路的依据。

2. 总平面图的图示方法

总平面图是用正投影的原理绘制的，图形主要是以图例的形式表示，总平面图的图例采用《总图制图标准》（GB/T 50103—2010）规定的图例，表1-1给出了部分常用的总平面图图例符号，画图时应严格执行。

该图例符号，如图中采用的图例不是标准中的图例，应在总平面图下面说明。图线的宽度 b，应根据图纸的复杂程度和比例，按《房屋建筑制图统一标准》（GB/T 50001—2010）中有关规定执行。总平面图的坐标、标高、距离以米为单位，并应至少取小数点后二位。

表 1-1　　　　　　　　　　　　　　总 平 面 图 例

序号	名 称	图 例	说 明
1	新建建筑物	12 ▲	1. 需要时可用▲表示出入口，可在图形右上角用点数或数字表示层数 2. 建筑物外形（一般以±0.000高度处的外墙定位轴线或外墙面线为准）用粗实线表示。需要时地面以上建筑用中粗实线表示，地面以下建筑用细虚线表示
2	原有建筑物		用细实线表示
3	计划扩建的预留地或建筑物		用中粗虚线表示
4	拆除的建筑物		用细实线表示
5	建筑物下面的通道		
6	围墙及大门		上图表示实体性质的围墙，下图为通透性质的围墙，若仅表示围墙时不画大门
7	挡土墙		被挡的土在突出的一侧
8	坐标	X105.00 Y425.00 / A105.00 B425.00	上图表示测量坐标 下图表示施工坐标
9	方格网交叉点标高	−0.50 | 77.85 / 78.35	78.35为原地面标高 77.85为设计标高 −0.50为施工标高 （−表示挖方，＋表示填方）
10	填方区、挖方区、未整平区及零点线	＋ / −	＋表示填方区 −表示挖方区 中间为未整平区 单点长画线为零点线
11	填挖边坡		1. 边坡较长时，可在一端或两端局部表示
12	护坡		2. 下边线为虚线时表示填方
13	室内标高	151.00(±0.000) ▽	
14	室外标高	▼143.00	室外标高也可采用等高线表示
15	新建道路	R9 150.00	R9表示道路转弯半径9m 150.00表示路面中心控制点标高 0.6表示0.6%的纵向坡度 101.00表示变坡点间的距离
16	原有道路		
17	计划扩建道路		

序号	名　称	图　例	说　明
18	拆除的道路		
19	桥梁		1. 上图为公路桥，下图为铁路桥 2. 用于旱桥时应注明
20	落叶针叶树		
21	常绿阔叶灌木		
22	草坪		

3. 总平面图的图示内容

总平面图中一般应表示如下内容：

（1）新建建筑物所处的地形。如地形变化较大，应画出相应的等高线。

（2）新建建筑物的位置，总平面图中应详细地绘出其定位方式，新建建筑物的定位方式有三种：第一种是利用新建建筑物和原有建筑物之间的距离定位；第二种是利用施工坐标确定新建建筑物的位置；第三种是利用新建建筑物与周围道路之间的距离确定新建建筑物的位置。

（3）相邻原有建筑物、拆除建筑物的位置或范围。

（4）附近的地形、地物等，如道路、河流、水沟、池塘、土坡等，应注明道路的起点、变坡、转折点、终点，以及道路中心线的标高、坡向等。

（5）指北针或风向频率玫瑰图。在总平面图中通常画有带指北针的风向频率玫瑰图（风玫瑰），用来表示该地区常年的风向频率和房屋的朝向。明确风向有助于建筑构造的选用及材料的堆场，如有粉尘污染的材料应堆放在下风位。

（6）绿化规划和管道布置。因总平面图所反映的范围较大，常用的比例为 1∶500、1∶1000、1∶2000、1∶5000 等。

1.2.3　建筑平面图

1. 建筑平面图的形成和用途

建筑平面图是用一个假想的水平剖切平面沿略高于窗台的位置剖切房屋，移去上面部分，剩余部分向水平面做正投影，所得的水平剖面图，称为建筑平面图，简称平面图。建筑平面图反映新建建筑的平面形状、房间的位置、大小、相互关系、墙体的位置、厚度、材料、柱的截面形状与尺寸大小，门窗的位置及类型。它是施工时放线、砌墙、安装门窗、室内外装修及编制工程预算的重要依据，是建筑施工中的重要图纸。

2. 建筑平面图的图示方法

一般情况下，房屋有几层，就应画几个平面图，并在图的下方注写相应的图名，如底层平面图、二层平面图等。但有些建筑的二层至顶层之间的楼层，其构造、布置情况基本相同，画一个平面图即可，将这种平面图称为中间层（或标准层）平面图。若中间有个别层平面布置不同，可单独补画平面图。因此，多层建筑的平面图一般由底层平面图、标准层平面图、顶层平面图组成。另外还有屋顶平面图，屋顶平面图是从建筑物上方向下所做的平面投影，主要是表明建筑物屋顶上的布置情况和屋顶排水方式。

平面图实质上是剖面图，因此应按剖面图的图示方法绘制，即被剖切平面剖切到的墙、柱等轮廓线用粗实线表示，未被剖切到的部分（如室外台阶、散水、楼梯以及尺寸线等）用细实线表示，门的开启线用中粗实线表示。

建筑平面图常用的比例是1∶50、1∶100或1∶200，其中1∶100使用最多。在建筑施工图中，比例小于1∶50的平面图、剖面图，可不画出抹灰层，但应画出楼地面、屋面的面层线；比例大于1∶50的平面图、剖面图应画出抹灰层、楼地面、屋面的面层线，并宜画出材料图例；比例等于1∶50的平面图、剖面图应画出楼地面、屋面的面层线，抹灰层的面层线应根据需要而定；比例为1∶100～1∶200的平面图、剖面图可画简化的材料图例（如砌体墙涂红、钢筋混凝土涂黑等），但应画出楼地面、屋面的面层线。

3. 建筑平面图的图例符号

建筑平面图是用图例符号表示的，这些图例符号应符合《建筑制图标准》（GB/T 50104—2010）的规定，因此应熟悉常用的图例符号，并严格按规定画图，见表1-2。

表1-2　　　　　　　　　　　　　　建筑构造及配件图例

序号	名　称	图　例	说　明
1	楼梯		1. 上图为底层楼梯平面，中间为中间层楼梯平面，下图为顶层楼梯平面 2. 楼梯及栏杆扶手的形式和梯段踏步应按实际情况绘制
2	坡道		上图为长坡道，下图为门口坡道
3	平面高差		适用于高差小于100mm的两个地面或楼面相接处
4	检查孔		左图为可见检查孔 右图为不可见检查孔
5	孔洞		阴影部分可以涂色代替
6	坑槽		

续表

序号	名 称	图 例	说 明
7	墙预留洞	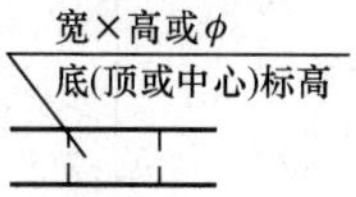 宽×高或φ / 底(顶或中心)标高	1. 以洞中心或洞边定位 2. 应以涂色区别墙体和留洞位置
8	墙预留槽	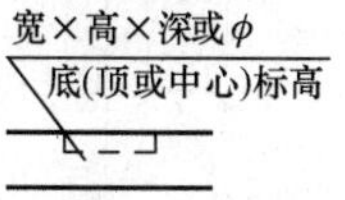 宽×高×深或φ / 底(顶或中心)标高	
9	烟道	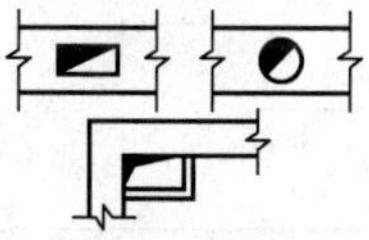	1. 阴影部分可以涂色代替 2. 烟道与墙体同一材料，其相接处墙身线应断开
10	通风道	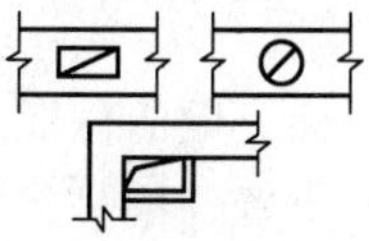	
11	空门洞	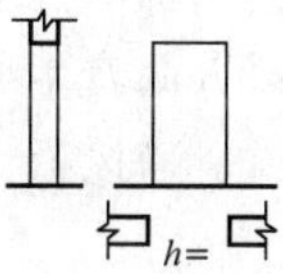 $h=$	h 为门洞高度
12	单扇门（包括平开或单面弹簧）	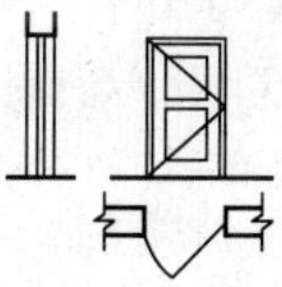	
13	双扇门（包括平开或单面弹簧	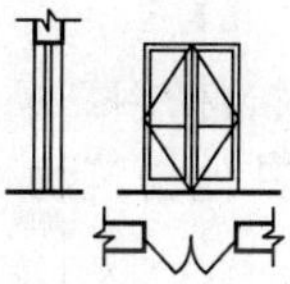	1. 门的名称代号用 M 2. 图例中剖面图左为外、右为内，平面图下为外、上为内 3. 立面图上开启方向线交角的一侧为安装合页的一侧，实线为外开，虚线为内开 4. 平面图上门线应90°或45°开启，开启弧线应绘出 5. 立面图上的开启线在一般设计图中可不表示，在详图及室内设计图中应表示 6. 立面形式应按实际情况绘出
14	对开折叠门	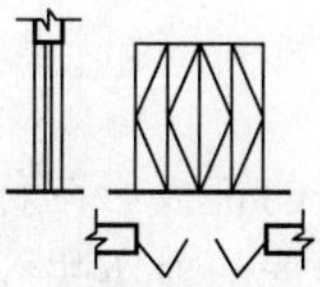	
15	墙外单扇推拉门	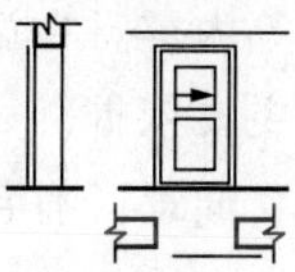	
16	墙外双扇推拉门	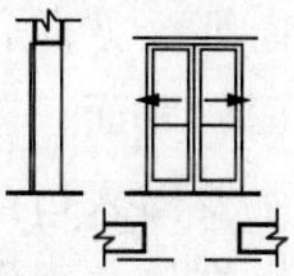	

续表

序号	名　称	图　例	说　明
17	单层中悬窗		1. 窗的名称代号用 C 表示 2. 立面图中的斜线表示窗的开启方向，实线为外开，虚线为内开；开启方向线交角的一侧为安装合页的一侧，一般设计图中可不表示 3. 图例中剖面图左为外、右为内，平面图下为外、上为内
18	高窗		4. 平面图和剖面图上的虚线仅说明开关方式，在设计图中不需表示 5. 窗的立面形式应按实际情况绘出 6. 小比例绘图时，平、剖面的窗线可用单粗实线表示

4. 建筑平面图的图示内容

（1）表示所有轴线及其编号，以及墙、柱、墩的位置、尺寸。

（2）表示出所有房间的名称及其门窗的位置、编号、大小。

（3）注出室内外的有关尺寸及室内楼地面的标高。

（4）表示电梯、楼梯的位置及楼梯上下行方向及主要尺寸。

（5）表示阳台、雨篷、台阶、斜坡、烟道、通风道、管井、消防梯、雨水管、散水、排水沟、花池等位置及尺寸。

（6）画出室内设备，如卫生器具、水池、工作台、隔断及重要设备的位置、形状。

（7）表示地下室、地坑、地沟、墙上预留洞、高窗等位置及尺寸。

（8）在底层平面图上还应该画出剖面图的剖切符号及编号。

（9）标注有关部位的详图索引符号。

（10）底层平面图左下方或右下方画出指北针。

（11）屋顶平面图上一般应表示出女儿墙、檐沟、屋面坡度、分水线与雨水口、变形缝、楼梯间、水箱间、天窗、上人孔、消防梯及其他构筑物、索引符号等。

1.2.4　建筑立面图

1. 立面图的形成、用途与命名方式

在与建筑立面平行的铅直投影面上所做的正投影图称为建筑立面图，简称立面图。一幢建筑物是否美观、与周围环境协调，很大程度上取决于建筑物立面上的艺术处理，包括建筑造型与尺度、装饰材料的选用、色彩的选用等内容，在施工图中立面图主要反映房屋各部位的高度、外貌和装修要求，是建筑外装修的主要依据。

由于每幢建筑的立面至少有三个，每个立面都应有自己的名称。

立面图的命名方式有三种：

（1）用朝向命名。建筑物的某个立面面向那个方向，就称为那个方向的立面图，如建筑物的立面面向南面，该立面称为南立面图；面向北面，就称为北立面图等。

（2）按外貌特征命名。将建筑物中反映主要出入口或比较显著地反映外貌特征的那一面称为正立面图，其余立面图依次为背立面图、左侧立面图和右侧立面图。

（3）用建筑平面图中首尾轴线命名。按照观察者面向建筑物从左到右的轴线顺序命名，如①—⑦立面图、⑦—①立面图等。建筑立面图的投影方向和名称如图 1 - 24 所示。

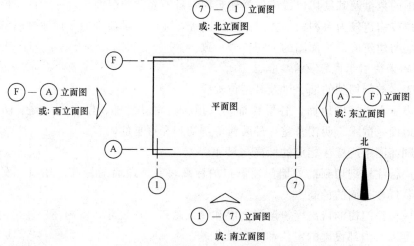

图 1 - 24　建筑立面图的投影方向和名称

施工图中这三种命名方式都可使用，但每套施工图只能采用其中的一种方式命名。不论采用哪种命名方式，第一个立面图都应反映建筑物的外貌特征。

2. 建筑立面图的图示内容和规定画法

建筑立面图的图示内容主要有：

（1）画出从建筑物外可以看见的室外地面线、房屋的勒脚、台阶、花池、门、窗、雨篷、阳台、室外楼梯、墙体外边线、檐口、屋顶、雨水管、墙面分格线等内容。

（2）注出建筑物立面上的主要标高。如室外地面的标高，台阶表面的标高，各层门窗洞口的标高，阳台、雨篷、女儿墙顶的标高，屋顶水箱间及楼梯间屋顶的标高。

（3）注出建筑物两端的定位轴线及其编号。

（4）注出需要详图表示的索引符号。

（5）用文字说明外墙面装修的材料及其做法。如立面图局部需画详图时，应标注详图的索引符号。

为了使建筑立面图主次分明，有一定的立体感，通常将建筑物外轮廓和较大转折处轮廓的投影用粗实线表示；外墙上突出、凹进部位（如壁柱、窗台、楣线、挑檐、门窗洞口等）的投影用中粗实线表示；门窗的细部分格以及外墙上的装饰线用细实线表示；室外地坪线用加粗实线（1.4b）表示。门窗的细部分格在立面图上每层的不同类型只需画一个详细图纸，其他均可简化画出，即只需画出它们的轮廓和主要分格。阳台栏杆和墙面复杂的装修，往往难以详细表示清楚，一般只画一部分，剩余部分简化表示即可。

房屋立面如有部分不平行于投影面，例如部分立面呈弧形、折线形、曲线形等，可将该部分展开至与投影面平行，再用投影法画出其立面图，但应在该立面图图名后注写"展开"二字。

1.2.5　建筑剖面图

1. 剖面图的形成和用途

假想用一个或一个以上的铅垂剖切平面剖切建筑物，得到的剖面图称为建筑剖面图，简称剖面图。建筑剖面图用以表示建筑内部的结构构造、垂直方向的分层情况、各层楼地面、屋顶的构造及相关尺寸、标高等。

剖面图的数量及其剖切位置应根据建筑物自身的复杂情况而定，一般剖切位置选择房屋的主要部位或构造较为典型的部位，如楼梯间等，并应尽量使剖切平面通过门窗洞口。剖面图的图名应与建筑底层平面图的剖切符号一致。

2. 剖面图的图示内容及规定画法

（1）表示被剖切到的墙、梁及其定位轴线。

（2）表示室内底层地面，各层楼面、屋顶、门窗、楼梯、阳台、雨篷、防潮层、踢脚板、室外地面、散水、明沟及室内外装修等剖切到和可见的内容。

（3）剖面图中应标注相应的标高与尺寸。

标高应标注被剖切到的外墙门窗洞口的标高，室外地面的标高，檐口、女儿墙顶的标高，以及各层楼地面的标高。

尺寸应标注门窗洞口高度、层间高度和建筑总高三道尺寸，室内还应注出内墙体上门窗洞口的高度以及内部设施的定位和定形尺寸。

（4）表示楼地面、屋顶各层的构造。一般用引出线说明楼地面、屋顶的构造做法。如果另画详图或已有说明，则在剖面图中用索引符号引出说明。

剖面图的比例应与平面图、立面图的比例一致，因此在剖面图中一般不画材料图例符号，被剖切平面剖切到的墙、梁、板等轮廓线用粗实线表示，没有被剖切到但可见的部分用细实线表示，被剖切断的钢筋混凝土梁、板涂黑。

1.2.6 建筑详图

建筑平面图、立面图、剖面图表达建筑的平面布置、外部形状和主要尺寸，但因反映的内容范围大、比例小，对建筑的细部构造难以表达清楚，为了满足施工要求，对建筑的细部构造用较大的比例详细地表达出来，这样的图称为建筑详图，有时也叫大样图。详图的特点是比例大，反映的内容详尽，常用的比例有 1:50、1:20、1:10、1:2、1:1 等。建筑详图一般有局部构造详图，如楼梯详图、墙身详图等；构件详图，如门窗详图、阳台详图等；以及装饰构造详图，如墙裙构造详图、门窗套装饰构造详图等三类详图。

下面介绍建筑施工图中常见的楼梯详图。

楼梯是建筑中上下层之间的主要垂直交通工具，目前最常用的楼梯是钢筋混凝土材料浇制的。楼梯一般由四大部分组成：楼梯段、休息平台、栏杆和扶手。另外，还有楼梯梁、预埋件等。楼梯按形式分有单跑楼梯、双跑楼梯、三跑楼梯、转折楼梯、弧形楼梯、螺旋楼梯等。由于双跑楼梯具有构造简单、施工方便、节省空间等特点，因而目前应用最广。双跑楼梯是指每层楼由两个梯段连接。楼梯按传力途径分有板式楼梯和梁板式楼梯：板式楼梯的传力途径是荷载由板传至平台梁，由平台梁传至墙或梁，再传给基础或柱；梁板式楼梯的荷载由梯段传至支撑梯段的斜梁，再由斜梁传至平台梁。板式楼梯和梁板式楼梯如图 1-25所示。

由于楼梯构造复杂，建筑平面图、立面图和剖面图的比例比较小，楼梯中的许多构造无法反映清楚，因此，建筑施工图一般均应绘制楼梯详图。

楼梯详图是由楼梯平面图、楼梯剖面图和楼梯节点详图三部分构成。

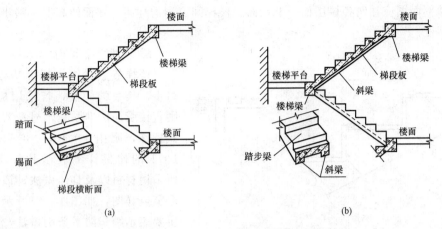

图 1-25　板式楼梯与梁板式楼梯

（a）板式楼梯；（b）梁板式楼梯

1．楼梯平面图

楼梯平面图就是将建筑平面图中的楼梯间比例放大后画出的图纸，比例通常为 1∶50。包含有楼梯底层平面图、楼梯标准层平面图和楼梯顶层平面图等。底层平面图是从第一个平台下方剖切的，将第一跑楼梯段断开（用倾斜 30°、45°的折断线表示），因此只画半跑楼梯，用箭头表示上或下的方向，以及一层和二层之间的踏步数量，如上 20，表示一层至二层有 20 个踏步。楼梯标准层平面图是从中间层房间窗台上方剖切，既应画出被剖切的上行部分梯段，还要画出该层下行的部分梯段及休息平台。楼梯顶层平面图是从顶层房间窗台上剖切的，没有剖切到楼梯段（出屋顶楼梯间除外），因此平面图中应画出完整的两跑楼梯段及中间休息平台，并在梯口处注"下"及箭头。

楼梯平面图表达的内容包括：

（1）楼梯间的位置，用定位轴线表示。

（2）楼梯间的开间、进深、墙体的厚度。

（3）梯段的长度、宽度以及楼梯段上踏步的宽度和数量。通常把梯段长度尺寸和每个踏步宽度尺寸合并写在一起，如 10×300mm＝3000mm，表示该梯段上有 10 个踏面，每个踏面的宽度为 300mm，整跑梯段的水平投影长度为 3000mm。

（4）休息平台的形状和位置。

（5）楼梯井的宽度。

（6）各层楼梯段的起步尺寸。

（7）各楼层的标高、各平台的标高。

（8）在底层平面图中还应标注出楼梯剖面图的剖切符号。

2．楼梯剖面图

楼梯剖面图是用假想的铅垂剖切平面通过各层的一个梯段和门窗洞口将楼梯垂直剖切，向另一未剖到的梯段方向投影所画的图样。楼梯剖面图主要表达楼梯踏步、平台的构造、栏杆的形状以及相关尺寸，比例一般为 1∶50、1∶30 或 1∶40。习惯上如果各层楼梯构造相同，且踏步尺寸和数量相同，楼梯剖面图可只画底层、中间层和顶层剖面图，其余部分用折断线将其省略。

楼梯剖面图应注明各楼层面、平台面、楼梯间窗洞的标高、踢面的高度、踏步的数量及栏杆的高度。

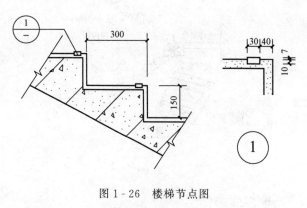

图 1-26 楼梯节点图

3. 楼梯节点详图

楼梯节点详图主要表达楼梯栏杆、踏步、扶手的做法，若采用标准图集，则直接引注标准图集代号；若采用的形式特殊，则用 1：10、1：5、1：2 或 1：1 的比例详细表示其形状、大小、所采用材料以及具体做法。该楼梯的两个节点详图，如图 1-26 所示。该详图主要表示踏步防滑条的做法，即防滑条的具体位置和采用的材料。

1.3 结构施工图识读

1.3.1 概述

1. 结构施工图的分类及内容

建筑物的外部造型千姿百态，不论其造型如何，都得靠承重部件组成的骨架体系将其支撑起来，这种承重骨架体系称为建筑结构，组成这种承重骨架体系的各个部件称为结构构件，如梁、板、柱、屋架、支撑、基础等。在建筑设计的基础上，对房屋各承重构件的布置、形状、大小、材料、构造及相互关系等进行设计，画出来的图纸称为结构施工图（又称结构图），简称"结施"。结构图是制作和安装构件、编制施工计划及其预算的重要依据。

结构图一般包括结构设计说明、结构布置图和构件详图三部分内容。

（1）结构设计说明以文字叙述为主，主要说明设计的依据，如地基情况，风雪荷载，抗震情况，选用结构材料的类型、规格、强度等级，施工要求，标准图或通用图的使用等。

（2）结构布置图是房屋承重结构的整体布置图，主要表示结构构件的位置、数量、型号及相互关系。常用的结构平面布置图有基础布置平面图、楼层结构平面图、屋面结构平面图、柱网平面图等。

（3）构件详图是表示单个构件形状、尺寸、材料、构造及工艺的图纸，如梁、板、柱、基础等详图。

结构图按承重构件使用材料的不同还可分为钢筋混凝土结构图、砌体结构图、钢结构图、木结构图等。

2. 结构图的一般规定

（1）绘制结构图，应遵守《房屋建筑制图统一标准》（GB/T 50001—2010）和《建筑结构制图标准》（GB/T 50105—2010）的规定。

结构图的图线、线型、线宽应符合表 1-3 的规定。

表 1-3　　　　　　　　　　　　　　　　结构施工图中的图线

名　称	线　型	线宽	一　般　用　途
粗实线	——————	b	螺栓、钢筋线、结构平面布置图中单线结构构件线及钢、木支撑线
中实线	——————	$0.5b$	结构平面图中及详图中剖到或可见墙身轮廓线、钢木构件轮廓线
细实线	——————	$0.25b$	钢筋混凝土构件的轮廓线、尺寸线，基础平面图中的基础轮廓线
粗虚线	- - - - - -	b	不可见的钢筋、螺栓线，结构平面布置图中不可见的钢、木支撑线及单线结构构件线
中虚线	- - - - - -	$0.5b$	结构平面图中不可见的墙身轮廓线及钢、木构件轮廓线
细虚线	- - - - - -	$0.25b$	基础平面图中管沟轮廓线，不可见的钢筋混凝土构件轮廓线
粗单点长画线	—·—·—	b	垂直支撑线、柱间支撑线
细单点长画线	—·—·—	$0.25b$	中心线、对称线、定位轴线
粗双点长画线	—··—··—	b	预应力钢筋线
折断线	———／\———	$0.25b$	断开界线
波浪线	∿∿∿	$0.25b$	断开界线

（2）绘制结构图时，针对图纸的用途和复杂程度，选用表 1-4 中的常用比例，特殊情况下，也可选用可用比例。当结构的纵横向断面尺寸相差悬殊时，也可在同一详图中选用不同比例。

表 1-4　　　　　　　　　　　　　　　　结构图常用比例

图　　名	常　用　比　例	可　用　比　例
结构平面布置图、基础平面布置图	1∶50，1∶100，1∶150	1∶60，1∶200
圈梁平面图、管沟平面图等	1∶200，1∶500	1∶300
详　　图	1∶10，1∶20，1∶50	1∶5，1∶25，1∶30，1∶40

（3）结构图中构件的名称应用代号表示，代号后应用阿拉伯数字标注该构件的型号或编号。国标规定常用构件代号见表 1-5。

表 1-5　　　　　　　　　　　　　　　　常用结构构件的代号

序号	名　称	代号	序号	名　称	代号	序号	名　称	代号
1	板	B	9	屋面梁	WL	17	框架	KJ
2	屋面板	WB	10	吊车梁	DL	18	柱	Z
3	空心板	KB	11	圈梁	QL	19	基础	J
4	密肋板	MB	12	过梁	GL	20	梯	T
5	楼梯板	TB	13	连系梁	LL	21	雨篷	YP
6	盖板或沟盖板	GB	14	基础梁	JL	22	阳台	YT
7	墙板	QB	15	楼梯梁	TL	23	预埋件	M
8	梁	L	16	屋架	WJ	24	钢筋网	W

（4）结构图上的轴线及编号应与建筑施工图一致。

（5）图上的尺寸标注应与建筑施工图相符合，但结构图所注尺寸是结构的实际尺寸，即不包括结构表层粉刷或面层的厚度。

（6）结构图应用正投影法绘制。

1.3.2 钢筋混凝土相关知识和构件图

混凝土是将水泥、砂、石子、水按一定比例拌和，经凝固养护制成的水泥石，它受压能力好但受拉能力差，易受拉断裂。而钢筋的抗拉、抗压能力都很高，如果把钢筋放在构件的受拉区中使其受拉，混凝土只承受压力，这将大大地提高构件的承载能力，从而减小构件的断面尺寸，这种配有钢筋的混凝土称为钢筋混凝土。

由钢筋混凝土制成的构件称为钢筋混凝土构件。钢筋混凝土构件可分为现浇钢筋混凝土构件和预制钢筋混凝土构件。现浇构件是在施工现场支模板、绑扎钢筋、浇筑混凝土而形成的构件。预制构件是在工厂成批生产，运到现场安装的构件。另外，还有预应力混凝土构件，即在构件制作过程中通过张拉钢筋对混凝土预加一定的压力，以提高构件的抗拉和抗裂能力。以上情况均应在钢筋混凝土结构构件图中反映出来。

钢筋混凝土结构构件图的重要内容就是表达钢筋。

（1）混凝土的等级和钢筋的品种与代号。混凝土按其抗压强度不同划分等级，普通混凝土分为 C15、C20、C25、C30、C35、C40、C45、C50、C55、C60、C65、C70、C75 及 C80 等 14 个强度等级，等级越高，混凝土抗压强度也越高。

钢筋的品种与代号见表 1-6。

表 1-6 　　　　　　　　　　　钢 筋 品 种 和 代 号

牌　　号	符　　号	公称直径 d/mm	屈服强度标准值 f_{yk}/(N/mm²)	极限强度标准值 f_{stk}/(N/mm²)
HPB300	Φ	6～22	300	420
HRB335 HRBF335	Φ Φ^F	6～50	335	455
HRB400 HRBF400 RRB400	Φ Φ^F Φ^R	6～50	400	540
HRB500 HRBF500	Φ Φ^F	6～50	500	630

（2）钢筋的分类与作用。如图 1-27 所示，按钢筋在构件中的作用不同，构件中的钢筋可分为：

1）受力筋。承受拉力或压力（其中在近梁端斜向弯起的弯起筋也承受剪力），钢筋面积根据受力大小由计算决定，并配置在各种钢筋混凝土构件中。

2）箍筋。用以固定受力筋位置，并承担部分剪力和扭矩，多用于梁和柱中。

3）架立筋。用以固定梁内箍筋位置，构成梁内的钢筋骨架。

4）分布筋。多配置于板中，与板的受力筋垂直布置，将承受的荷载均匀地传给受力筋、固定受力筋的位置，并起抵抗各种原因引起的混凝土开裂的作用。

5）其他。因构造要求或施工安装需要而配置的构造筋，如腰筋、预埋锚固筋、吊环等。

（3）钢筋的保护层和弯钩。为了保护钢筋，防腐蚀、防火及加强钢筋与混凝土的粘结力，在构件中的钢筋，外面要留有保护层（图 1-27）。各种构件的混凝土保护层应按表 1-7 采用。

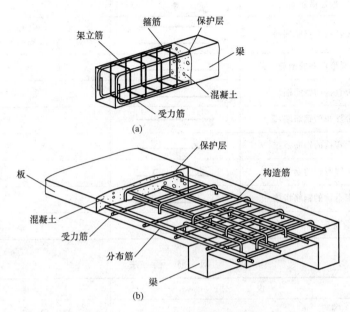

图 1-27　混凝土构件的内部结构

表 1-7　　　　　　　　　　钢筋混凝土构件钢筋保护层的厚度

环境等级	板墙壳	梁　柱	环境等级	板墙壳	梁　柱
一	15	20	三 a	30	40
二 a	20	25	三 b	40	50
二 b	25	35			

注：1. 混凝土强度等级不大于 C25 时，表中保护层厚度数值应增加 5mm；

　　2. 钢筋混凝土基础宜设置混凝土垫层，其受力钢筋的混凝土保护层厚度应从垫层顶面算起，且不应小于 40mm。

如果受力筋用光圆钢筋，则两端须加弯钩，以加强钢筋与混凝土的粘结力。带肋钢筋与混凝土的粘结力强，两端不必加弯钩。常见的几种弯钩形式如图 1-28 所示。

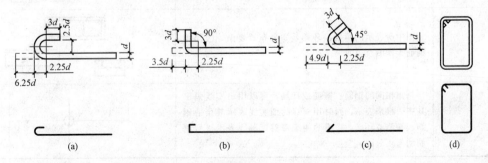

图 1-28　常用的钢筋弯钩形式

（4）钢筋的表示方法。为了突出钢筋，配筋图中的钢筋用比构件轮廓线粗的单线画出，钢筋横断面用黑圆点表示，具体使用见表1-8。在结构施工图中钢筋的常规画法见表1-9。

表1-8　　　　　　　　　　　　一般钢筋常用图例

序号	名　称	图　例	说　明
1	钢筋横断面	●	图中表示长短钢筋投影重叠时，可在短钢筋的端部用45°短画线表示
2	无弯钩的钢筋端部		
3	带半圆形弯钩的钢筋端部		
4	带直钩的钢筋端部		
5	带丝扣的钢筋端部		
6	无弯钩的钢筋搭接		
7	带半圆弯钩的钢筋搭接		
8	带直钩的钢筋搭接		
9	套管接头（花篮螺钉）	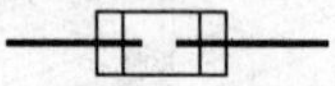	

表1-9　　　　　　　　　　　　钢　筋　画　法

序号	说　明	图　例
1	在平面图中配置双层钢筋时，底层钢筋弯钩应向上或向左，顶层钢筋则向下或向右	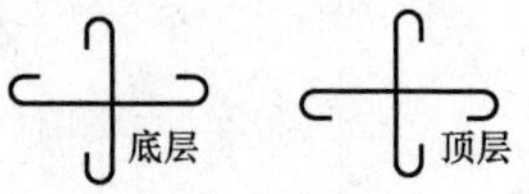 底层　顶层
2	配双层钢筋的墙体，在配筋立面图中，远面钢筋的弯钩应向上或向左，而近面钢筋则向下或向右（JM近面，YM远面）	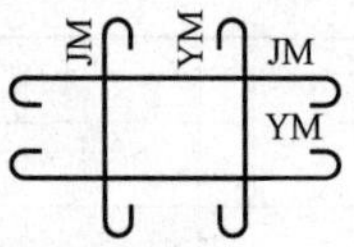
3	如果在断面图中不能表示清楚钢筋布置，应在断面图外面墙加钢筋大样图	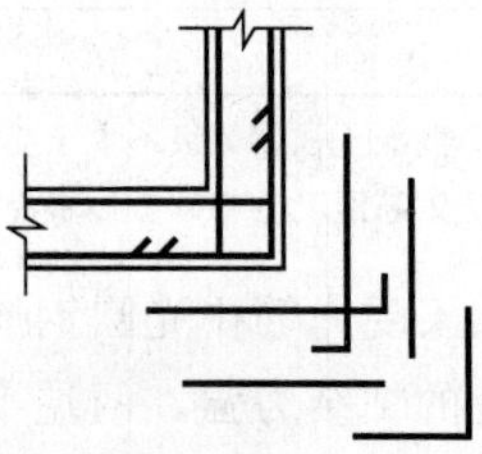
4	图中所表示的箍筋、环筋，如果布置复杂，应加画钢筋大样图及说明	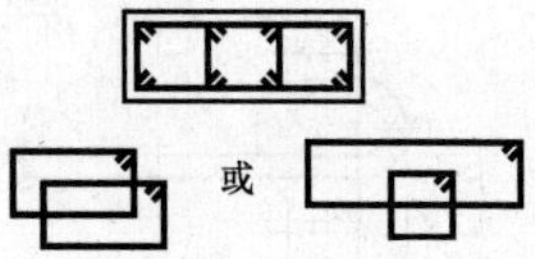 或
5	每组相同的钢筋、箍筋或环筋，可以用粗实线画出其中一根来表示，同时用横穿的细实线表示其余的钢筋、箍筋或环筋，横线的两端带斜短画线表示该号钢筋的起止范围	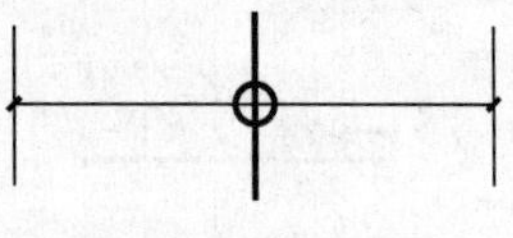

为了便于识别，构件内的各种钢筋应编号。编号采用阿拉伯数字，写在引出线端头的直径为 6mm 的细实线圆中。在编号引出线上部，应用代号写出该钢筋的等级品种、直径、根数或间距。

例如，2 Φ 14 表示钢筋是两根直径为 14mm 的 HRB400 钢筋；又如 ϕ 8@200 表示钢筋是 HPB300 钢筋，直径为 8mm，每 200mm 放置一根（个）（@为等间距符号），如图 1-29 所示。

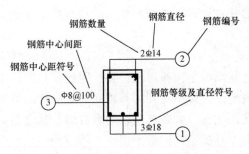

图 1-29　钢筋的标注方式

1.3.3　基础图

建在地基（支撑建筑物的土层称为地基）以上至房屋首层室内地坪（±0.000）以下的承重部分，称为基础。基础的形式、大小与上部结构系统、荷载大小及地基的承载力有关，一般有条形基础、独立基础、桩基础、筏形基础、箱形基础等形式，如图 1-30 所示。

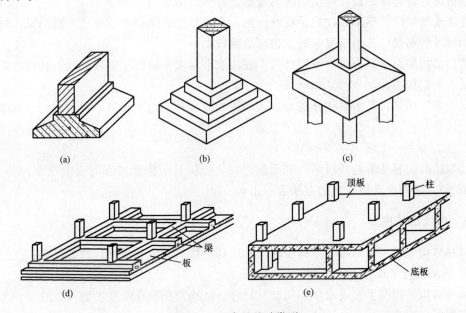

图 1-30　常见基础类型
（a）条形基础；（b）独立基础；（c）桩基础；（d）筏形基础；（e）箱形基础

基础图是表达基础结构布置及详细构造的图纸，它包括基础平面图和基础详图。

1. 基础图的形式

为了把基础表达得更清楚，假想用贴近首层地面并与之平行的剖切平面把整个建筑物切开，移走上半部分，剩下下半部分，再假想把基础周围的回填土挖出，使整个基础裸露出来。

基础平面图，是将剖切后裸露出的基础向水平投影面作投影而得到的投影图，其实质是一个剖面图。

基础详图，是将基础垂直切开所得到的断面图（对独立基础，有时还附一单个基础的平面详图）。

2. 基础平面图

基础平面图主要表达基础的平面布局及位置。因此，只需绘出基础墙、柱及基底平面的轮廓和尺寸，用粗实线表示。投影所见到的基础底部轮廓线用细实线表示，基础梁用单点长画线表示。除此之外，其他细部（如条形基础的大放脚、独立基础的锥形轮廓线等）都不必反映在基础平面图中。由于基础平面图常采用1：100的比例绘制，被剖切到的基础墙身可不画材料图例。钢筋混凝土柱涂黑。

3. 基础详图

基础详图主要表达基础的形状、尺寸、材料、构造及基础的埋置深度等。

1.3.4 结构平面图

1. 楼层结构平面图

楼层结构平面图主要表示板、梁、墙等的布置情况。对于现浇板，一般要在图中反映板的配筋情况，若是预制板，则反映板的选型、排列、数量等。梁的位置、编号以及板、梁、墙的连接或搭接情况等都要在图中反映出来。另外，楼层结构平面图还反映圈梁、过梁、雨篷、阳台等的布置。若构造复杂时，也可单独成图。

楼层结构平面图是假想沿每层楼板上表面水平剖切并向水平面投影而得到的投影图，其实质是一个剖面图。

对于多层建筑，若多层构件类型、大小、数量、布置均相同时，可只画一个标准层。其他应分层绘制。

2. 屋顶结构平面图

其表达的内容基本与楼层结构平面图相同。但屋顶结构形式有时会有变化（如平屋顶、坡屋顶等），在图中要用适当的方法表示出来。

1.3.5 楼梯结构图

楼梯结构施工图包括楼梯结构平面图、楼梯结构剖面图和楼梯构件详图。

1. 楼梯结构平面图

楼梯结构平面图主要表示楼梯类型、尺寸、结构及梯段在水平投影的位置、编号、休息平台板配筋和标高等。

2. 楼梯结构剖面图

楼梯结构剖面图主要表示各楼梯段、休息平台板的立面投影位置、标高、楼梯板配筋。

3. 楼梯构件详图

在楼梯结构剖面图中，由于比例较小，构件连接处钢筋重影，无法详细表示各构件配筋时，可用较大的比例画出每个构件的配筋图，即楼梯构件详图。

1.3.6　钢筋混凝土构件的平面整体表示法

为了提高设计效率、简化绘图、缩减图纸数量，并且使施工看图、记忆和查找方便，我国推出了国家标准图集《混凝土结构施工图平面整体表示方法制图规则和构造详图》。该标准图集中介绍的平面整体表示法改革了传统表示法的逐个构件表达方法，是对我国目前混凝土结构施工图设计方法的重大改革。

建筑结构施工图平面表示法的表达形式是把结构构件的尺寸和配筋等，按照施工顺序和平面整体表示法制图规则，整体地直接表达在各类构件的结构平面布置图上，再与标准构造详图相配合，即构成一套新型完整的结构施工图。它改变了传统的将构件从结构平面布置图中索引出来，再逐个绘制配筋详图的繁琐方法，从而使结构设计方便，表达全面、准确，易随机修正，大大简化了绘图过程。

《混凝土结构施工图平面整体表示方法制图规则和构造详图》（11G101）系列图集包括：《现浇混凝土框架、剪力墙、梁板》（11G101－1）、《现浇混凝土板式楼梯》（11G101－2）和《独立基础、条形基础、筏形基础及桩承台》（11G101－3）。

因为板的平面配筋图与传统方法一致，所以下面仅对梁、柱平面表示法进行介绍。

1. 梁配筋的平面图法

梁平面整体配筋图是在各结构层梁平面布置图上，采用平面注写方式或截面注写方式表达。

（1）平面注写方式（标注法）。平面注写方式是在梁的平面布置图上，将不同编号的梁各选一根，在其上直接注明梁代号、截面尺寸 $B \times H$（宽×高）和配筋数值。当某跨断面尺寸或箍筋与基本值不同时，则将其特殊值从所在跨中引出标注。

平面注写采用集中注写与原位注写相结合的方式标注，例如：

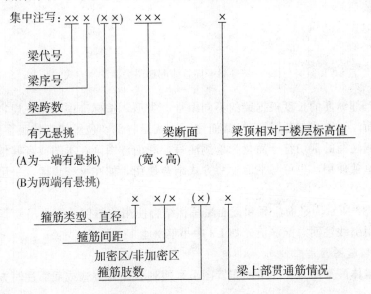

原位注写表达梁的特殊数值。将梁上、下部受力筋逐跨注写在梁上、梁下位置，若受力筋多于一排时，用斜线"/"将各排纵筋自上而下分开。

另外，当同排钢筋为两种直径时，可用"＋"号相连表示。梁侧面配有抗扭钢筋时，可冠以"N"注写在梁的一侧。

如图1-31所示，表达了在B轴线上梁的情况，引出线部分为集中标注。KL2（2A）300mm×650mm为2号框架梁，有两跨，一端有悬挑，梁断面300mm×650mm；Φ8@100/200(2)2Φ25表明此梁箍筋是Φ8mm，间距200mm，加密区间距100mm，2Φ25表示在梁上部贯通直径为25mm的钢筋2根；（-0.100）表示梁顶相对于楼层标高24.950低0.100m，在B轴线与①—②轴线之间梁下部中间段6Φ252/4为该跨梁下部配筋，上一排纵筋为2Φ25，下一排纵筋为4Φ25，全部伸入支座。在①轴线处梁上部注写的2Φ25＋2Φ22，表示梁支座上部有四根纵筋，2Φ25放在角部，2Φ22放在中部。当梁中间支座两边的上部纵筋相同时，可仅在一边标注配筋值，另一边省略不注，如②轴梁上端所示。当集中注写的数值中某一项（或某几项）数值不适用于某跨或悬挑部分时，则按其不同数值原位注写在该跨或者该悬挑部分处，施工时按原位标注的数值优先选用。如③轴右侧悬挑梁部分，下部标注Φ8@100，表示悬挑部分的箍筋通长都为Φ8间距100的两肢箍。

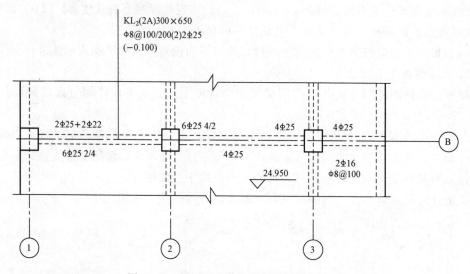

图1-31　梁平面整体配筋图平面注写方式

梁支座上部纵筋的长度根据梁的不同编号、类型，按标准中的相关规定执行。

（2）截面注写方式（断面法）。截面注写方式是将剖切位置线直接画在平面梁配筋图上，并将原来双侧注写的剖切符号简化为单侧注写，断面详图画在本图或者其他图上。截面注写方式既可以单独使用，也可与平面注写方式结合使用，如在梁密集区，采用截面注写方式可使图面清晰。

如图1-32所示为平面注写和截面注写相结合使用的图例。图中吊筋直接画在平面图中的主梁上，用引线注明总配筋值，如L3中吊筋2Φ18。

2. 柱的配筋图画法

柱平面整体配筋图是在柱平面布置图上采用列表注写方式或截面注写方式表达。

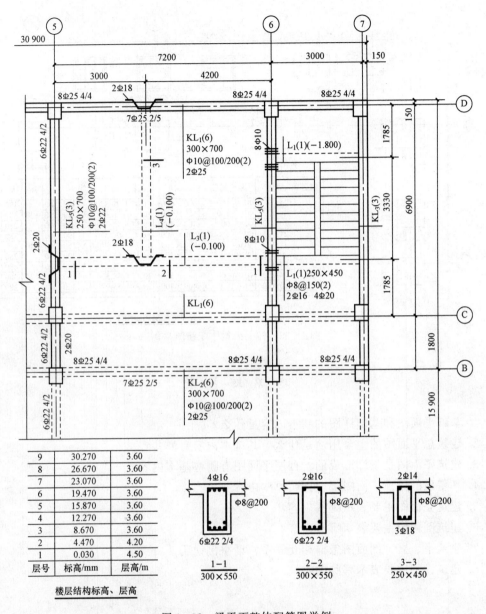

图 1 - 32　梁平面整体配筋图举例

　　用双比例法画柱平面配筋图，在柱所在平面位置图将各柱断面放大后，在两个方向上分别注明同轴线的关系，将柱配筋值、配筋随高度变化值及断面尺寸、尺寸随高度变化值与相应的柱高范围成组对应，在图上注明。柱箍筋间距加密区与非加密区间距值用"/"线分开。

　　在注写上述各种数值时用列表的方式注写叫列表注写方式，分别在不同编号的柱中选择一个截面直接注写的方式叫截面注写方式。如图 1 - 33 所示为列表注写方式示例。

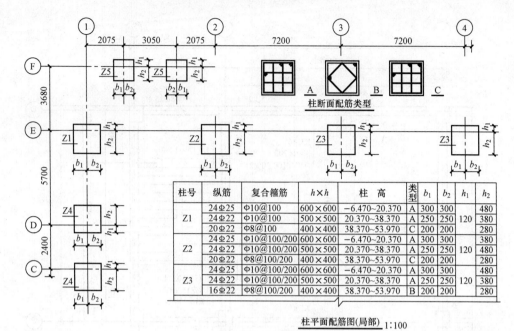

柱号	纵筋	复合箍筋	h×h	柱 高	类型	b_1	b_2	h_1	h_2
	24Φ25	Φ10@100	600×600	−6.470~20.370	A	300	300		480
Z1	24Φ22	Φ10@100	500×500	20.370~38.370	A	250	250	120	380
	20Φ22	Φ8@100	400×400	38.370~53.970	C	200	200		280
	24Φ25	Φ10@100/200	600×600	−6.470~20.370	A	300	300		380
Z2	24Φ22	Φ10@100/200	500×500	20.370~38.370	A	250	250	120	480
	20Φ22	Φ8@100/200	400×400	38.370~53.970	C	200	200		280
	24Φ25	Φ10@100/200	600×600	−6.470~20.370	A	300	300		480
Z3	24Φ22	Φ10@100/200	500×500	20.370~38.370	A	250	250	120	380
	16Φ22	Φ8@100/200	400×400	38.370~53.970	B	200	200		280

柱平面配筋图(局部) 1:100

图 1-33 柱平面整体配筋图举例

本 章 练 习 题

1. 基础平面图和基础详图的基本内容是什么？

2. 建筑总平面图的主要用途是什么？其基本内容有哪些？

3. 建筑平面图是怎样形成的？首层平面图有哪些基本内容？

4. 平屋顶的屋顶平面图都应标明哪些内容？

5. 建筑立面图主要表示哪些内容？

6. 建筑剖面图主要表示哪些内容？

7. 建筑平、立、剖面图怎样相互联系？请举例说明。

8. 建筑详图主要表示哪些内容？

第2章

民 用 建 筑 构 造

2.1 常见基础构造

2.1.1 按材料及受力特点分类

1. 刚性基础

由刚性材料制作的基础称为刚性基础。一般指抗压强度高，而抗拉、抗剪强度较低的材料就称为刚性材料。常用的有砖、灰土、混凝土、三合土、毛石等。为满足地基容许承载力的要求，基底宽 B 一般大于上部墙宽，为了保证基础不被拉力、剪力破坏，基础必须具有相应的高度。通常按刚性材料的受力状况，基础在传力时只能在材料的允许范围内控制，这个控制范围的夹角称为刚性角，用 α 表示。砖、石基础的刚性角控制在 ［（1：1.25）～（1：1.50）］（26°～33°）以内，混凝土基础刚性角控制在 1：1(45°) 以内。刚性基础的受力、传力特点如图 2-1 所示。

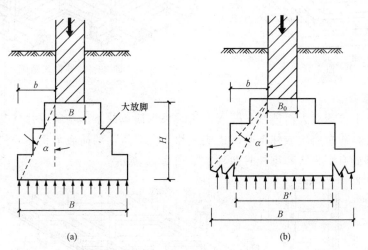

图 2-1 刚性基础的受力、传力特点
（a）基础在刚性角范围内传力；（b）基础底面宽超过刚性角范围而破坏

2. 非刚性基础

当建筑物的荷载较大而地基承载能力较小时，基础底面 B 必须加宽。如果仍采用混凝土材料做基础，就必须加大基础的深度，这样很不经济。如果在混凝土基础的底部配以钢筋，利用钢筋来承受拉应力，使基础底能够承受较大的弯矩，这时基础宽度不受刚性角的限制，故称钢筋混凝土基础为非刚性基础或柔性基础。

2.1.2　按构造形式分类

1. 条形基础

当建筑物上部结构采用墙承重时，基础沿墙身设置，多做成长条形，这类基础称为条形基础或带形基础，是墙承式建筑基础的基本形式，如图2-2所示。

2. 独立基础

当建筑物上部结构采用框架结构或单层排架结构承重时，基础常采用方形或矩形的独立基础，这类基础称为独立基础或柱式基础。独立基础是柱下基础的基本形式，如图2-3所示。

当柱采用预制构件时，则基础做成杯口形，然后将柱子插入并嵌固在杯口内，故称杯形基础。

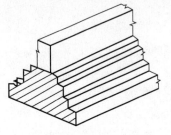

图2-2　条形基础

3. 井格式基础

当地基条件较差，为了提高建筑物的整体性，防止柱子之间产生不均匀沉降，常将柱下基础沿纵横两个方向扩展连接起来，做成十字交叉的井格基础，如图2-4所示。

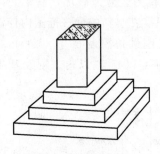

图2-3　独立基础

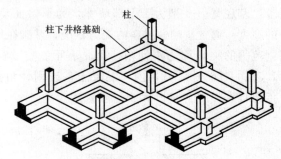

图2-4　井格式基础

4. 筏形基础

当建筑物上部荷载大而地基又较弱，这时采用简单的条形基础或井格基础已不能适应地基变形的需要，通常将墙或柱下基础连成一片，使建筑物的荷载承受在一块整板上成为筏形基础。筏形基础有平板式和梁板式两种，如图2-5所示。

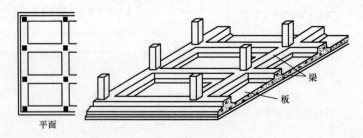

图2-5　筏形基础

5. 箱形基础

当板式基础做得很深时，常将基础改做成箱形基础。箱形基础是由钢筋混凝土底板、顶板和若干纵、横隔墙组成的整体结构，基础的中空部分可用作地下室（单层或多层的）或地下停车库。箱形基础整体空间刚度大，整体性强，能抵抗地基的不均匀沉降，较适用于高层建筑或在软弱地基上建造的重型建筑物。如图2-6所示。

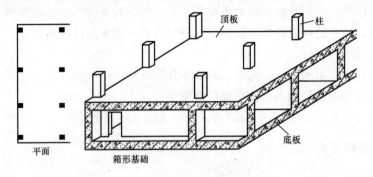

图2-6 箱形基础

2.2 砌体墙的构造

2.2.1 砌体材料

1. 砖

砖按材料不同，分为黏土砖、页岩砖、粉煤灰砖、灰砂砖、炉渣砖等；按形状不同，分为实心砖、多孔砖和空心砖等。其中常用的是烧结普通砖。

烧结普通砖经成形、干燥、焙烧而成。有红砖和青砖之分，青砖比红砖强度高，耐久性好。

我国标准砖的规格为240mm×115mm×53mm，砖长：宽：厚＝4：2：1（包括10mm宽灰缝），标准砖砌筑墙体时是以砖宽度的倍数，即115mm＋10mm＝125mm为模数。这与我国现行《建筑模数协调统一标准》中的基本模数 M＝100mm不协调，因此在使用中，须注意标准砖的这一特征。多孔砖与空心砖的规格一般与普通砖在长、宽方向相同，但增加了厚度尺寸，并使之符合模数的要求。烧结普通砖的规格如图2-7所示。

砖的强度以强度等级表示，分为MU30、MU25、MU20、MU10、MU7.5五个级别。如MU30表示砖的极限抗压强度平均值为30MPa，即每平方毫米可承受30N的压力。

2. 砌块

砌块的种类较多，主要有混凝土空心砌块、陶粒混凝土空心砌块以及炉渣混凝土空心砌块等，其中混凝土空心砌块可以作为承重砌块使用，其他的砌块（主要是轻质砌块）更多地使用在填充墙中。大多数时候，砌块的平面尺寸与烧结普通砖相同，但厚度要大一些。

3. 砂浆

砂浆是砌块的胶结材料。常用的砂浆有水泥砂浆、混合砂浆、石灰砂浆。

（1）水泥砂浆。由水泥、砂加水拌

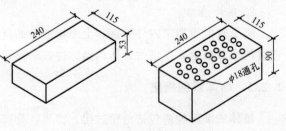

图2-7 烧结普通砖的规格

和而成。属于水硬性材料，强度高，但可塑性和保水性较差，适宜砌筑湿环境下的砌体，如地下室、砖基础等。

（2）石灰砂浆。由石灰膏、砂加水拌和而成。因为石灰膏为塑性掺和料，所以石灰砂浆的可塑性很好，但它的强度较低，且属于气硬性材料，遇水强度即降低，所以适宜砌筑次要的民用建筑的地上砌体。

（3）混合砂浆。由水泥、石灰膏、砂加水拌和而成。既有较高的强度，也有良好的可塑性和保水性，故民用建筑地上砌体中被广泛采用。

砂浆强度等级有 M15、M10、M7.5、M5、M2.5 共 5 个级别。

2.2.2 墙的组砌方式

1. 砖墙

为了保证墙体的强度，砖砌体的砖缝必须横平竖直，错缝搭接，避免通缝。同时，砖缝砂浆必须饱满，厚薄均匀。常用的错缝方法是将丁砖和顺砖上下皮交错砌筑。每排列一层砖称为一皮。常见的砖墙砌式有全顺式（120墙）、一顺一丁式（240墙）、三顺一丁式或多顺一丁式（240墙）、每皮顶顺相间式也叫十字式（240墙）、两平一侧式（180墙）等，如图2-8所示。

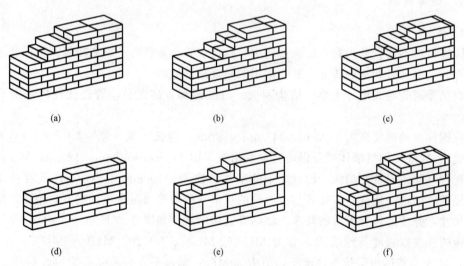

图 2-8　砖墙的组砌方式

（a）240砖墙（一顺一丁式）；（b）240砖墙（多顺一丁式）；（c）240砖墙（十字式）；
（d）120砖墙；（e）180砖墙；（f）370砖墙

2. 砌块墙

砌筑时应遵循"内外搭接，上下错缝"的组砌原则，使砌块在砌体中相互咬合，不出现连续的垂直通缝，以增加砌体的整体性，确保砌体的强度。

2.2.3 墙体细部构造

墙体的细部构造包括门窗过梁、窗台、勒脚、散水、明沟、变形缝、圈梁、构造柱和防火墙等。

1. 门窗过梁

过梁的形式有砖拱过梁、钢筋砖过梁和钢筋混凝土过梁三种。

(1) 砖拱过梁。砖拱过梁分为平拱和弧拱。由竖砌的砖作拱圈，一般将砂浆灰缝做成上宽下窄，上宽不大于 15mm，下宽不小于 5mm。砖不低于 MU10，砂浆不能低于 M5，砖砌平拱过梁净跨宜小于 1.0m，不应超过 1.2m，中部起拱高约为 $L/50$，如图 2-9 所示。

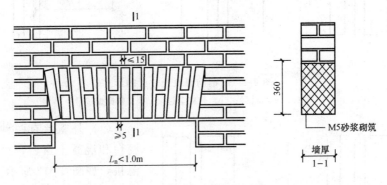

图 2-9　砖拱过梁构造示意

(2) 钢筋砖过梁。钢筋砖过梁用砖不低于 MU10，砌筑砂浆不低于 M5。一般在洞口上方先支木模，砖平砌，下设 3～4 根 $\phi6$ 钢筋要求伸入两端墙内不少于 240mm，梁高砌 5～7 皮砖或大于等于 $L/4$，钢筋砖过梁净跨不大于 1.5m，如图 2-10 所示。

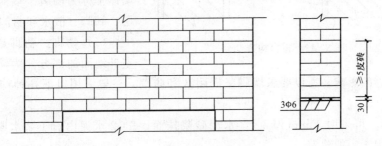

图 2-10　钢筋砖过梁构造示意

(3) 钢筋混凝土过梁。钢筋混凝土过梁有现浇和预制两种，梁高及配筋由计算确定。为了施工方便，梁高应与砖的皮数相适应，以方便墙体连续砌筑，故常见梁高为 60、120、180、240mm，即 60mm 的整倍数。梁宽一般同墙厚，梁两端支承在墙上的长度不少于240mm，以保证足够的承压面积。

过梁断面形式有矩形和 L 形。为简化构造，节约材料，可将过梁与圈梁、悬挑雨篷、窗楣板或遮阳板等结合起来设计。如在南方炎热多雨地区，常从过梁上挑出 300～500mm宽的窗楣板，既保护窗户不淋雨，又可遮挡部分直射太阳光，如图 2-11 所示。

2. 窗台

窗洞口的下部应设置窗台。窗台根据窗的安装位置可分为内窗台和外窗台。

外窗台是为了防止在窗洞底部积水，并防止雨水流向室内和污染下部墙面。内窗台则为了排除窗上的凝结水，以保护室内墙面及存放东西、摆放花盆等。

窗台的底面应做成锐角形或半圆凹槽（叫滴水），便于排水，以免污染墙面。

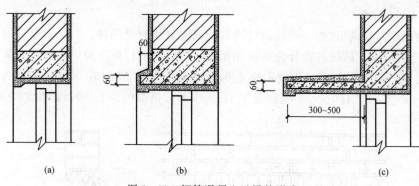

图 2-11　钢筋混凝土过梁的形式

（a）平墙过梁；（b）带窗套过梁；（c）带窗楣过梁

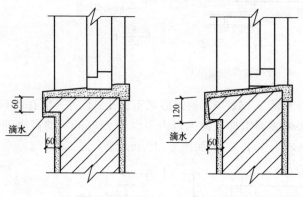

图 2-12　窗台构造

（1）外窗台有两种做法，即砖砌窗台和混凝土窗台，可悬挑，也可不悬挑，如图 2-12 所示。

（2）内窗台的做法也有两种，即水泥砂浆抹窗台和窗台板。

3. 墙脚

底层室内地面以下，基础以上的墙体常称为墙脚。墙脚包括墙身防潮层、勒脚、散水和明沟等。

（1）勒脚。勒脚是外墙墙身接近室外地面的部分。为防止雨水上溅墙身和机械力等的影响，所以要求墙脚坚固耐久和防潮。一般采用以下几种构造做法（图 2-13）：

1）抹灰。可采用 20mm 厚 1∶3 水泥砂浆抹面，1∶2 水泥白石子浆水刷石或斩假石抹面。此法多用于一般建筑。

2）贴面。可采用天然石材或人工石材，如花岗石、水磨石板等。其耐久性、装饰效果好，用于高标准建筑。

3）石材砌筑。采用石材，如条石等。

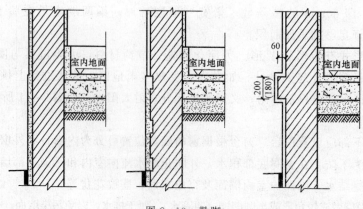

图 2-13　勒脚

（2）防潮层。

1）防潮层的位置，如图 2 - 14 所示。

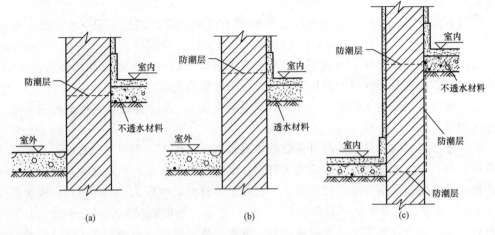

图 2 - 14　墙身防潮层的位置

2）墙身水平防潮层的构造做法常用的有以下三种，如图 2 - 15 所示。

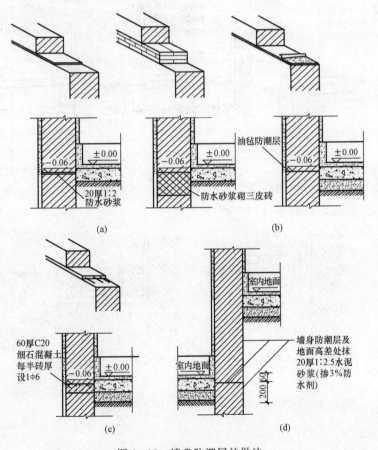

图 2 - 15　墙身防潮层的做法

（a）防水砂浆防潮层；（b）油毡防潮层；（c）细石混凝土防潮层；（d）垂直防潮层

①防水砂浆防潮层。采用1：2水泥砂浆加水泥用量的3％～5％的防水剂，厚度为20～25mm或用防水砂浆砌三皮砖作防潮层。此种做法构造简单，但砂浆开裂或不饱满时影响防潮效果。

②细石混凝土防潮层。采用60mm厚的细石混凝土带，内配三根φ6钢筋，其防潮性能好。

③油毡防潮层。先抹20mm厚水泥砂浆找平层，上铺一毡二油，此种做法防水效果好，但有油毡隔离，削弱了砖墙的整体性，不应在刚度要求高或地震区采用。

如果墙脚采用不透水的材料（如条石或混凝土等），或设有钢筋混凝土地圈梁时，可以不设防潮层。

（3）散水与明沟。房屋四周可采取散水或明沟排除雨水。当屋面为有组织排水时，一般设明沟或暗沟，也可设散水。屋面为无组织排水时一般设散水，但应加滴水砖（石）带。散水的做法通常是在素土夯实上铺三合土、混凝土等材料，厚度为60～70mm。散水应设不小于3％的排水坡。散水宽度一般为0.6～1.0m。散水与外墙交接处应设分格缝，分格缝用弹性材料嵌缝，防止外墙下沉时将散水拉裂。散水整体面层纵向距离每隔6～12m做一道伸缩缝，如图2-16所示。

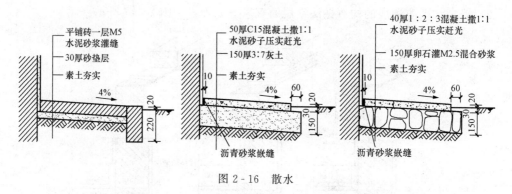

图 2-16 散水

明沟的构造做法可用砖砌、石砌、混凝土现浇，沟底应做纵坡，坡度为0.5％～1％，宽度为220～350mm，如图2-17所示。

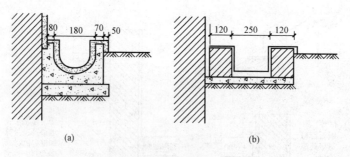

图 2-17 明沟

（a）混凝土明沟；（b）砖砌明沟

4. 墙身的加固

（1）壁柱和门垛。当墙体的窗间墙上出现集中荷载，而墙厚又不足以承担其荷载，或当墙体的长度和高度超过一定限度并影响到墙体稳定性时，常在墙身局部适当位置增设凸出墙面的壁柱以提高墙体刚度。壁柱突出墙面的尺寸一般为 120mm×370mm、240mm×370mm、240mm×490mm，或根据结构计算确定。

当在较薄的墙体上开设门洞时，为便于门框的安置和保证墙体的稳定，须在门靠墙转角处或丁字接头墙体的一边设置门垛，门垛凸出墙面不少于 120mm，宽度同墙厚，如图 2-18 所示。

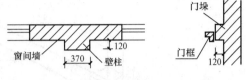

图 2-18　壁柱和门垛

（2）圈梁。

1）圈梁的设置要求。圈梁是沿外墙四周及部分内墙设置在楼板处的连续闭合的梁，可提高建筑物的空间刚度及整体性，增加墙体的稳定性，减少由于地基不均匀沉降而引起的墙身开裂。对于抗震设防地区，利用圈梁加固墙身更加必要。

2）圈梁的构造。圈梁有钢筋砖圈梁和钢筋混凝土圈梁两种。

钢筋砖圈梁就是将前述的钢筋砖过梁沿外墙和部分内墙一周连通砌筑而成。钢筋混凝土圈梁的高度不小于 120mm，宽度与墙厚相同。圈梁的构造如图 2-19 所示。

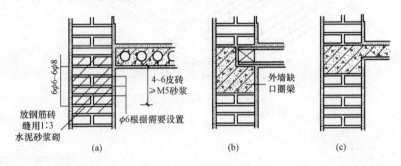

图 2-19　圈梁构造

当圈梁被门窗洞口截断时，应在洞口上部增设相同截面的附加圈梁，其配筋和混凝土强度等级均不变，如图 2-20 所示。

（3）构造柱。钢筋混凝土构造柱是从构造角度考虑设置的，是防止房屋倒塌的一种有效措施。构造柱必须与圈梁及墙体紧密相连，从而加强建筑物的整体刚度，提高墙体抗变形的能力。

1）构造柱的设置要求。由于建筑物的层数和地震烈度不同，构造柱的设置要求也不相同。

2）构造柱的构造，如图 2-21 所示。

①构造柱最小截面为 180mm×240mm，纵向钢筋宜用 4 ϕ 12，箍筋间距不大于 250mm，且在柱上下端宜适当加密。6、7 度时超过六层、8 度时超过五层和 9 度时，纵向钢筋宜用 4 ϕ 14，箍筋间距不大于 200mm，房屋角的构造柱可适当加大截面及配筋。

②构造柱与墙连接处宜砌成马牙槎，并应沿墙高每 500mm 设 2 ϕ 6 拉结筋，每边伸入墙内不少于 1m，如图 2-22 所示。

③构造柱可不单独设基础，但应伸入室外地坪下 500mm，或锚入 500mm 的基础梁内。

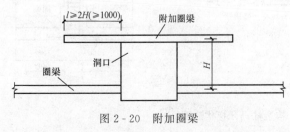

图 2-20　附加圈梁

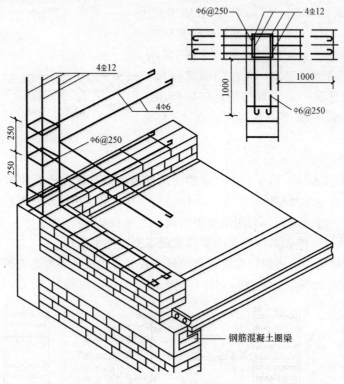

图 2-21　构造柱的构造

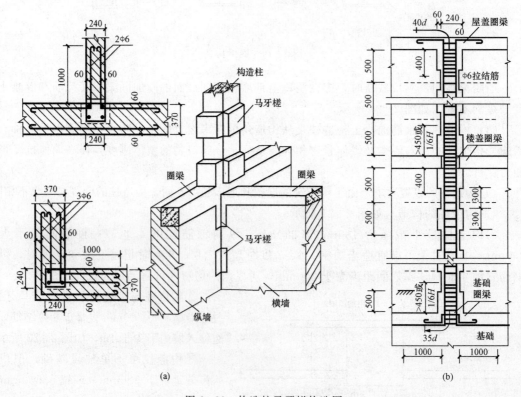

图 2-22　构造柱马牙槎构造图

2.2.4　隔墙的构造

隔墙是分隔建筑物内部空间的非承重构件，本身重量由楼板或梁来承担。设计要求隔墙自重轻，厚度薄，有隔声和防火性能，便于拆卸，浴室、厕所的隔墙能防潮、防水。常用隔墙有块材隔墙、轻骨架隔墙和板材隔墙三大类。

1. 块材隔墙

块材隔墙是用烧结普通砖、空心砖、加气混凝土等块材砌筑而成，常采用普通砖隔墙和砌块隔墙两种。

（1）普通砖隔墙，如图 2-23 所示。普通砖隔墙一般采用 1/2 砖（120mm）隔墙。1/2 砖墙用烧结普通砖采用全顺式砌筑而成，砌筑砂浆强度等级不低于 M5，砌筑较大面积墙体时，长度超过 6m 应设砖壁柱，高度超过 5m 时应在门过梁处设通长钢筋混凝土带。

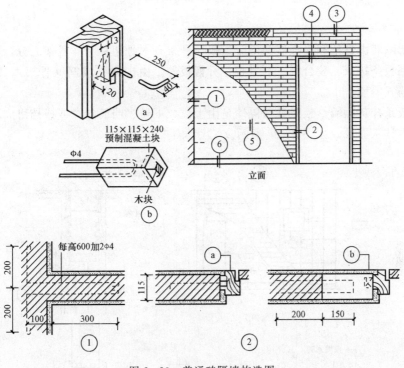

图 2-23　普通砖隔墙构造图

为了保证砖隔墙不承重，在砖墙砌到楼板底或梁底时，将立砖斜砌一皮，或将空隙塞木楔打紧，然后用砂浆填缝。8 度和 9 度时，长度大于 5.1m 的后砌非承重砌体隔墙的墙顶，应与楼板或梁拉结。

（2）砌块隔墙，如图 2-24 所示。为减轻隔墙自重，可采用轻质砌块，墙厚一般为 90～120mm。加固措施同 1/2 砖隔墙的做法。砌块不够整块时宜用烧结普通砖填补。因砌块孔隙率大、吸水量大，故在砌筑时先在墙下部实砌 3～5 皮烧结普通砖，再砌砌块。

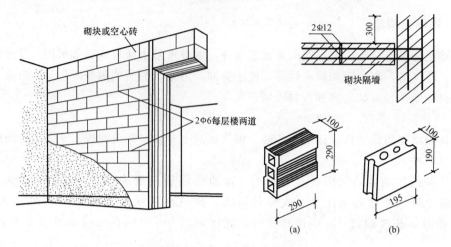

图 2-24　砌块隔墙构造图

2. 轻骨架隔墙

轻骨架隔墙由骨架和面板层两部分组成。骨架有木骨架和金属骨架之分，面板有板条抹灰、钢丝网板条抹灰、胶合板、纤维板、石膏板等。由于先立墙筋（骨架），再做面层，故又称为立筋式隔墙。

（1）板条抹灰隔墙。板条抹灰隔墙是由上槛、下槛、墙筋斜撑或横挡组成木骨架，其上钉以板条再抹灰而成，如图 2-25 所示。

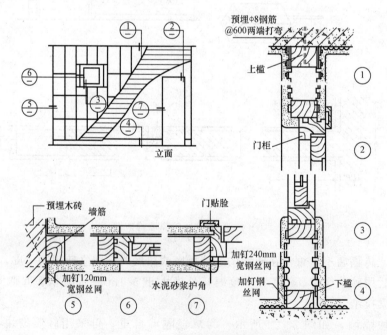

图 2-25　板条抹灰隔墙构造图

（2）立筋面板隔墙。是指面板用人造胶合板、纤维板或其他轻质薄板，骨架为木质或金属组合而成的隔墙。

1）骨架。墙筋间距视面板规格而定。金属骨架一般采用薄型钢板、铝合金薄板或拉眼钢板网加工而成，并保证板与板的接缝在墙筋和横档上，如图 2-26 所示。

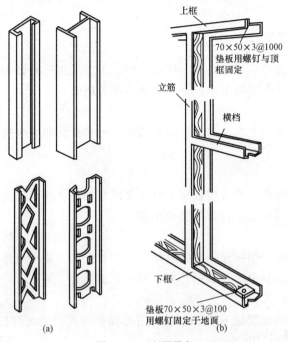

图 2-26　金属骨架

2）饰面层。常用类型有胶合板、硬质纤维板、石膏板等。

采用金属骨架时，可先钻孔，用螺栓固定，或采用膨胀铆钉将板材固定在墙筋上。立筋面板隔墙为干作业，自重轻，可直接支撑在楼板上，施工方便，灵活多变，故得到广泛应用，但隔声效果较差。

3. 板材隔墙

板材隔墙是指各种轻质板材的高度相当于房间净高，不依赖骨架，可直接装配而成。目前多采用条板，如碳化石灰板、加气混凝土条板、多孔石膏条板、纸蜂窝板、水泥刨花板、复合板等，构造如图 2-27 所示。

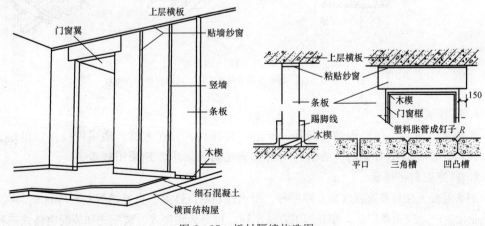

图 2-27　板材隔墙构造图

2.3 楼地层

2.3.1 楼板层的构造组成

为了满足楼板层使用功能的要求，楼地层形成了多层构造的做法，而且其总厚度取决于每一构造层的厚度。通常楼板层由以下几个基本部分组成：

1. 面层

面层位于楼板层的最上层，起着保护楼板层、分布荷载和绝缘的作用，同时对室内起美化装饰作用。

2. 结构层

结构层的主要功能在于承受楼板层上的全部荷载并将这些荷载传给墙或柱，同时还对墙身起水平支撑作用，以加强建筑物的整体刚度。

3. 附加层

附加层又称功能层，根据楼板层的具体要求而设置，主要作用是隔声、隔热、保温、防水、防潮、防腐蚀、防静电等。根据需要，有时和面层合二为一，有时又和吊顶合为一体。

4. 楼板顶棚层

楼板顶棚层位于楼板层最下层，主要作用是保护楼板、安装灯具、遮挡各种水平管线、改善使用功能、装饰美化室内空间。

2.3.2 楼板的类型

根据所用材料不同，楼板可分为木楼板、钢筋混凝土楼板和压型钢板混凝土组合楼板等多种类型，如图2-28所示。

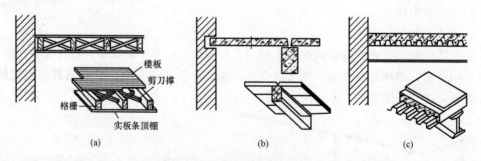

图 2-28 楼板的类型
（a）木楼板；（b）钢筋混凝土楼板；（c）压型钢板组合楼板

1. 木楼板

木楼板自重轻、保温隔热性能好、舒适、有弹性，只在木材产地采用较多，但耐火性和耐久性均较差，且造价偏高。为节约木材和满足防火要求，现采用较少。

2. 钢筋混凝土楼板

钢筋混凝土楼板具有强度高、刚度好、耐火性和耐久性好、良好的可塑性等优点，在我国便于工业化生产，应用最广泛。按其施工方法不同，可分为现浇式、装配式和装配整体式三种。

3. 压型钢板组合楼板

压型钢板组合楼板是在钢筋混凝土基础上发展起来的，利用钢衬板作为楼板的受弯构件和底模，既提高了楼板的强度和刚度，又加快了施工进度，是目前正大力推广的一种新型楼板。

2.3.3　现浇钢筋混凝土楼板

现浇钢筋混凝土楼板整体性好，特别适用于有抗震设防要求的多层房屋和对整体性要求较高的其他建筑，对有管道穿过的房间、平面形状不规整的房间、尺度不符合模数要求的房间和防水要求较高的房间，都适合采用现浇钢筋混凝土楼板。

1. 平板式楼板

楼板根据受力特点和支承情况，分为单向板和双向板。为满足施工要求和经济要求，对各种板式楼板的最小厚度和最大厚度，一般规定如下：

(1) 单向板时（板的长边与短边之比大于 3）：屋面板板厚为 60～80mm；民用建筑楼板厚为60～100mm；工业建筑楼板厚为 70～180mm。

(2) 双向板时（板的长边与短边之比不大于 2）：板厚为 80～160mm。

此外，板的支承长度规定，当板支承在砖石墙体上，其支承长度不小于 120mm 或板厚；当板支承在钢筋混凝土梁上时，其支承长度不小于 60mm；当板支承在钢梁或钢屋架上时，其支承长度不小于 50mm。

2. 肋梁楼板

(1) 单向肋梁楼板，如图 2-29、图 2-30 所示。单向肋梁楼板由板、次梁和主梁组成。其荷载传递路线为板→次梁→主梁→柱（或墙）。主梁的经济跨度为 5～8m，主梁高为主梁跨度的 1/14～1/8；主梁宽为高的 1/3～1/2；次梁的经济跨度为 4～6m，次梁高为次梁跨度的 1/18～1/12，宽度为梁高的 1/3～1/2，次梁跨度即为主梁间距；板的厚度确定同板式楼板。由于板的混凝土用量占整个肋梁楼板混凝土用量的 50%～70%，因此板宜取薄些，通常板跨不大于 3m，其经济跨度为 1.7～2.5m。

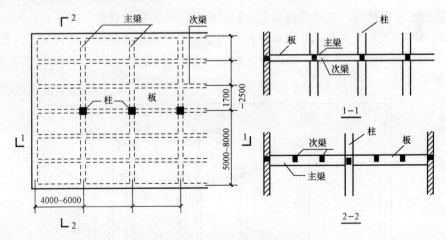

图 2-29　单向肋梁楼板布置图

(2) 双向板肋梁楼板（井式楼板），如图 2-31 所示。双向板肋梁楼板常无主、次梁之分，由板和梁组成，荷载传递路线为板→梁→柱（或墙）。

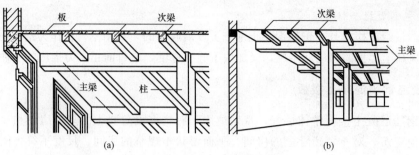

图 2-30 单向肋梁楼板透视图

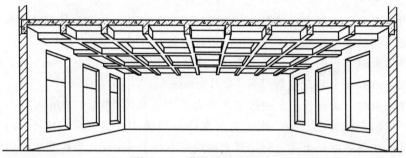

图 2-31 井式楼板透视图

当双向板肋梁楼板的板跨相同，且两个方向的梁截面也相同时，就形成了井式楼板。井式楼板适用于长宽比不大于 1.5 的矩形平面，井式楼板中板的跨度在 3.5～6m 之间，梁的跨度可达 20～30m，梁截面高度不小于梁跨的 1/15，宽度为梁高的 1/4～1/2，且不小于 120mm。井式楼板可与墙体正交放置或斜交放置。由于井式楼板可以用于较大的无柱空间，而且楼板底部的井格整齐划一，很有韵律，稍加处理就可形成艺术效果很好的顶棚。

3. 无梁楼板（图 2-32）

无梁楼板为等厚的平板直接支承在柱上，分为有柱帽和无柱帽两种。当楼面荷载比较小时，可采用无柱帽楼板，当楼面荷载较大时，必须在柱顶加设柱帽。无梁楼板的柱可设计成方形、矩形、多边形和圆形，柱帽可根据室内空间要求和柱截面形式进行设计，板的最小厚度不小于 150mm 且不小于板跨的 1/35～1/32。无梁楼板的柱网一般布置为正方形或矩形，间跨一般不超过 6m。

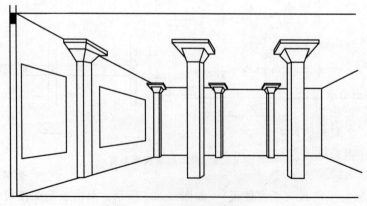

图 2-32 无梁楼板透视图

4. 压型钢板组合楼板

压型钢板组合楼板是利用截面为凹凸相间的压型钢板做衬板与现浇混凝土面层浇筑在一起，支承在钢梁上成为整体性很强的一种楼板，如图 2-33 所示。

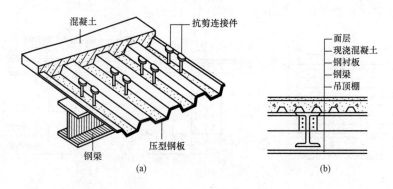

图 2-33　压型钢板组合楼板

2.3.4　装配式钢筋混凝土楼板

装配式钢筋混凝土楼板是指在构件预制加工厂或施工现场外预先制作，然后运到工地现场进行安装的钢筋混凝土楼板。预制板的长度一般与房屋的开间或进深一致，为 3m 的倍数，板的宽度一般为 1m 的倍数，板的截面尺寸须经结构计算确定。

1. 板的类型

预制钢筋混凝土楼板有预应力和非预应力两种。

预制钢筋混凝土楼板常用类型有实心平板、槽形板、空心板三种。

（1）实心平板。实心平板规格较小，跨度一般在 1.5m 左右，板厚一般为 60mm。预制实心平板由于其跨度小，常用于过道和小房间、卫生间、厨房的楼板。

（2）槽形板。槽形板是一种肋板结合的预制构件，即在实心板的两侧设有边肋，作用在板上的荷载都由边肋来承担。板宽为 500～1200mm，非预应力槽形板跨长通常为 3～6m，板肋高为 120～240mm，板厚仅为 30mm。槽形板具有减轻板的自重，节省材料，便于在板上开洞等优点，但隔声效果差。

（3）空心板。空心板也是一种梁板结合的预制构件，其结构计算理论与槽形板相似，两者的材料消耗也相近，但空心板上下板面平整，且隔声效果优于槽形板，因此是目前广泛采用的一种形式。

目前我国预应力空心板的跨度可达到 6、6.6、7.2m 等，板的厚度为 120～300mm。空心板安装前，应在板端的圆孔内填塞 C15 混凝土短圆柱（即堵头），以避免板端被压坏。

2. 板的结构布置方式

板的结构布置方式应根据房间的平面尺寸及房间的使用要求进行结构布置，可采用墙承重系统和框架承重系统。当预制板直接搁置在墙上时，称为板式结构布置；当预制板搁置在梁上时，称为梁板式结构布置。

板的搁置要求：支承于梁上时其搁置长度应不小于 80mm，支承于内墙上时其搁置长度应不小于 100mm，支承于外墙上时其搁置长度应不小于 120mm。铺板前，先在墙或梁上用

10～20mm 厚 M5 水泥砂浆找平（即坐浆），然后再铺板，使板与墙或梁有较好的连接，同时也使墙体受力均匀。

当采用梁板式结构时，板在梁上的搁置方式一般有两种：一种是板直接搁置在梁顶上；另一种是板搁置在花篮梁或十字梁上，如图 2-34 所示。

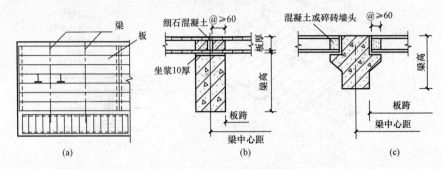

图 2-34　板在梁上的搁置方式

3. 板缝处理

预制板板缝起着连接相邻两块板协同工作的作用，使楼板成为一个整体。在具体布置楼板时，往往出现缝隙。板缝处理如图 2-35 所示。

（1）当缝隙小于 60mm 时，可调节板缝（使其不大于 30mm，灌 C20 细石混凝土），当缝隙为 60～120mm 时，可在灌缝的混凝土中加配 2φ6 通长钢筋。

（2）当缝隙为 120～200mm 时，设现浇钢筋混凝土板带，且将板带设在墙边或有穿管的部位。

（3）当缝隙大于 200mm 时，调整板的规格。

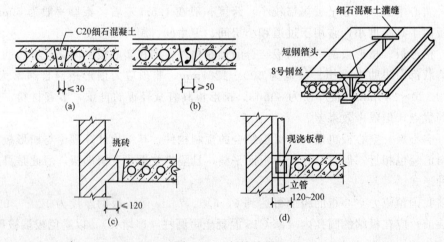

图 2-35　板缝处理

4. 装配式钢筋混凝土楼板的抗震构造

圈梁应紧贴预制楼板板底设置，外墙则应设缺口圈梁（L形梁），将预制板箍在圈梁内。当板的跨度大于 4.8m，并与外墙平行时，靠外墙的预制板边应设拉结筋与圈梁拉结。

2.3.5 装配整体式钢筋混凝土楼板

装配整体式楼板，是楼板中预制部分构件，在现场安装后，再以整体浇筑的办法连接而成的楼。

（1）密肋楼板。现浇（或预制）密肋小梁间安放预制空心砌块并现浇面板而制成的楼板结构。它们有整体性强和模板利用率高等特点，如图 2-36 所示。

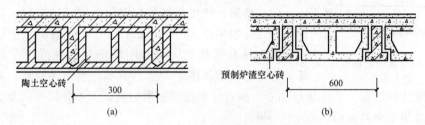

图 2-36　密肋楼板

（a）现浇密肋楼板；（b）预制小梁密肋楼板

（2）叠合楼板。预制薄板（预应力）与现浇混凝土面层叠合而成的装配整体式楼板，又称预制薄板叠合楼板。这种楼板以预制混凝土薄板为永久模板而承受施工荷载，板面现浇混凝土叠合层。

叠合楼板跨度一般为 4～6m，最大可达 9m，通常以 5.4m 以内较为经济。预应力薄板厚 50～70mm，板宽 1.1～1.8m。为了保证预制薄板与叠合层有较好的连接，薄板上表面需做处理，常见的有两种：一种是在上表面作刻槽处理，刻槽直径为 50mm，深为 20mm，间距为 150mm；另一种是在薄板表面露出较规则的三角形的结合钢筋，如图 2-37 所示。

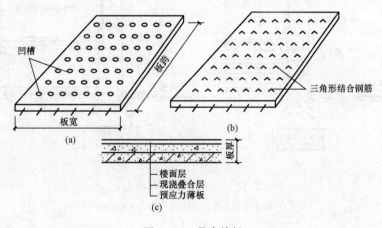

图 2-37　叠合楼板

2.3.6 地坪层构造

地坪层是指建筑物底层房间与土层的交接处。所起作用是承受地坪上的荷载，并均匀地传给地坪以下土层。按地坪层与土层间的关系不同，可分为实铺地层和空铺地层两类。

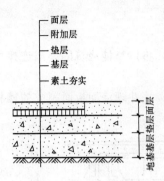

图 2-38 地坪层构造

1. 实铺地层

地坪的基本组成部分有面层、垫层和基层，对有特殊要求的地坪，常在面层和垫层之间增设一些附加层。如图 2-38 所示。

（1）面层。地坪的面层又称地面，起着保护结构层和美化室内的作用。地面的做法和楼面相同。

（2）垫层。垫层是基层和面层之间的填充层，其作用是承重传力，一般采用 60～100mm 厚的 C15 混凝土垫层。垫层材料分为刚性和柔性两大类。刚性垫层如混凝土、碎砖三合土等，有足够的整体刚度，受力后不产生塑性变形，多用于整体地面和小块块料地面。柔性垫层如砂、碎石、炉渣等松散材料，无整体刚度，受力后产生塑性变形，多用于块料地面。

（3）基层。基层即地基，一般为原土层或填土分层夯实。当上部荷载较大时，增设2：8灰土 100～150mm 厚，或碎砖、道渣三合土 100～150mm 厚。

（4）附加层。附加层主要应满足某些有特殊使用要求而设置的一些构造层次，如防水层、防潮层、保温层、隔热层、隔声层和管道敷设层等。

2. 空铺地层

为防止房屋底层房间受潮或满足某些特殊使用要求（如舞台、体育训练、比赛场等的地层需要有较好的弹性），将地层架空，形成空铺地层，如图 2-39 所示。

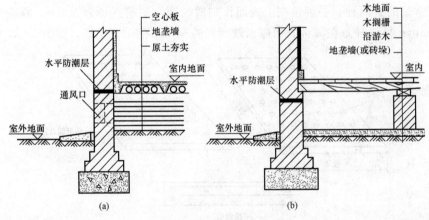

图 2-39 空铺地层构造

(a) 钢筋混凝土板空铺地层；(b) 木板空铺地层

2.3.7 地面构造

1. 整体地面

（1）水泥砂浆地面。水泥砂浆地面通常有单层和双层两种做法。单层做法是只抹一层 20～25mm 厚 1：2 或 1：2.5 水泥砂浆；双层做法是增加一层 10～20mm 厚 1：3 水泥砂浆找平，表面再抹 5～10mm 厚 1：2 水泥砂浆抹平压光。

（2）水泥石屑地面。水泥石屑地面是将水泥砂浆里的中粗砂换成 3～6mm 的石屑，或称豆石或瓜米石地面。在垫层或结构层上直接做 1∶2 水泥石屑 25mm 厚，水灰比不大于 0.4，刮平拍实，碾压多遍，出浆后抹光。这种地面表面光洁、不起尘、易清洁，造价是水磨石地面的 50%，但强度高，性能近似水磨石。

（3）水磨石地面。水磨石地面为分层构造，底层为 1∶3 水泥砂浆 18mm 厚找平，面层为 （1∶1.5）～（1∶2）的水泥石碴 12mm 厚，石碴粒径为 8～10mm，分格条一般高 10mm，用 1∶1 水泥砂浆固定。如图 2-40 所示。

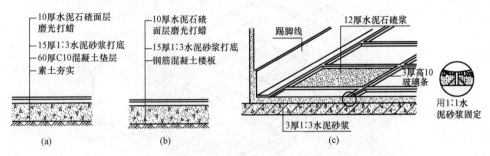

图 2-40　水磨石地面构造

2. 块材地面

块材地面是利用各种人造的和天然的预制块材、板材镶铺在基层上面。

（1）铺砖地面。铺砖地面有烧结普通砖地面、水泥砖地面、预制混凝土块地面等。铺设方式有两种，即干铺和湿铺。干铺是在基层上铺一层 20～40mm 厚砂子，将砖块等直接铺设在砂上，板块间用砂或砂浆填缝；湿铺是在基层上铺 1∶3 水泥砂浆 12～20mm 厚，用 1∶1 水泥砂浆灌缝。

（2）缸砖、地面砖及陶瓷锦砖地面。缸砖是陶土加矿物颜料烧制而成的一种无釉砖块，主要有红棕色和深米黄色两种，缸砖质地细密坚硬，强度较高，耐磨、耐水、耐油、耐酸碱，易于清洁、不起灰，施工简单，因此广泛应用于卫生间、盥洗室、浴室、厨房、试验室及有腐蚀性液体的房间地面。

地面砖的各项性能都优于缸砖且色彩图案丰富，装饰效果好，造价也较高，多用于装修标准较高的建筑物地面。

缸砖、地面砖构造做法：20mm 厚 1∶3 水泥砂浆找平，3～4mm 厚水泥胶（水泥∶107 胶∶水＝1∶0.1∶0.2）粘贴缸砖，用素水泥浆擦缝。

陶瓷锦砖质地坚硬，经久耐用，色泽多样，耐磨、防水、耐腐蚀、易清洁，适用于有水、有腐蚀的地面。做法类同缸砖，后用滚筒压平，使水泥胶挤入缝隙，用水洗去牛皮纸，用白水泥浆擦缝。

（3）天然石板地面。常用的天然石板指大理石和花岗石板，由于它们质地坚硬，色泽丰富、艳丽，属高档地面装饰材料，一般多用于高级宾馆、会堂、公共建筑的大厅、门厅等处。

做法是在基层上刷素水泥浆一道后，用 30mm 厚 1∶3 干硬性水泥砂浆找平，面上撒 2mm 厚素水泥（洒适量清水），粘贴石板。

3. 木地面

木地面按构造方式不同，分为架空地面、实铺地面和粘贴地面三种。

（1）架空式木地板常用于底层地面，主要用于舞台、运动场等有弹性要求的地面，如图2-41所示。

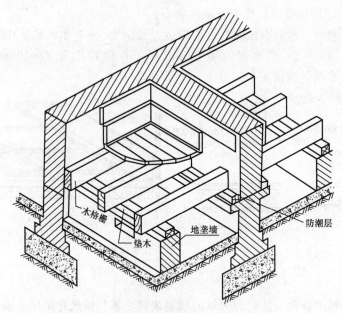

图2-41　架空式木地板

（2）实铺木地面是将木地板直接钉在钢筋混凝土基层上的木格栅上。木格栅为50mm×60mm方木，中距400mm，40mm×50mm横撑，中距1000mm与木格栅钉牢。为了防腐，可在基层上刷冷底子油和热沥青，格栅及地板背面满涂防腐油或煤焦油，如图2-42所示。

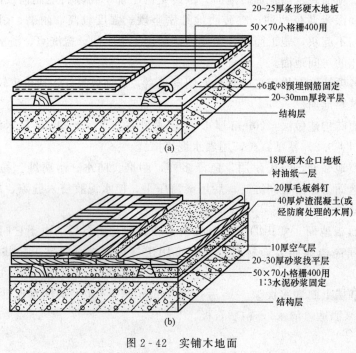

图2-42　实铺木地面

（a）单层；（b）双层

（3）粘贴木地面的做法是先在钢筋混凝土基层上采用沥青砂浆找平，然后刷冷底子油一道、热沥青一道，用2mm厚沥青胶环氧树脂乳胶等随涂随铺贴20mm厚硬木长条地板。

4. 塑料地面

常用的塑料地面为聚氯乙烯塑料地面和聚氯乙烯石棉地板。聚氯乙烯塑料地毡（又称地板胶）是软质卷材，可直接干铺在地面上。聚氯乙烯石棉地板是在聚氯乙烯树脂中掺入60%～80%的石棉绒和碳酸钙填料。因为树脂少、填料多，所以质地较硬，常做成300mm×300mm的小块地板，用胶粘剂拼花对缝粘贴。

5. 涂料地面

涂料类地面耐磨性好，耐腐蚀，耐水、防潮，整体性好，易清洁，不起灰，弥补了水泥砂浆和混凝土地面的缺陷，同时价格低廉，易于推广。

2.4　屋顶构造

2.4.1　屋顶的类型

1. 平屋顶

平屋顶通常是指排水坡度小于5%的屋顶，常用坡度为2%～3%，如图2-43所示。

图2-43　平屋顶的形式

（a）挑檐；（b）女儿墙；（c）挑檐女儿墙；（d）盝（盒）顶

2. 坡屋顶

坡屋顶通常是指屋面坡度大于10%的屋顶，如图2-44所示。

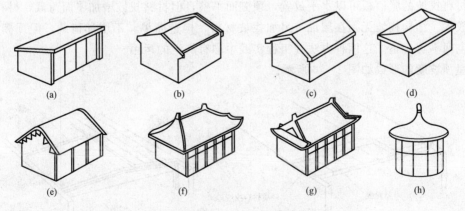

图2-44　坡屋顶的形式

（a）单坡顶；（b）硬山两坡顶；（c）悬山两坡顶；（d）四坡顶；
（e）卷棚顶；（f）庑殿顶；（g）歇山顶；（h）圆攒尖顶

3. 其他形式的屋顶

随着科学技术的发展，出现了许多新型的屋顶结构形式，如拱结构、薄壳结构、悬索结构、网架结构屋顶等。这类屋顶多用于较大跨度的公共建筑，如图 2-45 所示。

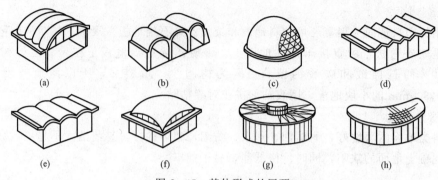

图 2-45 其他形式的屋顶

（a）双曲拱屋顶；（b）砖石拱屋顶；（c）球形网壳屋顶；（d）V 形网壳屋顶；
（e）筒壳屋顶；（f）扁壳屋顶；（g）车轮形悬索屋顶；（h）鞍形悬索屋顶

2.4.2 屋顶的排水

为了迅速排除屋面雨水，需进行周密的排水设计，其内容包括选择屋顶排水坡度，确定排水方式，进行屋顶排水组织设计。

1. 屋顶坡度选择

（1）屋顶排水坡度的表示方法。常用的坡度表示方法有角度法、斜率法和百分比法。坡屋顶多采用斜率法，平屋顶多采用百分比法，角度法应用较少。

（2）屋顶坡度的形成方法

1）材料找坡。材料找坡是指屋顶坡度由垫坡材料形成，一般用于坡向长度较小的屋面。为了减轻屋面荷载，应选用轻质材料找坡，如水泥炉渣、石灰炉渣等。找坡层的厚度最薄处不小于 20mm。平屋顶材料找坡的坡度宜为 2%。

2）结构找坡。结构找坡是屋顶结构自身带有排水坡度，平屋顶结构找坡的坡度宜为 3%。

材料找坡的屋面板可以水平放置，顶棚面平整，但材料找坡增加屋面荷载，材料和人工消耗较多。结构找坡无须在屋面上另加找坡材料，构造简单，不增加荷载，但顶棚顶倾斜，室内空间不够规整。这两种方法在工程实践中均有广泛的运用。

屋顶坡度的形成如图 2-46 所示。

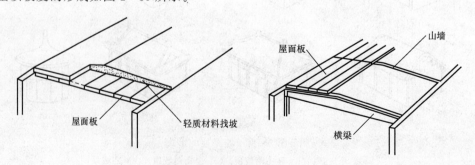

图 2-46 屋顶坡度的形成

2. 屋顶排水方式

（1）排水方式。

1）无组织排水。无组织排水是指屋面雨水直接从檐口滴落至地面的一种排水方式，因为不用天沟、雨水管等导流雨水，故又称自由落水。主要适用于少雨地区或一般低层建筑，相邻屋面高差小于 4m，不宜用于临街建筑和较高的建筑。

2）有组织排水。有组织排水是指雨水经由天沟、雨水管等排水装置被引导至地面或地下管沟的一种排水方式。在建筑工程中应用广泛。

（2）排水方式的选择。确定屋顶排水方式应根据气候条件、建筑物的高度、质量等级、使用性质、屋顶面积大小等因素，加以综合考虑。

（3）有组织排水方案。在工程实践中，由于具体条件的千变万化，可能出现各式各样的有组织排水方案。现按外排水、内排水、内外排水三种情况归纳成 9 种不同的排水方案，如图 2-47 所示。

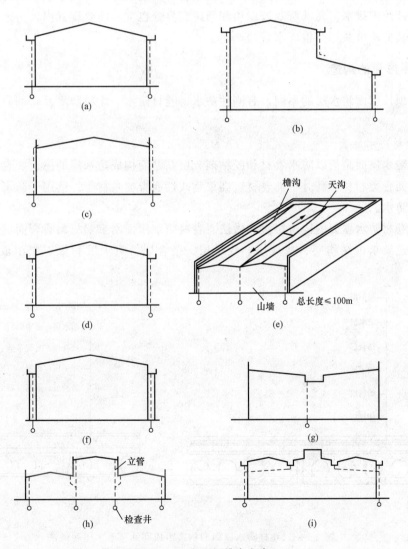

图 2-47　有组织排水方案

1）外排水。外排水是指雨水管装设在室外的一种排水方案，其优点是雨水管不妨碍室内空间使用和美观，构造简单，因而被广泛采用。外排水方案可归纳成挑檐沟外排水、女儿墙外排水、女儿墙挑檐沟外排水、长天沟外排水和暗管外排水。

明装的雨水管有损建筑立面，故在一些重要的公共建筑中，雨水管常采取暗装的方式，把雨水管隐藏在假柱或空心墙中。假柱可以处理成建筑立面上的竖线条。

2）内排水。外排水构造简单，雨水管不占用室内空间，故在南方应优先采用。但在有些情况下采用外排水并不恰当。例如，在高层建筑中，因维修室外雨水管既不方便，更不安全。又如，在严寒地区也不适宜用外排水，因室外的雨水管有可能使雨水结冻，而处于室内的雨水管则不会发生这种情况。

内排水包括以下两种形式：

①中间天沟内排水。当房屋宽度较大时，可在房屋中间设一纵向天沟形成内排水，这种方案特别适用于内廊式多层或高层建筑。雨水管可布置在走廊内，不影响走廊两旁的房间。

②高低跨内排水。高低跨双坡屋顶在两跨交界处也常常需要设置内天沟来汇集低跨屋面的雨水，高低跨可共用一根雨水管。

2.4.3 平屋顶的构造

平屋顶按屋面防水层的不同，有刚性防水、卷材防水、涂料防水及粉剂防水屋面等多种做法。

1. 卷材防水屋面

卷材防水屋面是指以防水卷材和胶粘剂分层粘贴而构成防水层的屋面。卷材防水屋面所用卷材有沥青类卷材、高分子类卷材、高聚物改性沥青类卷材等。适用于防水等级为Ⅰ~Ⅳ级的屋面防水。

（1）卷材防水屋面的构造层次和做法。卷材防水屋面由多层材料叠合而成，其基本构造层次按构造要求由结构层、找坡层、找平层、结合层、防水层和保护层组成。如图2-48所示。

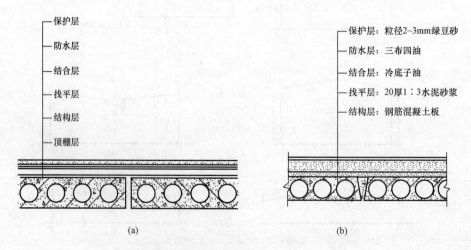

图2-48 卷材防水屋面的构造组成和油毡防水屋面做法

（a）卷材防水屋面的构造组成；（b）油毡防水屋面做法

1）结构层。结构层通常为预制或现浇钢筋混凝土屋面板，要求具有足够的强度和刚度。

2）找坡层（结构找坡和材料找坡）。材料找坡应选用轻质材料形成所需要的排水坡度，通常是在结构层上铺 1∶（6～8）的水泥焦渣或水泥膨胀蛭石等。

3）找平层。柔性防水层要求铺贴在坚固而平整的基层上，因此必须在结构层或找坡层上设置找平层。

4）结合层。结合层的作用是使卷材防水层与基层粘结牢固。结合层所用材料应根据卷材防水层材料的不同来选择，如油毡卷材、聚氯乙烯卷材及自粘型彩色三元乙丙复合卷材应用冷底子油在水泥砂浆找平层上喷涂一至二道，三元乙丙橡胶卷材则采用聚氨酯底胶，氯化聚乙烯橡胶卷材需用氯丁胶乳等。冷底子油用沥青加入汽油或煤油等溶剂稀释而成，喷涂时不用加热，在常温下进行，故称冷底子油。

5）防水层。防水层是由胶结材料与卷材黏合而成，卷材连续搭接，形成屋面防水的主要部分。当屋面坡度较小时，卷材一般平行于屋脊铺设，从檐口到屋脊层层向上粘贴，上下搭接不小于 70mm，左右搭接不小于 100mm。

目前所用的新型防水卷材，主要有三元乙丙橡胶防水卷材、自粘型彩色三元乙丙复合防水卷材、聚氯乙烯防水卷材、氯化聚乙烯防水卷材、氯丁橡胶防水卷材及改性沥青油毡防水卷材等，这些材料一般为单层卷材防水构造，防水要求较高时可采用双层卷材防水构造。这些防水材料的共同优点是自重轻，适用温度范围广，耐气候性好，使用寿命长，抗拉强度高，延伸率大，冷作业施工，操作简便，大大改善劳动条件，减少环境污染。

6）保护层。不上人屋面保护层的做法：当采用油毡防水层时为粒径 3～6mm 的小石子，称为绿豆砂保护层。绿豆砂要求耐风化、颗粒均匀、色浅。三元乙丙橡胶卷材采用银色着色剂，直接涂刷在防水层上表面。彩色三元乙丙复合卷材防水层直接用 CX-404 胶粘结，不需另加保护层。

上人屋面的保护层构造做法：通常可采用水泥砂浆或沥青砂浆铺贴缸砖、大阶砖、混凝土板等，也可现浇 40mm 厚 C20 细石混凝土。

（2）柔性防水屋面细部构造。屋顶细部是指屋面上的泛水、天沟、雨水口、檐口、变形缝等部位。

1）泛水构造。泛水是指屋顶上沿所有垂直面所设的防水构造，突出于屋面之上的女儿墙、烟囱、楼梯间、变形缝、检修孔、立管等的壁面与屋顶的交接处是最容易漏水的地方。必须将屋面防水层延伸到这些垂直面上，形成立铺的防水层，称为泛水。如图 2-49 所示。

2）檐口构造。柔性防水屋面的檐口构造有无组织排水挑檐和有组织排水挑檐沟及女儿墙檐口等，挑檐和挑檐沟构造都应注意处理好卷材的收头固定、檐口饰面，并做好滴水。女

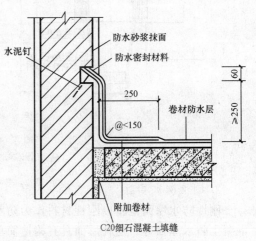

图 2-49　卷材防水屋面泛水构造

儿墙檐口构造的关键是泛水的构造处理，其顶部通常做混凝土压顶，并设有坡度坡向屋面。檐口构造如图 2-50 所示。

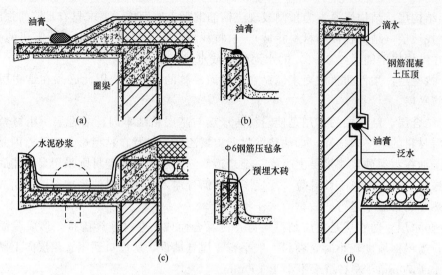

图 2-50　檐口构造

3）雨水口构造。雨水口的类型有用于檐沟排水的直管式雨水口和女儿墙外排水的弯管式雨水口两种。雨水口在构造上要求排水通畅，防止渗漏水堵塞。直管式雨水口为防止其周边漏水，应加铺一层卷材并贴入连接管内 100mm，雨水口上用定型铸铁罩或钢丝球盖住，用油膏嵌缝。弯管式雨水口穿过女儿墙预留孔洞内，屋面防水层应铺入雨水口内壁四周不小于 100mm，并安装铸铁箅子，以防杂物流入造成堵塞。雨水口构造如图 2-51 所示。

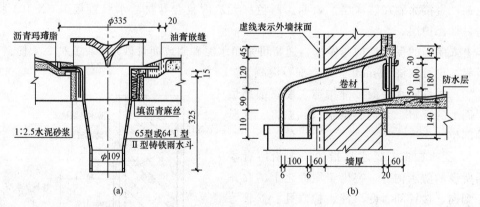

图 2-51　雨水口构造

(a) 直管式雨水口；(b) 弯管式雨水口

2. 刚性防水屋面

刚性防水屋面是指以刚性材料作为防水层的屋面，如防水砂浆、细石混凝土、配筋细石混凝土防水屋面等。这种屋面具有构造简单、施工方便、造价低廉的优点，但对温度变化和结构变形较敏感，容易产生裂缝而渗水。

（1）刚性防水屋面的构造层次及做法。刚性防水屋面一般由结构层、找平层、隔离层和防水层组成。

1）结构层。刚性防水屋面的结构层要求具有足够的强度和刚度，一般应采用现浇或预制装配的钢筋混凝土屋面板，并在结构层现浇或铺板时形成屋面的排水坡度。

2）找平层。为保证防水层厚薄均匀，通常应在结构层上用 20mm 厚 1：3 水泥砂浆找平。若采用现浇钢筋混凝土屋面板或设有纸筋灰等材料时，也可不设找平层。

3）隔离层。为减少结构层变形及温度变化对防水层的不利影响，宜在防水层下设置隔离层。隔离层可采用在纸筋灰、低强度等级砂浆或薄砂层上干铺一层油毡等。当防水层中加有膨胀剂类材料时，其抗裂性有所改善，也可不做隔离层。

4）防水层。常用配筋细石混凝土防水屋面的混凝土强度等级应不低于 C20，其厚度宜不小于 40mm，双向配置 φ4～φ6.5 钢筋，间距为 100～200mm 的双向钢筋网片。为提高防水层的抗渗性能，可在细石混凝土内掺入适量外加剂（如膨胀剂、减水剂、防水剂等），以提高其密实性能。

（2）刚性防水屋面细部构造。刚性防水屋面的细部构造包括屋面防水层的分格缝、泛水、檐口、雨水口等部位的构造处理。

1）屋面分格缝。屋面分格缝实质上是在屋面防水层上设置的变形缝。其目的在于：①防止温度变形引起防水层开裂；②防止结构变形将防水层拉坏。因此，屋面分格缝的位置应设置在温度变形允许的范围以内和结构变形敏感的部位。一般情况下分格缝间距不宜大于 6m。结构变形敏感的部位主要是指装配式屋面板的支承端、屋面转折处、现浇屋面板与预制屋面板的交接处、泛水与立墙交接处等部位。分格缝位置如图 2-52 所示。

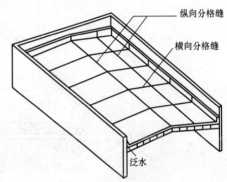

图 2-52 分格缝位置

分格缝的构造要点（图 2-53）：①防水层内的钢筋在分格缝处应断开；②屋面板缝用浸过沥青的木丝板等密封材料嵌填，缝口用油膏等嵌填；③缝口表面用防水卷材铺贴盖缝，卷材的宽度为 200～300mm。

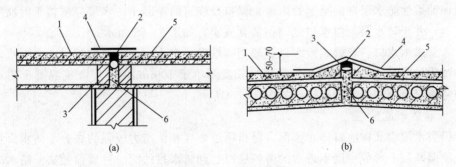

图 2-53 分格缝构造
（a）横向分格缝；（b）屋脊分格缝

2）泛水构造。刚性防水屋面的泛水构造要点与卷材屋面基本相同。不同的地方是刚性防水层与屋面突出物（女儿墙、烟囱等）间须留分格缝，另铺贴附加卷材盖缝形成泛水。

3）檐口构造。刚性防水屋面檐口的形式一般有自由落水挑檐口、挑檐沟外排水檐口和女儿墙外排水檐口、坡檐口等。

①自由落水挑檐口。根据挑檐挑出的长度，有直接利用混凝土防水层悬挑和在增设的现浇或预制钢筋混凝土挑檐板上做防水层等做法。无论采用哪种做法，都应注意做好滴水。

②挑檐沟外排水檐口。檐沟构件一般采用现浇或预制的钢筋混凝土槽形天沟板，在沟底用低强度等级的混凝土或水泥炉渣等材料垫置成纵向排水坡度，铺好隔离层后再浇筑防水层，防水层应挑出屋面并做好滴水。

③坡檐口。建筑设计中出于造型方面的考虑，常采用一种平顶坡檐即"平改坡"的处理形式，使较为呆板的平顶建筑具有某种传统的韵味，以丰富城市景观，如图2-54所示。

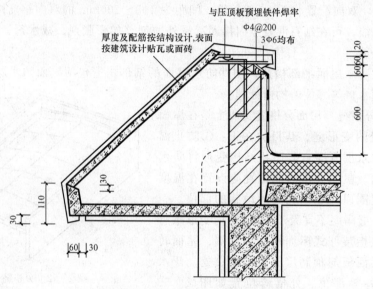

图2-54 平屋顶坡檐构造

4）雨水口构造。刚性防水屋面的雨水口有直管式和弯管式两种做法：直管式一般用于挑檐沟外排水的雨水口；弯管式用于女儿墙外排水的雨水口。

①直管式雨水口。直管式雨水口为防止雨水从雨水口套管与沟底接缝处渗漏，应在雨水口周边加铺柔性防水层并铺至套管内壁，檐口处浇筑的混凝土防水层应覆盖于附加的柔性防水层之上，并于防水层与雨水口之间用油膏嵌实，如图2-55所示。

②弯管式雨水口。弯管式雨水口一般用铸铁做成弯头。雨水口安装时，在雨水口处的屋面应加铺附加卷材与二弯头搭接，其搭接长度不小于100mm，然后浇筑混凝土防水层，防水层与弯头交接处需用油膏嵌缝，如图2-56所示。

3. 涂膜防水屋面

涂膜防水屋面又称涂料防水屋面，是指用可塑性和粘结力较强的高分子防水涂料，直接涂刷在屋面基层上形成一层不透水的薄膜层以达到防水目的的一种屋面做法。防水涂料有塑料、橡胶和改性沥青三大类，常用的有塑料油膏、氯丁胶乳沥青涂料和焦油聚氨酯防水涂膜等。这些材料多数具有防水性好、粘结力强、延伸性大、耐腐蚀、不易老化、施工方便、容易维修等优点。近年来应用较为广泛，这种屋面通常适用于不设保温层的预制屋面板结构，如单层工业厂房的屋面。在有较大振动的建筑物或寒冷地区则不宜采用。

（1）涂膜防水屋面的构造层次和做法。涂膜防水屋面的构造层次与柔性防水屋面相同，由结构层、找坡层、找平层、结合层、防水层和保护层组成。

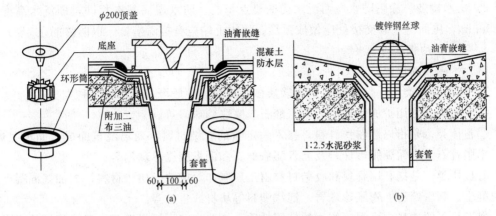

图 2-55　直管式雨水口构造

（a）65 型雨水口；（b）钢丝罩铸铁雨水口

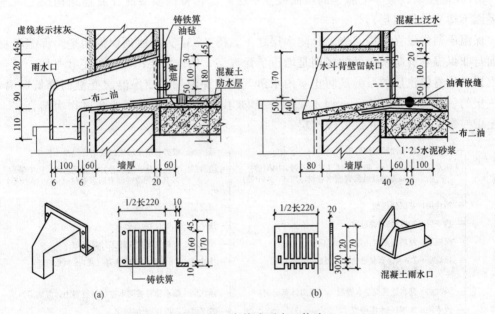

图 2-56　弯管式雨水口构造

（a）铸铁雨水口；（b）预制混凝土排水槽

涂膜防水屋面的常见做法，结构层和找坡层材料做法与柔性防水屋面相同。找平层通常为 25mm 厚 1:2.5 水泥砂浆。为保证防水层与基层粘结牢固，结合层应选用与防水涂料相同的材料经稀释后满刷在找平层上。当屋面不上人时，保护层的做法根据防水层材料的不同，可用蛭石或细砂撒面、银粉涂料涂刷等做法；当屋面为上人屋面时，保护层做法与柔性防水上人屋面做法相同。

（2）涂膜防水屋面细部构造

1）分格缝构造。涂膜防水只能提高表面的防水能力，由于温度变形和结构变形会导致基层开裂而使得屋面渗漏，因此对屋面面积较大和结构变形敏感的部位，需设置分格缝。

2）泛水构造。涂膜防水屋面泛水构造要点与柔性防水屋面基本相同，即泛水高度不小于250mm，屋面与立墙交接处应做成弧形，泛水上端应有挡雨措施，以防渗漏。

4．平屋顶的保温与隔热

（1）平屋顶的保温。

1）保温材料类型。保温材料多为轻质多孔材料，一般可分为以下三种类型：

①散料类。常用炉渣、矿渣、膨胀蛭石、膨胀珍珠岩等。

②整体类。是指以散料作骨料，掺入一定量的胶结材料，现场浇筑而成。如水泥炉渣、水泥膨胀蛭石、水泥膨胀珍珠岩及沥青膨胀蛭石和沥青膨胀珍珠岩等。

③板块类。是指利用骨料和胶结材料由工厂制作而成的板块状材料，如加气混凝土、泡沫混凝土、膨胀蛭石、膨胀珍珠岩、泡沫塑料等块材或板材等。

保温材料的选择应根据建筑物的使用性质、构造方案、材料来源、经济指标等因素，综合考虑确定。

2）保温层的设置。平屋顶因屋面坡度平缓，适合将保温层放在屋面结构层上（刚性防水屋面不适宜设保温层）。

保温层通常设在结构层之上、防水层之下。图2-57为平屋顶保温构造。保温卷材防水屋面与非保温卷材防水屋面的区别是增设了保温层，构造需要相应增加了找平层、结合层和隔汽层。设置隔汽层的目的是防止室内水蒸气渗入保温层，使保温层受潮而降低保温效果。隔汽层的一般做法是在20mm厚1∶3水泥砂浆找平层上刷冷底子油两道作为结合层，结合层上做一布二油或两道热沥青隔汽层。

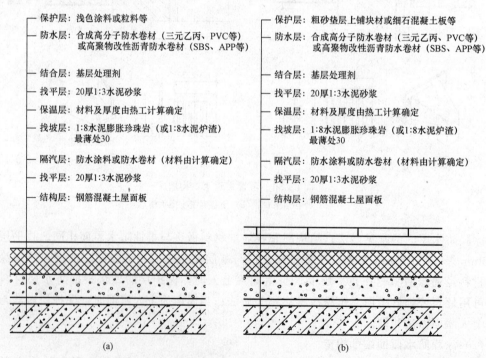

图2-57　卷材防水保温平屋面常见做法

（a）保温不上人屋面；（b）保温上人屋面

（2）平屋顶的隔热。

1）通风隔热屋面。通风隔热屋面是指在屋顶中设置通风间层，使上层表面起着遮挡阳光的作用，利用风压和热压作用把间层中的热空气不断带走，以减少传到室内的热量，从而达到隔热、降温的目的。通风隔热屋面一般有架空通风隔热屋面和顶棚通风隔热屋面两种做法。

①架空通风隔热屋面。通风层设在防水层之上，其做法很多，如图 2-58 为架空通风隔热屋面构造，其中以架空预制板或大阶砖最为常见。架空通风隔热层设计应满足以下要求：架空层应有适当的净高，一般以 180～240mm 为宜；距女儿墙 500mm 范围内不铺架空板；隔热板的支点可做成砖垄墙或砖墩，间距视隔热板的尺寸而定。

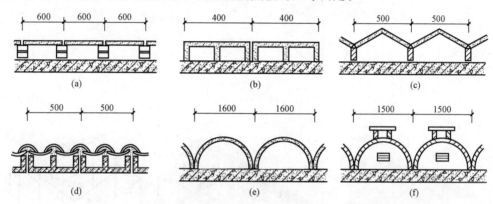

图 2-58　架空通风隔热构造

（a）架空预制板（或大阶砖）；（b）架空混凝土山形板；（c）架空钢丝网水泥折板；

（d）倒槽板上铺小青瓦；（e）钢筋混凝土半圆拱；（f）1/4 厚砖拱

②顶棚通风隔热屋面。这种做法是利用顶棚与屋顶之间的空间作隔热层，顶棚通风隔热层设计应满足以下要求：顶棚通风层应有足够的净空高度，一般为 500mm 左右；需设置一定数量的通风孔，以利空气对流；通风孔应考虑防飘雨措施。

2）蓄水隔热屋面。蓄水屋面是指在屋顶蓄积一层水，利用水蒸发时需要大量的汽化热，从而大量消耗晒到屋面的太阳辐射热，以减少屋顶吸收的热能，从而达到降温隔热的目的。蓄水屋面构造与刚性防水屋面基本相同，主要区别是增加了一壁三孔，即蓄水分仓壁、溢水孔、泄水孔和过水孔。蓄水隔热屋面构造应注意以下几点：合适的蓄水深度，一般为 150～200mm；根据屋面面积划分成若干蓄水区，每区的边长一般不大于 10m；足够的泛水高度，至少高出水面 100mm；合理设置溢水孔和泄水孔，并应与排水檐沟或水落管连通，以保证多雨季节不超过蓄水深度和检修屋面时能将蓄水排除；注意做好管道的防水处理。

3）种植隔热屋面。种植隔热屋面是在屋顶上种植植物，利用植被的蒸腾和光合作用，吸收太阳辐射热，从而达到降温隔热的目的。种植隔热屋面构造如图 2-59 所示。

2.4.4　坡屋顶的构造

1. 坡屋顶的承重结构

（1）承重结构类型。坡屋顶中常用的承重结构有横墙承重、屋架承重和梁架承重，如图 2-60 所示。

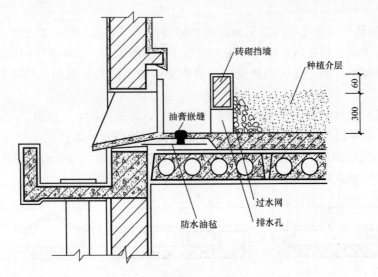

图 2-59 种植隔热屋面构造示意图

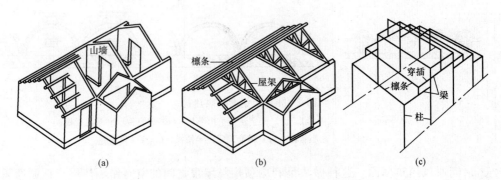

图 2-60 坡屋顶的承重结构类型

（a）横墙承重；（b）屋架承重；（c）梁架承檩式屋架

（2）承重结构构件。

1）屋架。屋架形式常为三角形，由上弦、下弦及腹杆组成，所用材料有木材、钢材及钢筋混凝土等。木屋架一般用于跨度不超过12m的建筑。将木屋架中受拉力的下弦及直腹杆件用钢筋或型钢代替，这种屋架称为钢木屋架。钢木组合屋架一般用于跨度不超过18m的建筑，当跨度更大时需采用预应力钢筋混凝土屋架或钢屋架。

2）檩条。檩条所用材料可为木材、钢材及钢筋混凝土，檩条材料的选用一般与屋架所用材料相同，使两者的耐久性接近。

（3）承重结构布置。坡屋顶承重结构布置主要是指屋架和檩条的布置，其布置方式视屋顶形式而定，如图2-61所示。

2. 平瓦屋面做法

坡屋顶屋面一般是利用各种瓦材，如平瓦、波形瓦、小青瓦等作为屋面防水材料。近年来，还有不少采用金属瓦屋面、彩色压型钢板屋面等。

平瓦屋面根据基层的不同有冷摊瓦屋面、木望板平瓦屋面和钢筋混凝土板瓦屋面三种做法。

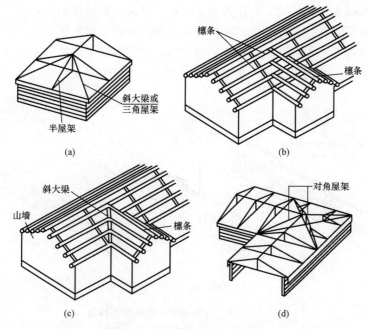

图 2-61 屋架和檩条布置

（a）四坡顶的屋架；（b）丁字形交接处屋顶之一；（c）丁字形交

接处屋顶之二；（d）转角屋顶

（1）冷摊瓦屋面。冷摊瓦屋面是在檩条上钉固椽条，然后在椽条上钉挂瓦条并直接挂瓦。这种做法构造简单，但雨、雪易从瓦缝中飘入室内，通常用于南方地区质量要求不高的建筑。如图 2-62（a）所示。

（2）木望板瓦屋面。木望板瓦屋面是在檩条上铺钉 15～20mm 厚的木望板（也称屋面板），望板可采取密铺法（不留缝）或稀铺法（望板间留 20mm 左右宽的缝），在望板上平行于屋脊方向干铺一层油毡，在油毡上顺着屋面水流方向钉 10mm×30mm、中距 500mm 的顺水条，然后在顺水条上面平行于屋脊方向钉挂瓦条并挂瓦，挂瓦条的断面和间距与冷摊瓦屋面相同。这种做法比冷摊瓦屋面的防水、保温隔热效果要好，但耗用木材多、造价高，多用于质量要求较高的建筑物中，如图 2-62（b）所示。

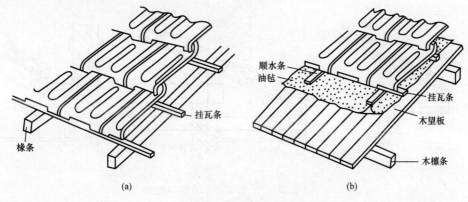

图 2-62 冷摊瓦屋面和木望板瓦屋面构造

（a）冷摊瓦屋面；（b）木望板瓦屋面

（3）钢筋混凝土板瓦屋面。瓦屋面由于保温、防火或造型等的需要，可将钢筋混凝土板作为瓦屋面的基层盖瓦。盖瓦的方式有两种：一种是在找平层上铺油毡一层，用压毡条钉在嵌在板缝内的木楔上，再钉挂瓦条挂瓦；另一种是在屋面板上直接粉刷防水水泥砂浆并贴瓦或陶瓷面砖或平瓦。在仿古建筑中也常采用钢筋混凝土板瓦屋面，如图2-63所示。

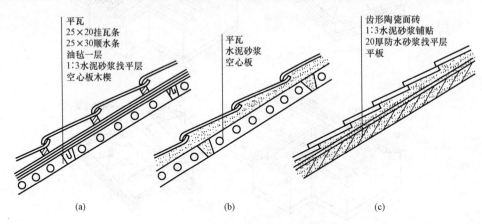

图 2-63 钢筋混凝土板瓦屋面构造

（a）木条挂瓦；（b）砂浆贴瓦；（c）砂浆贴面砖

3.平瓦屋面细部构造

平瓦屋面应做好檐口、天沟、屋脊等部位的细部处理。

（1）檐口构造。檐口分为纵墙檐口和山墙檐口。

1）纵墙檐口。纵墙檐口根据造型要求做成挑檐或封檐，如图2-64所示。

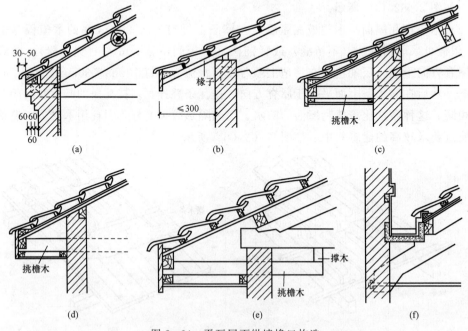

图 2-64 平瓦屋面纵墙檐口构造

（a）砖砌挑檐；（b）椽条外挑；（c）挑檐木置于屋架下；（d）挑檐木置于承重横墙中；

（e）挑檐木下移；（f）女儿墙包檐口

2) 山墙檐口。山墙檐口按屋顶形式分为硬山与悬山两种。硬山檐口构造，将山墙升起包住檐口，女儿墙与屋面交接处应作泛水处理。女儿墙顶应作压顶板，以保护泛水。

悬山屋顶的山墙檐口构造，先将檩条外挑形成悬山，檩条端部钉木封檐板，沿山墙挑檐的一行瓦，应用 1：2.5 的水泥砂浆做出披水线，将瓦封固。

(2) 天沟和斜沟构造。在等高跨或高低跨相交处，常常出现天沟，而两个相互垂直的屋面相交处则形成斜沟。沟应有足够的断面积，上口宽度不宜小于 300～500mm，一般用镀锌薄钢板铺于木基层上，镀锌薄钢板伸入瓦片下面至少 150mm。高低跨和包檐天沟若采用镀锌薄钢板防水层时，应从天沟内延伸至立墙（女儿墙）上形成泛水，如图 2-65 所示。

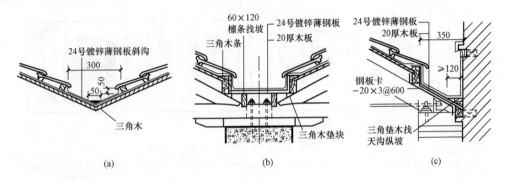

图 2-65　天沟、斜沟构造
(a) 三角形天沟（双跨屋面）；(b) 矩形天沟（双跨屋面）；(c) 高低跨屋面天沟

4. 坡屋顶的保温与隔热

(1) 坡屋顶保温构造。坡屋顶的保温层一般布置在瓦材与檩条之间或吊顶棚上面。保温材料可根据工程具体要求选用松散材料、块体材料或板状材料。

(2) 坡屋顶隔热构造。炎热地区在坡屋顶中设进气口和排气口，利用屋顶内外的热压差和迎风面的压力差，组织空气对流，形成屋顶内的自然通风，以减少由屋顶传入室内的辐射热，从而达到隔热、降温的目的。进气口一般设在檐墙上、屋檐部位或室内顶棚上。出气口最好设在屋脊处，以增大高差，有利于加速空气流通。

2.5　门的类型构造

2.5.1　门的形式

门按其开启方式通常有平开门、弹簧门、推拉门、折叠门、转门等，如图 2-66 所示。

2.5.2　门的尺度

门的尺度通常是指门洞的高宽尺寸。门作为交通疏散通道，其尺度取决于人的通行要求、家具器械的搬运及与建筑物的比例关系等，并要符合现行《建筑模数协调统一标准》的规定。

(1) 门的高度，不应小于 2100mm。如门设有亮子时，亮子高度一般为 300～600mm，门洞高度为 2400～3000mm。公共建筑大门高度可视需要适当提高。

(2) 门的宽度，单扇门为 700～1000mm，双扇门为 1200～1800mm。宽度在 2100mm

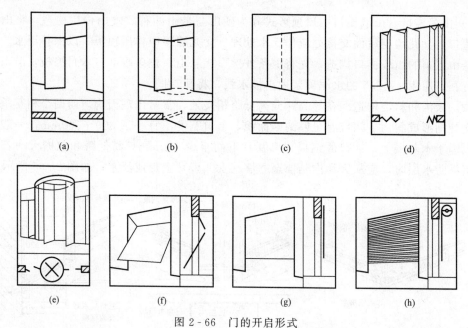

图 2-66　门的开启形式

（a）平开门；（b）弹簧门；（c）推拉门；（d）折叠门；（e）转门；（f）上翻门；（g）升降门；（h）卷帘门

以上时，则做成三扇、四扇门或双扇带固定扇的门，因为门扇过宽易产生翘曲变形，同时也不利于开启。辅助房间（如浴厕、贮藏室等）门的宽度可窄些，一般为 700～800mm。

2.5.3　平开门的构造

1. 平开门的组成

门一般由门框、门扇、亮子、五金零件及其附件组成。

门扇按其构造方式不同，有镶板门、夹板门、拼板门、玻璃门和纱门等类型。亮子又称腰头窗，在门上方，为辅助采光和通风之用，有平开、固定及上、中、下悬几种。门框是门扇、亮子与墙的连系构件。五金零件一般有铰链、插销、门锁、拉手、门碰头等。附件有贴脸板、筒子板等，如图 2-67 所示。

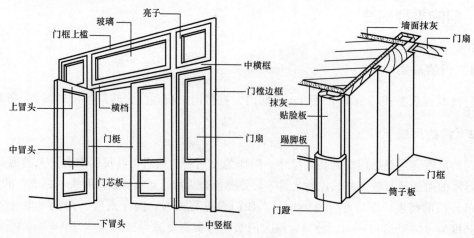

图 2-67　木门的组成

2. 门框

一般由两根竖直的边框和上框组成。当门带有亮子时，还有中横框，多扇门则还有中竖框。

（1）门框断面。门框的断面形式与门的类型、层数有关，同时应利于门的安装，并应具有一定的密闭性，如图 2-68 所示。

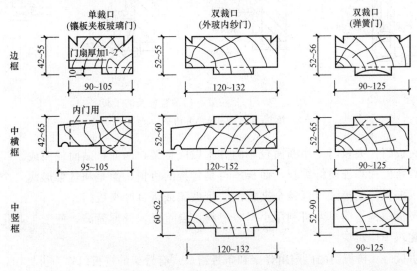

图 2-68　门框的断面形式与尺寸

（2）门框安装。门框的安装根据施工方式分后塞口和先立口两种，如图 2-69 所示。

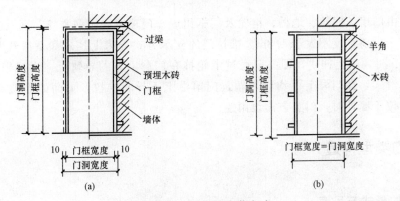

图 2-69　门框的安装方式

(a) 塞口；(b) 立口

（3）门框在墙中的位置。门框在墙中的位置，可在墙的中间或与墙的一边平。一般多与开启方向一侧平齐，尽可能使门扇开启时贴近墙面，如图 2-70 所示。

3. 门扇

常用的木门门扇有镶板门（包括玻璃门、纱门）、夹板门和拼板门等。

（1）镶板门。镶板门是广泛使用的一种门，门扇由边梃、上冒头、中冒头（可作数根）和下冒头组成骨架，内装门芯板而构成。构造简单，加工制作方便，适于一般民用建筑作内门和外门。

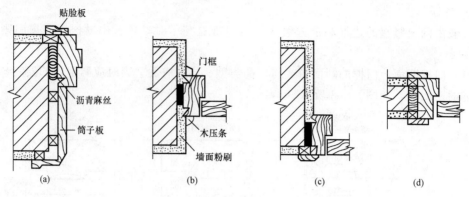

图 2-70　门框位置、门贴脸板及筒子板
（a）外平；（b）立中；（c）内平；（d）内外平

（2）夹板门。夹板门是用断面较小的方木做成骨架，两面粘贴面板而成。门扇面板可用胶合板、塑料面板和硬质纤维板，面板不再是骨架的负担，而是和骨架形成一个整体，共同抵抗变形。夹板门的形式可以是全夹板门、带玻璃或带百叶夹板门。

由于夹板门构造简单，可利用小料、短料，自重轻，外形简洁，便于工业化生产，故在一般民用建筑中广泛应用。

（3）拼板门。拼板门的门扇由骨架和条板组成。有骨架的拼板门称为拼板门，而无骨架的拼板门称为实拼门。有骨架的拼板门又分为单面直拼门、单面横拼门和双面保温拼板门三种。

2.5.4　推拉门的构造

推拉门由门扇、门轨、地槽、滑轮及门框组成。门扇可采用钢木门、钢板门、空腹薄壁钢门等，每个门扇宽度不大于 1.8m。推拉门的支承方式分为上挂式和下滑式两种，当门扇高度小于 4m 时，用上挂式，即门扇通过滑轮挂在门洞上方的导轨上。当门扇高度大于 4m 时，多用下滑式，在门洞上下均设导轨，门扇沿上下导轨推拉，下面的导轨承受门扇的重量。推拉门位于墙外时，门上方需设雨篷。

2.6　窗的类型构造

2.6.1　窗的形式与尺度

1. 窗的形式

窗的形式一般按开启方式定。而窗的开启方式主要取决于窗扇铰链安装的位置和转动方式。通常窗的开启方式有以下几种（图 2-71）：

（1）固定窗。无窗扇、不能开启的窗为固定窗。固定窗的玻璃直接嵌固在窗框上，可供采光和眺望之用。

（2）平开窗。铰链安装在窗扇一侧与窗框相连，向外或向内水平开启。有单扇、双扇、多扇，有向内开与向外开之分。其构造简单，开启灵活，制作、维修均方便，是民用建筑中采用最广泛的窗。

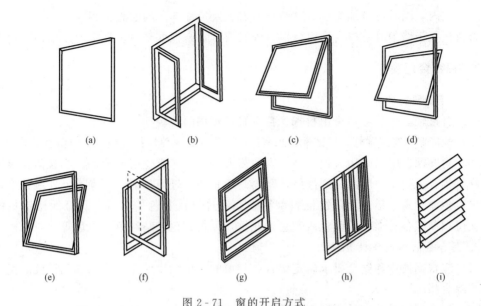

图 2-71　窗的开启方式

（a）固定窗；（b）平开窗；（c）上悬窗；（d）中悬窗；（e）下悬窗；（f）立转窗；

（g）垂直推拉窗；（h）水平推拉窗；（i）百叶窗

（3）悬窗。因铰链和转轴的位置不同，可分为上悬窗、中悬窗和下悬窗。

（4）立转窗。引导风进入室内效果较好，但防雨及密封性较差，多用于单层厂房的低侧窗。因密闭性较差，不宜用于寒冷和多风沙的地区。

（5）推拉窗。分垂直推拉窗和水平推拉窗两种。它们不多占使用空间，窗扇受力状态较好，适宜安装较大玻璃，但通风面积受到限制。

（6）百叶窗。主要用于遮阳、防雨及通风，但采光差。百叶窗可用金属、木材、钢筋混凝土等制作，有固定式和活动式两种形式。

2. 窗的尺度

窗的尺度主要取决于房间的采光、通风、构造做法和建筑造型等要求，并要符合现行《建筑模数协调标准》（GB/T 50002—2013）的规定。为使窗坚固耐久，一般平开木窗的窗扇高度为 800～1200mm，宽度不宜大于 500mm；上下悬窗的窗扇高度为 300～600mm；中悬窗窗扇高不宜大于 1200mm，宽度不宜大于 1000mm；推拉窗高宽均不宜大于 1500mm。对一般民用建筑用窗，各地均有通用图，各类窗的高度与宽度尺寸通常采用扩大模数 3M 数列作为洞口的标志尺寸，需要时只要按所需类型及尺度大小直接选用。

2.6.2　平开窗的构造

1. 窗框安装

窗框与门框一样，在构造上应有裁口及背槽处理，裁口也有单裁口与双裁口之分。窗框的安装与门框一样，分后塞口与先立口两种。塞口时洞口的高、宽尺寸应比窗框尺寸大 10～20mm。

2. 窗框在墙中的位置

窗框在墙中的位置，一般是与墙内表面相平，安装时窗框突出砖面 20mm，以便墙面粉刷后与抹灰面相平。窗框与抹灰面交接处，应用贴脸板搭盖，以阻止由于抹灰干缩形成缝隙后风透入室内，同时可增加美观。贴脸板的形状及尺寸与门的贴脸板相同。

当窗框立于墙中时，应内设窗台板，外设窗台。窗框外平时，靠室内一面设窗台板。

2.6.3　铝合金门窗

1. 铝合金门窗的特点

（1）自重轻。铝合金门窗用料省、自重轻，较钢门窗轻 50％左右。

（2）性能好。密封性好，气密性、水密性、隔声性、隔热性都较钢、木门窗有显著的提高。

（3）耐腐蚀、坚固耐用。铝合金门窗不需要涂涂料，氧化层不褪色、不脱落，表面不需要维修。铝合金门窗强度高，刚性好，坚固耐用，开闭轻便灵活，无噪声，安装速度快。

（4）色泽美观。铝合金门窗框料型材表面经过氧化着色处理后，既可保持铝材的银白色，又可以制成各种柔和的颜色或带色的花纹，如古铜色、暗红色、黑色等。

2. 铝合金门窗的设计要求

（1）应根据使用和安全要求确定铝合金门窗的风压强度性能、雨水渗漏性能、空气渗透性能等综合指标。

（2）组合门窗设计宜采用定型产品门窗作为组合单元。非定型产品的设计应考虑洞口最大尺寸和开启扇最大尺寸的选择和控制。

（3）外墙门窗的安装高度应有限制。

3. 铝合金门窗框料系列

系列名称是以铝合金门窗框的厚度构造尺寸来区别各种铝合金门窗的称谓，如平开门门框厚度构造尺寸为 50mm 宽，即称为 50 系列铝合金平开门，推拉窗窗框厚度构造尺寸90mm 宽，即称为 90 系列铝合金推拉窗等。实际工程中，通常根据不同地区、不同性质的建筑物的使用要求选用相适应的门窗框。

4. 铝合金门窗安装

铝合金门窗是表面处理过的铝材经下料、打孔、铣槽、攻丝等加工，制作成门窗框料的构件，然后与连接件、密封件、开闭五金件一起组合装配成门窗。

门窗安装时，将门、窗框在抹灰前立于门窗洞处，与墙内预埋件对正，然后用木楔将三边固定。经检验确定门、窗框水平、垂直、无翘曲后，用连接件将铝合金框固定在墙（柱、梁）上，连接件固定可采用焊接、膨胀螺栓或射钉等方法。

门窗框与墙体等的连接固定点，每边不得少于两点，且间距不得大于 0.7m。在基本风压大于等于 0.7kPa 的地区，不得大于 0.5m，边框端部的第一固定点距端部的距离不得大于 0.2m。

2.6.4　塑钢门窗

塑钢门窗是以改性硬质聚氯乙烯（简称 UPVC）为主要原料，加上一定比例的稳定剂、着色剂、填充剂、紫外线吸收剂等辅助剂，经挤出机挤出成型为各种断面的中空异型材。经切割后，在其内腔衬以型钢加强筋，用热熔焊接机焊接成型为门窗框扇，配装上橡胶密封条、压条、五金件等附件而制成的门窗，即所谓的塑钢门窗。具有如下优点：

（1）强度好、耐冲击。

（2）保温隔热、节约能源。

（3）隔声好。

（4）气密性、水密性好。

（5）耐腐蚀性强。

（6）防火。

（7）耐老化、使用寿命长。

（8）外观精美、清洗容易。

塑钢窗框与墙体的连接方式如图 2-72 所示。

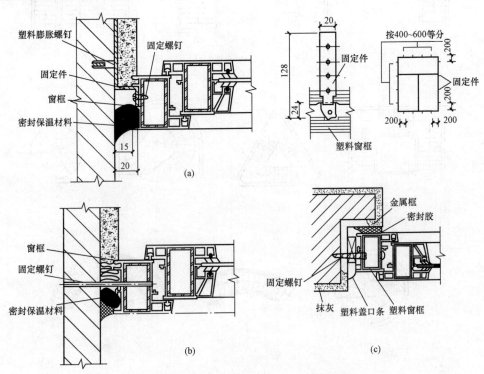

图 2-72　塑钢窗框与墙体的连接节点图
(a) 连接件法；(b) 直接固定法；(c) 假框法

2.7　楼梯

2.7.1　楼梯的类型

按位置不同分，楼梯有室内与室外两种。按使用性质分，室内有主要楼梯、辅助楼梯，室外有安全楼梯、防火楼梯。按材料分，有木质、钢筋混凝土、钢质、混合式及金属楼梯。按楼梯的平面形式不同，可分为如下几种：①单跑直楼梯；②双跑直楼梯；③曲尺楼梯；④双跑平行楼梯；⑤双分转角楼梯；⑥双分平行楼梯；⑦三跑楼梯；⑧三角形三跑楼梯；⑨圆形楼梯；⑩中柱螺旋楼梯；⑪无中柱螺旋楼梯；⑫单跑弧形楼梯；⑬双跑弧形楼梯；⑭交叉楼梯；⑮剪刀楼梯，如图 2-73 (a) ～图 2-73 (o) 所示。

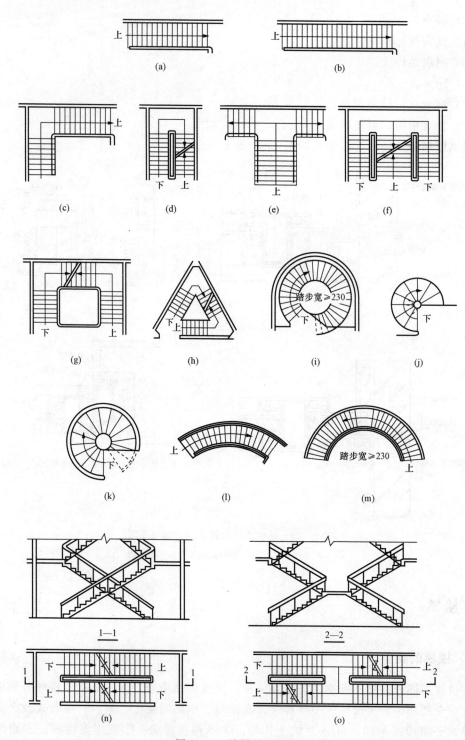

图 2-73 楼梯平面形式

（a）单跑直楼梯；（b）双跑直楼梯；（c）曲尺楼梯；（d）双跑平行楼梯；（e）双分转角楼梯；
（f）双分平行楼梯；（g）三跑楼梯；（h）三角形三跑楼梯；（i）圆形楼梯；（j）中柱螺旋楼梯；
（k）无中柱螺旋楼梯；（l）单跑弧形楼梯；（m）双跑弧形楼梯；（n）交叉楼梯；（o）剪刀楼梯

2.7.2　楼梯的组成

楼梯一般由楼梯段、平台及栏杆（或栏板）三部分组成如图 2 - 74 所示。

1. 楼梯段

楼梯段又称楼梯跑，是楼梯的主要使用和承重部分。它由若干个踏步组成。为减少人们上下楼梯时的疲劳和适应人行的习惯，一个楼梯段的踏步数要求最多不超过 18 级，最少不少于 3 级。

2. 平台

平台是指两楼梯段之间的水平板，有楼层平台、中间平台之分。其主要作用在于缓解疲劳，让人们在连续上楼时可在平台上稍加休息，故又称休息平台。同时，平台还是梯段之间转换方向的连接处。

3. 栏杆

栏杆是楼梯段的安全设施，一般设置在梯段的边缘和平台临空的一边，要求它必须坚固可靠，并保证有足够的安全高度。

2.7.3　楼梯的使用要求

（1）作为主要楼梯，应与主要出入口邻近，且位置明显，同时还应避免垂直交通与水平交通在交接处拥挤、堵塞。

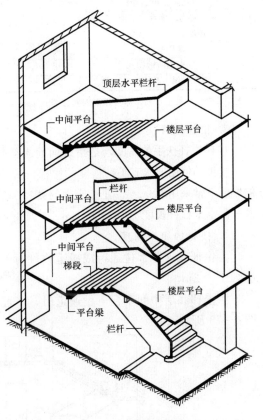

图 2 - 74　楼梯的组成

（2）必须满足防火要求，楼梯间除允许直接对外开窗采光外，不得向室内任何房间开窗。楼梯间四周墙壁必须为防火墙。对防火要求高的建筑物特别是高层建筑，应设计成封闭式楼梯或防烟楼梯。

（3）楼梯间必须有良好的自然采光。

2.7.4　楼梯的尺度

1. 楼梯段的宽度

楼梯的宽度必须满足上下人流及搬运物品的需要。从确保安全角度出发，楼梯段宽度是由通过该梯段的人流数确定的。

2. 楼梯的坡度与踏步尺寸

楼梯梯段的最大坡度不宜超过 38°。当坡度小于 20°时，采用坡道，大于 45°时，则采用爬梯。

楼梯坡度实质上与楼梯踏步密切相关，踏步高与宽之比即可构成楼梯坡度。踏步高常以 h 表示，踏步宽常以 b 表示，民用建筑中，楼梯踏步的最小宽度与最大高度的限制值见表 2 - 1。

表 2 - 1　　　　　　　　　　　　楼梯踏步最小宽度和最大高度

楼 梯 类 别	最小宽度（m）	最大高度（m）
住宅共用楼梯	0.26	0.175
幼儿园、小学等楼梯	0.26	0.15
电影院、剧场、体育馆、商场、医院、旅馆和大中学校等楼梯	0.28	0.16
其他建筑楼梯	0.26	0.17
专用疏散楼梯	0.25	0.18
服务楼梯、住宅套内楼梯	0.22	0.20

注：无中柱螺旋楼梯和弧形楼梯离内侧扶手 0.25m 处的踏步宽度不应小于 0.22m。

3. 楼梯栏杆扶手的高度

楼梯栏杆扶手的高度，是指踏面前缘至扶手顶面的垂直距离。楼梯扶手的高度与楼梯的坡度、楼梯的使用要求有关，很陡的楼梯，扶手的高度矮些，坡度平缓时高度可稍大。在 30° 左右的坡度下常采用 900mm，儿童使用的楼梯一般为 600mm。对一般室内楼梯不小于 900mm，靠梯井一侧水平栏杆长度不小于 500mm，其高度不小于 1000mm，室外楼梯栏杆高不小于 1050mm。

4. 楼梯的净空高度

为保证在这些部位通行或搬运物件时不受影响，其净高在平台处应大于 2m，在梯段处应大于 2.2m。

当楼梯底层中间平台下做通道时，下面空间净高不小于 2000mm，常采用的处理方法如图 2 - 75 所示。

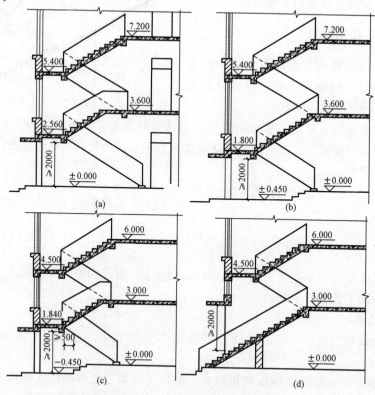

图 2 - 75　平台下作出入口时楼梯净高设计的几种方式
(a) 底层设计成"长短跑"；(b) 增加室内外高差；(c) (a)、(b) 相结合；(d) 底层采用单跑梯段

2.7.5　现浇式钢筋混凝土楼梯

1. 板式梯段

板式梯段是指楼梯段作为一块整板，斜搁在楼梯的平台梁上。平台梁之间的距离便是这块板的跨度，如图 2-76 所示。

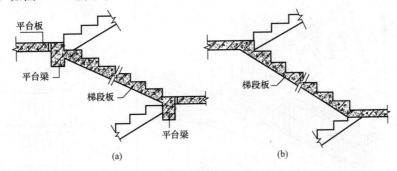

图 2-76　现浇钢筋混凝土板式梯段

2. 梁板式楼梯段

当梯段较宽或楼梯负载较大时，采用板式梯段往往不经济，须增加梯段斜梁（简称梯梁）以承受板的荷载，并将荷载传给平台梁，这种梯段称为梁板式梯段。

梁板式梯段在结构布置上有双梁布置和单梁布置之分。梯梁在板下部的称正梁式梯段，将梯梁反向上面称为反梁式梯段，如图 2-77 所示。

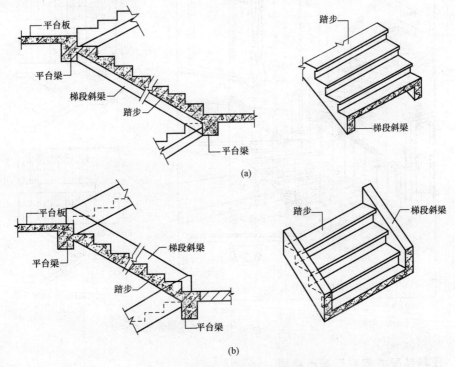

图 2-77　现浇钢筋混凝土梁板式梯段
（a）正梁式梯段；（b）反梁式梯段

在梁板式结构中，单梁式楼梯是近年来公共建筑中采用较多的一种结构形式。这种楼梯的每个梯段由一根梯梁支承踏步。梯梁布置有两种方式，一种是单梁悬臂式楼梯，如图2-78所示，另一种是单梁挑板式楼梯，如图2-79所示。单梁楼梯受力复杂，梯梁不仅受弯，而且受扭。但这种楼梯外形轻巧、美观，常为建筑空间造型所采用。

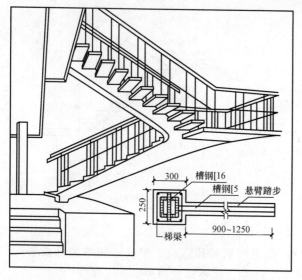

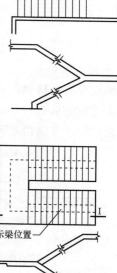

图2-78 单梁悬臂式楼梯

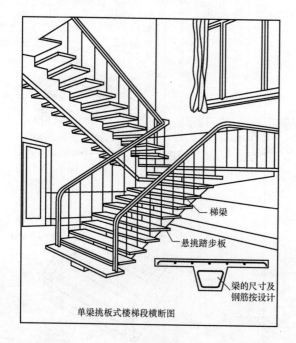

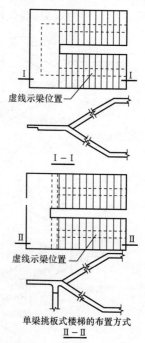

图2-79 单梁挑板式楼梯

2.7.6 预制装配式钢筋混凝土楼梯

预制装配式钢筋混凝土楼梯按其构造方式可分为梁承式、墙承式和墙悬臂式等类型。

1. 预制装配梁承式钢筋混凝土楼梯

预制装配梁承式钢筋混凝土楼梯是指梯段由平台梁支承的楼梯构造方式。预制构件可按梯段（板式或梁板式梯段）、平台梁、平台板三部分进行划分，如图 2-80 所示。

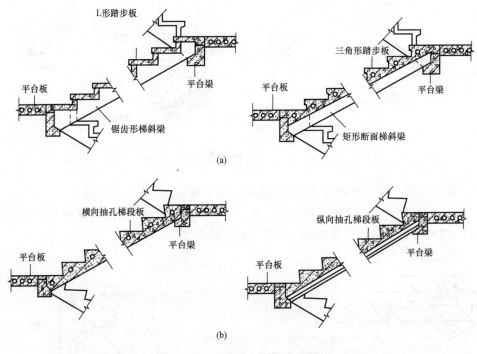

图 2-80　预制装配梁承式楼梯

(a) 梁板式梯段；(b) 板式梯段

(1) 梯段

1) 梁板式梯段。梁板式梯段由梯斜梁和踏步板组成。一般在踏步板两端各设一根梯斜梁，踏步板支承在梯斜梁上。由于构件小型化，不需大型起重设备即可安装，施工简便。

①踏步板。踏步板断面形式有一字形、L形、三角形等，如图 2-81 所示。

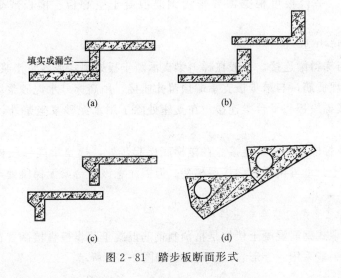

图 2-81　踏步板断面形式

②梯斜梁。用于搁置一字形、L形断面踏步板的梯斜梁为锯齿形变断面构件。用于搁置三角形断面踏步板的梯斜梁为等断面构件，如图2-82所示。

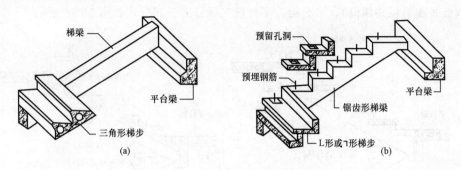

图2-82　预制梯段斜梁的形式

2）板式梯段。板式梯段为整块或数块带踏步条板，如图2-83所示。

（2）平台梁。为了便于支承梯斜梁或梯段板，平衡梯段水平分力并减少平台梁所占结构空间，一般将平台梁做成L形断面，如图2-84所示。

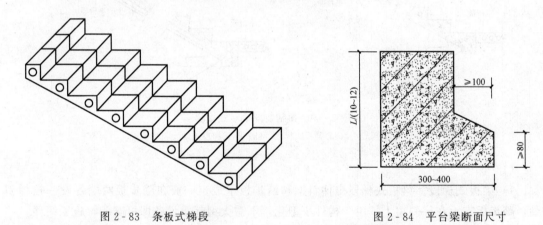

图2-83　条板式梯段　　　　　　　　　图2-84　平台梁断面尺寸

（3）平台板。平台板可根据需要采用钢筋混凝土空心板、槽板或平板，如图2-85所示。

（4）构件连接构造

1）踏步板与梯斜梁连接。一般在梯斜梁支承踏步板处用水泥砂浆坐浆连接。如需加强，可在梯斜梁上预埋插筋，与踏步板支承端预留孔插接，用高标号水泥砂浆填实。

2）梯斜梁或梯段板与平台梁连接。在支座处除了用水泥砂浆坐浆外，还应在连接端预埋钢板进行焊接。

3）梯斜梁或梯段板与梯基连接。在楼梯底层起步处，梯斜梁或梯段板下应作梯基，梯基常用砖或混凝土，也可用平台梁代替梯基。但需注意该平台梁无梯段处与地坪的关系，如图2-86所示。

2. 预制装配墙承式钢筋混凝土楼梯

预制装配墙承式钢筋混凝土楼梯是指预制钢筋混凝土踏步板直接搁置在墙上的一种楼梯形式，其踏步板一般采用一字形、L形断面，如图2-87所示。

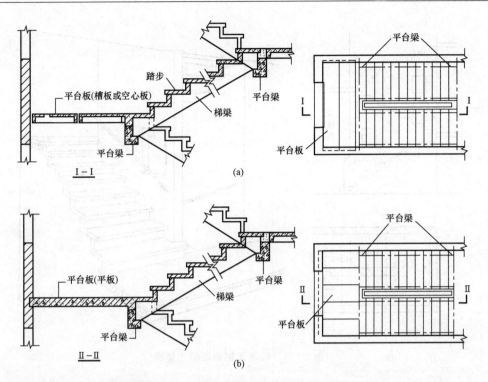

图 2-85　梁承式梯段与平台的结构布置

（a）平台板两端支承在楼梯间侧墙上，与平台梁平行布置；（b）平台板与平台梁垂直布置

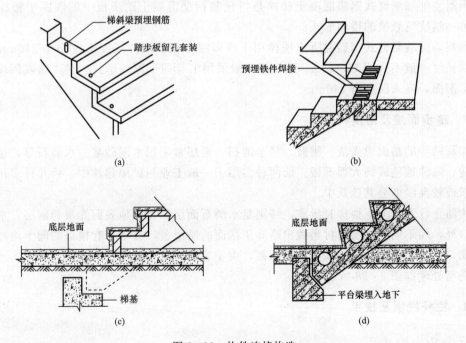

图 2-86　构件连接构造

　　这种楼梯由于在梯段之间有墙，搬运家具不方便，也阻挡视线，上下人流易相撞。通常在中间墙上开设观察口，以使上下人流视线流通。也可将中间墙两端靠平台部分局部收进，

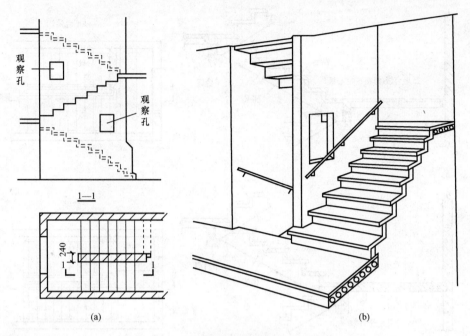

图 2 - 87　墙承式钢筋混凝土楼梯

以使空间通透，有利于改善视线和搬运家具物品。但这种方式对抗震不利，施工也较麻烦。

3. 预制装配墙悬臂式钢筋混凝土楼梯

预制装配墙悬臂式钢筋混凝土楼梯是指预制钢筋混凝土踏步板一端嵌固于楼梯间侧墙上，另一端凌空悬挑的楼梯形式。

预制装配墙悬臂式钢筋混凝土楼梯用于嵌固踏步板的墙体厚度不应小于 240mm，踏步板悬挑长度一般不大于 1800mm。踏步板一般采用 L 形带肋断面形式，其入墙嵌固端一般做成矩形断面，嵌入深度为 240mm。

2.7.7　踏步面层及防滑构造

楼梯踏步的踏面应光洁、耐磨，易于清扫。面层常采用水泥砂浆、水磨石等，也可采用铺缸砖、贴油地毡或铺大理石板。前两种多用于一般工业与民用建筑中，后几种多用于有特殊要求或较高级的公共建筑中。

为防止行人在上下楼梯时滑跌，特别是水磨石面层以及其他表面光滑的面层，常在踏步近踏口处，用不同于面层的材料做出略高于踏面的防滑条，或用带有槽口的陶土块或金属板包住踏口。如果面层是采用水泥砂浆抹面，由于表面粗糙，可不做防滑条。

防滑处理如图 2-88 所示。

2.7.8　栏杆拦板及扶手

1. 栏杆

栏杆多采用方钢、圆钢、钢管或扁钢等材料，并可焊接或铆接成各种图案，既起防护作用，又起装饰作用。

栏杆与踏步的连接方式有锚接、焊接和拴接三种，如图 2-89 所示。

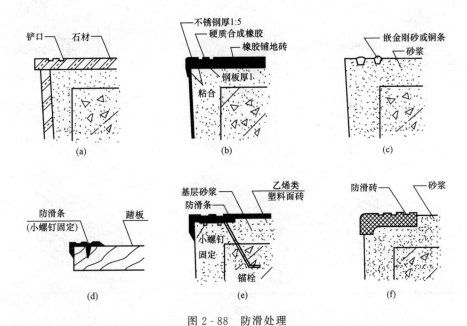

图 2-88 防滑处理

（a）石材铲口；（b）粘复合材料防滑条；（c）嵌金刚砂或铜条；（d）钉金属防滑条；
（e）锚固金属防滑条；（f）防滑面砖

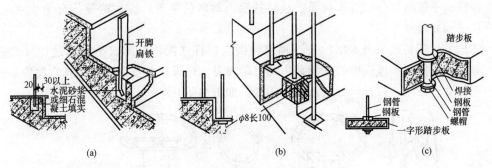

图 2-89 栏杆与踏步的连接方式

（a）锚接；（b）焊接；（c）螺栓连接

锚接是在踏步上预留孔洞，然后将钢条插入孔内，预留孔一般为 50mm×50mm，插入洞内至少 80mm，洞内浇筑水泥砂浆或细石混凝土嵌固。焊接则是在浇筑楼梯踏步时，在需要设置栏杆的部位，沿踏面预埋钢板或在踏步内埋套管，然后将钢条焊接在预埋钢板或套管上。拴接是指利用螺栓将栏杆固定在踏步上，方式可有多种。

2. 栏板

栏板多用钢筋混凝土或加筋砖砌体制作，也有用钢丝网水泥板的。钢筋混凝土栏板有预制和现浇两种。

3. 混合式

混合式是指空花式和栏板式两种栏杆形式的组合，栏杆竖杆作为主要抗侧力构件，栏板则作为防护和美观装饰构件。其栏杆竖杆常采用钢材或不锈钢等材料，其栏板部分常采用轻质美观材料制作，如木板、塑料贴面板、铝板、有机玻璃板和钢化玻璃板等，如图 2-90 所示。

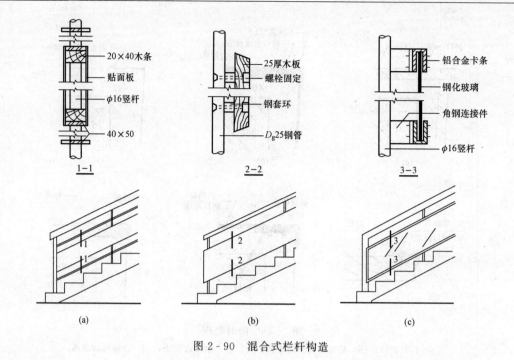

图 2-90　混合式栏杆构造

4. 扶手

楼梯扶手按材料分，有木扶手、金属扶手、塑料扶手等；按构造分，有镂空栏杆扶手、栏板扶手和靠墙扶手等。

木扶手、塑料扶手藉木螺丝通过扁铁与镂空栏杆连接，金属扶手则通过焊接或螺钉连接，靠墙扶手则由预埋铁脚的扁钢藉木螺钉来固定。栏板上的扶手多采用抹水泥砂浆或水磨石粉面的处理方式。栏杆及栏板的扶手构造，如图 2-91 所示。

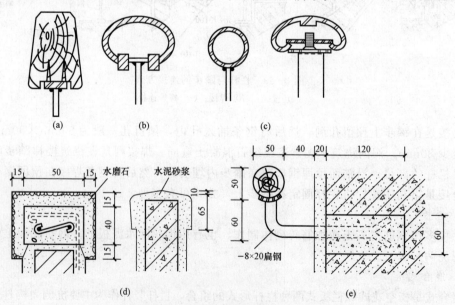

图 2-91　栏杆及栏板的扶手构造
（a）木扶手；（b）塑料扶手；（c）金属扶手；（d）栏板扶手；（e）靠墙扶手

本 章 练 习 题

一、问答题

1. 影响基础埋深的因素有哪些？

2. 预制装配式楼梯的构造形式有哪些？

3. 安装本门窗框有哪两种方法？各有何特点？

4. 屋顶坡度的形成方法有哪些？注意各种方法的优缺点比较。

5. 常见勒脚的构造做法有哪些？

6. 墙中为什么要设水平防潮层？设在什么位置？一般有哪些做法？各有什么优缺点？

7. 什么情况下要设垂直防潮层？为什么？

8. 砌块墙的组砌要求有哪些？

9. 常见隔墙有哪些？简述各种隔墙的构造做法。

10. 楼梯的功能和设计要求是什么？

11. 楼梯由哪几部分组成？各组成部分起什么作用？

12. 常见楼梯的形式有哪些？

13. 现浇钢筋混凝土楼梯常见的结构形式有哪几种？各有什么特点？

14. 屋顶由哪几部分组成？它们的主要功能是什么？

15. 屋顶设计应满足哪些要求？

16. 屋顶的排水方式有哪几种？简述各自的优缺点和适用范围。

17. 试述隔墙的类型。

18. 柔性防水屋面的细部构造有哪些？各自的设计要点是什么？

19. 什么是刚性防水屋面？其基本构造层次有哪些？各层次的作用是什么？

二、填空题

1. 墙体按施工方式不同可分为_____、_____、_____。

2. 标准砖的规格为_____，砌筑砖墙时，必须保证上下皮砖缝搭接，避免形成通缝。

3. 常见的隔墙有_____、_____和_____。

4. 阳台结构布置方式有_____、_____和_____。

5. 现浇钢筋混凝土楼梯，按梯段传力特点分为_____和_____。

6. 楼梯一般由_____、_____、_____三部分组成。

7. 楼梯段的踏步数一般不应超过_____级，且不应少于_____级。

8. 屋顶的外形有_____、_____和其他类型。

9. 屋顶的排水方式分为_____和_____。

10. 屋顶坡度的形成方法有_____和_____。

11. 瓦屋面的构造一般包括_____、_____和_____三个组成部分。

12. 木门窗的安装方法有_____和_____两种。

13. 窗的作用是_____、_____和_____。

14. 楼板层的基本构成部分有_____、_____、_____等。

15. 常见的地坪由_____、_____、_____所构成。

16. 吊顶一般由_____和_____两部分组成。

第 3 章

工 业 建 筑 构 造

3.1 工业建筑的分类

工业建筑是指从事各类工业生产和直接为工业生产需要服务而建造的各类工业房屋，包括主要工业生产用房和为生产提供动力和其他附属用房。

3.1.1 按用途分类

1. 主要生产用房

主要生产用房是指各类工厂的主要产品从备料、加工到装配等主要工艺流程的厂房。例如机械制造厂中的铸工车间、机械加工车间和装配车间等。在主要生产厂房中常常布置有较大的生产设备和起重运输设备。

2. 辅助生产用房

辅助生产用房是指不直接加工产品，只是为生产服务的厂房。例如机械制造厂中的机修车间、工具车间等。

3. 动力用厂房

动力用厂房是指为全厂提供能源和动力的厂房。例如锅炉房、变电站、煤气发生站、压缩空气站等。

4. 储存用房屋

储存用房屋是指储存原材料、半成品和成品的房屋。例如金属材料库、木材库、油料库和成品库等。

5. 运输用房屋

运输用房屋是指储存及检修运输设备及起重消防设备等的房屋。例如机车库、汽车库等。

6. 其他房屋

其他房屋，例如水泵房、污水处理站等。

3.1.2 按生产状况分类

1. 冷加工车间

冷加工车间是指生产操作在正常温度、湿度条件下进行的厂房。例如机械加工车间、机械装配车间等。

2. 热加工车间

热加工车间是指会在生产过程中散发大量热量和烟尘等的厂房。例如炼钢、轧钢铸工和锻工车间等。

3. 恒温恒湿车间

恒温恒湿车间是指车间内要求具有稳定的温度和湿度的厂房。例如精密机械车间、纺织车间等。

4. 洁净车间

洁净车间是指防止大气中灰尘和细菌的污染，要求保持车间内高度洁净的厂房。例如集成电路车间、精密仪表加工和装配车间等。

5. 其他特殊状况的车间

其他特殊状况的车间，例如有爆炸可能、有大量腐蚀物、有放射性散发物、防电磁波干扰等的厂房。

3.1.3　按层数分类

1. 单层厂房

单层厂房主要用于重型机械制造工业、冶金工业等，如图 3-1 所示。

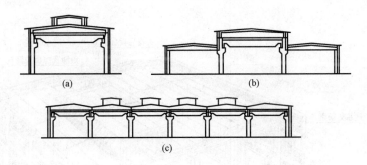

图 3-1　单层工业厂房

（a）单跨；（b）高低跨；（c）多跨

2. 多层厂房

多层厂房适用于垂直方向组织生产和工艺流程的生产企业和设备及产品较轻的企业，如图 3-2 所示。

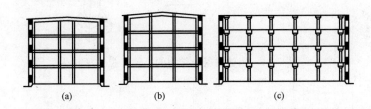

图 3-2　多层工业厂房

（a）内廊式；（b）统间式；（c）大宽度式

3. 混合层次厂房

混合层次厂房内，既有单层跨，又有多层跨。这类厂房多用于化学和电力等行业，如图 3-3 所示。

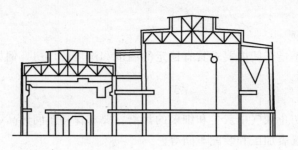

图 3-3　混合层工业厂房

3.2　单层工业厂房的构造组成

3.2.1　屋盖系统

一般屋盖的组成有屋面板、屋架（屋面梁）、屋架支撑、天窗架、檐沟板等，如图 3-4 所示。

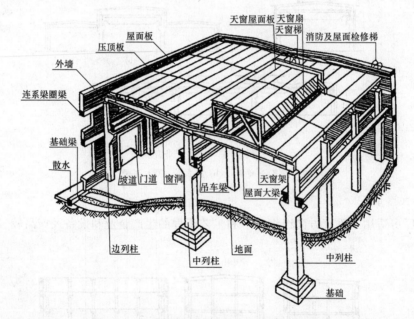

图 3-4　钢筋混凝土结构的单层工业厂房组成

1. 屋面板

屋面板铺在屋架或屋面梁上，承受其上面的荷载并把荷载传递给屋架。

屋面板的种类很多，其中以预应力钢筋混凝土大型屋面板、彩色压型钢板、水泥波形瓦最为常见。

预应力钢筋混凝土大型屋面板是单层厂房常用的屋面覆盖材料，具有技术成熟、跨度大、适用面广的优点，根据屋面板在屋面的位置不同，预应力钢筋混凝土大型屋面板还有一些配套构件，如檐口板、天沟板、嵌板等。

近年来，彩色压型钢板在工业建筑中的应用日益广泛。彩色压型钢板分为无保温层和附带保温层（称为复合夹芯板）两种。复合夹芯板实现了屋面覆盖材料与屋面保温层及构造层的统一，具有很好的装饰效果。

2. 屋架（屋面梁）

屋架是屋盖的主要承重构件，支承于柱子上。屋架（屋面梁）除了承担全部的屋面荷载之外，有时还要承担单轨悬挂吊车的荷载。屋架的形式很多，如三角形屋架、桁架式屋架、梯形屋架、拱形屋架、折线形屋架等。屋面梁一般采用钢筋混凝土制作，在跨度较大时，往往采用预应力钢筋混凝土屋面梁。

屋盖结构分为有檩体系和无檩体系。有檩体系是在屋架或屋面梁上弦搁置檩条，在檩条上铺小型屋面板。无檩体系是在屋架或屋面大梁上弦直接铺设大型屋面板。

3. 屋盖支撑系统

在装配式单层厂房的结构体系中，支撑虽然不是最主要的承重构件，但它具有把屋盖系统各主要承重构件联系在一起的任务。通过屋盖支撑的作用，把厂房的骨架组合成具有极大刚度的结构空间。未来保证厂房的整体刚度和稳定性，要按照结构和构造的要求，合理的布置支撑系统。

支撑分为屋盖支撑和柱间支撑，屋盖支撑包括横向水平支撑、纵向水平支撑、垂直支撑和纵向水平系杆等几个部分。

3.2.2　柱子

柱子是厂房的主要承重构件，它承受屋盖、吊车梁、墙体上的荷载，以及山墙传来的风荷载，并把这些荷载传给基础。常用的单层厂房钢筋混凝土排架柱的截面形式有矩形截面、工字形截面和双支柱截面等。当厂房的高度、跨度及吊车吨位较小时，一般采用钢筋混凝土柱。当厂房的高度、跨度及吊车吨位较大时，一般采用钢柱。为了支撑吊车梁，需要在柱子的适当部位设置牛腿。以牛腿顶面为界，排架柱分为上柱和下柱两个部分。上柱主要承担屋架系统的荷载，通常是轴心受压的构件。下柱除了承担上柱传来的荷载之外，还要承担吊车荷载，通常是偏心受压构件。

3.2.3　基础

基础承担作用在柱子上的全部荷载，以及基础梁传来的荷载，并将这些荷载传给地基。基础的种类较多，有独立基础、条形基础和桩基础等，其类型的选择主要取决于建筑物上部结构荷载的性质和大小、工程地质条件等。单层厂房一般常采用钢筋混凝土独立基础。

3.2.4　基础梁

在一般厂房中通常采用基础梁来承托围护墙体的重量。基础梁两端搁置在杯形基础的顶面，墙的重量则通过基础梁传至基础。基础梁的截面形状常用的为梯形，普通钢筋混凝土的梁高为 450mm，预应力的梁高为 350mm。梁宽适用于 240 或 370 厚的墙体。基础梁通常搁置在两柱柱距之间。

为了满足防潮要求，通常基础梁顶面的标高应比室内地面低 50mm，基础梁底面可搁置在柱基础顶面上。当柱基础较深时，可在基础顶面上设置 C15 混凝土垫块，240 墙垫块宽度为

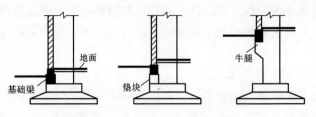

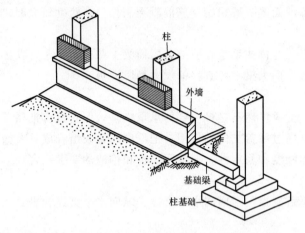

图 3-5　基础梁与基础的连接

300mm，370 墙垫块宽度为 400mm。若柱基础很深时，也可设置高杯口基础或在柱上设牛腿来搁置基础梁，如图 3-5 所示。

3.2.5　吊车梁

吊车梁安装在柱子伸出的牛腿上，它承受吊车自重和吊车荷载，并把这些荷载传给柱子。吊车梁除了承担吊车荷载以外，还担负着传递厂房中纵向荷载（山墙风荷载和吊车启动、制动荷载），保证厂房纵向刚度的任务，是厂房中重要的纵向结构构件。吊车梁可以采用钢筋混凝土或者型钢制作，单层工业厂房钢筋混凝土吊车梁按照截面形式分为等截面吊车梁、变截面吊车梁和轻型桁架式吊车梁等，钢制吊车梁多采用工字形截面。

3.2.6　墙体

墙体在骨架承重的厂房中只起围护作用。墙体设置时应注意：承重墙常设有壁柱；自承重墙、框架填充墙与承重结构之间应有妥善的连接；墙体在适当的位置应设置圈梁或连系梁；高大的山墙应设置抗风柱等。

可采取以下措施加强墙体与柱子的连接：沿柱高 500～600mm 预留 2φ6 钢筋，砌筑墙体时埋入水平灰缝，埋入深度根据墙体厚度和抗震要求而定。

3.2.7　抗风柱

为了保证山墙自身的稳定，需要采取加强稳定性的措施，设置抗风柱是一种有效的手段。为了使水平连接构件的规格相对单一，抗风柱的间距通常与排架柱的间距基本相当，顶端与屋盖系统弹性连接，以形成既能传递水平力，又能够实现竖向位移的弹性支座，使抗风柱的受力状态更趋于合理。

3.2.8　连系梁和圈梁

连系梁是厂房排架柱之间的水平联系构件，对保证厂房的纵向刚度具有重要的作用。连系梁通常设在排架柱的顶端、侧窗上部及牛腿处。连系梁与牛腿要有可靠的连接，以保证能够传递纵向荷载，连接的方式主要有焊接和螺栓连接两种。连系梁与柱连接可采用牛腿或钢支托，柱侧面预埋钢板或螺栓，与连系梁侧面连接，防止连系梁侧倾覆。

根据厂房高度、地基条件和抗震等条件，应将一道或多道墙梁沿厂房四周连通，也称圈梁，以增强厂房的整体稳定性，抵抗地基不均匀沉降或地震作用时的变形。圈梁截面常为矩形或 L 形，可预制或现浇。

3.2.9　大门

厂房大门主要是供生产运输及人流通行、疏散之用。

大门的外形尺寸及重量都比较大且构造复杂，这与大门的开启方式、构造方法和材料种类有着直接的关系。

单层厂房的大门，一般洞口尺寸应比通过的满载货物车辆的轮廓尺寸加宽 600～1000mm，加高 400～500mm，同时还应符合建筑模数协调标准的规定，以 300mm 为扩大模数进级。

大门的类型按材料分，有木门、钢板门、钢木门、铝合金门、空腹薄壁钢板门等；按开启方式分有平开门、推拉门、升降门、平开折叠门、推拉折叠门、上翻门、卷帘门等。要根据厂房的生产特性、气候条件进行选择。

3.2.10　侧窗和天窗

1. 侧窗

在工业生产中，为了满足生产所提出的采光通风的要求，在外墙上设置侧窗。根据生产工艺的特点，侧窗有时还需满足一些特殊的要求：恒温、恒湿的车间，侧窗应有足够的保温隔热性能；洁净车间要求侧窗防尘、密闭；有爆炸性的车间，侧窗应便于泄压等。

工业厂房侧窗常见的开启方式有中悬窗、平开窗、固定窗、垂直旋转窗。厂房在选用侧窗时，一般根据厂房特点，将各种窗组合在一起使用。如在厂房外墙上部采用中悬窗，中部采用固定窗，下部采用平开窗等。

侧窗可采用木材、钢材、铝合金、塑钢等材料制成。木侧窗由于易变形且防火和耐久性差，目前已较少采用。常用的为钢侧窗，侧窗的洞口尺寸应为 300mm 的扩大模数。钢侧窗具有坚固耐久、防火性能好、接缝严密、透光率大和适于工业化生产的优点，目前被广泛采用。

（1）窗料。目前我国生产的定型钢窗使用的实腹钢窗料一般为 32mm 和 40mm，采用的空腹薄壁钢窗料有京 66 型和沪 68 型两种。

（2）基本窗和组合窗。大面积的钢侧窗是由若干基本窗组合而成的。基本窗的尺寸一般不大于 1800mm×2400mm（宽×高），以便于制作和安装。

组合窗的横档和竖梃两端都必须伸入窗洞四周墙体内（或与墙或过梁上的预埋件焊牢），并用细石混凝土填实。

（3）节点构造。钢窗料截面上的各种凸凹形状，是为使相应窗料互相配合，保证接缝严密，加强刚度和便于拼设、安装。

钢窗框与窗洞四周墙体的连接，一般是在墙与窗台上预留 50mm×100mm 孔洞，把鱼尾脚的一端插入洞内，然后用 1：2 水泥砂浆或 C15 细石混凝土填实，鱼尾脚的另一端用螺栓与窗框固定。工业厂房钢窗玻璃厚度不得小于 3mm，玻璃固定与民用钢窗相同。

2. 天窗

当厂房为多跨或跨度较大的时候，为了解决中间跨或者跨中采光的问题，一般要设置天窗。天窗还可起到通风的作用。单层厂房中常采用的天窗有矩形天窗、矩形避风天窗、井式天窗、平天窗。天窗有上升式（包括矩形、梯形、M 形）、下沉式（横向下沉式、纵向下沉式、点式天窗）和平天窗多种形式。

矩形天窗既可采光，又可通风，防雨水及防太阳辐射均较好，在我国应用较为普遍。矩形天窗主要由天窗架、天窗端壁、天窗扇、天窗屋面板及天窗侧板等五种构件组成。如图 3-6 所示。

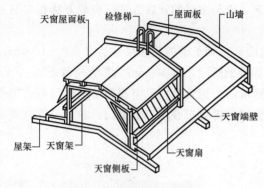

图 3-6 矩形天窗的组成

3.2.11 地面

1. 地面的组成和选择

地面一般由面层、垫层和基层组成。为满足使用或构造要求时，可增设如结合层、找平层、隔离层等构造层，如图 3-7 所示。

（1）面层及其选择。地面面层是直接承受各种物理和化学作用的表面层。面层有整体式（包括单层整体式和多层整体式）和板、块材两类。

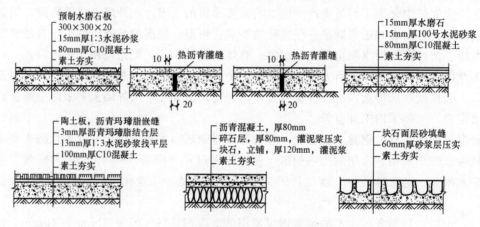

图 3-7 常见单层工业厂房地面的构造做法

铺设在混凝土垫层上的面层，其分隔应符合下列条件：

1）细石混凝土面层的分隔缝，应与垫层的缩缝对齐。但设有隔离层的水玻璃混凝土、耐碱混凝土面层的分隔缝可不对齐。

2）水磨石、水泥砂浆等面层的分隔缝，除应与垫层的缩缝对齐外，尚可根据具体设计要求缩小间距，但涂刷防腐蚀涂料的水泥砂浆面层不宜设缝。

3）沥青类材料和块材面层可不设缝。

（2）垫层的选择与设计。垫层是承受并传递地面荷载至基层的构造层。

按材料性质和构造情况不同，可分为刚性垫层、半刚性垫层和柔性垫层三类。

1）刚性垫层。适用于直接安装中小型设备，受较大集中荷载且要求变形小的地面，以及有大量水、中性溶液作用或面层构造要求为刚性垫层的地面。

2）半刚性垫层。常用于有集中荷载或冲击荷载，有较大振动的地面。对无特殊要求的厂房应优先选用。

垫层的厚度，取决于垫层材料、作用在面层荷载的性质与大小以及地基的承载能力。

由于厂房地面的混凝土垫层应设接缝，按其作用分有，平行于施工方向的缝称纵向缩缝，一般用平头缝。垂直于施工方向的缝称横向缩缝，采用假缝形式。

（3）基层。基层是承受上部荷载的土壤层，是经过处理后的地基土层。地面应铺设在均匀密实的基土上，最常见的是素土夯实。

（4）结合层、隔离层和找平层

1）结合层。是连接块材面层、板材或卷材与垫层的中间层。主要起上下结合作用。

2）隔离层。起防止地面腐蚀性液体由上往下或地下水由下向上渗透扩散的作用。

3）找平层。起找平或找坡作用。

2. 地面的细部构造

（1）变形缝。厂房地面的变形缝应按伸缝、缩缝与沉降缝分别设置。拼装缝与下面垫层的变形缝错开布置，变形缝处用角钢或扁钢镶边，防腐蚀地面应尽量不设变形缝，若需设，则在缝两侧设挡水，并做好挡水和缝间的防腐蚀构造。

（2）地面排水。为了生产运输方便，一般厂房内地面应是水平的。在生产中有水或其他液体需由地面排除时，地面必须做坡度并设排水沟和地漏。有腐蚀性液体作用的地段，不宜流向柱、设备基础、墙根等处，而要做反向的斜坡。

一般排水坡度可做成，整体面层或表面光滑的板块材面层为1%～2%，表面比较粗糙的块材面层为2%～3%，当液体的腐蚀性、稠度或流量大时，可用大些的坡度，在不影响操作和通行条件下，局部坡度可采用4%。坡地面将地面液体引入排水沟中。

（3）地沟。厂房地面排水沟多用明沟，排水明沟不宜过宽，一般为100～250mm，过宽时应加设盖板或箅子，沟底最浅处为100mm，沟底纵向坡度为0.5%。沟边与墙面或柱边距应不小于150mm，并与地面一道施工。地沟、地漏四周及地面转角处的隔离层，应适当增加层数。地漏中心线与墙柱边缘距离应不小于400mm。

由于生产工艺的需要，厂房内有些管道缆线（如电缆、采暖、压缩空气、蒸汽管道等）需设在地沟中。

地沟由沟壁、沟底板和沟盖板组成。常用有砖砌地沟和混凝土地沟，如图3-8所示。在地下水位以上的地沟，沟内无防酸碱要求，可用砖砌地沟。经常受水影响的地沟，则应采用混凝土地沟。

为了厂房内通行车辆和行走的方便，地沟上一般都设盖板，盖板表面应与地面标高相平。一般多采用预制钢筋混凝土盖板，也有用铸铁的，盖板有固定盖板和活动盖板两种，当地沟穿过外墙时，应做好室内外管沟接头处的构造。

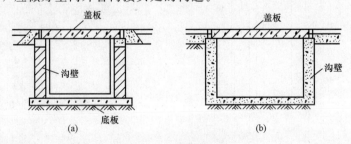

图 3-8　地沟及盖板

(a) 砖砌地沟；(b) 混凝土地沟

（4）坡道。厂房室内外高差一般为 150mm，在门口外侧须设置坡道进行联系。坡道宽度应大于门洞宽度 1200mm，坡度一般为 10％～15％，当坡道较窄时，也可采用 15％～30％。当坡度大于 10％且经常处于潮湿状态时，坡道应在表面作齿槽防滑，若车间有铁轨通入时，则坡道设在铁轨两侧。

本 章 练 习 题

一、选择题

下列关于装配式单厂的构造说法正确的是　　　　　。

A. 基础梁下的回填土应夯实

B. 柱距为 12m 时必须采用托架来代替柱子承重

C. 矩形避风天窗主要用于热加工车间

D. 矩形天窗的采光效率比平天窗高

二、问答题

1. 工业建筑的特点是什么？

2. 工业建筑如何分类？

3. 单层厂房的结构组成有哪些？厂房结构主要荷载的传递路线是什么？

4. 简述单层工业厂房基础的类型和杯形基础的构造。

5. 简述屋面板的种类、特点、适用范围及与屋架的连接要求。

6. 屋面排水的方式有哪几种？

7. 简述屋面板的类型及特点。

第4章

建筑工程材料

4.1 土建工程材料

4.1.1 建筑材料概述

1. 建筑材料的定义与分类

建筑材料是用于建筑工程中所有材料的总称。按材料所使用的不同工程部位，一般可分为建筑材料和建筑装饰装修材料。

建筑材料的种类繁多，且性能和组分各异，用途不同，可按多种方法进行分类。通常有以下几种分类方法。

（1）按化学成分分类。按建筑材料的化学成分，可分为非金属材料、金属材料以及复合材料三大类（表4-1）。

表4-1 建筑材料按化学成分分类

分 类		实 例
非金属材料	无机材料	天然石材	砂、石及石材制品等
		烧土制品	烧结砖瓦、陶瓷制品等
		胶凝材料及制品	石灰、石膏及制品、水泥及混凝土制品、硅酸盐制品等
		玻璃	普通平板玻璃、装饰玻璃、特种玻璃等
		无机纤维材料	玻璃纤维、矿棉纤维、岩棉纤维等
	有机材料	植物材料	木材、竹、植物纤维及制品等
		沥青类材料	石油沥青、煤沥青及制品等
		有机合成高分子材料	塑料、涂料等
金属材料	黑色金属		铁、钢及合金等
	有色金属		铜、铝及合金等
复合材料	有机与无机非金属材料复合		聚合物混凝土、玻璃纤维增强塑料等
	金属与无机非金属材料复合		钢筋混凝土、钢纤维混凝土等
	金属与有机材料复合		PVC钢板、有机涂层铝合金板等

（2）按用途分类。建筑材料按用途可分为结构材料、墙体材料、屋面材料、地面材料以及其他用途的材料等。

1）结构材料。结构材料是指构成建筑物受力构件和结构所用的材料，如梁、板、柱、基础、框架及其他受力构件和结构等所用的材料。对这类材料的主要技术性质要求是强度和耐久性。常用的主要结构材料有砖、石、水泥、钢材、钢筋混凝土和预应力钢筋混凝土。随着工业的发展，轻钢结构和铝合金结构所占的比例将会逐渐增大。

2）墙体材料。墙体材料是指建筑物内、外及分隔墙体所用的材料。由于墙体在建筑物中占有很大比例，因此正确选择墙体材料，对降低建筑物成本、节能和提高建筑物安全性有着重要的实际意义。目前，我国大量采用的墙体材料有砌墙砖、混凝土砌块、加气混凝土砌块以及品种繁多的各类墙用板材，特别是轻质多功能的复合墙板。复合轻质多功能墙板具有强度高、刚度大、保温隔热性能好、装饰性能好、施工方便、效率高等优点，是墙体材料的发展方向。

3）屋面材料。屋面材料是指用于建筑物屋面的材料的总称。已由过去较单一的烧结瓦，向多种材质的大型水泥类瓦材和高分子复合类瓦材发展，同时屋面承重结构也由过去的预应力钢筋混凝土大型屋面板向承重、保温、防水三合一的轻型钢板结构转变。屋面防水材料由传统的沥青及其制品，向高聚物改性沥青防水卷材、合成高分子防水卷材等新型防水卷材发展。

4）地面材料。地面材料是指用于铺砌地面的各类材料。这类材料品种繁多，不同地面材料铺砌出来的效果相差也很大。

2. 建筑材料的基本性质

建筑物是由各种建筑材料建筑而成的，这些材料在建筑物的各个部位要承受各种各样的作用，因此要求建筑材料必须具备相应性质。如结构材料必须具备良好的力学性质，墙体材料应具备良好的保温、隔热、隔声、吸声性能，屋面材料应具备良好的抗渗、防水性能，地面材料应具备良好的耐磨损性能等。一种建筑材料要具备哪些性质，这要根据材料在建筑物中的功用和所处环境来决定。一般而言，建筑材料的基本性质包括物理性质、化学性质、力学性质和耐久性。

4.1.2 胶凝材料

建筑上能将散粒状材料（如砂、石等）或块状材料（如砖、石块、混凝土砌块等）粘结成为整体的材料，称为胶凝材料。

胶凝材料按其化学成分可分为无机胶凝材料和有机胶凝材料两大类，无机胶凝材料按其硬化条件的不同，可分为气硬性胶凝材料和水硬性胶凝材料，主要有石灰、石膏、水泥等，这类胶凝材料在建筑工程中的应用最广泛。有机胶凝材料有沥青、树脂等。

气硬性胶凝材料是指只能在空气中凝结硬化的胶凝材料，如石灰、石膏、水玻璃和菱苦土等。水硬性胶凝材料是指不仅能在空气中凝结硬化，而且能更好地在水中硬化，并保持和发展其强度的胶凝材料，如各种水泥。因此，气硬性胶凝材料只适用于干燥环境中的工程部位，水硬性胶凝材料既适用于干燥环境，又适用于潮湿环境及水中的工程部位。

1. 气硬性胶凝材料

（1）石灰和石膏。石灰是最早使用的矿物胶凝材料之一。石灰是不同化学成分和物理形态的生石灰、消石灰、水硬性石灰的统称。水硬性石灰是以泥质石灰石为原料，经高温煅烧后所得的产品，除含 CaO 外，还含有一定量的 MgO、硅酸二钙、铝酸一钙等，并具有水硬性。建筑工程中的石灰通常指气硬性石灰。由于原材料资源丰富，生产工艺简单，成本低廉，石灰在建筑工程中的应用很广。

1）生石灰的生产。生石灰是以碳酸钙为主要成分的石灰石、白垩等为原料，在低于烧结温度下煅烧所得的产物，其主要成分是氧化钙。煅烧反应式如下：

$$CaCO_3 \xrightarrow[800\sim1000℃]{高温煅烧} CaO+CO_2\uparrow$$

$$MgCO_3 \xrightarrow{} MgO+CO_2\uparrow$$

2）生石灰的熟化。生石灰的熟化（又称消化或消解）是指生石灰与水发生化学反应生成熟石灰的过程。其反应式如下：

$$CaO+H_2O \longrightarrow Ca(OH)_2+64.9kJ$$

$$MgO+H_2O \longrightarrow Mg(OH)_2$$

生石灰遇水反应剧烈，同时放出大量的热。生石灰的熟化反应为放热反应，在最初 1h 所放出的热量几乎是硅酸盐水泥 1d 放热量的 9 倍。

生石灰熟化后体积膨胀 1～2.5 倍。块状生石灰熟化后体积膨胀，产生的膨胀压力会致使石灰块自动分散成为粉末，应用此法可将块状生石灰加工成为消石灰粉。

熟化后的石灰在使用前必须进行"陈伏"。这是因为生石灰中存在着过火石灰。过火石灰结构密实，熟化极其缓慢，当这种未充分熟化的石灰抹灰后，会吸收空气中大量的水蒸气，继续熟化，体积膨胀，致使墙面砂浆隆起、开裂，严重影响工程质量。为了消除过火石灰的危害，生石灰在使用前应提前化灰，使石灰浆在灰坑中储存两周以上，以使生石灰得到充分熟化，这一过程称为"陈伏"。陈伏期间，为了防止石灰碳化，应在其表面保留一定厚度的水层，用以隔绝空气。

3）石灰的硬化。石灰的硬化速度很缓慢，且硬化体强度很低。石灰浆体在空气中逐渐硬化，主要是干燥结晶和碳化这两个过程同时进行来完成的。

石灰的硬化主要依靠结晶作用，而结晶作用又主要依靠水分蒸发速度。由于自然界中水分的蒸发速度是有限的，因此石灰的硬化速度很缓慢。

4）石灰的特性、应用及储存。

①石灰的特性。

a. 凝结硬化缓慢，强度低。石灰浆在空气中的碳化过程很缓慢，且结晶速度主要依赖于浆体中水分蒸发的速度，因此，石灰的凝结硬化速度是很缓慢的。生石灰熟化时的理论需水量较小，为了使石灰浆具有良好的可塑性，实际熟化的水量是很大的，多余水分在硬化后蒸发，会留下大量孔隙，使硬化石灰的密实度较小，强度低。

b. 可塑性好，保水性好。生石灰熟化为石灰浆时，能形成颗粒极细（粒径为 0.001mm）呈胶体分散状态的氢氧化钙粒子，表面吸附一层厚厚的水膜，使颗粒间的摩擦力减小，因而具有良好的可塑性。

c. 硬化后体积收缩较大。石灰浆中存在大量的游离水，硬化后大量水分蒸发，导致石灰内部毛细管失水收缩，引起显著的体积收缩变形。这种收缩变形使得硬化石灰体产生开裂，因此，石灰浆不宜单独使用，通常工程施工中要掺入一定量的骨料（砂子）或纤维材料（麻刀、纸筋等）。

d. 吸湿性强，耐水性差。生石灰具有很强的吸湿性，传统的干燥剂常采用这类材料。生石灰水化后的产物其主要成分是 $Ca(OH)_2$ 能溶解在水中，若长期受潮或被水侵蚀，会使硬化的石灰溃散，因此它是一种气硬性胶凝材料，不宜用于潮湿的环境中，更不能用于水中。

②石灰的应用。石灰是建筑工程中面广量大的建筑材料之一，其常见的用途如下：

a. 广泛用于建筑室内粉刷。石灰乳是一种廉价的涂料，且施工方便，颜色洁白，能为室内增白添亮，因此在建筑中应用十分广泛。

b. 用于配制建筑砂浆。石灰和砂或麻刀、纸筋配制成石灰砂浆、麻刀灰、纸筋灰，主要用于内墙、顶棚的抹面砂浆。石灰与水泥和砂可配制成混合砂浆，主要用于墙体砌筑或抹面之用。

c. 配制三合土和灰土。三合土是采用生石灰粉（或消石灰粉）、黏土和砂子，按1：2：3的比例，再加水拌和，经夯实后而成。灰土是用生石灰粉和黏土按1：2～4的比例加水拌和，经夯实后而成。经夯实后的三合土和灰土广泛应用于建筑物的基础、路面或地面垫层。三合土和灰土经强力夯打击后，其密实度大大提高，且黏土颗粒表面少量的活性 SiO_2 和 Al_2O_3 与石灰发生化学反应，生成水化硅酸钙和水化铝酸钙等不溶于水的水化产物，因而具有一定的抗压强度、耐水性和相当高的抗渗能力。

d. 制作碳化石灰板。碳化石灰板是将磨细生石灰、纤维状填料（如玻璃纤维等）或轻质骨料（如矿渣等）经搅拌、成型，然后人工碳化而成的一种轻质板材。这种板材能锯、刨、钉，适宜作非承重内墙板、天花板等。

e. 生产硅酸盐制品。以石灰和硅质材料（如石英砂、粉煤灰等）为原料，加水拌和，已经成型、蒸养或蒸压处理等工序而制成的建筑材料，统称为硅酸盐制品。如粉煤灰砖、灰砂砖、加气混凝土砌块等。

f. 配制无熟料水泥。将具有一定活性的混合材料，按适当比例与石灰配合，经共同磨细，可得到水硬性的胶凝材料，即为无熟料水泥。

③石灰的储存。生石灰具有很强的吸湿性，在空气中放置太久，会吸收空气中的水分而消化成消石灰粉而失去胶凝能力。因此储存生石灰时，一定要注意防潮防水，而且存期不宜过长。另外，生石灰熟化时会释放大量的热，且体积膨胀，故在储存和运输生石灰时，还应注意将生石灰与易燃易爆物品分开保管，以免引起火灾和爆炸。

5）石膏。我国的石膏资源极其丰富，分布很广，自然界存在的石膏主要有天然二水石膏（$CaSO_4 \cdot 2H_2O$，又称生石膏或软石膏）、天然无水石膏（$CaSO_4$，又称硬石膏）和各种工业废石膏（化学石膏）。以这些石膏为原料可制成多种石膏胶凝材料，建筑中使用最多的石膏胶凝材料是建筑石膏，其次是高强石膏。建筑石膏及其制品具有许多优良性能，如轻质、耐火、隔声、绝热等，是一种比较理想的高效节能的材料。石膏的应用如下：

①用作室内粉刷和抹灰。石膏洁白细腻，用于室内粉刷、抹灰，具有良好的装饰效果。经石膏抹灰后的内墙面、顶棚，还可直接涂刷涂料、粘贴壁纸。但在施工时应注意：由于建筑石膏凝结很快，施工时应掺入适量的缓凝剂，以保证施工质量。

②制作石膏制品。建筑石膏制品的种类较多，我国生产的石膏制品主要有纸面石膏板、空心石膏条板、纤维石膏板、石膏砌块和其他石膏装饰板等。建筑石膏配以纤维增强材料、胶粘剂等，还可以制作各种石膏角线、线板、角花、雕塑艺术装饰制品等。

③生石膏可作为水泥生产的原料。水泥生产过程中必须掺入适量的石膏作为缓凝剂，不掺、少掺或多掺都会导致水泥无法正常使用或根本无法使用。

（2）水玻璃。水玻璃俗称泡花碱，是由碱金属氧化物和二氧化硅结合而成的能溶于水的一种水溶性硅酸盐物质。根据碱金属氧化物种类不同，水玻璃又主要分为硅酸钠水玻璃（简称钠水玻璃，$Na_2O \cdot nSiO_2$）、硅酸钾水玻璃（简称钾水玻璃，$K_2O \cdot nSiO_2$）。在工程中最常用的是硅酸钠水玻璃，以液态供应使用。

1）水玻璃的特性。粘结力强，强度较高，耐酸性、耐热性高。

2）水玻璃的应用。根据水玻璃的特性，在建筑工程中水玻璃的应用主要有以下几个方面：

①配制耐酸、耐热砂浆或混凝土。水玻璃具有很高的耐酸性和耐热性，以水玻璃为胶结材料，加入促硬剂和耐酸、耐热粗细骨料，可配制成耐酸、耐热砂浆或混凝土。

②作为灌浆材料，加固地基。使用时将模数为 2.5～3 的液体水玻璃和氯化钙溶液交替灌入地下，两种溶液发生化学反应，析出硅酸凝胶，将土壤包裹并填充其孔隙，使土壤固结，从而大大提高地基的承载能力，而且还可以增强地基的不透水性。

③作为涂刷或浸渍材料。将液体水玻璃直接涂刷在建筑物的表面，可提高其抗风化能力和耐久性。而用水玻璃浸渍多孔材料后，可使其密实度、强度、抗渗性均得到提高。

2. 水硬性胶凝材料

水泥是水硬性胶凝材料的通称。水泥加水拌和成具有良好可塑性的浆体后，经一系列物理化学作用，不仅能在空气中凝结硬化，而且能更好地在潮湿环境及水中硬化，保持和发展其强度。

水泥是建筑工程中最重要的建筑材料之一。随着我国现代化建设的高速发展，水泥的应用越来越广泛。不仅大量应用于工业与民用建筑，而且广泛应用于公路、铁路、水利电力、海港和国防等工程中。

目前水泥的品种多达 130 多个。按主要水硬性物质分，可分为硅酸盐水泥、铝酸盐水泥、硫铝酸盐水泥、铁铝酸盐水泥、氟铝酸盐水泥等系列，其中以硅酸盐系列水泥的应用最广。按用途和性能分，又可将其划分为通用水泥、专用水泥和特性水泥三大类。

通用水泥是指用于一般土木工程的水泥，主要包括硅酸盐水泥、普通硅酸盐水泥、矿渣硅酸盐水泥、火山灰质硅酸水泥、粉煤灰硅酸盐水泥、复合硅酸盐水泥等六大品种。专用水泥是指具有专门用途的水泥，如道路水泥、大坝水泥、砌筑水泥等。特性水泥是指在某方面具有突出性能的水泥，如膨胀硅酸盐水泥、快硬硅酸盐水泥、白色硅酸盐水泥、低热硅酸盐水泥和抗硫酸盐硅酸盐水泥等。

（1）硅酸盐水泥。

1）硅酸盐水泥的定义、类型及代号。按《通用硅酸盐水泥》国家标准第 2 号修改单（GB 175—2007/XG2—2014）规定，凡由硅酸盐水泥熟料、0～5％石灰石或粒化高炉矿渣、适量石膏磨细制成的水硬性胶凝材料，称为硅酸盐水泥（即国外通称的波特兰水泥）。硅酸盐水泥分两种类型，不掺混合材料的称为 I 型硅酸盐水泥，其代号为 $P \cdot 2I$。在硅酸盐水泥粉磨时掺入不超过水泥质量 5％的石灰石或粒化高炉矿渣混合材料的称为 II 型硅酸盐水泥，其代号为 $P \cdot II$。

2）硅酸盐水泥的技术性质和应用。根据国家标准（GB 175—2007/XG2—2014）对硅酸盐水泥的技术性质要求如下：

①细度。细度是指水泥颗粒总体的粗细程度。水泥颗粒越细，与水发生反应的表面积越大，因而水化反应速度较快，而且较完全，早期强度也越高，但在空气中硬化收缩性较大，成本也较高。如果水泥颗粒过粗则不利于水泥活性的发挥。一般认为水泥颗粒小于 $40\mu m(0.04mm)$

时，才具有较高的活性，大于 $100\mu m(0.1mm)$ 活性就很小了。

硅酸盐水泥细度用比表面积表示。比表面积是水泥单位质量的总表面积 （m^2/kg）。国家标准 GB 175—2007/XG2—2014 规定：硅酸盐水泥比表面积应大于 $300m^2/kg$。

②凝结时间。凝结时间分为初凝时间和终凝时间。初凝时间是指从水泥全部加入水中开始至水泥净浆开始失去可塑性的时间，终凝时间是指从水泥全部加入水中开始至水泥净浆完全失去可塑性的时间。为使混凝土和砂浆有充分的时间进行搅拌、运输、浇捣和砌筑，水泥初凝时间不能过短。当施工完毕，则要求尽快硬化，具有强度，故终凝时间不能太长。

水泥凝结时间是以标准稠度的水泥净浆，在规定温度及湿度环境下用水泥净浆凝结时间测定仪测定。国家标准规定：硅酸盐水泥初凝不得早于 45min，终凝不得迟于 6.5h。

③体积安定性。水泥体积安定性是指水泥在凝结硬化过程中体积变化的均匀性。如果水泥硬化后产生不均匀的体积变化，即为体积安定性不良，安定性不良会使水泥制品或混凝土构件产生膨胀性裂缝，降低建筑物质量，甚至引起严重事故。

引起水泥安定性不良的原因有很多，主要有以下三种，即熟料中所含的游离氧化钙过多、熟料中所含的游离氧化镁过多或掺入的石膏过多。熟料中所含的游离氧化钙或氧化镁都是过烧产生的，熟化很慢，在水泥硬化后才进行熟化，这是一个体积膨胀的化学反应，会引起不均匀的体积变化，使水泥石开裂。当石膏掺量过多时，在水泥硬化后，它还会继续与固态的水化铝酸钙反应生成高硫型水化硫铝酸钙，体积约增大 1.5 倍，也会引起水泥石开裂。

国家标准规定：水泥安定性经沸煮法检验（CaO）必须合格。水泥中氧化镁（MgO）含量不得超过 5.0%，如果水泥经压蒸安定性试验合格，则水泥中氧化镁的含量允许放宽到 6.0%。水泥中三氧化硫（SO_3）的含量不得超过 3.5%。

安定性不合格的水泥应作废品处理，不能用于工程中。

④标准稠度用水量。测定水泥标准稠度用水量是为了使测定的水泥凝结时间、体积安定性等性质具有准确可比性。在测定这些技术性质时，必须将水泥拌和为标准稠度水泥净浆。

标准稠度水泥净浆是指采用标准稠度测定仪测得试杆在水泥净浆中下沉至距底板 6mm±1mm 时的水泥净浆。标准稠度用水量，用拌和标准稠度水泥净浆的水量除以水泥质量的百分数表示。

⑤水泥的强度与强度等级。根据国家标准 GB 175—2007/XG2—2014 和《水泥胶砂强度检验方法 （ISO 法）》（GB/T 17671—1999）的规定，测定水泥强度，应按规定制作试件和养护，并测定在规定龄期的抗折强度和抗压强度值，来评定水泥强度等级。

硅酸盐水泥按规定龄期的抗压强度和抗折强度划分为 42.5、42.5R、52.5、52.5R、62.5、62.5R 六个强度等级。水泥的各龄期的强度值不得低于表 4-2 所示的数值。

表 4-2　　　　　　　　　　　硅酸盐水泥的强度要求

强度等级	抗压强度/MPa		抗折强度/MPa	
	3d	28d	3d	28d
42.5	17.0	42.5	3.5	6.5
42.5R	22.0	42.5	4.0	6.5
52.5	23.0	52.5	4.0	7.0

强度等级	抗压强度/MPa		抗折强度/MPa	
	3d	28d	3d	28d
52.5R	27.0	52.5	5.0	7.0
62.5	28.0	62.5	5.0	8.0
62.5R	32.0	62.5	5.5	8.0

注：R——早强型（主要是 3d 强度较同强度等级水泥高）。

⑥实际密度、堆积密度。硅酸盐水泥的实际密度主要取决于其熟料矿物组成，一般为 $3.05\sim3.20g/cm^3$。硅酸盐水泥的堆积密度除与矿物组成及细度有关，主要取决于水泥堆积时的紧密程度，一般为 $1000\sim1600kg/m^3$。

⑦碱及不溶物含量。国家标准规定：水泥中碱含量按 $Na_2O+0.658K_2O$ 计算值来表示。若使用活性骨料，用户要求提供低碱水泥时，水泥中碱含量不得大于 0.60% 或由供需双方商定。Ⅰ型硅酸盐水泥中不溶物不得超过 0.75%，Ⅱ型硅酸盐水泥中不溶物不得超过 1.50%。

水泥中的碱含量过高，在混凝土中遇到活性骨料，易产生碱—骨料反应，引起开裂现象，对工程造成危害。

⑧烧失量。烧失量是指水泥在一定灼烧温度和时间内，烧失的量占水泥原质量的百分数。国家标准规定：Ⅰ型硅酸盐水泥中烧失量不得大于 3.0%，Ⅱ型硅酸盐水泥中烧失量不得大于 3.5%。

⑨水化热。水泥在水化过程中放出的热称为水化热。水化放热量和放热速度不仅取决于水泥的矿物组成，而且还与水泥细度、水泥中掺混合材料及外加剂的品种、数量等有关。硅酸盐水泥水化放热量大部分在早期放出，以后逐渐减少。

大型基础、水坝、桥墩等大体积混凝土构筑物，由于水化热聚集在内部不易散热，内部温度常上升到 50~60℃，内外温度差引起的应力，可使混凝土产生裂缝，因此水化热对大体积混凝土是有害因素。在大体积混凝土工程中，不宜采用硅酸盐水泥这类水化热较高的水泥品种。

（2）普通硅酸盐水泥。凡由硅酸盐水泥熟料、6%～15%混合材料、适量石膏磨细制成的水硬性胶凝材料，称为普通硅酸盐水泥（简称普通水泥），代号 P·O。掺活性混合材料时，最大掺量不得超过 15%，其中允许用不超过水泥质量 5% 的窑灰或不超过水泥质量 10% 的非活性混合材料来代替。掺非活性混合材料时，最大掺量不得超过水泥质量的 10%。

普通水泥按照国家标准 GB 175—2007/XG2—2014 的规定：普通水泥按规定龄期的抗压强度和抗折强度划分为 32.5、32.5R、42.5、42.5R、52.5、52.5R 六个强度等级，各强度等级水泥的各龄期强度不得低于表 4-3 中的数值。普通水泥的初凝不得早于 45min，终凝时间不得迟于 10h。在 $80\mu m$ 方孔筛上的筛余不得超过 10.0%。安定性用沸煮法检验必须合格。其他如氧化镁、三氧化硫、碱含量等均与硅酸盐水泥的规定相同。

普通硅酸盐水泥的组成与硅酸盐水泥非常相似，因此其性能也与硅酸盐水泥相近。但由于掺入的混合材料量相对较多，与硅酸盐水泥相比，其早期硬化速度稍慢，3d 的抗压强度稍低，抗冻性与耐磨性能也稍差。在应用范围方面，与硅酸盐水泥也相同，广泛用于各种混凝土或钢筋混凝土工程，是我国主要水泥品种之一。

表 4-3   普通硅酸盐水泥各龄期的强度要求

强度等级	抗压强度/MPa		抗折强度/MPa	
	3d	28d	3d	28d
32.5	11.0	32.5	2.5	5.5
32.5R	16.0	32.5	3.5	5.5
42.5	16.0	42.5	3.5	6.5
42.5R	21.0	42.5	4.0	6.5
52.5	22.0	52.5	4.0	7.0
52.5R	26.0	52.5	5.0	7.0

（3）矿渣硅酸盐水泥、火山灰质硅酸盐水泥、粉煤灰硅酸盐水泥。凡由硅酸盐水泥熟料和粒化高炉矿渣、适量石膏磨细制成的水硬性胶凝材料，称为矿渣硅酸盐水泥（简称矿渣水泥），代号 P·S。水泥中粒化高炉矿渣掺加量按质量百分比计为 20%～70%。允许用石灰石、窑灰、粉煤灰和火山灰质混合材料中的一种材料代替矿渣，代替数量不得超过水泥质量的 8%，替代后水泥中粒化高炉矿渣含量不得少于 20%。

凡由硅酸盐水泥熟料和火山灰质混合材料、适量石膏磨细制成的水硬性胶凝材料，称为火山灰质硅酸盐水泥（简称火山灰水泥），代号为 P·P。水泥中火山灰质混合材料掺加量按质量百分比计为 20%～50%。

凡由硅酸盐水泥熟料和粉煤灰、适量石膏磨细制成的水硬性胶凝材料，称为粉煤灰硅酸盐水泥（简称粉煤灰水泥）。代号为 P·F。水泥中粉煤灰掺加量按质量百分比计为 20%～40%。

按国家标准 GB 175—2007/XG2—2014 规定：矿渣水泥中三氧化硫含量不得超过 4.0%，火山灰水泥和粉煤灰水泥中三氧化硫含量不得超过 3.5%。而其他技术性质，这三种水泥的要求与普通水泥的要求一样，氧化镁含量不宜超过 5.0%，如果水泥经压蒸安定性试验合格，则熟料中氧化镁的含量允许放宽到 6.0%。水泥细度以 80μm 方孔筛上的筛余计不得超过 10.0%。初凝不得早于 45min，终凝不得迟于 10h。水泥安定性经沸煮法检验必须合格。这三种水泥按规定龄期的抗压强度和抗折强度划分为 32.5、32.5R、42.5、42.5R、52.5、52.5R 六个强度等级，各强度等级水泥的各龄期强度不得低于表 4-4 中的数值。

表 4-4   矿渣水泥、火山灰水泥及粉煤灰水泥的强度要求

强度等级	抗压强度/MPa		抗折强度/MPa	
	3d	28d	3d	28d
32.5	10.0	32.5	2.5	5.5
32.5R	15.0	32.5	3.5	5.5
42.5	15.0	42.5	3.5	6.5
42.5R	19.0	42.5	4.0	6.5
52.5	21.0	52.5	4.0	7.0
52.5R	23.0	52.5	4.5	7.0

与硅酸盐水泥和普通水泥相比，三种水泥的共同特性和各自特性如下：

1）三种水泥的共同特性是：凝结硬化速度较慢，早期强度较低，后期强度增长较快；水化热较低；对湿热敏感性较高，适合蒸汽养护；抗硫酸盐腐蚀能力较强；抗冻性、耐磨性较差等。

2）三种水泥的各自特性是：矿渣水泥和火山灰水泥的干缩值较大，矿渣水泥耐热性较好，粉煤灰水泥的干缩值较小，抗裂性较好。

（4）复合硅酸盐水泥。凡由硅酸盐水泥、两种或两种以上规定的混合材料、适量石膏磨细制成的水硬性胶凝材料，称为复合硅酸盐水泥（简称复合水泥），代号 P·C。水泥中混合材料总掺加量按质量百分比应大于 15%，不超过 50%。允许用不超过 8% 的窑灰代替部分混合材料，掺矿渣时混合材料掺加量不得与矿渣硅酸盐水泥重复。

根据国家标准 GB 175—2007/XG2—2014 的规定：复合硅酸盐水泥中氧化镁含量、三氧化硫含量、安定性、细度、凝结时间、强度等级及各龄期的强度要求均与普通硅酸盐水泥相同。

复合硅酸盐水泥的特性取决于所掺加混合材料的种类、掺加量及相对比例，与矿渣水泥、火山灰水泥、粉煤灰水泥有不同程度的相似。由于复合水泥中掺入了两种或两种以上的混合材料，其水化热较低，而早期强度高，使用效果更好，适用于一般混凝土工程。

（5）石灰石硅酸盐水泥。凡由硅酸盐水泥熟料和石灰石、适量石膏，经磨细制成的水硬性胶凝材料，称为石灰石硅酸盐水泥，代号 P·L。水泥中石灰石的掺加量按质量百分比计应大于 10%，不超过 25%。要求所掺加的石灰石含 $CaCO_3 \geq 75\%$，$Al_2O_3 \leq 2.0\%$。

按照标准《石灰石硅酸盐水泥》（JC/T 600—2010）规定：石灰石硅酸盐水泥中氧化镁、三氧化硫含量、凝结时间、体积安定性的要求与普通水泥的要求相同。石灰石硅酸盐水泥细度以 80μm 方孔筛上的筛余计不得超过 10.0%，且水泥比表面积应大于 350m²/kg。该水泥分为 32.5、42.5、42.5R、52.5、52.5R 五个强度等级。

（6）通用水泥特性与应用。通用水泥是建筑工程中用途最广、用量最大的水泥种类。通用水泥的成分及特性见表 4-5。

表 4-5　　　　　　　　　　　　　通用水泥的成分及特性

水泥品种	主要成分	特性	
		优点	缺点
硅酸盐水泥	以硅酸盐水泥熟料为主，0～5% 的石灰石或粒化高炉矿渣	1. 凝结硬化快，强度高 2. 抗冻性好，耐磨性和不透水性强	1. 水化热大 2. 耐腐蚀性能差 3. 耐热性能较差
普通水泥	硅酸盐水泥熟料、6%～15% 的混合材料，或非活性混合材料 10% 以下	与硅酸盐水泥相比，性能基本相同仅有以下改变： 1. 早期强度增进率略有减少 2. 抗冻性、耐磨性稍有下降 3. 抗硫酸盐腐蚀能力有所增强	
矿渣水泥	硅酸盐水泥熟料、20%～70% 的粒化高炉矿渣	1. 水化热较小 2. 抗硫酸盐腐蚀性能较好 3. 耐热性能好	1. 早期强度较低，后期强度增长较快 2. 抗冻性差

续表

水泥品种	主要成分	特性	
		优点	缺点
火山灰水泥	硅酸盐水泥熟料和20%～50%的火山灰质混合材料	抗渗性较好，耐热性不及矿渣水泥，其他优点同矿渣硅酸盐水泥	缺点同矿渣水泥
粉煤灰水泥	硅酸盐水泥熟料和20%～40%的粉煤灰	1. 干缩性较小 2. 抗裂性较好 3. 其他优点同矿渣水泥	缺点同矿渣水泥
复合水泥	硅酸盐水泥熟料和16%～50%的两种或两种以上混合材料	3d龄期强度高于矿渣水泥，其他优点同矿渣水泥	缺点同矿渣水泥

（7）水泥的保管。水泥进场后的保管应注意以下问题：

1）不同生产厂家、不同品种、强度等级和不同出厂日期的水泥应分别堆放，不得混存混放，更不能混合使用。

2）水泥的吸湿性大，在储存和保管时必须注意防潮防水。临时存放的水泥要做好上盖下垫，必要时盖上塑料薄膜或防雨布，要垫高存放，离地面或墙面至少200mm以上。

3）存放袋装水泥，堆垛不宜太高，一般以10袋为宜，太高会使底层水泥过重而造成袋包装破裂，使水泥受潮结块。如果储存期较短或场地太狭窄，堆垛可以适当加高，但最多不宜超过15袋。

4）水泥储存时要合理安排库内出入通道和堆垛位置，以使水泥能够实行先进先出的发放原则。避免部分水泥因长期积压在不易运出的角落里，造成受潮而变质。

5）水泥储存期不宜过长，以免受潮变质或引起强度降低。储存期按出厂日期起算，一般水泥为三个月，铝酸盐水泥为两个月，快硬水泥和快凝快硬水泥为一个月。水泥超过储存期必须重新检验，根据检验的结果决定是否继续使用或降低强度等级使用。

水泥在储存过程中易吸收空气中的水分而受潮，水泥受潮以后，多出现结块现象，而且烧失量增加，强度降低。对水泥受潮程度的鉴别和处理见表4-6。

表4-6　　　　　　　　受潮水泥的简易鉴别和处理方法

受潮程度	水泥外观	手感	强度降低	处理方法
轻微受潮	水泥新鲜，有流动性，肉眼观察完全呈细粉	用手捏碾无硬粒	强度降低不超过5%	使用不改变
开始受潮	水泥凝有小球粒，但易散成粉末	用手捏碾无硬粒	强度降低5%以下	用于要求不严格的工程部位
受潮加重	水泥细度变粗，有大量小球粒和松块	用手捏碾，球粒可成细粉，无硬粒	强度降低15%～20%	将松块压成粉末，降低强度用于要求不严格的工程部位
受潮较重	水泥结成粒块，有少量硬块，但硬块较松，容易击碎	用手捏碾，不能变成粉末，有硬粒	强度降低30%～50%	用筛子筛去硬粒、硬块，降低强度用于要求较低的工程部位
严重受潮	水泥中有许多硬粒、硬块，难以压碎	用手捏碾不动	强度降低50%以上	不能用于工程中

4.1.3　常用建筑骨料

1. 细骨料（砂）

（1）砂的分类。砂是混凝土中的细骨料，是指粒径为 0.15～4.75mm 以下的颗粒。其分类方法如下：

1）按产源分，将砂分为天然砂和人工砂两大类。

天然砂是由自然风化、水流搬运和分选、堆积形成的，粒径小于 4.75mm 的岩石颗粒，但不包括软质岩、风化岩石的颗粒。天然砂包括河砂、湖砂、山砂和淡化海砂，山砂和海砂含杂质较多，拌制的混凝土质量较差，河砂颗粒坚硬、含杂质较少，拌制的混凝土质量较好，工程中常用河砂拌制混凝土。

人工砂是经除土处理的机制砂和混合砂的统称。机制砂是由机械破碎、筛分制成的，粒径小于 4.75mm 的岩石颗粒，但不包括软质岩、风化岩石的颗粒。混合砂是由机制砂和天然砂混合制成的砂。

2）按技术要求分，将其分为Ⅰ类、Ⅱ类、Ⅲ类。Ⅰ类宜用于强度等级大于 C60 的混凝土，Ⅱ类用于强度等级为 C30～C60 及抗冻、抗渗或其他要求的混凝土，Ⅲ类宜用于强度等级小于 C30 的混凝土和建筑砂浆。

（2）砂的技术要求与应用。

1）颗粒级配和粗细程度。砂的颗粒级配是指各级粒级的砂按比例搭配的情况，粗细程度是指各粒级的砂搭配在一起总的粗细情况。砂的公称粒径用砂筛分时筛余颗粒所在筛的筛孔尺寸表示，相邻两公称粒径的尺寸范围称为砂的公称粒级。

颗粒级配较好的砂，颗粒之间搭配适当，大颗粒之间的空隙由小一级颗粒填充，这样颗粒之间逐级填充，能使砂的空隙率达到最小，从而可减少水泥用量，达到节约水泥的目的，或者在水泥用量一定的情况下可提高混凝土拌和物的和易性。砂颗粒总的来说越粗，则其总表面积较小，包裹砂颗粒表面的水泥浆数量可减少，也可减少水泥用量，达到节约水泥的目的，或者在水泥用量一定的情况下可提高混凝土拌和物的和易性。因此，在选择和使用砂时，应尽量选择在空隙率小的条件下尽可能粗的砂，即选择级配适宜、颗粒尽可能粗的砂配制混凝土。

砂的颗粒级配和粗细程度采用筛分法测定。筛分试验采用的标准砂筛，由七个标准筛及底盘组成。筛孔尺寸为 9.50mm、4.75mm、2.36mm、1.18mm、600μm、300μm 和 150μm。

砂的粗细程度，用细度模数表示。细度模数 M_x 的计算如下：

$$M_x = \frac{(A_2 + A_3 + A_4 + A_5 + A_6) - 5A_1}{100 - A_1}$$

式中　　　　　　　　　　M_x——细度模数；

A_1、A_2、A_3、A_4、A_5、A_6——分别为 4.75mm、2.36mm、1.18mm、600μm、300μm、

150μm 筛的累计筛余百分率（%）。

混凝土用砂按细度模数的大小分为粗砂、中砂和细砂三种。

粗砂：M_x＝3.7～3.1；中砂：M_x＝3.0～2.3；细砂：M_x＝2.2～1.6。

2）含泥量、泥块含量和石粉含量。含泥量是指天然砂中粒径小于 75μm 的颗粒含量；泥块含量是指砂中原粒径大于 1.18mm，经水浸洗、手捏后小于 600μm 的颗粒含量；石粉

含量是指人工砂中粒径小于 $75\mu m$ 的颗粒含量。

人工砂在生产时会产生一定的石粉，虽然石粉与天然砂中的含泥量均是指粒径小于 $75\mu m$ 的颗粒含量，但石粉的成分、粒径分布和在砂中所起的作用不同。

天然砂的含泥量会影响砂与水泥石的粘结，使混凝土达到一定流动性的需水量增加，混凝土的强度降低，耐久性变差，同时硬化后的干缩性较大。人工砂中适的石粉对混凝土是有一定益处的。人工砂颗粒坚硬、多棱角，拌制的混凝土在同样条件下比天然砂的和易性差，而人工砂中适量的石粉可弥补人工砂形状和表面特征引起的不足，起到完善砂级配的作用。

3）有害物质。混凝土用砂中不应有草根、树叶、树枝、塑料、煤块、炉渣等杂物。砂中如含有云母、轻物质、有机物、硫化物及硫酸盐、氯盐等，其含量应符合表 4-7 的规定。

表 4-7　　　　　　　　　　砂中有害物质含量规定

项　　　目	指　　　标		
	Ⅰ类	Ⅱ类	Ⅲ类
云母，按质量计（%）	1.0	2.0	2.0
轻物质，按质量计（%）	1.0	1.0	1.0
有机物（比色法）	合格	合格	合格
硫化物及硫酸盐，按 SO_3 性能计（%）	0.5	0.5	0.5
氯化物，以氯离子质量计（%）	0.01	0.02	0.06

注：轻物质是指表观密度小于 $2000kg/m^3$ 的物质。

4）坚固性。砂的坚固性是指砂在自然风化和其他外界物理化学因素作用下抵抗破坏的能力。天然砂采用硫酸钠溶液法进行试验，砂样经 5 次循环后其质量损失应符合表 4-8-1 的规定；人工砂采用压碎指标法进行试验，压碎指标值应小于表 4-8-2 的规定。

表 4-8-1　　　　　　　　　天然砂的坚固性指标

项　　　目	指　　　标		
	Ⅰ类	Ⅱ类	Ⅲ类
质量损失（%）　　　<	8	8	10

表 4-8-2　　　　　　　　　人 工 砂 的 压 碎 指 标

项　　　目	指　　　标		
	Ⅰ类	Ⅱ类	Ⅲ类
单级最大压碎指标（%）　　　<	20	25	30

2. 粗骨料（卵石与碎石）

（1）分类。粗骨料是指粒径大于等于 4.75mm 的岩石颗粒。普通混凝土常用的粗骨料分为卵石和碎石两种。卵石是由自然风化、水流搬运和分选、堆积形成的岩石颗粒，按产源不同分为山卵石、河卵石和海卵石等，其中河卵石应用较多。碎石是采用天然岩石经机械破碎、筛分制成的岩石颗粒。

卵石和碎石的规格按粒径尺寸分为单粒粒级和连续粒级，也可以根据需要采用不同单粒级卵石、碎石混合成特殊粒级的卵石、碎石。

卵石、碎石按技术要求分为Ⅰ类、Ⅱ类、Ⅲ类。Ⅰ类宜用于强度等级大于 C60 的混凝土；Ⅱ类用于强度等级为 C30～C60 及抗冻、抗渗或其他要求的混凝土；Ⅲ类宜用于强度等级小于 C30 的混凝土。

（2）技术要求与应用

1）颗粒级配。粗骨料的颗粒级配也是通过筛分试验确定的。采用方孔筛的尺寸为 2.36、4.75、9.50、16.0、19.0、26.5、31.5、37.5、53.0、63.0、75.0mm 和 90mm 共十二个筛进行筛分。按规定方法进行筛分试验，计算各号筛的分计筛余百分率和累计筛余百分率，判定卵石、碎石的颗粒级配。卵石、碎石的颗粒级配应符合国家标准《建筑用卵石、碎石》（GB/T 14685—2011）的规定。

粗骨料的级配分为连续级配和间断级配两种。

连续级配是指颗粒从大到小连续分级，每一粒级的累计筛余百分率均不为零的级配，如天然卵石。连续级配具有颗粒尺寸级差小，上下级粒径之比接近 2，颗粒之间的尺寸相差不大等特点，因此，采用连续级配拌制的混凝土具有和易性较好，不易产生离析等优点，在工程中的应用较广泛。

间断级配是指为了减小空隙率，人为地筛除某些中间粒级的颗粒，大颗粒之间的空隙，直接由粒径小很多的颗粒填充的级配。间断级配的颗粒相差大，上下粒径之比接近 6，空隙率大幅度降低，拌制混凝土时可节约水泥。但混凝土拌和物易产生离析现象，造成施工较困难。间断级配适用于配制采用机械拌和、振捣的低塑性及干硬性混凝土。

单粒粒级主要适用于配制所要求的连续粒级或与连续粒级配合使用以改善级配或粒度。工程中不宜采用单粒粒级的粗骨料配制混凝土。

2）最大粒径。粗骨料的最大粒径是指公称粒级的上限值。粗骨料的粒径越大，其比表面积越小，达到一定流动性时包裹其表面的水泥砂浆数量减小，可节约水泥。或者在和易性一定、水泥用量一定时，可以减少混凝土的单位用水量，提高混凝土的强度。

但粗骨料的最大粒径不宜过大，实践证明当粗骨料的最大粒径超过 40mm 时，会造成混凝土施工操作较困难，混凝土不易密实，引起强度降低和耐久性变差。

按《混凝土结构工程施工质量验收规范》（GB 50204—2015）的规定，混凝土用粗骨料的最大粒径须同时满足：不得超过构件截面最小边长的 1/4；不得超过钢筋间最小净距的 3/4；对于混凝土实心板，可允许采用最大粒径达板厚 1/2 的粗骨料，但最大粒径不得超过 50mm；对于泵送混凝土，最大粒径与输送管内径之比，碎石宜小于或等于 1∶3；卵石宜小于或等于 1∶2.5。

3）含泥量和泥块含量。卵石、碎石的含泥量是指粒径小于 $75\mu m$ 的颗粒含量；泥块含量是指卵石、碎石中原粒径大于 4.75mm，经水洗、手捏后小于 2.36mm 的颗粒含量。含泥量和泥块含量过大时，会影响粗骨料与水泥石之间的粘结，降低混凝土的强度和耐久性。卵石、碎石中的含泥量和泥块含量应符合表 4-9 的规定。

表 4-9　　　　　　　　　　卵石、碎石含泥量和泥块含量

项　　目	指　　标		
	Ⅰ类	Ⅱ类	Ⅲ类
含泥量，按质量计（%）	＜0.5	＜1.0	＜1.5
泥块含量，按质量计（%）	0	＜0.5	＜0.7

4）针、片状颗粒含量。粗骨料中针状颗粒，是指卵石和碎石颗粒的长度大于该颗粒所属相应粒级的平均粒径2.4倍的颗粒；片状颗粒是指厚度小于平均粒径0.4倍的颗粒。平均粒径是指该粒级上下限粒径的平均值。

针、片状颗粒本身的强度不高，在承受外力时容易产生折断，因此不仅会影响混凝土的强度，而且会增大石子的空隙率，使混凝土的和易性变差。

针、片状颗粒含量分别采用针状规准仪和片状规准仪测定。卵石和碎石中针片状颗粒含量应符合表4-10的规定。

表4-10 卵石、碎石中针片状颗粒含量

项　　目	指　　标		
	Ⅰ类	Ⅱ类	Ⅲ类
针、片状颗粒，按质量计（%）	5	15	25

5）有害物质。卵石、碎石中不应混有草根、树叶、树枝、塑料、煤块和炉渣等杂物。其有害物质含量应符合表4-11的规定。

表4-11 卵石、碎石中有害物质含量

项　　目	指　　标		
	Ⅰ类	Ⅱ类	Ⅲ类
有机物	合格	合格	合格
硫化物和硫酸盐，按质量计（%）　　<	0.5	1.0	1.0

6）坚固性。坚固性是指卵石、碎石在自然风化和其他外界物理化学因素作用下抵抗破裂的能力。某些页岩、砂岩等，配制混凝土时容易遭受冰冻、内部盐类结晶等作用而导致破坏。骨料越密实、强度越高、吸水率越小时，其坚固性越好。而结构疏松、矿物成分复杂、构造不均匀的骨料，其坚固性差。

粗骨料的坚固性采用硫酸钠溶液法进行试验，卵石和碎石经5次循环后，其质量损失应符合表4-12的规定。

表4-12 卵石、碎石的坚固性指标

项　　目	指　　标		
	Ⅰ类	Ⅱ类	Ⅲ类
质量损失（%）　　<	5	8	12

7）强度。

①岩石抗压强度。天然岩石的抗压强度测定，采用碎石母岩，制成50mm×50mm×50mm的立方体试件或ϕ50mm×50mm的圆柱体试件，浸没于水中浸泡48h，所测定的抗压极限强度。在水饱和状态下，其抗压强度火成岩应不小于80MPa，变质岩应不小于60MPa，水成岩应不小于30MPa。

②压碎指标。压碎指标检验是将一定质量气干状态下粒径9.0～9.5mm的石子，装入标准圆模内，放在压力机上均匀加荷至200kN，卸载后称取试样质量G_1，然后用孔径为

2.36mm 的筛筛除被压碎的颗粒，称出剩余在筛上的试样质量 G_2，按下式计算压碎指标值 Q_c。

$$Q_c = \frac{G_1 - G_2}{G_1} \times 100\%$$

卵石、碎石的压碎指标值越小，则表示石子抵抗压碎的能力越强。按国家标准《建筑用卵石、碎石》（GB/T 14685—2011）规定，卵石、碎石的压碎指标值见表 4 - 13。

表 4 - 13　　　　　　　　　　卵石、碎石的压碎指标

项　　　目	指　标		
	Ⅰ 类	Ⅱ 类	Ⅲ 类
碎石压碎指标（%）　　<	10	20	30
卵石压碎指标（%）　　<	12	16	16

8）表观密度、堆积密度、空隙率。卵石、碎石的表观密度、堆积密度、空隙率应符合如下规定：表观密度大于 2500kg/m³；松散堆积密度大于 1350kg/m³；空隙率小于 47%。

9）碱骨料反应。碱骨料反应是指水泥、外加剂等混凝土组成物及环境中的碱与骨料中碱活性矿物，在潮湿环境下缓慢发生并导致混凝土开裂破坏的膨胀反应。标准规定，经碱骨料反应试验后，由卵石、碎石制备的试件无裂缝、酥裂、胶体外溢等现象，在规定的试验龄期膨胀率应小于 0.10%。

4.1.4　常用外加剂

外加剂是在混凝土拌和过程中掺入的，能够改善混凝土性能的化学药剂，掺量一般不超过水泥用量的 5%。

混凝土外加剂在掺量较少的情况下，可以明显改善混凝土的性能，包括改善混凝土拌和物和易性、调节凝结时间、提高混凝土强度及耐久性等。混凝土外加剂在工程中的应用越来越广泛，被誉为混凝土的第五种组成材料。

根据国家标准《混凝土外加剂》（GB 8076—2008）的规定，混凝土外加剂按照其主要功能分为四类：

（1）改善混凝土拌和物流变性能的外加剂，包括各种减水剂、引气剂和泵送剂等。

（2）调节混凝土凝结时间、硬化性能的外加剂，包括缓凝剂、早强剂和速凝剂等。

（3）改善混凝土耐久性的外加剂，包括引气剂、防水剂和阻锈剂等。

（4）改善混凝土其他性能的外加剂，包括加气剂、膨胀剂、防冻剂、着色剂、防水剂和泵送剂等。

1. 减水剂

混凝土减水剂是指在保持混凝土拌和物和易性一定的条件下，具有减水和增强作用的外加剂，又称为塑化剂，高效减水剂又称为超塑化剂。根据减水剂的作用效果及功能不同，减水剂可分为普通减水剂、高效减水剂、早强减水剂、缓凝减水剂、引气减水剂、缓凝高效减水剂等。

（1）减水剂的作用

1）减少混凝土拌和物的用水量，提高混凝土的强度。在混凝土中掺入减水剂后，可在混凝

土拌和物坍落度基本一定的情况下，减少混凝土的单位用水量 5%～25%（普通型为 5%～15%，高效型为 10%～30%），从而降低了混凝土水灰比，使混凝土强度提高。

2）提高混凝土拌和物的流动性。在混凝土各组成材料用量一定的条件下，加入减水剂能明显提高混凝土拌和物的流动性，一般坍落度可提高 100～200mm。

3）节约水泥。在混凝土拌和物坍落度、强度一定的情况下，拌和物用水量减少的同时，水泥用量也可以减少，可节约水泥 5%～20%。

4）改善混凝土拌和物的性能。掺入减水剂后，可以减少混凝土拌和物的泌水、离析现象，延缓拌和物的凝结时间，减缓水泥水化放热速度，显著提高混凝土硬化后的抗渗性和抗冻性，提高混凝土的耐久性。

（2）常用的减水剂。减水剂是目前应用最广的外加剂，按化学成分分为木质素系减水剂、萘系减水剂、树脂系减水剂、糖蜜系减水剂及腐殖酸系减水剂等。各系列减水剂的主要品种、性能及适用范围见表 4-14。

表 4-14　　　　　　　　　　常用减水剂的品种、性能及适用范围

种类	木质素系	萘系	树脂系	糖蜜系	腐殖酸系
类别	普通减水剂	高效减水剂	早强减水剂（高效减水剂）	缓凝减水剂	普通减水剂
主要品种	木质素磺酸钙（木钙粉、M 型减水剂）、木质素磺酸钠等	NNO、NF、建 1、FDN、UNF、JN、MF 等	FG—2、ST、TF	长城牌、天山牌	腐殖酸
适宜掺量	0.2%～0.3%	0.2%～1%	0.5%～2%	0.2%～0.3%	0.3%
减水率	10%左右	15%以上	20%～30%	6%～10%	8%～10%
早强效果	—	显著	显著（7d 可达 28d 强度）		有早强型、缓凝型两种
缓凝效果	1～3h	—	—	3h 以上	
引气效果	1%～2%	部分品种小于 2%	—		
适用范围	一般混凝土工程及大模板、滑模、泵送、大体积及夏季施工的混凝土工程	适用于所有混凝土工程，特别适用于配制高强混凝土及大流动性混凝土	因价格较高，宜用于有特殊要求的混凝土工程	大体积混凝土工程及滑模、夏季施工的混凝土工程作为缓凝剂	一般混凝土工程

（3）减水剂的掺法。减水剂的掺法主要有先掺法、同掺法、后掺法等，其中以"后掺法"为最佳。后掺法是指减水剂加入混凝土中时，不是在搅拌时加入，而是在运输途中或在施工现场分一次加入或几次加入，再经二次或多次搅拌，成为混凝土拌和物。后掺法可减少、抑制混凝土拌和物在长距离运输过程中的分层离析和坍落度损失，可提高混凝土拌和物的流动性、减水率、强度和降低减水剂掺量，节约水泥等，并可提高减水剂对水泥的适应性等。特别适合于采用泵送法施工的商品混凝土。

2. 早强剂

早强剂是指掺入混凝土中能够提高混凝土早期强度，对后期强度无明显影响的外加剂。

早强剂可在不同温度下加速混凝土强度发展，多用于要求早拆模、抢修工程及冬期施工的工程。

工程中常用早强剂的品种主要有无机盐类、有机物类和复合早强剂。常用早强剂的品种、掺量及作用效果见表 4-15。

表 4-15   常用早强剂的品种、掺量及作用效果

种 类	无机盐类早强剂	有机物类早强剂	复合早强剂
主要品种	氯化钙、硫酸钠	三乙醇胺、三异丙醇胺、尿素等	二水石膏＋亚硝酸钠＋三乙醇胺
适宜掺量	氯化钙 1%～2% 硫酸钠 0.5%～2%	0.02%～0.05%	2%二水石膏＋1%亚硝酸钠＋0.05%三乙醇胺
作用效果	氯化钙：可使 2～3d 强度提高 40%～100%，7d 强度提高 25%		能使 3d 强度提高 50%
注意事项	氯盐会锈蚀钢筋，掺量必须符合有关规定	对钢筋无锈蚀作用	早强效果显著，适用于严格禁止使用氯盐的钢筋混凝土

3. 引气剂

引气剂是指加入混凝土中能引入微小气泡的外加剂。引气剂具有降低固—液—气三相表面张力，提高气泡强度，并使气泡排开水分而吸附于固相表面的能力。在搅拌过程中使混凝土内部的空气形成大量孔径约为 0.05～2mm 的微小气泡，均匀分布于混凝土拌和物中，可改善混凝土拌和物的流动性。同时也改善了混凝土内部孔的特征，显著提高混凝土的抗冻性和抗渗性。但混凝土含气量的增加，会降低混凝土的强度。一般引入体积百分数为 1% 的气体，可使混凝土的强度下降 4%～6%。

工程中常用的引气剂为松香热聚物，其掺量为水泥用量的 0.01%～0.02%。

4. 缓凝剂

延长混凝土凝结时间的外加剂，称为缓凝剂。缓凝剂能延缓混凝土凝结硬化时间，使混凝土浆体水化速度减慢，延长水化放热过程，有利于大体积混凝土温度控制。缓凝剂会对混凝土 1～3d 早期强度有所降低，但对后期强度的正常发展并无影响。

一般缓凝剂可使混凝土的初凝时间延长 1～4h，但这对高温情况下大体积混凝土施工是不够的。为了满足高温地区和高温季节大体积混凝土施工需要，国家"八五"科技攻关项目研究出了高温缓凝剂，这种缓凝剂能在气温为（35±2）℃、相对湿度为（60±5）% 的条件下混凝土初凝时间为 6～8h。

5. 速凝剂

能使混凝土迅速凝结硬化的外加剂，称为速凝剂。适用于铁路、公路、军工、地铁、城市、地下空间建筑，各类型隧道、矿山、井巷、护坡及抢险加固工程的喷射混凝土施工，拥有广泛的应用领域。

凝结时间，初凝 1～5min，终凝 5～10min，适宜掺量为胶凝材料用量的 3%～5%。

6. 其他外加剂

（1）防水剂。防水剂能够减少混凝土孔隙和填塞毛细管通道，在搅拌混凝土过程中掺入防水剂，可使混凝土内部碱性物质起反应生成硅酸盐凝胶体，从而密封混凝土内部孔隙，堵塞渗漏水路，达到永久性结构防水的目的。也可掺入混凝土中使用，提高混凝土凝结结构质量，增加抗渗能力和抗压强度。

SDZ091是一种含有催化剂和载体的复合水性溶液，它会渗透到建筑物内部并与碱性起化学作用产生乳胶体，填满毛细孔隙而形成完全永久性防水体。而起到防水、防潮、防腐、防污、防风化、防苔、防霉的多重作用。

（2）防冻剂。防冻剂是指能使混凝土在负温下硬化，并在规定时间内达到足够抗冻强度的外加剂。

混凝土防冻剂作为我国工程建设冬期施工所必不可少的材料之一，其在混凝土中所起的作用也越来越大。按《混凝土防冻剂》（JC 475—2004）标准的规定，我国的防冻剂主要分为氯盐类、氯盐阻锈类、无氯盐类、有机化合物类、复合型防冻剂五类，根据气温环境的不同以及结构物所处的环境不同，防冻剂的种类与掺量、成分也随之变化，主要选择与应用依据为《混凝土外加剂应用技术规范》（GB 50119—2013）的标准。

目前，国内混凝土防冻剂产品主要还是以无机盐类防冻剂（NO_2^-、SO_4^{2-}、NO_3^-、Cl^-盐类）为主，有机类防冻剂为辅，防冻剂掺量居高不下，尤其是在以建筑工程为主的、对混凝土结构耐久性要求较低的工业与民用建筑中，防冻剂掺量最高达10%以上（—15℃环境下），从而带入大量的碱金属离子或氯离子，对混凝土结构的长期性能与耐久性带来隐患。

（3）膨胀剂。膨胀剂是指能使混凝土产生一定体积膨胀的外加剂。混凝土外加剂的品种很多，它们对混凝土性能各有不同的影响。应根据不同的使用目的，选择适宜的品种及掺量，并应注意对混凝土其他性能的影响。使其充分发挥有益的效果，避免副作用。此外，同一种外加剂会因水泥品种不同而有不同的效果，称为外加剂对水泥的适应性，选择时应当充分注意。使用外加剂时，应预先进行试验。常用的品种为UEA，凡要求抗裂、防渗、接缝、填充用混凝土工程和水泥制品，都可用UEA膨胀剂。

（4）阻锈剂。钢筋阻锈剂是指加入混凝土中或涂刷在混凝土表面，能阻止或减缓钢筋腐蚀的化学物质。一些能改善混凝土对钢筋防护性能的添加剂或外涂保护剂（如硅灰、硅烷浸渍剂等）不属于钢筋阻锈剂范畴，钢筋阻锈剂必须能直接阻止或延缓钢筋锈蚀。目前市场上的阻锈剂主要有：掺入型（DCI），掺加到混凝土中，主要用于新建工程也可用于修复工程；渗透型（MCI），喷涂于混凝土外表面，主要用于已建工程的修复。

（5）泵送剂。泵送剂主要由多种分溶性磺化聚合物等复合而成。它具有保水、缓凝、引气、增强等特点，能防止混凝土拌和物在泵送管路中的离析和阻塞，改善泵送性能中，不含氯化物，对钢筋无锈蚀作用，广泛用于桥梁、隧道、码头、水利及高层建筑等混凝土工程。它是炎热夏季混凝土施工的首选外加剂。

泵送剂可使低性混凝土流态化，在水灰比相同条件下，混凝土坍落度由5～7cm增大到19～23cm，坍落度损失小，能延缓混凝土凝结时间3～8h，也可根据用户要求调节凝结时间。

4.1.5 建筑钢材

1. 建筑中常用钢品种

在建筑工程中应用最广泛的钢品种主要有碳素结构钢、低合金高强度结构钢，另外在钢丝中也部分使用了优质碳素结构钢。

（1）碳素结构钢。碳素结构钢原称普通碳素结构钢，在各类钢中其产量最大、用途最广泛，多轧制成型材、异型型钢和钢板等，可供焊接、铆接和螺栓连接。碳素结构钢按屈服点的大小分为 Q195、Q215、Q235、Q255、Q275 五个不同强度级别的牌号，并按质量要求分为 A、B、C、D 四个不同的质量等级。

钢的牌号由代表屈服点的字母、屈服点数值、质量等级符号、脱氧方法符号等四个部分按顺序组成。例如，Q235—AF 表示为屈服点不小于 235MPa 的 A 级沸腾钢，Q235—D 表示屈服点不小于 235MPa 的 D 级特殊镇静钢。碳素结构钢的具体牌号为：Q195—Q195F、Q195b、Q195；Q215—Q215AF、Q215Ab、Q215A、Q215BF、Q215Bb、Q215B；Q235—Q235AF、Q235Ab、Q235A、Q235BF、Q235Bb、Q235B、Q235C、Q235D；Q255—Q255A、Q255B；Q275—Q275。

对于 Q195、Q215，含碳量低，强度不高，塑性、韧性、加工性能和焊接性能好，主要用于轧制薄板和盘条，制造铆钉、地脚螺栓等。

Q235，含碳适中，综合性能好，强度、塑性和焊接等性能得到很好配合，用途最广泛。常轧制成盘条或钢筋，以及圆钢、方钢、扁钢、角钢、工字钢、槽钢等型钢，广泛地应用于建筑工程中。

Q255、Q275，含碳量高，强度、硬度较高，耐磨性较好，塑性和可焊性能有所降低。主要用作铆接与螺栓连接的结构及加工机械零件。

（2）低合金高强度结构钢。低合金高强度结构钢的牌号，由代表屈服点的汉语拼音字母（Q）、屈服点数值、质量等级符号（A、B、C、D、E）三个部分按顺序组成。如 Q345A 表示屈服点不小于 345MPa 的 A 级钢。根据新标准的牌号表示方法与组成，可规定以下具体牌号：Q295—Q295A、Q295B；Q345—Q345A、Q345B、Q345C、Q345D、Q345E；Q390—Q390A、Q390B、Q390C、Q390D、Q390E；Q420—Q420A、Q420B、Q420C、Q420D、Q420E；Q460—Q460C、Q460D、Q460E。

Q295，钢中只含有极少量合金元素，强度不高，但有良好的塑性、冷弯、焊接及耐蚀性能。主要用于建筑工程中对强度要求不高的一般工程结构。

Q345、Q390，综合力学性能好，焊接性能、冷热加工性能和耐蚀性能均好，C、D、E 级钢具有良好的低温韧性。主要用于工程中承受较高荷载的焊接结构。

Q420、Q460，强度高，特别是在热处理后有较高的综合力学性能。主要用于大型工程结构及要求强度高、荷载大的轻型结构。

（3）结构钢的命名规则。结构钢采用 Q×××—⎵ · [ ] 符号来命名，例如 Q235 $\frac{3}{4}$ A·F、Q235 $\frac{3}{4}$ B·b、Q345 $\frac{3}{4}$ E·Z。其中，Q：屈服强度的第一个拼音字母。×××：屈服强度值，单位为 N/mm²，如 235、345、390、420 等。⎵：质量等级有 A、B、C、D、E 五个等级。其中 A 无冲击功规定，B 有 20℃时的冲击功要求，C 有 0℃时的冲

击功要求，D有−20℃时的冲击功要求，E有−40℃时的冲击功要求，低合金钢才有E等级要求。［ ］：脱氧方法，可分为F、b、Z和TZ，F表示沸腾钢，b表示半镇静钢，Z表示镇静钢，TZ表示特殊镇静钢，其中Z和TZ可不写。

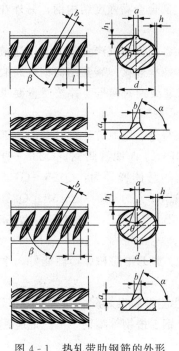

图4-1 热轧带肋钢筋的外形

2. 建筑中常用钢筋品种

钢筋是用于钢筋混凝土结构中的线材。按照生产方法、外形、用途等不同，工程中常用的钢筋主要有热轧光圆钢筋、热轧带肋钢筋、低碳钢热轧圆盘条、预应力钢丝、冷轧带肋钢筋、冷轧扭钢筋、热处理钢筋等品种。钢筋具有强度较高、塑性较好，易于加工等特点，广泛地应用于钢筋混凝土结构中。

（1）热轧钢筋。钢筋混凝土用热轧钢筋分为光圆钢筋和带肋钢筋两种。热轧光圆钢筋是横截面通常为圆形，且表面为光滑的配筋用钢材，采用钢锭经热轧成型并自然冷却而成。热扎带肋钢筋是横截面为圆形，且表面通常有两条纵肋和沿长度方向均匀分布的横肋的钢筋。热轧带肋钢筋的外形如图4-1所示。

热轧直条光圆钢筋强度等级代号为HPB300。热轧带肋钢筋的牌号由HRB和牌号的屈服点最小值构成。H、R、B分别为热轧（Hotrolled）、带肋（Ribbed）、钢筋（Bars）三个词的英文首位字母。热轧带肋钢筋有HRB335、HRB400、HRB500三个牌号。

具体表示意义如下

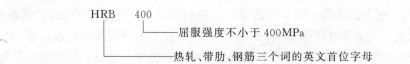

此牌号为屈服点不小于335MPa的热轧带肋钢筋。

热轧光圆钢筋的公称直径范围为8～20mm，推荐公称直径为8、10、12、16、20mm。钢筋混凝土用热轧带肋钢筋的公称直径范围为6～50mm，推荐的公称直径为6、8、10、12、16、20、25、32、40mm和50mm。

热轧带肋钢筋应在其表面轧上牌号标志，还可依次轧上厂名（或商标）和直径（mm）数字。轧上钢筋的牌号以阿拉伯数字表示，HRB335、HRB400、HRB500对应的阿拉伯数字分别为2、3、4。厂名以汉语拼音字头表示，直径数（mm）以阿拉伯数字表示，直径不大于10mm的钢筋，可不轧标志，采用挂牌方法。标志应清晰明了，标志的尺寸由供方按钢筋直径大小作适当规定，与标志相交的横肋可以取消。

带肋钢筋与混凝土有较大的粘结能力，因此能更好地承受外力作用。热轧带肋钢筋广泛地应用于各种建筑结构，特别是大型、重型、轻型薄壁和高层建筑结构。

（2）低碳热轧圆盘条。低碳热轧圆盘条的公称直径为5.5～30mm，大多通过卷线机成盘卷供应，因此称为盘条、盘圆或线材。

盘条按用途分为供拉丝用盘条（代号L）、供建筑和其他一般用途用盘条（代号J）两种。低碳热轧圆盘条的牌号表示方法由屈服点符号、屈服点数值、质量等级符号、脱氧方法符号、用途类别符号等五个内容表示。具体符号、数值表示的含义见表4-16。

表4-16 低碳热轧圆盘条牌号中各符号、数值的含义

符号及数值名称	屈服点	屈服点不小于/MPa	质量等级	脱氧方法	用途类别
符号	Q	195 215 235	A B	沸腾钢—F 半镇静钢—b 镇静钢—Z	供拉丝用—L 供建筑和其他用途—J

如牌号 Q235AF—J，表示为屈服点不小于235MPa、质量等级为A级的沸腾钢，是供建筑和其他用途用的低碳钢热轧圆盘条钢筋。

低碳热轧圆盘条是由屈服强度较低的碳素结构钢轧制的盘条，是目前用量最大、使用最广的线材，也称普通线材。除大量用作建筑工程中钢筋混凝土的配筋外，还适用于供拉丝、包装及其他用途。

（3）冷轧带肋钢筋。冷轧带肋钢筋是由热轧圆盘条经冷轧或冷拔减径后，在表面冷轧成两面或三面有肋的钢筋。钢筋冷轧后允许进行低温回火处理。

根据 GB 13788—2008 规定，冷轧带肋钢筋按抗拉强度分为 CRB550、CRB650、CRB800、CRB970、CRB1170 共五个牌号。C、R、B 分别为冷轧、带肋、钢筋三个英文单词的首位字母，数字为抗拉强度的最小值。

冷轧带肋钢筋的直径范围为4~12mm，推荐的公称直径为5、6、7、8、9、10mm。冷轧带肋钢筋用于非预应力构件，与热轧圆盘条相比，强度提高17%左右，可节约钢材30%左右。用于预应力构件，与低碳冷拔丝比，伸长率高，钢筋与混凝土之间的粘结力较大，适用于中、小预应力混凝土结构构件，也适用于焊接钢筋网。

（4）冷轧扭钢筋。冷轧扭钢筋是低碳钢热轧圆盘条经专用钢筋冷轧制裁机调直，冷轧并冷扭一次成型，具有规定截面开头和节距的边疆螺旋状钢筋。

冷轧扭钢筋的生产工艺是采用普通3号热轧光圆线材，在生产线上经过卷料放线──→调直除鳞──→轧扁──→扎曲──→定长切断──→自动下料六道边疆工序，加工成符合设计要求外形为螺旋状麻花形的直条钢筋。

冷轧扭钢筋的标记符号和Ⅰ级圆钢筋的区别是，冷轧扭钢筋的标记符号是φ'，而Ⅰ级圆钢盘的标记符号是φ。

冷轧扭钢筋抗拉性能提高但抗折性能下降，所以冷轧扭钢筋不能弯超过90°的弯。适用于工业与民用建筑及一般构筑物中不直接承受动力荷载的受弯构件，多用于现浇混凝土楼盖、现浇混凝土空心无梁楼盖等新技术，冷轧扭钢筋的优点有：

1）具有强度高与混凝土粘结性能优的特点。与圆钢比较，其极限抗拉强度与混凝土握裹力分别提高1.95倍和1.586倍。

2）延性好。其伸长率明显优于低碳冷拔钢丝，是一种强度和粘结科学相结合的钢筋，用于建筑工程中具有操作简便、实用性强、结构性能优、工程质量可靠的特点。

3）经济效益高。应用冷轧扭钢筋可比应用普通热轧圆钢筋节省钢材40%左右，资金节约率为25%左右。施工单位由于钢筋用量（重量）减少又免去了现场拉伸、调直、除锈、

弯钩等工序，从而节省工时、节省运费，其节省值为可测算的直接施工费用的15%～20%。

（5）热处理钢筋。热处理钢筋是经过淬火和回火调直处理的螺纹钢筋。分有纵肋和无纵肋两种，其外形分别如图4-2和图4-3所示。代号为RB150。

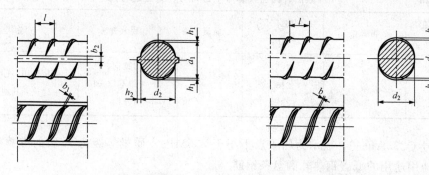

图4-2　有纵肋热处理钢筋外形　　　　图4-3　无纵肋热处理钢筋外形

热处理钢筋规格，有公称直径6、8.2、10mm三种规格。钢筋经热处理后应卷成盘。每盘应由一整根钢筋盘成，且每盘钢筋的重量应不小于60kg。每批钢筋中允许由5%的盘数不足60kg，但不得小于25kg。公称直径为6mm和8.2mm的热处理钢筋盘的内径不小于1.7m，公称直径为10mm的热处理钢筋盘的内径不小于2.0m。

热处理钢筋的牌号有$40Si_2Mn$、$48Si_2Mn$和$45Si_2Cr$，为低合金钢。各牌号钢的化学成分应符合有关标准规定。热处理钢筋具有较高的综合力学性能，除具有很高的强度外，还具有较好的塑性和韧性，特别适合于预应力构件。钢筋成盘供应，可省去冷拉、调直和对焊工序，施工方便。但其应力腐蚀及缺陷敏感性强，应防止产生锈蚀及刻痕等现象。热处理钢筋不适用于焊接和点焊的钢筋。

（6）钢丝及钢绞线。

1）钢丝。预应力混凝土用钢丝简称预应力钢丝，是以优质碳素结构钢盘条为原料，经淬火、酸洗、冷拉制成的用作预应力混凝土骨架的钢丝。

钢丝按交货状态分为冷拉钢丝和消除应力钢丝两种；按外形分为光面钢丝和刻痕钢丝两种；按用途分为桥梁用、电杆及其他水泥制品用两类。

钢丝为成盘供应。每盘由一根组成，其盘重应不小于50kg，最低质量不小于20kg，每个交货批中最低质量的盘数不得多于10%。消除应力钢丝的盘径不小于1700mm，冷拉钢丝的盘径不小于600mm。经供需双方协议，也可供应盘径不小于550mm的钢丝。

钢丝的抗拉强度比低碳钢热轧圆盘条、热轧光圆钢筋、热轧带肋钢筋的强度高1～2倍。在构件中采用钢丝可节约钢材、减小构件截面积和节省混凝土。钢丝主要用作桥梁、吊车梁、电杆、楼板、大口径管道等预应力混凝土构件中的预应力筋。

2）钢绞线。预应力混凝土用钢绞线简称预应力钢绞线，是由多根圆形断面钢丝捻制而成。钢绞线按左捻制成并经回火处理消除内应力。

钢绞线按应力松弛性能分为两级，即Ⅰ级松弛（代号Ⅰ）、Ⅱ级松弛（代号Ⅱ）。钢绞线的公称直径有9.0、12.0、15.0mm三种规格，其直径允许偏差、中心钢丝直径加大范围和公称重量应符合标准规定。每盘成品钢绞线应由一整根钢绞线盘成，钢绞线盘的内径不小于1000mm。如无特殊要求，每盘钢绞线的长度不小于200m。

·钢绞线与其他配筋材料相比，具有强度高、柔性好、质量稳定、成盘供应不需接头等优点。适用于作大型建筑、公路或铁路桥梁、吊车梁等大跨度预应力混凝土构件的预应力钢筋，广泛地应用于大跨度、重荷载的结构工程中。

4.1.6　墙体材料

在工业与民用建筑工程中，墙体具有承重、围护和分隔作用。目前墙体材料的品种较多，可分为块材和板材两大类。块材又可分为烧结砖、非烧结砖和砌块。在建筑工程中，合理选用墙体材料，对建筑物的功能、安全以及施工和造价等均具有重要意义。

1. 烧结砖

以黏土、页岩、煤矸石、粉煤灰等为主要原材料，经成型、焙烧而成的块状墙体材料称为烧结砖。烧结砖按其孔洞率（砖面上孔洞总面积占砖面积的百分率）的大小分为烧结普通砖（没有孔洞或孔洞率小于 15% 的砖）、烧结多孔砖（孔洞率大于或等于 15% 的砖，其中孔的尺寸小而数量多）和烧结空心砖（孔洞率大于或等于 35% 的砖，其中孔的尺寸大而数量少）。

（1）烧结普通砖。烧结普通砖是指以黏土、粉煤灰、页岩、煤矸石为主要原材料，经过成型、干燥、入窑焙烧、冷却而成的实心砖。

1）分类。烧结普通砖按主要原料分为黏土砖（N）、页岩砖（Y）、煤矸石砖（M）和粉煤灰砖（F）。

按焙烧时的火候（窑内温度分布），烧结砖分为欠火砖、正火砖、过火砖。欠火砖色浅、敲击声闷哑、吸水率大、强度低、耐久性差。过火砖色深、敲击声音清脆、吸水率低、强度较高，但弯曲变形大。欠火砖和过火砖均属不合格产品。

按焙烧方法不同，烧结普通砖又可分为内燃砖和外燃砖。

2）规格尺寸。烧结普通砖的尺寸规格是 240mm×115mm×53mm。其中 240mm×115mm 面称为大面，240mm×53mm 面称为条面，115mm×53mm 面称为顶面，如图 4-4 所示。在砌筑时，4 块砖长、8 块砖宽、16 块砖厚，再分别加上砌筑灰缝（每个灰缝宽度为 8～12mm，平均取 10mm），其长度均为 1m。理论上，$1m^3$ 砖砌体大约需用砖 512 块。

3）应用。烧结普通砖具有一定的强度、较好的耐久性、一定的保温隔热性能，在建筑工程中主要砌筑各种承重墙体和非承重墙体等围护结构。烧结普通砖可砌筑砖柱、拱、烟囱、筒拱式过梁和基础等，也可与轻混凝土、保温隔热材料等配合使用。在砖砌体中配置适当的钢筋或钢丝网，可作为薄壳结构、钢筋砖过梁等。碎砖可作为混凝土骨料和碎砖三合土的原材料。

烧结黏土砖制砖取土，大量毁坏农田。烧结实心砖自重大，烧砖能耗高，成品尺寸小，施工效率低，抗震性能差等。因此我国正大力推广墙体材料改革，以空心砖、工业废渣砖及砌块、轻质板材来代替实心黏土砖。

（2）烧结多孔砖和烧结空心砖。墙体材料逐渐向轻质化、多功能方向发展。近年来逐渐推广和使用多孔砖和空心砖，一方面可减少黏土的消耗量大约 20%～30%，节约耕地；另一方面，墙体的自重

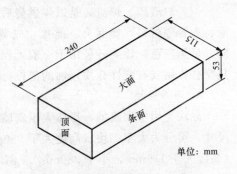

图 4-4　烧结普通砖的规格

至少减轻 30%～35%，降低造价近 20%，保温隔热性能和吸声性能有较大提高。

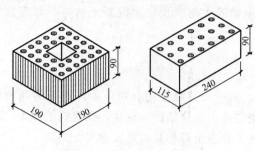

图 4-5　烧结多孔砖的规格

1）规格尺寸。烧结多孔砖有 190mm×190mm×90mm（M 型）和 240mm×115mm×90mm（P 型）两种规格。其空洞尺寸为：圆孔尺寸直径不大于 22mm，非圆孔内切圆直径不大于 15mm；手抓孔（30～40)mm×(75～85)mm，如图 4-5 所示。

2）应用。烧结多孔砖主要用于砌筑承重墙体，烧结空心砖主要用于砌筑非承重的墙体。

2. 非烧结砖

不经焙烧而制成的砖均为非烧结砖，如碳化砖、免烧免蒸砖、蒸养（压）砖等。目前，应用较广的是蒸养（压）砖。这类砖是以含钙材料（石灰、电石渣等）和含硅材料（砂子、粉煤灰、煤矸石灰渣、炉渣等）与水拌和，经压制成型，在自然条件或人工水热合成条件（蒸养或蒸压）下，反应生成以水化硅酸钙、水化铝酸钙为主要胶结料的硅酸盐建筑制品。主要品种有灰砂砖、粉煤灰砖、炉渣砖等。

（1）蒸压灰砂砖。蒸压灰砂砖（LSB）是以石英为原料（也可加入着色剂或掺和剂），经配料、拌和、压制成型和蒸压养护而制成的砖。灰砂砖的尺寸规格与烧结普通砖相同，为 240mm×115mm×53mm。灰砂砖有彩色（Co）和本色（N）两类。灰砂砖按产品名称（LSB）、颜色、强度等级、标准编号的顺序标记。如 MU20 优等品的彩色灰砂砖，其产品标记为 LSB—Co—20—A—GB11945。

MU15、MU20、MU25 的砖可用于基础及其他建筑，MU10 的砖仅可用于防潮层以上的建筑。灰砂砖不得用于长期受热（200℃以上）、受急冷急热和有酸性介质侵蚀的建筑部位，也不宜用于有流水冲刷的部位。

（2）蒸压（养）粉煤灰砖。粉煤灰砖是利用电厂废料粉煤灰为主要原料，掺入适量的石灰和石膏或再加入部分炉渣等，经配料、拌和、压制成型、常压或高压蒸汽养护而成的实心砖。其外形尺寸同普通砖，即长 240mm、宽 115mm、高 53mm，呈深灰色。

粉煤灰砖可用于工业与民用建筑的墙体和基础，但用于基础或易受冻融和干湿交替作用的建筑部位，必须使用一等品和优等品。粉煤灰砖不得用于长期受热（200℃以上）、受急冷急热和有酸性介质侵蚀的建筑部位。为避免或减少收缩裂缝的产生，用粉煤灰砖砌筑的建筑物，应适当增设圈梁及伸缩缝。

（3）炉渣砖。炉渣砖是以煤燃烧后的炉渣（煤渣）为主要原料，加入适量的石灰或电石渣、石膏等材料，经混合、搅拌、成型、蒸汽养护等而制成的砖。其尺寸规格与普通砖相同，呈黑灰色，该类砖可用于一般工程的内墙和非承重外墙，但不得用于受高温、受急冷急热交替作用或有酸性介质侵蚀的部位。

3. 墙用砌块

砌块是用于砌筑的，形体大于砌墙砖的人造块材。一般为直角六面体。按产品主规格的尺寸，可分为大型砌块（高度大于 980mm）、中型砌块（高度为 380～980mm）和小型砌块（高度大于 115mm，小于 380mm）。砌块高度一般不大于长度或宽度的 6 倍，长度不超过高度的 3 倍。根据需要也可生产各种异型砌块。

砌块是一种新型墙体材料，可以充分利用地方资源和工业废渣，并可节省黏土资源和改善环境。具有生产工艺简单、原料来源广、适应性强、制作及使用方便、可改善墙体功能等特点，因此发展较快。

（1）蒸压加气混凝土砌块。蒸压加气混凝土砌块是以钙质材料（水泥、石灰等）和硅质材料（砂、矿渣、粉煤灰等）以及加气剂（粉）等，经配料、搅拌、浇筑、发气（由化学反应形成孔隙）、预养切割、蒸汽养护等工艺过程制成的多孔硅酸盐砌块。

按养护方法分为蒸养加气混凝土砌块和蒸压加气混凝土砌块两种。按原材料的种类，蒸压加气混凝土砌块主要有蒸压水泥—石灰—砂加气混凝土砌块、蒸压水泥—石灰—粉煤灰加气混凝土砌块等。

蒸压加气混凝土砌块具有自重小、绝热性能好、吸声、加工方便和施工效率高等优点，但强度不高，因此，主要用于砌筑隔墙等非承重墙体以及作为保温隔热材料等。

在无可靠的防护措施时，该类砌块不得用在处于水中或高湿度和有侵蚀介质的环境中，也不得用于建筑物的基础和温度长期高于80℃的建筑部位。

（2）普通混凝土小型空心砌块（代号 NHB）。普通混凝土小型空心砌块是以普通混凝土拌和物为原料，经成型、养护而成的空心块体墙材。有承重砌块和非承重砌块两类。为减轻自重，非承重砌块可用炉渣或其他轻质骨料配制。根据外观质量和尺寸偏差，分为优等品（A）、一等品（B）及合格品（C）三个质量等级。其强度等级分为 MU3.5，MU5.0，MU10.0，MU15.0，MU20.0。砌块的主规格尺寸为 390mm×190mm×190mm，其他规格尺寸可由供需双方协商。砌块的最小外壁厚应不小于 30mm，最小肋厚应不小于 25mm，空心率应不小于 25%。砌块各部位名称如图 4-6 所示。

普通混凝土小型空心砌块适用于地震设计烈度为 8 度以下地区的一般民用与工业建筑物的墙体。对用于承重墙和外墙的砌块，要求其干缩率小于 0.5mm/m，非承重或内墙用砌块，其干缩率应小于 0.6mm/m。砌块堆放运输及砌筑时应有防雨措施。砌块装卸时，严禁碰撞、扔摔，应轻码轻放，不许翻斗倾卸。砌块应按规格、等级分批分别堆放，不得混杂。

（3）泡沫混凝土砌块。泡沫混凝土的基本原料为水泥、石灰、水、泡沫，在此基础上掺加一些填料、骨料及外加剂。常用的填料及骨料为砂、粉煤灰、陶粒、碎石屑、膨胀聚苯乙烯、膨胀珍珠岩、苯脱克细骨料。常用的外加剂与普通混凝土一样，为减水剂、防水剂、缓凝剂、促凝剂等。

泡沫混凝土砌块是泡沫混凝土在墙体材料中应用量最大的一种材料。在我国南方地区，一般用密度等级为 $900\sim1200$kg/m³ 的泡沫混凝土砌块作为框架结构的填充墙，主要是利用该砌块隔热性能好和轻质高强的特点。尤以广东省应用最多，目前该省泡沫混凝土砌块的年用量达 60 万平方米。在北方，泡沫混凝土砌块主要用作墙体保温层。哈尔滨建筑大学研制了聚苯乙烯泡沫混凝土砌块，并用于城市楼房建设。此种砌块是以聚苯乙烯泡沫塑料作为骨料，水泥和粉煤灰作胶凝材料，加入少量外加

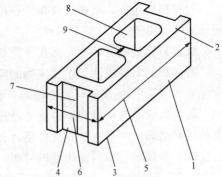

图 4-6　砌块各部位名称

1—条面；2—坐浆面（肋厚较小的面）；
3—铺浆面（肋厚较大的面）；4—顶面；
5—长度；6—宽度；7—高度；
8—壁；9—肋

剂，经搅拌、成型和自然养护而成，其规格为 200mm×200mm×200mm，可用于内、外非承重墙体材料，也可用于屋面保温材料。它具有质量轻、导热系数小、抗冻性高、防火、生产简单、造价较低、施工方便等优点。

（4）混凝土中型空心砌块。混凝土中型空心砌块是以水泥或无熟料水泥，配以一定比例的骨料，制成空心率不小于 25% 的制品。其尺寸规格为：长度 500、600、800、1000mm，宽度 200、240mm，高度 400、450、800、900mm。砌块的构造形式如图 4-7 所示。

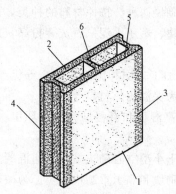

图 4-7　砌块的构造形式
1—铺浆面；2—坐浆面；3—侧面；
4—端面；5—壁面；6—肋

用无熟料水泥配制的砌块属硅酸盐类制品，生产中应通过蒸汽养护或相关的技术措施以提高产品质量。这类砌块的干燥收缩值不大于 0.8mm/m，经 15 次冻融循环后其强度损失不大于 15%，外观无明显疏松、剥落和裂缝，自然碳化系数（1.15×人工碳化系数）不小于 0.85。

中型空心砌块具有体积密度小、强度较高、生产简单、施工方便等特点，适用于民用与一般工业建筑物的墙体。

4. 墙用板材

墙用板材是一类新型墙体材料。它改变了墙体砌筑的传统工艺，采用通过粘结、组合等方法进行墙体施工，加快了建筑施工的速度。墙板除轻质外，还具有保温、隔热、隔声、防水及自承重的性能。有的轻型墙板还具有高强、绝热性能，从而为高层、大跨度建筑及建筑工业实现现代化提供了物质基础。

墙用板材的种类很多，主要包括加气混凝土板、石膏板、石棉水泥板、玻璃纤维增强水泥板、铝合金板、稻草板、植物纤维板及镀塑钢板等类型。

（1）石膏板。石膏板包括纸面石膏板、纤维石膏板及石膏空心条板三种。

1）纸面石膏板。纸面石膏板是以建筑石膏为主要原料，并掺入某些纤维和外加剂所组成的芯材，和与芯材牢固地结合在一起的护面纸所组成的建筑板材。主要包括普通纸面石膏板、防火纸面石膏板和防水纸面石膏板三个品种。

根据形状不同，纸面石膏板的板边有矩形（PJ）、45°倒角形（PD）、楔形（PC）、半圆形（PB）和圆形（PY）等五种。

纸面石膏板具有轻质、高强、绝热、防火、防水、吸声、可加工、施工方便等特点。

普通纸面石膏板适用于建筑物的围护墙、内隔墙和吊顶。在厨房、厕所以及空气相对湿度经常大于 70% 的潮湿环境使用时，必须采用相对防潮措施。

防水纸面石膏板纸面经过防水处理，而且石膏芯材也含有防水成分，因而适用于湿度较大的房间墙面。由于它有石膏外墙衬板、耐水石膏衬板两种，可用于卫生间、厨房、浴室等贴瓷砖、金属板、塑料面砖墙的衬板。

2）纤维石膏板。纤维石膏板是以石膏为主要原料，加入适量有机或无机纤维和外加剂，经打浆、铺浆脱水、成型、干燥而成的一种板材。

纤维石膏板主要用于工业与民用建筑的非承重内墙、顶棚吊顶及内墙贴面等。

3）石膏空心条板。石膏空心条板以建筑石膏为胶凝材料，适量加入各种轻质骨料（如膨胀珍珠岩、膨胀蛭石等）和无机纤维增强材料，经搅拌、振动成型、抽芯模、干燥而成。

石膏空心条板具有质轻、比强度高、隔热、隔声、防火、可加工性好等优点，且安装墙体时不用龙骨，简单方便。适用于各类建筑的非承重内墙，但若用于相对湿度大于75%的环境中，则板材表面应作防水等相应处理。

（2）蒸压加气混凝土板。蒸压加气混凝土板主要包括蒸压加气混凝土条板和蒸压加气混凝土拼装墙板。

1）蒸压加气混凝土条板。加气混凝土条板是以水泥、石灰和硅质材料为基本原料，以铝粉为发气剂，配以钢筋网片，经过配料、搅拌、成型和蒸压养护等工艺制成的轻质板材。

加气混凝土条板具有密度小，防火性和保温性能好，可钉、可锯、容易加工等特点。

加气混凝土条板主要用于工业与民用建筑的外墙和内隔墙。

2）蒸压加气混凝土拼装墙板。加气拼装墙板是以加气混凝土条板为主要材料，经条板切锯、粘结和钢筋连接制成的整间外墙板。该墙板具有加气混凝土条板的性能，拼装、安装简便，施工速度快。其规格尺寸可按设计需要进行加工。

墙板拼装有两种形式，一种为组合拼装大板，即小板在拼装台上用方木和螺栓组合锚固成大板；另一种为胶合拼装大板，即板材用粘结力较强的胶粘剂粘合，并在板间竖向安置钢筋。

加气混凝土拼装墙板主要应用于大模板体系建筑的外墙。

（3）纤维水泥板。纤维水泥板是以水泥砂浆或净浆作基材，以非连续的短纤维或连续的长纤维作增强材料所组成的一种水泥基复合材料。纤维水泥板包括玻璃纤维增强水泥板和纤维增强水泥平板、石棉水泥板、石棉水泥珍珠岩板等。

1）玻璃纤维增强水泥板（GRC板）。又称玻璃纤维增强水泥条板。GRC是Glass Fiber Reinforced Cement（玻璃纤维增强水泥）的缩写，是一种新型墙体材料，近年来广泛应用于工业与民用建筑中，尤其是在高层建筑物中的内隔墙。该水泥板是用抗碱玻璃纤维作增强材料，以水泥砂浆为胶结材料，经成型、养护而成的一种复合材料。此水泥板具有强度高、韧性好、抗裂性优良等特点，主要用于非承重和半承重构件，可用来制造外墙板、复合外墙板、天花板、永久性模板等。

2）GRC（即玻璃纤维增强水泥）轻质多孔墙板。GRC轻质多孔墙板是我国近年来发展起来的轻质高强的新型建筑材料。其特点是重量轻、强度高，防潮、保温、不燃、隔声、厚度薄，锯、钻、钉、刨等加工性能良好，原材料来源广，成本低，节省资源。GRC板价格适中，施工简便，安装施工速度快，比砌砖快了3～5倍。安装过程中避免了湿作业，改善了施工环境。它的重量为黏土砖的1/8～1/6，在高层建筑中应用能够大大减轻自重，缩小了基础及主体结构规模，降低了总造价。它的厚度为60～120mm，条板宽度为600～900mm，房间使用面积可扩大6%～8%（按每间房16m² 计）。

3）石棉水泥板。石棉水泥板是用石棉作增强材料，水泥净浆作基材制成的板材。现有平板和半波板两种。按其物理性能又分为一类板、二类板和三类板三种；按其尺寸偏差可分为优等品和合格品两种。其规格品种多，能适应各种需要。

石棉水泥板具有较高的抗拉、抗折强度及防水、耐蚀性能，且锯、钻、钉等加工性能好，干燥状态下还有较高的电绝缘性。主要可作复合外墙板的外层，或作隔墙板、吸声吊顶板、通风板和电绝缘板等。

（4）泰柏板。泰柏板是一种轻质复合墙板，是由三维空间焊接钢丝网架和泡沫塑料（聚苯乙烯）芯组成，而后喷涂或抹水泥砂浆制成的一种轻质板材。泰柏板强度高（有足够的轴向和横向强度）、重量轻（以100mm厚的板材与半砖墙和一砖墙相比，可减少重量54％～76％，从而降低了基础和框架的造价）、不碎裂（抗震性能好以及防水性能好）、具有隔热（保温隔热性能佳，优于两砖半墙的保温隔热性能）、隔声、防火、防震、防潮、抗冻等优良性能。适用于民用、商业和工业建筑作墙体、地板及屋面等。钢丝网架聚苯乙烯水泥夹心板（南方称泰柏板），简称GJ板。

该板可任意裁剪、拼装与连接，两侧铺抹水泥砂浆后，可形成完整的墙板。其表面可作各种装饰面层，可用作各种建筑的内外填充墙，也可用于房屋加层改造各种异型建筑物，并且可作屋面板使用（跨度3m以内），免做隔热层。采用该墙板可降低工程造价13％以上，增加房屋的使用面积（高层公寓14％，宾馆11％，其他建筑根据设计相应减少）。目前，该产品已大量应用在高层框架加层建筑、农村住宅的围护外墙和轻质隔墙、外墙外保温层，及低层建筑的承重墙板等处。

（5）铝塑复合墙板。简称铝塑板，是由经过表面处理并涂装烤漆的铝板作为表层，聚乙烯塑料板作为芯层，经过一系列工艺过程加工复合而成的新型材料。铝塑板是由性质不同的两种材料（金属与非金属）组成，它既保留了原组成材料（金属铝、非金属聚乙烯塑料）的主要特性，又克服了原组成材料的不足，进而获得了众多优异的材料性能。如豪华美观、艳丽多彩的装饰性，具有耐候、耐蚀、耐冲击、防火、防潮、隔热、隔声、抗震性好、质轻、易加工成型、易搬运安装、可快速施工等特性。这些性能为铝塑板开辟了广阔的运用前景。

（6）混凝土大型墙板。混凝土大型墙板是用混凝土预制的重型墙板，主要用于多、高层现浇的或预制的民用房屋建筑的外墙和单层工业厂房的外墙。此墙板的分类方法很多，但按其材料品种可分为普通混凝土空心墙板、轻骨料混凝土墙板和硅酸盐混凝土墙板；按其表面装饰情况可分为不带饰面的一般混凝土外墙板和带饰面的混凝土幕墙板。

4.1.7　建筑防水材料

建筑防水材料是用于防止建筑物渗漏的一大类材料，被广泛用于建筑物的屋面、地下室及水利、地铁、隧道、道路和桥梁等工程。可分为刚性防水材料和柔性防水材料两大类。刚性防水材料，是以水泥混凝土或砂浆自防水为主，外掺各种防水剂、膨胀剂等共同组成的防水结构。而柔性防水材料，是产量和用量最多的一类防水材料，而且其防水性能可靠，可应用于各种场所和各种外形的防水工程，因此在国内外得到推广和应用。本章主要介绍柔性防水材料，如防水卷材、防水涂料、防水密封材料和沥青混合料等。

1.防水材料分类

防水材料是保证房屋建筑能够防止雨水、地下水和其他水分渗透，以保证建筑物能够正常使用的一类建筑材料，是建筑工程中不可缺少的主要建筑材料之一。防水材料质量对建筑物的正常使用寿命起着举足轻重的作用。近年来，防水材料突破了传统的沥青防水材料，改性沥青油毡迅速发展，高分子防水材料使用也越来越多，且生产技术不断改进，新品种新材料层出不穷。防水层的构造也由多层向单层发展，施工方法也由热熔法发展到冷粘法。防水材料按其特性可分为柔性防水材料和刚性防水材料，见表4-17。

表 4 - 17　　　　　　　　　　　　　　　常用防水材料的分类和主要应用

类别	品　种	主　要　应　用
刚性防水	防水砂浆	屋面及地下防水工程，不宜用于有变形的部位
	防水混凝土	屋面、蓄水池、地下工程、隧道等
沥青基防水材料	纸胎石油沥青油毡	地下、屋面等防水工程
	玻璃布胎沥青油毡	地下、屋面等防水防腐工程
	沥青再生橡胶防水卷材	屋面、地下室等防水工程，特别适合寒冷地区或有较大变形的部位
改性沥青基防水卷材	APP 改性沥青防水卷材	屋面、地下室等各种防水工程
	SBS 改性沥青防水卷材	屋面、地下室等各种防水工程，特别适合寒冷地区
合成高分子防水卷材	三元乙丙橡胶防水卷材	屋面、地下室水池等各种防水工程，特别适合严寒地区或有较大变形的部位
	聚氯乙烯防水卷材	屋面、地下室等各种防水工程，特别适合较大变形的部位
	聚乙烯防水卷材	屋面、地下室等各种防水工程，特别适合严寒地区或有较大变形的部位
	氯化聚乙烯防水卷材	屋面、地下室、水池等各种防水工程，特别适合有较大变形的部位
	氯化聚乙烯—橡胶共混防水卷材	屋面、地下室、水池等各种防水工程，特别适合严寒地区或有较大变形的部位
粘结及密封材料	沥青胶	粘贴沥青油毡
	建筑防水沥青嵌缝油膏	屋面、墙面、沟、槽、小变形缝等的防水密封。重要工程不宜使用
	冷底子油	防水工程的最底层
	乳化石油沥青	代替冷底子油、粘贴玻璃布、拌制沥青砂浆或沥青混凝土
	聚氯乙烯防水接缝材料	屋面、墙面、水渠等的缝隙
	丙烯酸酯密封材料	墙面、屋面、门窗等的防水接缝工程。不宜用于经常被水浸泡的工程
	聚氨酯密封材料	各类防水接缝，特别是受疲劳荷载作用或接缝处变形大的部位，如建筑物、公路、桥梁等的伸缩缝
	聚硫橡胶密封材料	各类防水接缝，特别是受疲劳荷载作用或接缝处变形大的部位，如建筑物、公路、桥梁等的伸缩缝

2. 防水材料的基本用材

防水材料的基本用材有石油沥青、煤沥青、改性沥青及合成高分子材料等。

（1）石油沥青。石油沥青是一种有机胶凝材料，在常温下呈固体、半固体或黏性液体状态。颜色为褐色或黑褐色。它是由许多高分子碳氢化合物及其非金属（如氧、硫、氨等）衍生物组成的复杂混合物。由于其化学成分复杂，为便于分析研究和实用，常将其物理、化学性质相近的成分归类为若干组，称为组分。不同的组分对沥青性质的影响不同。

（2）煤沥青。煤沥青是炼焦厂和煤气厂的副产品。煤沥青的大气稳定性与温度稳定性较石油沥青差。当与软化点相同的石油沥青比较时，煤沥青的塑性较差，因此当合用在温度变化较大（如屋面、道路面层等）的环境时，没有石油沥青稳定、耐久。煤沥青中含有酚，有毒性，但防腐性较好，适于地下防水层或作防腐材料用。

由于煤沥青在技术性能上存在较多的缺点，而且成分不稳定，并有毒性，对人体和环境不利，已很少用于建筑、道路和防水工程之中。

（3）改性沥青。普通石油沥青的性能不一定能全面满足使用要求，因此，常采取措施对沥青进行改性。性能得到不同程度改善后的沥青，称为改性沥青。改性沥青可分为橡胶改性沥青、树脂改性沥青、橡胶和树脂并用改性沥青、再生胶改性沥青和矿物填充剂改性沥青等。

1）橡胶改性沥青。橡胶改性沥青是在沥青中掺入适量橡胶后使其改性的产品。沥青与橡胶的相容性较好，混溶后的改性沥青高温变形很小，低温时具有一定塑性。所用的橡胶有天然橡胶、合成橡胶和再生橡胶。使用不同品种橡胶掺入的量与方法不同，形成的改性沥青性能也不同。现将常用的几种分述如下：

①氯丁橡胶改性沥青。沥青中掺入氯丁橡胶后，可使其低温柔性、耐化学腐蚀性、耐光、耐臭氧性、耐气候性和耐燃烧性大大改善。因其强度、耐磨性均大于天然橡胶而得到广泛应用。用于改性沥青的氯丁橡胶以胶乳为主，即先将氯丁橡胶溶于一定的溶剂中形成溶液，然后掺入沥青（液体状态）中，混合均匀而成。

②丁基橡胶改性沥青。丁基橡胶是异丁烯为主。由于丁基橡胶的分子链排列很整齐，而且不饱和程度很小，因此其抗拉强度好，耐热性和抗扭曲性均较强。用其改性的丁基橡胶沥青具有优异的耐分解性。并有较好的低温抗裂性和耐热性。

③再生橡胶改性沥青。再生橡胶掺入沥青中以后，同样可大大提高沥青的气密性、低温柔性、耐光（热）性、耐臭氧性和耐气候性。再生橡胶改性沥青可以制成卷材、片材、密封材料、胶粘剂和涂料等。

④SBS热塑性弹性体改性沥青。SBS是以丁二烯、苯乙烯为单体，加溶剂、引发剂、活化剂，以阴离子聚合反应生成的共聚物。SBS在常温下不需要硫化就可以具有很好的弹性，当温度升到180℃时，它可以变软、熔化，易于加工，而且具有多次的可塑性。SBS用于沥青的改性，可以明显改善沥青的高温和低温性能。SBS改性沥青已是目前世界上应用最广的改性沥青材料之一。

2）合成树脂类改性沥青。用树脂改性石油沥青，可以改进沥青的耐寒性、耐热性、粘结性和不透气性。由于石油沥青中含芳香性化合物很少，故树脂和石油沥青的相溶性较差，而且可用的树脂品种也较少。常用的树脂有古马隆树脂、聚乙烯、无规聚丙烯（APP）等。

①古马隆树脂改性沥青。古马隆树脂为热塑性树脂。呈黏稠液体或固体状，浅黄色至黑色，易溶于氯化烃、脂类、硝基苯、酮类等有机溶剂等。

②聚乙烯树脂改性沥青。沥青中聚乙烯树脂掺量一般为7%～10%。将沥青加热熔化脱水，再加入聚乙烯，并不断搅拌30min，温度保持在140℃左右，即可得到均匀的聚乙烯树脂改性沥青。

③环氧树脂改性沥青。这类改性沥青具有热固性材料性质。其改性后强度和粘结力大大提高，但对延伸性改变不大。环氧树脂改性沥青可应用于屋面和厕所、浴室的修补，其效果较佳。

④APP改性沥青。APP为无规聚丙烯均聚物。APP很容易与沥青混溶，并且对改性沥青软化点的提高很明显，耐老化性也很好。它具有发展潜力，如意大利85%以上的柔性屋面防水，是用APP改性沥青油毡。

3）橡胶和树脂改性沥青。橡胶和树脂用于沥青改性，使沥青同时具有橡胶和树脂的特性。且树脂比橡胶便宜，两者又有较好的混溶性，故效果较好。

配制时，采用的原材料品种、配比、制作工艺不同，可以得到多种性能各异的产品，主要有卷材、片材、密封材料、防水材料等。

4）矿物填充料改性沥青。为了提高沥青的能力和耐热性，减小沥青的温度敏感性，经常加入一定数量的粉状或纤维状矿物填充料。常用的矿物粉有滑石粉、石灰粉、云母粉、硅藻土粉等。

3. 防水卷材

防水卷材是一种可卷曲的片状防水材料。根据其主要防水组成材料可分为沥青防水卷材、高聚物改性沥青防水卷材和合成高分子防水卷材三大类。沥青防水卷材是传统的防水材料，但因其性能远不及改性沥青，因此逐渐被改性沥青卷材所代替。

高聚物改沥青防水卷材和合成高分子防水卷材均具有良好的耐水性、温度稳定性和大气稳定性（抗老化性），并具备必要的机械强度、延伸性、柔韧性和抗断裂的能力。这两大类防水卷材已得到广泛的应用。

（1）沥青防水卷材。沥青防水卷材是在基胎（如原纸、纤维织物等）上浸涂沥青后，再在表面撒粉状或片状的隔离材料而制成的可卷曲的片状防水材料。

1）石油沥青纸胎油毡。石油沥青纸胎油毡是用低软化点石油沥青浸渍原纸，然后用高软化点石油沥青涂盖油纸两面，再撒以隔离材料所制成的一种纸胎防水卷材。

①等级。纸胎石油沥青防水卷材按浸涂材料总量和物理性能分为合格品、一等品、优等品三个等级。

②品种规格。纸胎石油沥青防水卷材按所用隔离材料分为粉状面和片状面两个品种；按原纸重量（每 $1m^2$ 重量克数）分为 200 号、350 号和 500 号三种标号；按卷材幅宽分为 915mm 和 1000mm 两种规格。

③适用范围。200 号卷材适用于简易防水、非永久性建筑防水，350 号和 500 号卷材适用于屋面、地下多叠层防水。

纸胎油毡易腐蚀、耐久性差、抗拉强度较低，且消耗大量优质纸源。目前，已大量用玻璃布及玻纤毡等为胎基生产沥青卷材。

2）石油沥青玻璃布油毡。玻纤布胎沥青防水卷材（以下简称玻璃布油毡）是采用玻纤布为胎体，浸涂石油沥青并在其表面涂或撒布矿物隔离材料制成可卷曲的片状防水材料。

①等级。玻璃布油毡按可溶物含量及其物理性能分为一等品（B）和合格品（C）两个等级。

②规格。玻璃布油毡幅宽为 1000mm。

③适用范围。玻璃布油毡的柔度优于纸胎油毡，且能耐霉菌腐蚀。玻璃布油毡适用于地下工程作防水、防腐层，也可用于屋面防水及金属管道（热管道除外）作防腐保护层。

3）石油沥青纤维胎油毡。玻纤胎沥青防水卷材（以下简称玻纤胎油毡），是采用玻璃纤维薄毡为胎体，浸涂石油沥青，并在其表面涂撒矿物粉料或覆盖聚乙烯膜等隔离材料而制成可卷曲的片状防水材料。

①等级。玻纤胎油毡按可溶物含量及其物理性能分为优等品（A）、一等品（B）、合格

品（C）三个等级。

②品种规格。玻纤胎油毡按表面涂盖材料不同，可分为膜面、粉面和砂面三个品种；按每 10m² 标称重量分为 15 号、25 号和 35 号三种标号；按幅宽为 1000mm 一种规格。

③适用范围。15 号玻纤胎油毡适用于一般工业与民用建筑屋面的多叠层防水，并可用于包扎管道（热管道除外）作防腐保护层。25 号、35 号玻纤胎油毡适用于屋面、地下以及水利工程作多叠层防水，其中 35 号玻纤胎油毡可采用热熔法施工的多层或单层防水。彩砂面玻纤胎油毡用于防水层的面层，且可不再做表面保护层。

（2）高聚物改性沥青防水卷材。改性沥青与传统的沥青等相比，其使用温度区间大为扩展，做成的卷材光洁柔软，高温不流淌、低温不脆裂，且可做成 4～5mm 的厚度。可以单层使用，具有 10～20 年可靠的防水效果，因此受到使用者欢迎。

以合成高分子聚合物改性沥青为涂盖层，纤维毡、纤维织物或塑料薄膜为胎体，粉状、粒状、片状或塑料膜为覆面材料制成可卷曲的片状防水材料，称为高聚物改性沥青防水卷材。

1）弹性体改性沥青防水卷材（SBS 卷材）。SBS 改性沥青防水卷材，属弹性体沥青防水卷材中有代表性的品种，是采用纤维毡为胎体，浸涂 SBS 改性沥青，上表面撒布矿物粒、片料或覆盖聚乙烯膜，下表面撒布细砂或覆盖聚乙烯膜所制成可卷曲的片状防水材料。

①等级。产品按可溶物含量及其物理性能分为优等品（A）、一等品（B）、合格品（C）三个等级。

②规格。卷材幅宽为 1000mm 一种规格。

③品种。卷材使用玻纤胎或聚酯无纺布胎两种胎体，使用矿物粒（如板岩片）、砂粒（河砂或彩砂）以及聚乙烯等三种表面材料，共形成 6 个品种，即 G-M、G-S、G-PE、PY-M、PY-S、PY-PE。

以 10m² 卷材的标称重量作为卷材的标号。玻纤毡胎的卷材分为 25 号、35 号和 45 号三种标号，聚酯无纺布胎的卷材分为 25 号、35 号、45 号和 55 号四种标号。

④适用范围。该系列卷材，除适用于一般工业与民用建筑工程防水外，尤其适用于高层建筑的屋面和地下工程的防水防潮以及桥梁、停车场、游泳池、隧道、蓄水池等建筑工程的防水。其中 35 号及其以下的品种适用于多叠层防水，45 号及其以上的品种适用于单层防水或高级建筑工程多叠层防水中的面层，并可采用热熔法施工。

2）塑性体改性沥青防水卷材（APP 卷材）。APP 改性沥青防水卷材，属塑性体沥青防水卷材，是采用纤维毡或纤维织物为胎体，浸涂 APP 改性沥青，上表面撒布矿物粒、片料或覆盖聚乙烯膜，下表面撒布细砂或覆盖聚乙烯膜所制成的可卷曲片状防水材料。

①等级。产品按可溶物含量和物理性能分为优等品（A）、一等品（B）、合格品（C）三个等级。

②品种规格。卷材使用玻纤毡胎、麻布胎或聚酯无纺布胎三种胎体，形成三个品种。卷材幅宽为 1000mm 一种规格。

③标号。以 10m² 卷材的标称重量作为卷材的标号。玻纤毡胎的卷材分为 25 号、35 号和 45 号三种标号，麻布胎和聚酯无纺布胎的卷材分为 35 号、45 号和 55 号三种标号。

④适用范围。该系列卷材适用于一般工业与民用建筑工程防水，其中玻纤毡胎和聚酯无

纺布胎的卷材尤其适用于地下工程防水，标号 35 号及其以下的品种多用于多叠层防水；35 号以上的品种，则适用于单层防水或高级建筑工程多叠层防水中的面层，并可采用热熔法施工。

APP 卷材的品种、规格与 SBS 卷材相同。APP 卷材适用于工业与民用建筑的屋面和地下防水工程，以及道路、桥梁等建筑物的防水，尤其适用于较高气温环境的建筑防水。

（3）合成高分子防水卷材。以合成树脂、合成橡胶或其共混体为基材，加入助剂和填充料，通过压延、挤出等加工工艺而制成的无胎或加筋的塑性可卷曲的片状防水材料，大多数是宽度为 1～2m 的卷状材料，统称为高分子防水卷材。

高分子防水卷材具有耐高、低温性能好，拉伸强度高，延伸率大，对环境变化或基层伸缩的适应性强，同时耐腐蚀、抗老化、使用寿命长、可冷施工、减少对环境的污染等特点，是一种很有发展前途的材料，在世界各国发展很快，现已成为仅次于沥青卷材的主体防水材料之一。

1）三元乙丙橡胶（EPDM）防水卷材。三元乙丙橡胶简称 EPDM，是以乙烯、丙烯和双环戊二烯等三种单体共聚合成的三元乙丙橡胶为主体，掺入适量的丁基橡胶、软化剂、补强剂、填充剂、促进剂和硫化剂等，经过配料、密炼、拉片、过滤、热炼、挤出或压延成型、硫化、检验、分卷、包装等工序加工制成可卷曲的高弹性防水材料。由于它具有耐老化、使用寿命长、拉伸强度高、延伸率大、对基层伸缩或开裂变形适应性强以及重量轻、可单层施工等特点，因此在国外发展很快。目前在国内属高档防水材料，现已形成年产 400 多万平方米的生产能力。

2）聚氯乙烯（PVC）防水卷材。聚氯乙烯防水卷材，是以聚氯乙烯树脂（PVC）为主要原料，掺入适量的改性剂、抗氧剂、紫外线吸收剂、着色剂、填充剂等，经捏合、塑化、挤出压延、整形、冷却、检验、分卷、包装等工序加工制成可卷曲的片状防水材料。这种卷材具有抗拉强度较高、延伸率较大、耐高低温性能较好等特点，而且热熔性能好。卷材接缝时，既可采用冷粘法，也可采用热风焊接法，使其形成接缝粘结牢固、封闭严密的整体防水层。该品种属于聚氯乙烯防水卷材中的增塑型（P 型），适用于屋面、地下室以及水坝、水渠等工程防水。

3）氯化聚乙烯—橡胶共混防水卷材。氯化聚乙烯—橡胶共混防水卷材，是以氯化聚乙烯树脂和合成橡胶共混为主体，加入适量的硫化剂、促进剂、稳定剂、软化剂和填充剂等，经过经过素炼、混炼、过滤、压延（或挤出）成型、硫化、检验、分卷、包装等工序加工制成的高弹性防水卷材。这种防水卷材兼有塑料和橡胶的特点，它不但具有氯化聚乙烯所特有的高强度和优异的耐臭氧、耐老化性能，而且具有橡胶类材料的高弹性、高延伸性以及良好的低温柔韧性能。

4）纤维增强聚氯乙烯防水卷材。采用多层高强纤维织物作胎基经热辊压方法制成，因此大大提高了产品的耐渗漏特性和抗穿刺性。并具有防水、防霉、阻燃、耐寒、耐老化、防静电等特性。抗断裂拉伸强度和撕裂强度高，具有极高的稳定性，在 −30～100℃温差内保持不变形，在新建工程及渗漏治理工程中应用，性能稳定、可靠，适用范围广、性价比高，适用于屋面、地下、水池、河道、海塘等防水工程，是一种高性能特种抗渗漏 PVC 复合卷材。工程中常用防水卷材分类及性能见表 4-18。

表 4 - 18 　　　　　　　　　　　　　工程中常用防水卷材分类及性能

材性分类		品种	性能指标				特　点
			强度	延性	低温	不透水	
合成高分子卷材	硫化型	三元乙丙橡胶卷材	≥6MPa	≥400%	-30℃	≥0.3MPa，≥30min	强度高延性大，低温好，耐老化
		氯化聚乙烯橡胶共混卷材	≥6MPa	≥400%	-30℃	≥0.3MPa，≥30min	强度高延性大，低温好，耐老化
	树脂型	聚氯乙烯卷材	≥10MPa	≥200%	-20℃	≥0.3MPa，≥30min	强度高延性大，低温好，耐老化
		自粘高分子卷材	≥6MPa	≥400%	-40℃	≥0.3MPa，≥30min	延性大，低温好，施工简便
聚合物改性沥青卷材		SBS 改性沥青卷材	≥450N	≥30%	-18℃	高温≥90℃	适合高温和低温地区，耐老化好
		APP （APAO）改性沥青卷材	≥450N	≥30%	-5℃	高温≥110℃	适合高温地区
		改性沥青自粘卷材	≥450N	≥500%	-20℃	高温≥85℃	延性大，低温好，施工简便
沥青卷材		纸胎沥青卷材	≥340N	≥3%	+5℃	高温≥85℃	
金属卷材		PSS 合金卷材	≥20MPa	≥30%	-30℃	—	耐老化优越，耐腐蚀能力强

4. 防水涂料

防水涂料是以沥青、高分子合成材料等为主体，在常温下呈无定型流态或半流态，经涂布能在结构物表面结成坚韧防水膜的物料的总称。同时涂防水涂料又起粘结剂作用。

（1）防水涂料的分类。目前防水涂料一般按涂料的类型和按涂料的成膜物质的主要成分进行分类。

1）按防水涂料类型区分。根据涂料的液态类型，可分为溶剂型、水乳型和反应型三类。

2）按成膜物质的主要成分区分。常用防水涂料按主要成膜物质的不同，可分为沥青类防水涂料、高聚物改性沥青类防水涂料及合成高分子防水涂料三类。

（2）常用的防水涂料及其性能要求

1）沥青类防水涂料。沥青类防水涂料，其成膜物质中的胶粘结材料是石油沥青，该类涂料有溶剂型和水乳型两种。将石油沥青溶于汽油等有机溶剂而配制的涂料，称为溶剂型沥青防水涂料。其实质是一种沥青溶液。将石油沥青分散于水中，形成稳定的水分散体构成的涂料，称为水乳型沥青类防水涂料。

国内应用较广的沥青类防水涂料如下：

①冷底子油。冷底子油是用建筑石油沥青加入汽油、煤油、轻柴油，或者用软化点为50~70℃的煤沥青加入苯，融合而配制成的沥青溶液，可以在常温下涂刷，故称冷底子油。

冷底子油属溶剂型沥青涂料，其实质是一种沥青溶液。由于形成涂膜较薄，故一般不单独作防水材料使用，往往仅作某些防水材料的配套材料使用。

冷底子油作用机理：涂刷在多孔材料表面——渗入材料孔隙——溶剂挥发——沥青形成沥青膜（牢固结合于基层表面，且具有憎水性）。配制时，常使用 30%～40% 的石油沥青和 60%～70% 的溶剂（汽油或煤油），首先将沥青加热至 180～200℃，脱水后冷却至 130～140℃，并加入溶剂量的 10% 煤油，待温度降至约 70℃时，再加入余下的溶剂（汽油）搅拌均匀为止。冷底子油最好是现用现配。若储藏时，应使用密闭容器，以防止溶剂挥发。多用于涂刷混凝土、砂浆或金属表面。

②沥青胶。沥青胶是在沥青中加入适量的矿质粉料或加入部分纤维状填料配置而成的材料。沥青胶主要用来粘贴防水材料，为了提高与基层的粘结力，常在基层上先涂一层冷底子油。

沥青胶分为热用和冷用两种。冷用沥青胶比热用沥青胶施工方便、涂层薄、节省沥青，但是耗费溶剂、成本高。根据使用要求沥青胶应具有良好的粘结性、耐热性和柔韧性，并以耐热度的大小划分为不同的标号。主要用于粘贴卷材、嵌缝、接头、补漏及做防水层的底层。

③水乳型沥青防水涂料。水乳型沥青防水材料即水性沥青防水涂料，是将石油沥青在乳化剂水溶液作用下，经乳化机（搅拌机）强烈搅拌而成的一种冷施工的防水涂料，在常温下，渗透力较强，可在潮湿基层上施工，可用于替代冷底子油，粘贴玻璃布、拌制沥青砂浆或沥青混凝土。

水乳型沥青防水涂料分为厚质防水涂料（一次施工厚度 3mm 以上）和薄质防水涂料（一次施工厚度 1mm 以下），目前国内用量最大的薄质水乳型沥青防水涂料是氯丁胶乳沥青防水涂料。

2）高聚物改性沥青防水涂料。橡胶沥青类防水涂料，为高聚物改性沥青类的主要代表，其成膜物质中的胶粘材料是沥青和橡胶（再生橡胶或合成橡胶等）。该类涂料有溶剂型和水乳型两种类型，是以橡胶对沥青进行改性作为基础的。用再生橡胶进行改性，以减少沥青的感温性，增加弹性，改善低温下的脆性和抗裂性能。用氯丁橡胶进行改性，使沥青的气密性、耐化学腐蚀性、耐燃性、耐光、耐气候性得到显著改善。

目前我国属溶剂型橡胶沥青类防水涂料的品种有氯丁橡胶—沥青防水涂料、再生橡胶沥青防水涂料、丁基橡胶沥青防水涂料等；属水乳型橡胶沥青类防水涂料的品种有水乳型再生胶沥青防水涂料、水乳型氯丁橡胶沥青防水涂料、丁苯胶乳沥青防水涂料、SBS 橡胶沥青防水涂料、阳离子水乳型再生胶氯丁胶沥青防水涂料。

①水乳型再生橡胶沥青防水涂料。水乳型再生橡胶沥青防水涂料是由阴离子型再生胶乳和沥青乳液混合构成，是再生橡胶和石油沥青的微粒借助于阴离子型表面活性剂的作用，稳定分散在水中而形成的一种乳状液，可用在：

a. 工业及民用建筑非保温屋面防水，楼层厕浴、厨房间防水。

b. 以沥青珍珠岩为保温层的保温屋面防水。

c. 地下混凝土建筑防潮，旧油毡屋面翻修和刚性自防水屋面翻修。

②水乳型氯丁橡胶沥青防水涂料。水乳型氯丁橡胶沥青防水涂料，又名氯丁胶乳沥青防水涂料，目前国内多是阳离子水乳型产品。它兼有橡胶和沥青的双重优点，与溶剂型同类涂料相比，两者的主要成膜物质均为氯丁橡胶和石油沥青，其良好性能相仿，但阳离子水乳型

氯丁橡胶沥青防水涂料以水代替了甲苯等有机溶剂，其成本降低，且具有无毒、无燃爆和施工时无环境污染等特点。

这种涂料是以阳离子型氯丁胶乳与阳离子型沥青乳液混合构成，也是氯丁橡胶及石油沥青的微粒，借助于阳离子型表面活性剂的作用，稳定分散在水中而形成的一种乳状液，多用于：

  a. 工业及民用建筑混凝土屋面防水。

  b. 地下混凝土工程防潮抗渗，沼气池防漏气。

  c. 厕所、厨房及室内地面防水。

  d. 旧屋面防水工程的翻修。

  e. 防腐蚀地坪的防水隔离层。

3）合成高分子防水涂料。合成高分子防水涂料是以合成橡胶或合成树脂为主要成膜物质的单组分或多组分防水涂料。比沥青、改性沥青防水涂料具有更好的弹性和塑性、耐久性和耐高低温性。主要品种有聚氨酯防水涂料、石油沥青聚氨酯防水涂料、硅橡胶防水涂料、丙烯酸酯防水涂料等。适用于屋面防水工程，以及重要的水利、道路、化工等防水工程。

①聚氨酯防水涂料。聚氨酯防水涂料，又名聚氨酯涂膜防水材料，是一种化学反应型涂料，多以双组分形式使用。我国目前有两种，一种是焦油系列双组分聚氨酯涂膜防水材料，一种是非焦油系列双组分聚氨酯涂膜防水材料，由于这类涂料是借组分间发生化学反应而直接由液态变为固态，几乎不产生体积收缩，故易于形成较厚的防水涂膜。聚氨酯涂膜防水材料有透明、彩色、黑色等品类，并兼有耐磨、装饰及阻燃等性能。由于它的防水延伸及温度适应性能优异，施工简便，故在中高级公用建筑的卫生间、水池等防水工程及地下室和有保护层的屋面防水工程中得到广泛应用。

②石油沥青聚氨酯防水涂料。石油沥青聚氨酯防水涂料是双组分反应固化型防水涂料，具有高弹性、高延伸性能，对防水基层伸缩或开裂变形的适应性强，可提高建筑工程的防水抗渗功能。适用于外防外刷的地下室防水工程和卫生间、喷水池、水渠等工程，也可用于有刚性保护层的屋面防水工程。

③硅橡胶防水涂料。硅橡胶防水涂料是以硅橡胶乳液及其他乳液的复合物为主要基料，掺入无机填料及各种助剂配制而成的乳液型防水涂料，该涂料兼有涂膜防水和浸透性防水材料两者的优良性能，具有良好的防水性、渗透性、成膜性、弹性、粘结性和耐高低温性。可用于各种屋面防水工程，地下工程、输水和贮水构筑物、卫生间等防水、防潮。

④聚合物水泥涂料。聚合物水泥涂料是以水性聚合物分散体和水泥为主的双组分防水涂料，两组分在现场搅拌成均匀、细腻浆料，涂刷或喷涂于基体表面，固化后可形成柔韧、高强的防水涂膜。这种涂料既有水泥类胶凝材料强度高、易与潮湿基面粘结，又兼有聚合物涂膜弹性大、防水性好的优点，尤其是以水作为载体，克服了沥青、焦油、有机溶剂型防水材料污染环境的弊端，是一种无毒无害、可湿作业、施工简便的新型绿色环保防水材料。它不仅适用于各种防水工程，还可用于修补工程、界面处理、混凝土防护、装饰、结构密封等。

5. 建筑密封材料

建筑密封材料防水工程是对建筑物进行水密与气密，起到防水作用，同时也起到防尘、隔汽与隔声的作用。因此，合理选用密封材料，正确进行密封防水设计与施工，是保证防水工程质量的重要内容。

（1）建筑密封材料的种类及性能。密封材料分为不定型密封材料和定型密封材料两大类。前者指膏糊状材料，如腻子、塑性密封膏、弹性和弹塑性密封膏或嵌缝膏，后者是根据密封工程的要求制成带、条、垫形状的密封材料。各种建筑密封膏的种类及性能比较见表 4 - 19。

表 4 - 19　　　　　　　　各种建筑密封膏的种类及性能比较

性能 ＼ 种类	油性嵌缝料	溶剂型密封膏	热塑型防水接缝材料	水乳型密封膏	化学反应型密封膏
密度/(g/cm³)	1.5～1.69	1.0～1.4	1.3～1.45	1.3～1.4	1.0～1.5
价格	低	低～中	低	中	高
施工方式	冷施工	冷施工	冷施工	冷施工	冷施工
施工气候限制	中～优	中～优	优	差	差
储存寿命	中～优	中～优	优	中～优	差
弹性	低	低～中	中	中	高
耐久性	低～中	低～中	中	中～高	高
填充后体积收缩	大	大	中	大	小
长期使用温度/℃	－20～40	－20～50	－20～80	－30～80	－4～150
允许伸缩值/mm	±5	±10	±10	±10	±25

（2）常用密封材料。

1）沥青嵌缝油膏。建筑防水沥青嵌缝油膏（简称油膏）是以石油沥青为基料，加入改性材料及填充料混合制成的冷用膏状材料。适用于各种混凝土屋面板、墙板等建筑构件节点的防水密封。

使用注意事项：

①储存、操作远离明火。施工时若遇温度过低，膏体变稠而难以操作时，可以间接加热使用。

②使用时除配低涂料外，不得用汽油、煤油等稀释，以防止降低油膏黏度，也不得戴粘有滑石粉或机油的湿手套操作。

③用料后的余料应密封，在 5～25℃ 室温中存放。贮存期为 6～12 个月。

2）聚氨酯密封膏。聚氨酯密封膏是以聚氨基甲酸酯聚合物为主要成分的双组分反应固化型的建筑密封材料。

聚氨酯密封膏按流变性分为两种类型，即 N 型，非下垂型；L 型，自流平型。

聚氨酯建筑密封膏具有延伸率大、弹性高、粘结性好、耐低温、耐油、耐酸碱及使用年限长等优点。被广泛用于各种装配式建筑屋面板、墙、楼地面、阳台、窗杠、卫生间等部位的接缝、施工缝的密封，给排水管道、贮水池等工程的接缝密封，混凝土裂缝的修补，也可用于玻璃及金属材料的嵌缝。

3）聚氯乙烯接缝膏。聚氯乙烯接缝膏是以煤焦油和聚氯乙烯（PVC）树脂粉为基料，按一定比例加入增塑剂、稳定剂及填充料（滑石粉、石英粉）等，在 140℃ 温度下塑化而成的膏状密封材料，简称 PVC 接缝膏。也可用废旧聚氯乙烯塑料代替聚氯乙烯树脂粉，其他原料和生产方法同聚氯乙烯接缝膏。PVC接缝膏有良好的粘结性、防水性、弹塑性，耐热、耐寒、耐腐蚀和抗老化性能也较好。

这种密封材料可以热用，也可以冷用。热用时，将聚氯乙烯接缝膏用慢火加热，加热温度不得超过140℃，达塑化状态后，应立即浇灌于清洁干燥的缝隙或接头等部位。冷用时，加溶剂稀释。适用于各种屋面嵌缝或表面涂布作为防水层，也可用于水渠、管道等接缝。用于工业厂房自防水屋面嵌缝，大型墙板嵌缝等的效果也很好。

4）丙烯酸酯密封膏。丙烯酸酯建筑密封膏是以丙烯酸酯乳液为基料，掺入增塑剂、分散剂、碳酸钙等配制而成的建筑密封膏。这种密封膏弹性好，能适应一般基层伸缩变形的需要。耐候性能优异，其使用年限在15年以上。耐高温性能好，在−20～140℃情况下，长期保持柔韧性。粘结强度高，耐水、耐酸碱性，并有良好的着色性。适用于混凝土、金属、木材、天然石料、砖、瓦、玻璃之间的密封防水。

5）硅酮密封膏。硅酮建筑密封膏是以有机聚硅氧烷为主剂，加入硫化剂、促进剂、增强填充料和颜料等组成的建筑密封膏。硅酮建筑密封膏分单组分与双组分，两种密封膏的组成主剂相同，而硫化剂及其固化机理不同。

按用途分为F类和G类两类建筑密封膏。F类为建筑接缝用密封膏，适用于预制混凝土墙板、水泥板、大理石板的外墙接缝，混凝土和金属框架的粘结，卫生间和公路接缝的防水密封等；G类为镶装用密封膏，主要用于镶嵌玻璃和建筑门、窗的密封。

6. 刚性防水材料

刚性防水材料是指以水泥、砂石为原材料，或其内掺入少量外加剂、高分子聚合物等材料，通过调整配合比，抑制或减少孔隙率，改变孔隙特征，增加各原材料界面间的密实性等方法，配制成具有一定抗渗透能力的水泥砂浆或混凝土类防水材料。

刚性防水材料按其作用可分为有承重作用的防水材料（即结构自防水）和仅有防水作用的防水材料。前者指各种类型的防水混凝土，后者指各种类型的防水砂浆。

刚性防水层所用的主要原材料有水泥、砂石、外加剂等。刚性防水材料按其胶凝材料的不同可分为两大类，一类是以硅酸盐水泥为基料，加入无机或有机外加剂配制而成的防水砂浆、防水混凝土，如外加气防水混凝土，聚合物砂浆等；另一类是以膨胀水泥为主的特种水泥为基料配制的防水砂浆、防水混凝土，如膨胀水泥防水混凝土等。

4.1.8 建筑玻璃

现代建筑，玻璃的功能已不仅限于采光和隔断，还常兼有装饰、隔声、改善热环境、节能等要求。玻璃按用途可分为平板玻璃、安全玻璃、特种玻璃及玻璃制品等。

1. 平板玻璃

平板玻璃是片状无机玻璃的总称，建筑用的平板玻璃属于钠玻璃类。其传统生产方法是"引上法"，现代生产方法是"浮法工艺"。平板玻璃是建筑玻璃中用量最大的一种，它包括以下几种：

（1）窗用平板玻璃。窗用平板玻璃也称镜片玻璃，简称玻璃，主要装配于门窗，起透光、挡风雨、保温、隔声等作用。其厚度一般有2、3、4、5、6mm五种，其中2～3mm厚的，常用于民用建筑，4～5mm厚的，主要用于工业及高层建筑。浮法玻璃有3、4、5、6、8、10、12mm七种。

（2）磨砂玻璃。磨砂玻璃又称毛玻璃，是用机械喷砂、手工研磨或使用氢氟酸溶蚀等方法，将普通平板玻璃表面处理为均匀毛面而得。该玻璃表面粗糙，使光线产生漫反射，具有透光不透视的特点，且使室内光线柔和。常用于卫生间、浴室、厕所、办公室、走廊等处的隔断，也可作黑板的板面。

（3）彩色玻璃。彩色玻璃也称有色玻璃，是在原料中加入适当的着色金属氧化剂，可生产出透明的彩色玻璃。另外，在平板玻璃的表面镀膜处理后出可制成透明的彩色玻璃。适用于公共建筑的内外墙面、门窗装饰以及采光有特殊要求的部位。

（4）彩绘玻璃。彩绘玻璃是一种用途广泛的高档装饰玻璃产品。屏幕彩绘技术能将原画逼真地复制到玻璃上。彩绘玻璃可用于家庭、写字楼、商场及娱乐场所的门窗、内外幕墙、顶棚吊顶、灯箱、壁饰、家具、屏风等，利用其不同的图案和画面来达到较高艺术情调的装饰效果。

2. 安全玻璃

安全玻璃通常是对普通玻璃增强处理，或者和其他材料复合或采用特殊成分制成的玻璃，安全玻璃常包括以下品种：

（1）钢化玻璃。钢化玻璃是将平板玻璃加热到接近软化温度（600～650℃）后，迅速冷却使其骤冷，即成钢化玻璃。特点为：机械强度高，抗弯强度比普通玻璃大 5～6 倍，可达 125MPa 以上，抗冲击强度提高约 3 倍，韧性提高约 5 倍；弹性好；热稳定性高，在受急冷急热作用时，不易发生炸裂，可耐热冲击，最大安全工作温度为 288℃，能承受 204℃的温差变化，故可用来制造炉门上的观测窗、辐射式气体加热器、干燥器和弧光灯等；钢化玻璃破碎时形成无数小块，这些小碎块没有尖锐的棱角，不易伤人，故称为安全玻璃。

（2）夹层玻璃。夹层玻璃是将二片或多片平板玻璃之间嵌夹透明塑料薄衬片，经加热、加压、粘合而成的平面或曲面的复合玻璃制品。其层数有 3 层、5 层、7 层，最多可达 9 层。

夹层玻璃的透明度好，抗冲击性能要比平板玻璃高几倍。破碎时只有辐射的裂纹和少量碎玻璃屑，且碎片粘在薄衬上，不致伤人。主要用作汽车和飞机的挡风玻璃、防弹玻璃以及有特殊安全要求的建筑门窗、隔墙、工业厂房的天窗和某些水下工程等。

（3）夹丝玻璃。夹丝玻璃是安全玻璃的一种。是将普通平板玻璃加热到红热软化状态后，再将预先编织好的经预热处理的钢丝网压入玻璃中而制成。有安全作用。此外，还具有隔断火焰和防止火灾蔓延的作用。适用于振动较大的工业厂房门窗、屋面、采光天窗，需要安全防火的仓库、图书馆门窗，公共建筑的阳台、走廊、防火门、楼梯间、电梯井等。

3. 节能玻璃

节能玻璃是兼具采光、调节光线、调节热量进入或散失、防止噪声、改善居住环境、降低空调能耗等多种功能的建筑玻璃。

（1）吸热玻璃。吸热玻璃是指能大量吸收红外线辐射，又能使可见光透过并保持良好的透视性的玻璃。当太阳光照射在吸热玻璃上时，相当一部分的太阳辐射能被吸热玻璃吸收（可达 70%），因此，明显降低夏季室内的温度。常用的有茶色、灰色、蓝色、绿色、古铜色、青铜色、金色、粉红色、棕色等。适用于既需要采光，又需要隔热之处，如大型公共建筑的门窗、幕墙、商品陈列窗、计算机房，以及火车、汽车、轮船的挡风玻璃。

（2）热反射玻璃。热反射玻璃是既具有较高的热反射能力，又保持平板玻璃良好透光性能的玻璃，又称镀膜玻璃或镜面玻璃。

热反射玻璃具有良好的隔热性能，对太阳辐射热有较高的反射能力，反射率达30%以上，而普通玻璃对热辐射的反射率为7%～8%。其主要用于避免由于太阳辐射而增热及设置空调的建筑。

4. 常用玻璃的品种、特性及用途

除普通窗用玻璃外，现代建筑中还常用某些装饰平板玻璃、压花玻璃、安全玻璃、节能玻璃及玻璃制品。常用玻璃的品种、特点及应用见表4-20。

表 4-20　　　　　　　　　　　常用玻璃的品种、特点及应用

种类	主要品种	特　点	应　用
平板玻璃	磨光玻璃（镜面玻璃）	5～6mm厚玻璃，单面或双面抛光（多以浮法玻璃代替），表面光洁，透光率大于83%	高级建筑门、窗、制镜
	磨砂玻璃（毛玻璃）	表面粗糙、毛面，光线柔和呈漫反射，透光不透视	卫生间、浴厕、走廊等隔断
	彩色玻璃	透明或不透明（饰面玻璃）	装饰门、窗及外墙
压花玻璃	普通压花（单、双面）	透光率为60%～70%，透视性依据花纹变化及视觉距离分为几乎透视、稍有透视、几乎不透视、完全不透视；真空镀膜压花纹立体感受强，具有一定反光性；彩色镀膜立体感强，配置灯光效果尤佳	适于对透视有不同要求的室内各种场合。应用时注意：花纹面朝向室内侧，透视性考虑花纹形状
	真空玻璃		
	彩色镀膜压花玻璃		
安全玻璃	钢化玻璃	韧性提高5倍，抗弯强度提高5～6倍，抗冲击强度提高约3倍。碎裂时细粒无棱角不伤人。可制成磨光钢化玻璃、吸热钢化玻璃	建筑门窗、隔墙及公共场所等防震防撞部位
	夹层玻璃	以透明夹层材料粘贴平板或钢化玻璃，可粘贴两层或多层。可用浮法、吸热、彩色、热反射玻璃	高层建筑门、窗和大厦天窗、地下室及橱窗、防震、防撞部位
	夹丝玻璃	热压钢丝网后，表面可进行磨光、压花等处理	屋顶天窗等部位
节能玻璃	吸热玻璃	吸收太阳辐射能又具有透光性。尚有吸收部分可见光、紫外线能力、起防眩光、防紫外线等作用	炎热地区大型公共建筑门、窗、幕墙，商品陈列窗、计算机房等
	热反射玻璃（镀膜玻璃）	具有较高热反射能力，又具有透光性、单向透视、扩展视野、彩色多样	玻璃幕墙、建筑门窗等
玻璃制品	玻璃马赛克	花色品种多样，色调柔和、朴实、典雅、美观大方。有透明、半透明、不透明三种。体积小、吸水率小、抗冻性好	宾馆、医院、办公楼、礼堂、住宅等外墙

4.1.9 保温隔热材料

建筑保温隔热材料是建筑节能的物质基础。性能优良的建筑保温隔热材料和良好的保温技术，在建筑和工业保温中往往可起到事半功倍的效果。建筑保温隔热材料是指对热流具有显著阻抗性的材料或材料复合体，保温隔热制品则是指被加工成至少有一面与被覆盖面形状一致的各种绝热材料的制成品。

1. 常用保温隔热材料类型

保温隔热材料的品种很多，按材质可分为无机隔热材料、有机隔热材料和金属隔热材料三大类。按形态又可分为纤维状、多孔（微孔、气泡）状、层状等数种。

（1）纤维状隔热材料。如岩矿棉、玻璃棉、硅酸铝棉及其制品，是以木纤维、各种植物秸秆、废纸等有机纤维为原料制成的纤维板材。

（2）多孔状隔热材料。如膨胀珍珠岩、膨胀蛭石、微孔硅酸钙、泡沫石棉、泡沫玻璃以及加气混凝土，泡沫塑料类如聚苯乙烯、聚氨酯、聚氯乙烯、聚乙烯以及酚醛、脲醛泡沫塑料等。

（3）层状绝热材料。如铝箔、各种类型的金属或非金属镀膜玻璃以及以各种织物等为基材制成的镀膜制品。

（4）玻璃隔热、吸声材料。如热反射膜镀膜玻璃、低辐射膜镀膜玻璃、导电膜镀膜玻璃、中空玻璃、泡沫玻璃等建筑功能性玻璃以及反射型隔热保温材料（如铝箔波形纸保温隔热板、玻璃棉制品铝复合材料、反射型保温隔热卷材和 AFC 外护绝热复合材料等）。

2. 常用保温隔热材料技术性能及用途

常用绝热材料技术性能及用途见表 4-21。

表 4-21 　　　　　　　　常用保温隔热材料技术性能及用途

材料名称	表观密度/ （kg/m³）	强度/ MPa	导热系数/ [W/(m·K)]	最高使用 温度/℃	用　途
超细玻璃棉毡 沥青玻纤制品	30～50 100～150		0.035 0.041	300～400 250～300	墙体、屋面、冷藏库等
岩棉纤维	80～150	＞0.012	0.044	250～600	填充墙体、屋面、热力管道等
岩棉制品	80～160		0.04～0.052	≤600	
膨胀珍珠岩	40～300		常温 0.02～0.044 高温 0.06～0.17 低温 0.02～0.038	≤800	高效能保温保冷填充材料
水泥膨胀珍珠 岩制品	300～400	0.5～0.10	常温 0.05～0.081 低温 0.081～0.12	≤600	保温隔热用
水玻璃膨胀珍珠 岩制品	200～300	0.6～1.7	常温 0.056～0.093	≤650	保温隔热用
沥青膨胀珍珠 岩制品	200～500	0.2～1.2	0.093～0.12		用于常温及负温部位的绝热

续表

材料名称	表观密度/（kg/m³）	强度/MPa	导热系数/[W/(m·K)]	最高使用温度/℃	用　途
膨胀蛭石	80～900	0.2～1.0	0.046～0.070	1000～1100	填充材料
水泥膨胀蛭石制品	300～350	0.5～1.15	0.076～0.105	≤600	保温隔热用
微孔硅酸钙制品	250	≥0.3	0.041～0.056	≤650	围护结构及管道保温
轻质钙塑板	100～150	0.1～0.3 0.11～0.7	0.047	650	保温隔热兼防水性能，并具有装饰性能
泡沫玻璃	150～600	0.55～15	0.058～0.128	300～400	砌筑墙体及冷藏库绝热
泡沫混凝土	300～500	≥0.4	0.081～0.019		围护结构
加气混凝土	400～700	≥0.4	0.093～0.016		围护结构
木丝板	300～600	0.4～0.5	0.11～0.26		顶棚、隔墙板、护墙板
软质纤维板	150～400		0.047～0.093		同上，表面较光洁
软木板	105～437	0.15～2.5	0.044～0.079	≤130	吸水率小，不霉腐、不燃烧，用于绝热隔热
聚苯乙烯泡沫塑料	20～50	0.15	0.031～0.047	70	屋面、墙体保温，冷藏库隔热
硬质聚氨酯泡沫塑料	30～40	0.25～0.5	0.022～0.055	－60～120	屋面、墙体保温，冷藏库隔热
聚氯乙烯泡沫塑料	12～27	0.31～1.2	0.022～0.035	－196～70	屋面、墙体保温，冷藏库隔热

4.1.10　装饰材料

建筑装饰装修材料一般是指主体结构工程完成后，进行室内外墙面、顶棚、地面的装饰和室内空间装饰装修所需要的材料，它是既起到装饰目的，又可满足一定使用要求的功能材料。

建筑装饰装修材料是集材性、工艺、造型设计、色彩、美学于一体的材料。一个时代的建筑很大程度上受到建筑材料，特别受到建筑装饰装修材料的制约。建筑装饰装修材料反映着时代的特征。因此，建筑装饰装修材料是建筑物的重要物质基础。

1. 建筑装饰材料的分类

（1）建筑装饰材料的分类。建筑装饰材料按组成可分为有机、无机和复合建筑装饰材料。按使用部位可分为外墙、内墙、地面和顶棚饰面材料。

（2）建筑装饰材料的选用原则。选择建筑装饰材料，重在合理配置、充分运用材料的装饰性，以体现地方特色、民族传统和现代新材料、新技术的魅力。因此，选择建筑装修材料首先应使材料与周围环境、空间、气氛、建筑功能等相匹配；其次满足装饰功能为主，兼顾所要求的其他功能；第三要适宜的要求耐久性；最后要求所选材料便于施工、造价合理、资源充足。

2. 建筑装饰材料主要品种及其应用

建筑装饰装修材料是集材性、工艺、造型设计、色彩，美学于一体的材料。一个时代的建筑很大程度上受到建筑材料，特别受到建筑装饰装修材料的制约。建筑装饰装修材料反映着时代的特征。因此，建筑装饰装修材料是建筑物的重要物质基础，也随着科学的进步不断推陈出新。

表 4-22～表 4-25 所列装饰材料品种及性能为比较有代表性的主要常用材料。

表 4-22　　　　　　　　　　　　　外　墙　装　饰　材　料

品　　种	主　要　特　点	主　要　用　途
（一）贴面类 1. 花岗石（粗磨板、磨光板、机创板、剁斧板）	多呈斑点状（粗、中、细晶粒）、质坚硬、致密、耐磨、耐蚀、耐久、吸水率低、颜色多样	外墙面、墙裙、基座、踏步、柱面、勒脚等及纪念碑、干革塔
2. 陶瓷锦砖：外墙面砖	耐磨、耐蚀、吸水率低、颜色多样、图案美观	外墙面、门厅、走廊、餐厅等墙面、地面
3. 水磨石板	表面光洁、坚硬、混凝土类材料，石渣和水泥色彩可调	柱面、墙裙等
（二）抹面类 1. 装饰抹灰砂浆（拉毛、甩毛、喷毛、扒拉石、假面砖肷喷涂、滚涂、弹涂等）	通过改变水泥色彩，骨料色彩和粒径，采取各种施工方法获得的具有水泥砂浆性质的质感不同的饰面层	外墙饰面层
2. 石渣类饰面砂、浆（假石、刷石、粘石）	分格抹灰，对装饰砂浆面层水冲或干粘、剁斧等处理	外墙、勒脚、台阶等
（三）涂料类 1. 丙烯酸酯系涂料（乙-丙、苯-丙等）	粘结牢固、色泽及保色性、耐候性优良、耐碱性好、耐水性好、耐污染、质感丰富、丙烯酸乳液粘结烧结彩色砂	用于高层建筑外墙，用于混凝土或水泥砂浆面层的外墙涂料
2. 聚氨酯系涂料	涂膜坚韧、柔性好、不易开裂、耐水、耐候、耐蚀、耐磨	适用于外墙，也可用于地面和内墙
3. JN80-1 无机建筑涂料	色泽丰富多样、耐老化、抗紫外线能力强、成膜温度低	外墙涂料
JN80-2 无机涂料	以硅溶胶为主要胶粘剂。耐水、耐酸、耐碱、耐冻、抗污染、遮盖力强、涂膜细腻	外墙涂料
4. KS-82 无机高分子涂料	涂膜透气性好、耐候、抗污染、耐水、抗老化	外墙涂料

续表

品　　种	主　要　特　点	主　要　用　途
（四）玻璃类 1. 吸热玻璃 2. 热反射玻璃 3. 彩色玻璃 4. 夹层玻璃 5. 锦玻璃（玻璃马赛克）	采光、控制光线、隔热、隔声、艺术装饰	玻璃幕墙、炎热地区门、窗玻璃幕墙、建筑门、窗拼装外墙饰面、大厦橱窗、天窗等外墙贴面
（五）装饰混凝土清水混凝土	性质同普通混凝土	适用于环境空旷绿化好，建筑体型灵活有较大的虚实对比，建筑立面色彩鲜艳的外墙
制成图案及凹凸镜边的混凝土板	在成型混凝土表面压印花纹、图案及线条的装饰混凝土	用于高层住宅
露石混凝土	用缓凝剂法使面层水泥浆冲掉而露出（彩色）骨料。可消除表面龟裂、白霜，质感丰富	外墙混凝土板
（六）金属装饰板铝合金平板、波纹板、花纹板、压型板门、窗	轻质、高强、耐候性、耐酸性强、色彩柔和、线条明快、造型美观，门、窗的防尘、隔声性好	铝合金外墙、门、窗
彩色涂层钢板	钢板表面覆 0.2～0.4mm 塑料，绝缘、防锈、耐磨、耐酸碱	可做墙板和屋面板
（七）塑料门窗	聚氯乙烯塑料，隔热、隔声、气密性、防水性好。适用于－20～60℃环境中	适用于－20℃以上环境建筑门、窗

表 4-23　　　　　　　内 墙 装 饰 材 料

品　　种	主　要　特　点	主　要　用　途
（一）贴面类 1. 大理石	密度大、硬度不高、易分割雕刻	室内高级装修。质纯的汉白玉、艾叶青等可用于室外
2. 人造石（仿大理石、花岗石、玛瑙、玉石等）	质轻、韧性好、吸水率小、表面美观大方、光泽度高	主要用于室内，代替大理石用
3. 内墙面砖（釉面砖）	强度不高、易清洁、多种色彩	室内浴池、厨房、厕所墙面、医院、试验室等墙面、桌面，可形成壁画
4. 塑料贴面板	表面光高、色调丰富、色泽鲜艳、可以仿石、仿木	内墙面、台面、桌面等
5. 微薄木贴面板	花纹美丽、真实、立体感强	室内装修
6. 纸基涂塑壁纸（印花、压花、发泡、特种等）	色彩、图案、花纹繁多。高、低发泡的印花、压化壁纸弹性好	室内墙壁及顶棚，耐水壁纸可用于卫生间

续表

品　种	主　要　特　点	主　要　用　途
纸基织物壁	用线的排列、获得各种花纹、绒面及金、银丝等艺术效果	内墙面
7. 玻纤印花贴墙布	色彩鲜艳、不褪色、耐擦洗	疗养院、计算机房、宾馆、住宅等内墙面
无纺贴墙布	有弹性、透气性好、可擦洗	高级宾馆、住宅
装饰墙布	强度大、静电小、花色	粘贴内墙或浮挂
化纤装饰贴墙布	无毒、透气、耐潮、耐磨	内墙贴面
8. 麻草壁纸	纸基、面层为麻草、阴燃、吸声、透气性好、自然、古朴、粗犷	会议室、接待室、影剧院、舞厅等装修
9. 高级墙面装饰织物	锦缎浮挂、墙面格调高雅、华贵。粗毛料、麻类、化纤等织物厚实、古朴、有温暖感	高级室内装修
（二）涂料类 1. 聚乙烯醇甲醛（代号 803）涂料	涂膜牢固，耐擦洗，耐水、耐热	住宅、剧院、医院、学校等多用于内墙
2. 乙丙内墙涂料	表面细腻、保色、耐水、耐久性好	高级内墙面装饰
3. 苯丙乳液涂料（BC-01 乳液）	保色性好、耐碱性好、花纹立体感强、色彩稳定	内墙涂层
4. 多彩内墙涂料	附着力强、耐碱性好、花纹立体感强、色彩稳定	内墙涂层
（三）玻璃类 1. 磨砂玻璃（毛玻璃）	透光不透视、光线柔和、漫反射	卫生间、浴室、走廊等门、窗用
2. 压花玻璃 3. 钢化玻璃	强度较高、抗冲击	室内隔断、会议室等门、窗，公共场所防撞门、窗、隔墙
4. 装饰镜	增大室内高度，扩大室内视野，空间的夸大效果好	商店、公共场所、居室、卫生间等
5. 压形玻璃	透光率为 40%～70%，隔声、隔热好	非承重内墙、天窗等
玻璃空心砖	透光率为 50%～60%，导热系数低	楼梯、电梯间玻璃隔断

表 4 - 24　地　面　装　饰　材　料

品　种	主　要　特　点	主　要　用　途
（一）贴面类 1. 花岗岩 人造石	密度大、强度高、耐腐蚀、耐磨损	室外及室内地面 室内地面
2. 陶瓷地砖 陶瓷锦砖（马赛克）	耐磨、耐蚀、吸水率低、颜色多样、图案美观	室内地面，印花地砖用于高级建筑地层、卫生间、厨房等地面
3. 塑料地砖（素地、印花仿瓷、仿石、印花地面）	色泽多样、质软耐磨、防滑、防腐、不助燃	公共建筑、住宅、地面

续表

品　种	主　要　特　点	主　要　用　途
（二）木地板 普通木地板 硬质纤维板 拼木地板	保温性能好，有弹性，自重轻、易燃	适用于高、中、低档地面
（三）卷材类 1. 塑料卷材地板（革）	色泽多样、仿木、仿石等图案。耐磨、耐污染、弹性好	宾馆、办公楼、住宅等地面装饰
2. 地毯类（1）纯毛机织地毯纯毛手工栽绒地毯	毯面平整光泽、有弹性、脚感柔软、耐磨，图案优美、色泽鲜艳、质地厚实、柔软舒适、装饰效果好	宾馆等室内铺设，高档或中档地面装饰
（2）化纤地毯按原料分：有丙纶（聚丙烯）、腈纶（聚丙烯腈）、涤纶（聚对苯甲酸乙二酯）、锦纶（聚酰胺）	按加工分主要有簇绒（圈绒、割绒）地毯、针刺、机织、编结地毯质坚韧、耐磨、耐湿、抗污染。丙纶回弹、着色差；腈纶强度高，耐磨差，易吸尘；涤纶强度高，耐磨好，耐污强、着色好；锦纶性能优异、价格高	用于宾馆、餐厅、住宅、活动室等地面装饰

表 4 - 25　　　　　　　　顶 棚 装 饰 材 料

	主　要　特　点	主　要　用　途
1. 矿棉装饰吸音板玻璃棉装饰吸音板、膨胀珍珠岩吸声板	保温、隔热、吸声、防震、轻质	影剧院、音乐厅、播音室、录音室等高级顶棚材料和一般建筑用顶棚材料
2. 聚氯乙烯装饰板、聚苯乙烯泡沫塑料装饰吸声板	质轻、色白、隔热、隔声、吸声	住宅、办公楼、影剧院、宾馆、商店、医院、展厅、餐厅、播音室等顶棚材料。高效防水石膏板用于浴室、卫生间
装饰石膏板（防潮板、普通板）	装饰、吸声、隔声、防火、防潮，有孔板、浮雕板	
轻质硅酸板	轻质、强度较高、防潮、耐火	
3. 铝合金龙骨、轻钢龙骨	装饰效果好、强度高、宜作大龙骨	工业、民用建筑吊顶，大龙骨适宜用钢龙骨，中、小边龙骨宜用铝合金龙骨
4. 壁纸与涂料	与内墙用材料相同	顶棚材料

4.1.11　建筑涂料

建筑涂料简称涂料，是指涂覆于物体表面，能与基体材料牢固粘结并形成连续完整而坚韧的保护膜，具有防护、装饰及其他特殊功能的物质。

1. 建筑涂料的分类

（1）按主要成膜物质的化学成分分为有机涂料、无机涂料、有机—无机复合涂料。

（2）按建筑涂料的使用部位分为外墙涂料、内墙涂料、顶棚涂料、地面涂料和屋面防水涂料等。

（3）按使用分散介质和主要成膜物质的溶解状况分为溶剂型涂料、水溶型涂料和乳液型涂料等。

2. 常用建筑涂料

（1）有机建筑涂料

1）溶剂型涂料。溶剂型涂料是以高分子合成树脂或油脂为主要成膜物质，有机溶剂为稀释剂，再加入适量的颜料、填料及助剂，经研磨而成的涂料。

溶剂型涂料形成的涂膜细腻光洁而坚韧，有较好的硬度、光泽和耐水性、耐候性，气密性好，耐酸碱，对建筑物有较强的保护性，使用温度可以低到零度。它的主要缺点为易燃，溶剂挥发对人体有害，施工时要求基层干燥，涂膜透气性差，价格较贵。

常用的品种有 O/W 型及 W/O 型多彩内墙涂料、氯化橡胶外墙涂料、丙烯酸酯外墙涂料、聚氨酯系外墙涂料、丙烯酸酯有机硅外墙涂料、仿瓷涂料、聚氯乙烯地面涂料、聚氨酯—丙烯酸酯地面涂料及油脂漆、天然树脂漆、清漆、磁漆、聚酯漆等。

2）水溶性涂料。水溶性涂料是以水溶性合成树脂为主要成膜物质，以水为稀释剂，再加入适量颜料、填料及助剂经研磨而成的涂料。

这类涂料的水溶性树脂可直接溶于水中，与水形成单相的溶液。它的耐水性差，耐候性不强，耐洗刷性差，一般只用于内墙涂料。

常用的品种有聚乙烯醇水玻璃内墙涂料、聚乙烯醇缩甲醛内墙涂料等。

3）乳液型涂料。乳液型涂料又称乳胶漆，是由合成树脂借助乳化剂作用，以 $0.1\sim 0.5\mu m$ 的极细微粒分散于水中构成的乳液，并以乳液为主要成膜物质，再加入适量的颜料、填料助剂经研磨而成的涂料。

这种涂料价格便宜、无毒、不燃、对人体无害，形成的涂膜有一定的透气性，涂布时不需要基层很干燥，涂膜固化后的耐水性、耐擦洗性较好，可作为室内外墙建筑涂料，但施工温度一般应在 10℃以上，用于潮湿的部位，易发霉，需加防霉剂。

常用的品种有聚醋酸乙烯乳胶漆、丙烯酸酯乳胶漆、乙—丙乳胶漆、苯—丙乳胶漆、聚氨酯乳胶漆等内墙涂料及乙—丙乳液涂料、氯—醋—丙涂料、苯—丙外墙涂料、丙烯酸酯乳胶漆、彩色砂壁状外墙涂料、水乳型环氧树脂乳液外墙涂料等外墙涂料。

（2）无机建筑涂料。无机建筑涂料是以碱金属硅酸盐或硅溶胶为主要成膜物质，加入相应的固化剂，或有机合成树脂、颜料、填料等配制而成的涂料，主要用于建筑物外墙。

与有机涂料相比，无机涂料的耐水性、耐碱性、抗老化性等性能特别优异；其粘结力强，对基层处理要求不是很严格，适用于混凝土墙体、水泥砂浆抹面墙体、水泥石棉板、砖墙和石膏板等基层；温度适应性好，可在较低的温度下施工，最低成膜温度为 5℃，负温下仍可固化；颜色均匀，保色性好，遮盖力强，装饰性好；有良好耐热性，且遇火不燃、无毒；资源丰富，生产工艺简单，施工方便等。

按主要成膜物质的不同可分为两类，一类是碱金属硅酸盐及其混合物为主要成膜物质；二类是以硅溶胶为主要成膜物质。

4.2 常用水暖卫工程材料

4.2.1 管道材料的基本知识

1. 管道材料的基本应用

建筑给水系统常用的管材有钢管、给水铸铁管、给水塑料管及铝塑复合管等。近年来，新型塑料管材和复合管材不断发展，和钢管、铸铁管相比，具有表面光滑、流动阻力小、质轻、安装操作方便、化学稳定性高、耐腐蚀等特点，所以在建筑工程中应用广泛。

建筑排水系统管材主要有排水塑料管、排水铸铁管、钢管、带釉陶土管，工业废水还可用陶瓷管、玻璃钢管、玻璃管等排水。厂区排水管材常用排水塑料管、带釉陶土管、混凝土管、钢筋混凝土管等。

热水系统的管材一般采用热镀锌钢管、塑料管、复合管等。不同种类的管材应采用配套的管件。

2. 管道材料的分类

（1）按管道的基本特性和服务对象分类。

1）水暖管道。水暖管道是为生活或是为了改变劳动卫生条件而输送介质的管道，通常也称为暖卫管道，是为生活服务的。这种管道最常见的有给、排水管道和采暖管道等。

2）工业管道。工业管道是为生产输送介质的管道，一般与生产设备相连接，是为生产服务的。这种管道的种类较多，如输送氧气、乙炔、煤气、氢气、氮气、压缩空气、燃料油等介质的管道。

（2）按介质的压力分类。

1）工业管道。

①低压管道公称压力不大于 2.5MPa。

②中压管道公称压力为 4~6.4MPa。

③高压管道公称压力为 10~100MPa。

④超高压管道公称压力大于 100MPa。

2）水暖管道。水暖管道属于低压管道，公称压力小于 12.5MPa。

（3）按介质的温度分类。

1）常温管道是指工作温度为 （−40~120)℃的管道。

2）低温管道是指管内输送的介质温度在 −40℃以下的管道。

3）中温管道是指工作温度在 121~450℃的管道。

4）高温管道是指工作温度超过 450℃的管道。

4.2.2 给排水工程材料

1. 室内给水系统的管材、管件与设备

（1）管材与管件。室内给水和热水供应管材最常用的有钢管、铸铁管、塑料管、铝塑复合管和钢塑复合管。

1）钢管。钢管有焊接钢管和无缝钢管两种。焊接钢管有普通钢管和加厚钢管两种，又可分镀锌钢管（白铁管）和不镀锌钢管（黑铁管）。

普通钢管的工作压力应不大于 1MPa，加厚钢管的工作压力应不大于 1.6MPa，无缝钢管的工作压力可超过 1.6MPa。

钢管镀锌的目的是为防锈、防腐蚀，保证水质符合饮用水标准。镀锌钢管主要作为生活饮用水管和某些对水质要求较高的工业用水水管。非镀锌钢管主要作为消防用水水管和一般工业用水水管。加厚钢管和无缝钢管可用于高压管网。

钢管的优点是：强度高、韧性大、重量轻（同铸铁管相比）、长度大和加工容易等。缺点是：抗腐蚀性差，使用寿命短，一般 20～30 年，造价高。

钢管的连接方法，镀锌钢管必须螺纹连接，其他钢管可用螺纹连接、焊接和法兰连接。法兰连接一般用于管径大于 50mm，连接闸门、止回阀、水泵、水表等处，以及需要经常拆卸、检修的管段上。钢管螺纹连接配件及连接方法如图 4-8 所示。

2）铸铁管。铸铁管分给水铸铁管（壁厚为 9～10mm，并有衬里）和排水铸铁管（壁厚为 5～7mm）两种。给水铸铁管又分低压（不大于 4.41）、普压（不大于 7.36）、高压（不大于 9.81）三种。室内给水管道一般采用普压给水铸铁管。

铸铁管的优点是：抗腐蚀性强，使用寿命长，一般在 50 年以上，价格便宜，适宜作埋地管，一般埋地管的管径大于 75mm 时均采用铸铁管。缺点是：性脆、重量大、长度小（给水铸铁管长 3～4m，排水铸铁管长 1.5m）。

铸铁管常用承插和法兰连接。其接口有铅接口、石棉水泥接口、沥青水泥砂浆接口、水泥砂浆接口等。

3）塑料管。塑料管是目前的推广管材，品种多，广泛用于生活给水、工业给水管道，是镀锌钢管、铸铁管的代用品。塑料管的优点是：化学性能稳定、耐腐蚀、重量轻、管内壁光滑、颜色多样、安装方便。缺点是：线性变形大、不耐高温。

目前给水工程上用得最多的塑料管是硬聚氯乙烯管，也称 UPVC 管。它适用于输送温度在 45℃ 以下的建筑物内外的给水。常温下使用轻型管 $P \leqslant 6bar$，重型管 $P \leqslant 10bar$。此外，给水用塑料管还有聚乙烯管、聚丙烯管和 ABS（工程塑料）管。

塑料管的连接方式有螺纹连接（配件为注塑制品）、焊接（热空气焊）、法兰连接和粘结。

4）铝塑复合管和钢塑复合管。铝塑复合管（或钢塑复合管）及其管件是由塑料管外包以铝（或钢）制外壳，采用特殊工艺复合而成，使其兼有两种材质的性能，既有良好的耐腐蚀性能，又有较好的机械强度。它适用于工作压力为 0.6～2.5MPa，有腐蚀介质的化工、食品、医药、冶金、环保等行业的给水管道。近来也常用于民用建筑的生活给水管道，但铝

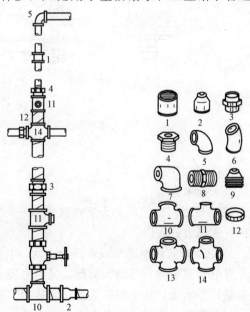

图 4-8　钢管螺纹连接配件及连接方法
1—管箍；2—异径管箍；3—活接头；4—补心；
5—90°弯头；6—45°弯头；7—异径弯头；
8—内管箍；9—管塞；10—等径三通；
11—异径三通；12—螺母；13—等径四通；
14—异径四通

塑复合管不能用于消防给水系统或生活与消防合用的给水系统。

钢塑复合管的连接方法同钢管，而铝塑复合管采用卡套式连接。

（2）给水系统的附件。给水管道附件是安装在管道及设备上的启闭和调节装置的总称。一般分配水附件和控制附件两类。配水附件如装在卫生器具及用水点上的各式水龙头，用以调节和分配水流，如图4-9所示。控制附件用来调节水量、水压、关断水流、改变水流方向，如球形阀、闸阀、旋塞阀、止回阀、浮球阀及安全阀等，如图4-10所示。

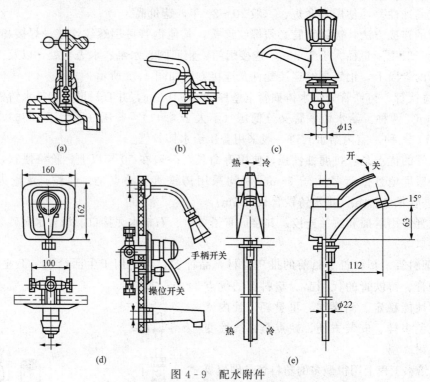

图4-9 配水附件

（a）球形阀式水龙头；（b）旋塞式水龙头；（c）盥洗水龙头；

（d）浴盆混合水龙头；（e）洗脸盆混合水龙头

1）配水附件。

①配水龙头。

a. 球形阀式配水龙头装在洗涤盆、污水盆、盥洗槽上。水流经过此种水龙头因改变流向，故阻力较大。

b. 旋塞式配水龙头设在压力不大（1.0左右）的给水系统上。这种水龙头旋转90°即完全开启，可短时获得较大流量，又因水流呈直线经过水龙头，阻力较小。缺点是启闭迅速，容易产生水击，适于用在浴池、洗衣房、开水间等处。

②盥洗龙头。盥洗龙头用来设在洗脸盆上供冷水或热水。有莲蓬头式、鸭嘴式、角式、长脖式等多种形式。

③混合龙头。混合龙头用来调节冷、热水的龙头。供盥洗、洗涤、沐浴等，式样很多。

此外，还有小便斗龙头、皮带龙头、消防龙头、电子自动龙头等。

2）控制附件。

①截止阀。截止阀关闭严密，但水流阻力较大，适用在管径小于或等于50mm的管道

上。如图 4-10 （a）所示。

②闸阀。如图 4-10 （b）所示，一般管道直径在 70mm 以上时采用闸阀，此阀全开时水流呈直线通过，阻力小，但水中有杂质落入阀座后，使阀不能关闭到底，因而产生磨损和漏水。

③旋塞阀。旋塞阀，如图 4-10 （c）所示，又称"转心门"，装在需要迅速开启或关闭的地方，为了防止因迅速关断水流而引起水击，适用于压力较低和管径较小的管道。

④止回阀。止回阀用来阻止水流的反方向流动。类型有两种：

a. 旋启式止回阀，如图 4-10 （d）所示，一般直径较大，水平、垂直管道上均可装设。

b. 升降式止回阀，如图 4-10 （e）所示，装在水平管道上，水头损失较大，只适用于小管径管道。

止回阀一般装在引入管上、水泵出水管上、密闭用水设备的进水管上以及消防水箱的出水管上等。

⑤浮球阀。浮球阀是一种可以自动关闭的阀门，多装在水箱或水池的进水管上。当水箱充水到设计最高水位时，浮球随着水位浮起，关闭进水口。当水位下降时，浮球下落进水口开启，于是自动向水箱充水。浮球阀口径为 15～100mm，与各种管径规格相同。如图 4-10 （f）所示。

⑥安全阀。安全阀是一种保安器材，为了避免管网和其他设备中压力超过规定的范围而使管网、用具或密闭水箱受到破坏，需装此阀。一般有弹簧式、杠杆式两种，如图 4-10 （g）、（h）所示。

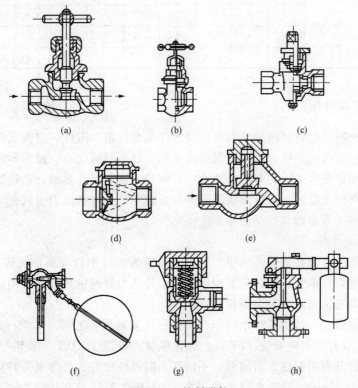

(a)　　　　　　(b)　　　　　　(c)

(d)　　　　　　(e)

(f)　　　　　　(g)　　　　　　(h)

图 4-10　控制附件

(a) 截止阀；(b) 闸阀；(c) 旋塞阀；(d) 旋启式止回阀；

(e) 升降式止回阀；(f) 浮球阀；(g) 弹簧式安全阀；(h) 杠杆式安全阀

3）水表。水表是一种计量建筑物用水量的仪表。目前室内给水系统中广泛采用流速式水表。流速式水表是根据管径一定时，通过水表的水流速度与流量成正比的原理来测量的。水流通过水表时推动翼轮旋转，翼片轮轴传动一系列联动齿轮（减速装置），再传递到记录装置，在标度盘指针指示下便可读到流量的累积值。

2. 室内排水系统的管材和连接方式

目前用于建筑排水的管材，根据污水性质、成分、敷设地点、条件及对管道的特殊要求决定，主要有排水铸铁管和硬聚氯乙烯塑料管等。

（1）排水铸铁管。用于排水的铸铁管，因不承受水压力，管壁较给水铸铁管薄，重量也相对较轻，管径一般为 50～200mm。目前排水铸铁管多用于室内排水系统的排出管。

（2）硬聚氯乙烯塑料管（UPVC）。硬聚氯乙烯塑料管是以硬聚氯乙烯树脂为主要原料的塑料制品。其优点是：具有优良的化学稳定性、耐腐蚀性、质量轻、管壁光滑、水头损失小、容易加工及施工方便等。所以，目前我国建筑行业中广泛用它作为生活污水、雨水的排水管，也可用作酸碱性生产污水、化学实验室的排水管。由于硬聚氯乙烯塑料管在高温下容易老化，因此，适用于建筑物内连续排放温度不大于 40℃，瞬时排放温度不大于 80℃的污、废水管道。硬聚氯乙烯塑料管的连接方法主要用聚氯乙烯承插粘结。硬聚氯乙烯塑料管常用的规格见表 4-26。

表 4-26　　　　　　　　　硬聚氯乙烯塑料管规格（轻型）

公称直径/mm	15	20	25	32	40	50	65	80	100	125	150	200
外径/mm	20	25	32	40	51	65	76	90	114	140	166	218
壁厚/mm	2	2	3	3.5	4	4.5	5	6	7	8	9	10
近似重量/(kg/m)	0.16	0.20	0.38	0.56	0.88	1.17	1.56	2.20	3.30	4.54	5.60	7.50

4.2.3　采暖工程材料

采暖工程材料一般有室内采暖和室外供热及配套设备和附件。室内采暖系统（以热水供暖系统为例）一般由主立管、水平干管、支立管、散热器横支管、散热器、自动排气阀、阀门等组成，室外供热管道因为有热电站或中心锅炉房到用户的热媒，往往要经过几公里或几十公里的长距离管道输送，而且其管道管径一般较大，热媒的压力也较大，因此对室外供热管道的材料和施工质量都有严格的要求。

1. 常用管道材料

（1）金属管。在采暖管道系统中，常用的钢管为焊接钢管（原称水煤气输送钢管）、无缝钢管、螺旋缝焊接钢管、直缝卷制焊接钢管。外热力管网供热管道常用的管材为焊接钢管或无缝钢管，其连接方式一般为焊接。

（2）非金属管材。适用于热水的非金属管材主要有聚丁乙烯－1 管（PB）、交联聚乙烯管（PEX）、无规共聚聚丙烯管（PPR）、氯化聚氯乙烯管（CPVC）和铝塑复合管。

铝塑复合管具有耐腐蚀、耐高温、不回弹、阻隔性能好、抗静电等特点。有 10 个规格，外径从 14mm 到 75mm。冷热水型公称压力 1.0MPa，燃气型公称压力 0.4MPa。铝塑复合管采用内径、外径表示，如 R1620 表示内径 16mm、外径 20mm 的热水管；L1014 表示内径 10mm、外径 14mm 的冷水管；Q6075 表示内径 60mm、外径 75mm 的燃气管。

2. 其他材料及器材

（1）型钢。常用的型钢有圆钢、扁钢、角钢和槽钢等。

（2）散热器。散热器是室内供暖系统的一种散热设备，散热器的种类很多，有排管散热器、翼形和柱形散热器、钢串片散热器、板式和扁管式散热器等。

（3）附属器具。室内供暖系统，为了安全可靠合理运行，还须设置一些附属器具，如膨胀水箱、集气装置、阀门、除污器和疏水器等。

4.2.4 卫生洁具设备

1. 室内卫生器具

室内卫生器具是建筑设备的一个重要组成部分，是室内排水系统的起点，是用来满足日常生活中各种卫生要求，收集和排除生活及生产中产生的污（废）水的设备。

各种卫生器具的结构、形式和材料，应根据其用途、设置地点、维护条件等要求而定。作为卫生器具的材料应具有表面光滑易于清洗、不透水、耐腐蚀、耐冷热和有一定的强度。目前制造卫生器具所选用的材料主要有陶瓷、搪瓷、生铁、塑料、水磨石、不锈钢等。

（1）便溺用卫生器具。厕所和卫生间中的便溺用卫生器具，主要作用是用来收集和排除粪便污水。

①大便器。常用的大便器有坐式、蹲式和大便槽三种。坐式大便器有冲洗式和虹吸式两种，多安装在高级住宅、饭店、宾馆的卫生间里，具有造型美观，使用方便等优点。用低位水箱冲洗。蹲式大便器使用的卫生条件较坐式好，多装设在公共卫生间、一般住宅以及普通旅馆的卫生间里，一般使用高位水箱或冲洗阀进行冲洗。大便槽的卫生条件较差，由于使用集中冲洗水箱，故耗水量也较大，但是其建造费用低，因此在一些建筑标准不高的公共建筑中仍有使用。

②小便器。小便器分挂式、立式和小便槽三种。挂式小便器悬挂在墙壁上，冲洗方式视其数量多少而定，数量不多时可用手动冲洗阀冲洗，数量较多时可用水箱冲洗。立式小便器设置在对卫生设备要求较高的公共建筑的男厕所内，如展览馆、大剧院、宾馆等，常以两个以上成组安装，冲洗方式多为自动冲洗。小便槽多为用瓷砖或不锈钢制作沿墙砌筑、安装的浅槽，其构造简单、造价低、可供多人同时使用，因此广泛应用于公共建筑、工矿企业、集体宿舍的男厕所内，小便槽可用普通阀门控制的多孔管冲洗，也可采用自动冲洗水箱冲洗。

（2）盥洗沐浴用卫生器具。

①洗脸盆。洗脸盆安装在住宅的卫生间及公共建筑物的盥洗室、洗手间、浴室中，供洗脸洗手用。洗脸盆有长方形、椭圆形和三角形。其安装方式有墙架式和柱脚式两种。

②盥洗槽。盥洗槽设在公共建筑、集体宿舍、旅馆等的盥洗室中，一般用瓷砖或水磨石现场建造，有长条形和圆形两种形式。有定型的标准图集可供查阅。

③浴盆。浴盆一般设在宾馆、高级住宅、医院的卫生间及公共浴室内，供人们沐浴用。有长方形、方形和圆形等形式。一般用陶瓷、搪瓷和玻璃钢等材料制成。

④淋浴器。淋浴器是一种占地面积小、造价低、耗水量小、清洁卫生的沐浴设备，广泛用于集体宿舍、体育场馆及公共浴室中。淋浴器有成品的，也有现场组装的。

（3）洗涤用卫生器具。洗涤用卫生器具供人们洗涤器物之用，主要有污水盆、洗涤盆、化验盆等。通常污水盆装置在公共建筑的厕所、卫生间及集体宿舍盥洗室中，供打扫厕所、洗涤拖布及倾倒污水之用。洗涤盆装置在居住建筑、食堂及饭店的厨房内，供洗涤碗碟及蔬菜食物使用。

2. 地漏及存水弯

（1）地漏。地漏主要用来排除地面积水。因此在卫生间、厨房、盥洗室、浴室以及需从地面排除积水的房间内应设置地漏。地漏应设置于地面最低处，其箅子顶面应比地面低5～10mm，并且地面有不小于0.01的坡度坡向地漏。

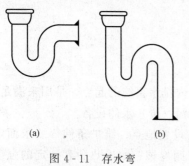

图 4-11 存水弯
(a) P型；(b) S型

（2）存水弯。存水弯是一种弯管，在里面存有一定深度的水，这个深度称为水封深度。水封可防止排水管网中产生的臭气、有害气体或可燃气体通过卫生器具进入室内。每个卫生器具都必须装设存水弯，有的设在卫生器具的排水管上，有的直接设在卫生器具内部。如图4-11所示，常用的存水弯有P型和S型两种，水封深度多在50～80mm之间。S型用于一层的蹲式大便器，P型用于二层及二层以上的蹲式大便器。

4.3　常用建筑电气工程材料

4.3.1　室内配电线路

1. 电线、电缆

在配电线路中，使用的导线主要有电线与电缆。为便于选择使用，这里简介电线、电缆的种类、基本特征与型号。

（1）电线。按绝缘材料不同，电线可分橡皮绝缘线和塑料绝缘线；按芯线材料不同，可分为铜芯线与铝芯线；按芯线构造不同，可分为单芯、多芯与软线。

1）聚氯乙烯绝缘线（通称塑料绝缘线）。这类电线绝缘性能良好，制造工艺简便，价格便宜，大量生产，应用广泛。缺点是对气温适应性能较差，低温时易变硬发脆，高温或日光下绝缘老化较快，不宜室外敷设。主要型号有 BLV、BV、BVR、BLVV、BVV。上述型号中有字母"L"的为铝芯线，无此字母为铜芯线。字母为"V"表示塑料绝缘护套，只有1个字母 V 的为单层，有2个字母 V 的为双层。

2）橡皮绝缘线。这类电线弯曲性能较好，对气温适应性较广，有棉纱编织和玻璃丝编织两种。后一种可用于室外架空线或进户线，棉纱编织有延燃易霉的缺点。主要型号有BLX、BX（棉纱编织），以及 BBLX、BBX（玻璃丝编织）。

3）（氯丁）橡皮绝缘线。这类电线具有前两类电线的优点，且耐油性能好，不易霉，不延燃，适应气温性能好，老化较慢，适宜作室外架空线或进户线用，缺点是绝缘层机械强度比橡皮线低。主要型号有 BLXF、BXF。

（2）电缆。电缆的结构包括导电芯、绝缘层、铅包或铝包和保护层几个部分。从导电芯来看，有铜芯和铝芯电缆；按芯数又可分为单芯、双芯、三芯及四芯等。种类有：

1）油浸纸绝缘电力电缆。该电缆有铅包和铝包两种护套，其特点是耐热性能强，耐电压强度高，介质损耗低，使用寿命长。但弯曲性较差，绝缘层内有油介质，不能在过低温度和两端高度差过大的情况下敷设。铅包护套质软，韧性好，化学性能稳定，但价格较贵；铝包护套轻，成本低，但加工较难。主要型号有 ZQ、ZLQ（铅包）和 ZL、ZLL（铝包）。

2）聚氯乙烯绝缘聚氯乙烯护套电力电缆（全塑料电缆）。电缆的绝缘性能、弯曲性、抗腐蚀性能均较好，且护套轻、耐油、耐酸、碱腐蚀，不延燃，接头制作简便，价格便宜。缺点是绝缘电阻率较油浸纸低，介质损耗大，在某些场合，如含有三氯乙烯等化学物质的情况下不适用。主要型号有 VV、VLV。

此外，还有钢带或钢丝铠装的 VV29、VV30、VLV29、VLV30 型塑料电缆等多种。

2. 导线的敷设

绝缘导线的敷设方式可分为明敷和暗敷。明敷时，导线直接或者在管子、线槽等保护体内，敷设于墙壁、顶棚的表面及桁架等处；暗敷时，导线在管子、线槽等保护体内，敷设于墙壁、顶棚、地坪及楼板等内部，或者在混凝土板孔内。

金属管、塑料管及金属线槽等布线，应采用绝缘电线和电缆。在同一根管或线槽内有几个回路时，所有绝缘电线和电缆都应具有与最高标称电压回路绝缘相同的绝缘等级。布线用塑料管、塑料线槽及附件，应采用的难燃型制品。

4.3.2 电气照明设备

1. 常用照明电光源

照明用的电光源按发光原理可分为热辐射光源和气体放电光源两大类。常用的热辐射光源有白炽灯、卤钨灯。气体放电光源有荧光灯、高压汞灯、金属卤化物灯、高压钠灯、管形氙灯等。

（1）白炽灯。白炽灯主要由灯头、灯丝、玻璃泡组成，灯丝用高熔点的钨丝材料绕制而成，并封入玻璃泡内，玻璃泡抽成真空，再充入惰性气体氩或氮，以提高灯泡的使用寿命。它是靠钨丝通过电流加热到白炽状态从而引起热辐射发光。它的结构简单，价格低廉，使用方便，启动迅速，而且显色性好，因此得到广泛使用。但它的发光效率低，使用寿命也较短，且不耐震。

（2）卤钨灯。白炽灯的主要缺点是发光效率低、寿命短，其主要原因是白炽灯泡工作时的高温使钨丝不断蒸发，钨丝截面越来越细，久而久之，便使钨丝熔断，同时钨蒸气还会使玻璃泡内壁变黑，使灯泡透明度变坏，光效降低。卤钨灯就是在白炽灯基础上改进而成的。卤钨灯由灯丝（钨丝）和耐高温的石英灯管组成，在管内充有适量卤素（碘或溴）和惰性气体。被蒸发的钨和卤素在管壁附近化合成卤化物，卤化物由管壁向灯丝扩散迁移，在钨丝周围形成一层钨蒸气，一部分钨又重新回到钨丝上，这样即使钨不致沉积在管壁上，既防止了灯管发黑，又有效抑制了钨的蒸发，提高了光源的使用寿命。

卤钨灯具有体积小，寿命长，发光效率高等优点，但使用了石英玻璃管，故价格较贵。卤钨灯功率一般较大，主要用于大面积照明场所或投光灯。在使用时应水平安装，最大倾斜角不大于 4°，否则将会破坏卤钨循环，严重影响使用寿命。卤钨灯耐震性也较差，不得装在易震场所。工作时的管温在 600℃ 左右，故不得与易燃物接近，且不允许用人工冷却措施（如电扇吹、水淋等），以保证正常的卤钨循环。

（3）荧光灯。荧光灯俗称日光灯，是目前广泛使用的一种电光源。荧光灯电路由灯管、镇流器、启辉器三个主要部件组成。灯管的结构是在玻璃灯管的两端各装有钨丝电极，电极与两根引入线焊接，并固定在玻璃柱上，引入线与灯头的两个灯脚连接。灯管内壁均匀地涂一层荧光粉，管内抽成真空，并充入少量汞和惰性气体氩。

荧光灯是利用汞蒸汽在外加电压作用下产生弧光放电，发出少许可见光和大量紫外线，紫外线又激励灯管内壁涂覆的荧光粉，使之发出大量的可见光，由此可见，荧光灯的发光效率比白炽灯高得多。在使用寿命方面，荧光灯也优于白炽灯。但是荧光灯的显色性稍差（其中日光色荧光灯的显色性较好），特别是它的频闪效应，容易使人眼产生错觉，将一些旋转的物体误为不动的物体，因此它在有旋转机械的车间很少采用，若要采用，则一定要消除频闪效应。

照明用荧光灯有几种光色，即日光、冷白光、暖白光。目前应用最广泛的是日光色荧光灯。

注意：荧光灯灯管必须与相应规格的镇流器、启辉器配套使用。

（4）荧光高压汞灯。荧光高压汞灯又叫高压水银灯，它是靠高压汞蒸汽放电而发光的。这里所谈的"高压"是指工作状态下灯管内气体压力为 1～5 个大气压，以区别于一般低压荧光灯（普通荧光灯只有 6～10mm 汞柱的压力，1 个大气压=76 毫米汞柱）。

照明用荧光高压汞灯有三种类型，即普通型（GGY）、反射型（GYF）、自镇流型（GYZ）。反射型荧光高压汞灯的玻璃外壳内壁上部镀有铝反射层，然后涂荧光粉，故有定向反射性能，使用时可不用灯罩。自镇流型荧光高压汞灯不用外接镇流器，它在外玻璃壳内装有与白炽灯丝相似的钨丝代替外接镇流器。工作时该钨丝也发光（主要是红光）。自镇流型的缺点是寿命较短。

此外，还有金属卤化物灯，适用于较繁华的街道及要求照度高、显色性好的大面积照明场所；高压钠灯，易用于室外需要高照度的场所（如道路、桥梁、体育场馆、大型车间）；管形氙灯（长弧氙灯），显色性好，功率大，光效高，俗称"人造小太阳"，适用于广场、机场、海港等照明；霓虹灯，显色性差，颜色多样，形状可根据装饰的要求改变，多用电子程序控制。

2. 常用照明灯具

（1）照明灯具的作用。

1）固定光源使之接通电源。

2）合理配光。

3）保护眼睛免受光源高亮度引起的视觉眩光。

4）保护光源不受外界的机械损伤。

5）防止潮湿和有害气体的影响。

6）保护照明安全（如防爆灯具）。

7）发挥装饰效果等。

（2）灯具的种类。灯具的分类方法很多，通常按灯具的配光特性、灯具的结构、用途和安装方式进行分类。

1）国际照明学会（C1E）的配光分类法，按灯具上半球和下半球发出的光通量的百分比进行分类，共有以下五种：

①直射型灯具。由反光性能良好的不透明材料制成，如搪瓷、铝和镀锌镜面等。这类灯

具又可按配光曲线的形态分为广照型、均匀配光型、配照型、深照型和特深照型等五种。直射型灯具效率高，但灯的上部几乎没有光线，顶棚很暗，与明亮灯光容易形成对比眩光。由于它的光线集中，方向性强，产生的阴影也较重。

②半直射型灯具。它能将较多的光线照射在工作面上，又可使空间环境得到适当的亮度，改善房间内的亮度比。这种灯具常用半透明材料制成下面开口的式样，如玻璃菱形罩等。

③漫射型灯具。典型的乳白玻璃球型灯属于漫射型灯具的一种，它是采用漫射透光材料制成封闭式的灯罩，造型美观，光线均匀柔和。但是光的损失较多，光效较低。

④半间接型灯具。这类灯具上半部用透明材料，下半部用漫射透光材料制成。由于上半球光通量的增加，增强了室内反射光的效果，使光线更加均匀柔和。在使用过程中，上部很容易积灰尘，影响灯具的效率。

⑤间接型灯具。这类灯具全部光线都由上半球发射出去，经顶棚反射到室内。因此能很大限度地减弱阴影和眩光，光线均匀柔和。但由于光损失较大，因此很不经济。这种灯具适用于剧场、美术馆和医院的一般照明。通常还和其他形式的灯具配合使用。

2）按灯具结构分类。

①开启式灯具。光源与外界环境直接相通。

②保护式灯具。具有闭合的透光罩，但内外仍能自然通气，如半圆罩顶棚灯和乳白玻璃球形灯等。

③密封式灯具。透光罩将灯具内外隔绝，如防水防尘灯具。

④防爆式灯具。在任何条件下，不会因灯具引起爆炸的危险。

4.3.3　常用低压电器

低压电器是指直流工作电压小于 1200V 或交流工作电压小于 1000V 的电器，是对电能的产生、输送、分配和应用起控制、调节、检测和保护等作用的低压电气设备（元件）的总称。

1. 熔断器

熔断器俗称保险丝，是一种简单而有效的保护电器，被广泛应用于电网保护和电气设备保护，在电路中主要起短路保护作用。使用时，熔断器同它所保护的电路串联，当该电路发生过载或短路故障时，如果通过熔体的电流达到或超过了某一定值，在熔体上产生的热量使其温度升高，当到达熔体熔点（200～300℃）时，熔体自行熔断，切断故障电流，达到保护作用。

常用的熔断器类型有瓷插式熔断器、螺旋式熔断器、封闭管式熔断器、快速熔断器和自复式熔断器等。

2. 刀开关

刀开关一般用于电气设备中不频繁接通或断开的电路、换接电源和负载等。隔离电源的刀开关也称作隔离开关。刀开关是一种结构较为简单的手动电器，主要由手柄、触刀、静插座和绝缘底板等组成。

常用刀开关有 HD 系列及 HS 系列板用低压刀开关、HK 系列开启式瓷闸开关和 HH 系列封闭式铁壳开关、HR 系列带熔断器刀开关、HZ 系列组合开关。

3. 低压断路器

断路器又称自动开关或自动空气开关。低压断路器主要在电路正常工作条件下用于频繁接通和分断电路及控制电动机的运行，并在电路发生过载、短路及失压时能自动分断电路。

低压断路器根据电流的大小和工作电压的等级可以分为低压塑壳断路器（如 C45N、DZ 系列）、低压框架断路器（如 DW 系列）和高压真空断路器（如 ZN 系列）。

4. 接触器

接触器用于远距离控制电压至 380V，电流至 600A 的交流电路，以及频繁地起动和控制交流电动机的控制电器。接触器主要控制对象是电动机，也可用于控制其他电力负载等。接触器可远距离操作欠压或失压保护，具有一定的过载能力，但却不能切断短路电流，也不具备过载保护的功能。

接触器按其触头通过电流的种类可分为交流接触器和直流接触器。常用的交流接触器有 CJ20、CKJ、CJX1、CJX2、CJ12、B、3TB 等系列，直流接触器有 CZ0、CZ18、CZ21、CZ22 等系列。CJ20 系列交流接触器是全国统一设计的新型接触器。CJ20 为开启式，结构形式为直动式、立体布置、双断点结构。

5. 继电器

继电器是一种根据外界输入的电的或非电的信号（如电流、电压、转速、时间、温度等）的变化开闭控制电路（小电流电路），自动控制和保护电力拖动装置用的电器。

继电器的种类很多，其分类方法也较多。继电器按其动作原理分为电磁式、感应式、机械式、电动式、热力式和电子式继电器等。继电器按其反应的信号不同可分为电流、电压、时间、速度、温度、压力继电器等。

6. 漏电保护器

漏电保护器（漏电保护开关）是一种电气安全装置。将漏电保护器安装在低压电路中，当发生漏电和触电时，且达到保护器所限定的动作电流值时，就立即在限定的时间内动作自动断开电源进行保护。

漏电保护开关根据动作原理，可分为电压型和电流型两大类，鉴于电压型漏电保护只能作总保护，安全供电可靠性低及保护上的局限性，在我国已被淘汰。

漏电保护器按脱扣方式不同分为电子式与电磁式两类。

（1）电磁脱扣型漏电保护器，是指以电磁脱扣器作为中间机构，当发生漏电电流时使机构脱扣断开电源。这种保护器缺点是成本高、制作工艺要求复杂。优点是电磁元件抗干扰性强和抗冲击（过电流和过电压的冲击）能力强，不需要辅助电源，零电压和断相后的漏电特性不变。

（2）电子式漏电保护器，是指以晶体管放大器作为中间机构，当发生漏电时由放大器放大后传给继电器，由继电器控制开关使其断开电源。这种保护器的优点是灵敏度高（可到 5mA）、整定误差小、制作工艺简单、成本低。缺点是晶体管承受冲击能力较弱，抗环境干扰差；需要辅助工作电源（电子放大器一般需要十几伏的直流电源），使漏电特性受工作电压波动的影响；当主电路缺相时，保护器会失去保护功能。

7. 低压配电柜（屏）

低压配电设备是将由降压电力变压器输出的低电压电源或直接由市电引入的低电压电源进行配电，用作市电的通断、切换控制和监测，并保护接到输出侧的各种交流负载。低压配电柜

（屏）通常装有低压开关、空气断路开关、熔断器、接触器、避雷器和监测用各种仪表。

低压配电柜按维护的方式分有单面维护式和双面维护式两种。单面维护式基本上靠墙安装（实际离墙 0.5m 左右），维护检修一般都在前面。双面维护式是离墙安装，柜后留有维护通道，可在前后两面进行维修。按柜体结构分有固定式低压配电屏和抽屉式（又称抽出式）低压配电屏。

常用的低压配电柜主要系列有 GGD、PGL 等。

<h2 style="text-align:center">本 章 练 习 题</h2>

一、选择题

1. 建筑材料按用途可分为_____。

A. 结构材料   B. 墙体材料

C. 屋面材料   D. 地面材料以及其他用途的材料等

2. 下列材料中，属于复合材料的是_____。

A. 钢筋混凝土   B. 沥青混凝土   C. 建筑石油沥青   D. 建筑塑料

3. 石灰是建筑工程中面广量大的建筑材料之一，其常见的用途有_____。

A. 用于配制建筑砂浆   B. 配制三合土及灰土

C. 制作碳化石灰板   D. 生产硅酸盐制品

4. 石灰膏在储灰坑中陈伏的主要目的是_____。

A. 充分熟化   B. 增加产浆量   C. 减少收缩   D. 降低发热量

5. 水玻璃在建筑工程中水玻璃的应用主要有_____。

A. 配制耐酸、耐热砂浆   B. 配制混凝土

C. 作为灌浆材料，加固地基   D. 作为涂刷或浸渍材料

6. 土木工程用得最多的水泥有_____。

A. 硅酸盐水泥   B. 普通硅酸盐水泥

C. 矿渣硅酸盐水泥   D. 粉煤灰硅酸盐水泥

7. 硅酸盐水泥按规定龄期的抗压强度和抗折强度划分为_____。

A. 32.5、32.5R   B. 42.5、42.5R   C. 52.5、52.5R   D. 62.5、62.5R

8. 代号 P·F 表示_____。

A. 普通硅酸盐水泥   B. 矿渣硅酸盐水泥

C. 粉煤灰硅酸盐水泥   D. 火山灰水泥

9. 工程中拌制混凝土砂浆常用_____。

A. 河砂   B. 湖砂   C. 山砂   D. 淡化海砂

10. 粗骨料的级配分为_____。

A. 连续级配   B. 间断级配   C. 任意级配   D. 按比例搭配

11. 大体积混凝土施工时，必须加入的外加剂是_____。

A. 速凝剂   B. 缓凝剂   C. 早强剂   D. 引气剂

12. 改善混凝土拌和物流变性能的外加剂有_____。

A. 各种减水剂   B. 引气剂   C. 泵送剂   D. 阻锈剂

13. 普通碳素结构钢随钢号的增加，钢材的_____。

A. 强度增加、塑性增加   B. 强度降低、塑性增加

C. 强度降低、塑性降低   D. 强度增加、塑性降低

14. 在钢结构中常用_____，轧制成钢板、钢管、型钢，来建造桥梁、高层建筑及大跨度钢结构建筑。

A. 碳素结构钢   B. 低合金高强度结构钢

C. 热轧钢筋   D. 冷轧带肋钢筋

15. 烧结普通砖的说法正确的是_____。

A. 包括黏土砖（N）、页岩砖（Y）、煤矸石砖（M）和粉煤灰砖（F）

B. 理论上 1m³ 砖砌体大约需用砖 512 块

C. 烧结砖分为欠火砖、正火砖、过火砖

D. 烧结普通砖的尺寸规格是 240mm×115mm×90mm

16. 常用石膏板有_____。

A. 纸面石膏板   B. 纤维石膏板   C. 复合墙板   D. 石膏空心条板

17. 纤维水泥板包括_____。

A. 玻璃纤维增强水泥板   B. 纤维增强水泥平板

C. 石棉水泥板   D. 石棉水泥珍珠岩板

18. 铝塑板具有众多优异的性能_____。

A. 艳丽多彩的装饰性   B. 防火、防潮

C. 隔热、隔声   D. 不易加工成型

19. 防水材料的基本用材有_____。

A. 石油沥青   B. 煤沥青   C. 改性沥青   D. 合成高分子材料

20. 玻璃布油毡按可溶物含量及其物理性能分为_____。

A. 优等品（A）   B. 一等品（B）   C. 合格品（C）

21. SBS 玻纤毡胎的卷材的标号有_____。

A. 25 号   B. 35 号   C. 45 号   D. 55 号

22. 冷底子油是用建筑石油沥青加入_____。

A. 汽油   B. 煤油   C. 轻柴油   D. 煤沥青

23. 水乳型橡胶沥青类防水涂料的品种有_____。

A. 再生胶沥青防水涂料   B. 氯丁橡胶沥青防水涂料

C. SBS 橡胶沥青防水涂料   D. 丁基橡胶沥青防水涂料

24. 合成高分子防水涂料主要品种有_____。

A. 聚氨酯防水涂料   B. 石油沥青聚氨酯防水涂料

C. 硅橡胶防水涂料   D. 丁苯胶乳沥青防水涂料

25. 不定型密封材料主要品种有_____。

A. 腻子   B. 塑性密封膏

C. 弹性和弹塑性密封膏   D. 嵌缝膏

26. 不属于安全玻璃的有_____。

A. 钢化玻璃   B. 夹层玻璃   C. 磨光玻璃   D. 磨砂玻璃

27. 建筑装饰材料按使用部位分有_____。

A. 外墙装饰材料　　　　　　　　　B. 内墙装饰材料

C. 地面装饰材料　　　　　　　　　D. 顶棚装饰材料

28. 大理石的优点有_____。

A. 密度大　　　　B. 硬度不高　　　　C. 易分割雕刻　　　　D. 质坚硬

29. 地面装饰材料中花岗岩具有_____等优点。

A. 密度大　　　　B. 强度高　　　　C. 耐腐蚀　　　　D. 耐磨损

30. 顶棚装饰材料中铝合金龙骨、轻钢龙骨具有_____等特点。

A. 装饰效果好　　　　B. 强度高　　　　C. 隔声　　　　D. 隔音

31. 在建筑设备工程中，管道工程材料按用途可分为_____。

A. 给水系统　　　B. 排水系统　　　C. 热水系统　　　D. 燃气系统

32. 建筑给水系统常用的管材有_____等。

A. 钢管　　　　　　　　　　　　　B. 给水铸铁管

C. 给水塑料管　　　　　　　　　　D. 铝塑复合管

33. 目前给水工程上用得最多的塑料管是硬聚氯乙烯管，也称 UPVC 管。它适用于输送温度在_____的建筑物内外的给水。

A. 45℃以下　　　B. 45℃以上　　　C. 35℃以下　　　D. 35℃以上

34. 塑料管的连接方式有_____。

A. 螺纹连接（配件为注塑制品）　　B. 焊接（热空气焊）

C. 法兰连接　　　　　　　　　　　D. 粘结

35. 建筑排水的管材选择要根据_____决定。

A. 污水性质、成分　　　　　　　　B. 敷设地点

C. 敷设条件　　　　　　　　　　　D. 管道的特殊要求

36. 在采暖管道系统中，常用的钢管有_____。

A. 焊接钢管（水煤气输送钢管）　　B. 无缝钢管

C. 铝塑复合管　　　　　　　　　　D. 直缝卷制焊接钢管

37. 卫生器具所选用的材料主要有_____等。

A. 陶瓷　　　　B. 塑料　　　　C. 不锈钢　　　　D. 水磨石

38. 常用的盥洗沐浴用卫生器具有_____。

A. 洗脸盆　　　　B. 盥洗槽　　　　C. 浴盆　　　　D. 污水盆

39. 按绝缘材料不同，电线可分为_____。

A. 橡皮绝缘线　　　B. 塑料绝缘线　　　C. 裸导线　　　D. 软线

40. 聚氯乙烯绝缘线（通称塑料绝缘线）主要型号有_____等。

A. BLV　　　　B. BV　　　　C. BVV　　　　D. BX

41. 电缆的结构包括_____几个部分。

A. 导电芯　　　B. 导电芯　　　C. 铅包或铝包　　　D. 保护层

42. 暗敷工程时，导线敷设于_____。

A. 墙壁　　　　　　　　　　　　　B. 顶棚

C. 地坪及楼板等内部　　　　　　　D. 混凝土板孔内

43. 常用的热辐射光源_____。

A. 白炽灯　　　　　B. 卤钨灯　　　　　C. 荧光灯　　　　　D. 管形氙灯

44. 照明灯具作用是_____。

A. 固定光源使之接通电源　　　　　B. 保护光源不受外界的机械损伤

C. 合理配光　　　　　D. 装饰效果

45. 灯具的种类按灯具结构分类有_____等。

A. 开启式灯具　　　　　B. 保护式灯具

C. 密封式灯具　　　　　D. 防爆式灯具

46. 常用刀开关有_____等。

A. HK 系列瓷闸开关　　　　　B. HH 系列铁壳开关

C. HR 系列刀开关　　　　　D. HZ 系列组合开关

47. 低压断路器根据电流的大小和工作电压的等级可以分为_____。

A. C45N 系列　　　　B. DZ 系列　　　　C. DW 系列　　　　D. ZN 系列

48. 低压配电柜（屏）通常装有_____等。

A. 低压开关　　　　　B. 空气断路开关

C. 熔断器　　　　　D. 避雷器和监测用各种仪表

二、判断题

1. 气硬性胶凝材料是指只能在空气中凝结硬化的胶凝材料。

2. 生石灰的熟化（又称消化或消解）是指生石灰与水发生化学反应生成熟石灰的过程。其反应式如下

$$CaO + H_2O \longrightarrow Ca(OH)_2 + 64.9kJ$$

$$MgO + H_2O \longrightarrow Mg(OH)_2$$

3. 水泥不仅能在空气中硬化，并且能在水中和地下硬化。

4. 一般认为水泥颗粒小于 $40\mu m(0.04mm)$ 时，才具有较高的活性，大于 $100\mu m(0.1mm)$ 活性就很小了。

5. 普通硅酸盐水泥与硅酸盐水泥相比，其早期硬化速度稍慢，3d 的抗压强度稍低，抗冻性与耐磨性能也稍差。

6. 硅酸盐水泥初凝不得早于 45min，终凝不得迟于 6.5h。

7. 砂是指粒径在 0.15～4.75mm 以下的颗粒。

8. 粗骨料是指粒径大于或等于 4.75mm 的岩石颗粒。

9. 混凝土外加剂在掺量较少的情况下，可以明显改善混凝土的性能，改善混凝土拌和物和易性、调节凝结时间、提高混凝土强度及耐久性等。

10. 泵送剂是炎热夏季混凝土施工的首选外加剂。

11. 钢材的强度和硬度随含碳量的提高而提高。

12. 热处理钢筋因强度高、综合性能好、质量稳定，最适于普通钢筋混凝土结构。

13. 建筑工程中常用的碳素结构钢牌号为 Q235。

14. 冷轧扭钢筋抗拉性能提高，但抗折性能下降，所以冷轧扭钢筋不能弯超过 90°的弯。

15. 灰砂砖的尺寸规格与烧结普通砖相同。

16. 普通混凝土小型空心砌块适用于地震设计烈度为 8 度以下地区的一般民用与工业建

筑物的墙体。

17. 防水材料可分为刚性防水材料和柔性防水材料两大类。

18. 沥青防水卷材是传统的防水材料，但因其性能远不及改性沥青，因此逐渐被改性沥青卷材所代替。

19. 35 号 SBS 卷材适用于单层防水或高级建筑工程多叠层防水中的面层，并可采用热熔法施工。

20. 合成高分子防水卷材是一种很有发展前途的材料，现已成为仅次于沥青卷材的主体防水材料之一。

21. 石油沥青聚氨酯防水涂料适用于外防外刷的地下室防水工程和卫生间、喷水池、水渠等工程，也可用于有刚性保护层的屋面防水工程。

22. 沥青嵌缝油膏适用于各种混凝土屋面板、墙板等建筑构件节点的防水密封。

23. 刚性防水层主要是以膨胀水泥为主的特种水泥为基料配制的防水砂浆、防水混凝土，如膨胀水泥防水混凝土等。

24. 常用的安全玻璃有钢化玻璃、夹层玻璃和夹丝玻璃等。

25. 聚氨酯是涂料，适用于外墙，也可用于地面和内墙。

26. 在工业、民用建筑吊顶中，大龙骨适宜用钢龙骨，中、小边龙骨宜用铝合金龙骨。

27. 水暖管道属于低压管道，公称压力小于 12.5MPa。

28. 新型塑料管材和复合管材与钢管、铸铁管相比，具有表面光滑、流动阻力小，质轻、安装操作方便，化学稳定性高，耐腐蚀等特点，所以在建筑工程中应用广泛。

29. 铝塑复合管的连接方法同钢管，而钢塑复合管采用卡套式连接。

30. 截止阀阻力较大，关闭严密，但水流阻力较大。闸阀阻力小，但水中有杂质落入阀座后，使阀门不能关闭到底，因而产生磨损和漏水。

31. 硬聚氯乙烯塑料管（UPVC）适用于建筑物内连续排放温度不大于 40℃，瞬时排放温度不大于 80℃ 的污、废水管道。

32. 室外供热管道材料和施工质量与室内采暖要求相同。

33. 外热力管网管道常用的管材为焊接钢管或无缝钢管，其连接方式一般为焊接。

34. 地漏应设置于地面最低处，其算子顶面应比地面低 5～10mm，并且地面有不小于 0.01 的坡度坡向地漏。

35. 常用的存水弯有 P 型和 S 型两种，水封深度多在 50～80mm 之间。S 型用于一层的蹲式大便器，P 型用于二层及二层以上的蹲式大便器。

36. 聚氯乙烯绝缘线（通称塑料绝缘线）低温时易变硬发脆，高温或日光下绝缘老化较快，不宜室外敷设。

37. 金属管、塑料管及金属线槽等布线，应采用绝缘电线和电缆。

38. 在同一根管或线槽内有几个回路时，所有绝缘电线和电缆都应具有与最高标称电压回路绝缘相同的绝缘等级。

39. 荧光灯的频闪效应，容易使人眼产生错觉，将一些旋转的物体误为不动的物体，因此它在有旋转机械的车间很少采用。

40. 低压电器是指直流工作电压小于 1200V 或交流工作电压小于 1000V 的电器。

41. 低压断路器主要在电路正常工作条件下，用于频繁接通和分断电路及控制电动机的运行，并在电路发生过载、短路及失压时能自动分断电路。

42. 接触器用于远距离控制电压至 380V，电流至 600A 的交流电路，以及频繁地起动和控制交流电动机的控制电器。

43. 漏电保护器（漏电保护开关）是一种电气安全装置。将漏电保护器安装在低压电路中，当发生漏电和触电时，且达到保护器所限定的动作电流值时，就立即在限定的时间内动作自动断开电源进行保护。

第5章

建筑力学基本知识

5.1 力的基本概念与性质

5.1.1 力的作用效应

1. 对物体和刚体的作用效应

力是物体之间相互的机械作用，其作用效应包括两个方面，即使物体的运动状态发生改变（称为力的运动效应或外效应）和使物体发生变形（称为力的变形效应或内效应）。力的三要素：大小、方向与作用点。如图 5-1 所示。力的图示：用带箭头的线段表示力。

力是矢量。强调作用点的力矢量是定位矢量，强调作用线的力矢量是滑移矢量，只强调方向和大小的力矢量是自由矢量。作用在刚体上的力矢量是滑移矢量。

对刚体而言，力可沿作用线移动而不影响其作用效应（力的可传性原理），力的三要素可表述为大小、指向与作用线。

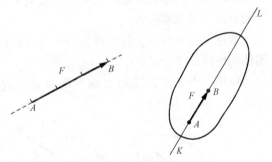

图 5-1 力的三要素

2. 二力平衡公理与二力构件

公理是人们在生活和生产实践中长期积累的经验总结，又经过实践反复检验，是符合客观实际的最普遍、最一般的规律。

二力平衡公理：作用于刚体上的两个力，如果大小相等、方向相反且沿同一作用线，则它们的合力为零，此时，刚体处于静止或作匀速直线运动。如图 5-2 所示。

图 5-2 二力平衡公理

例如，在一根静止的刚杆的两端沿着同一直线 AB 施加一对拉力或压力 F_1 及 F_2，若 F_1 和 F_2 大小相等、方向相反且沿同一作用线，由经验可知，刚杆将保持平衡，既不会移动，也不会转动，所以 F_1 与 F_2 两个力组成的力系是平衡力系。

这个公理表明了作用于刚体上的最简单力系平衡时所必须满足的条件。

二力构件：只受两个力作用而平衡的物体。如图 5-3 所示。

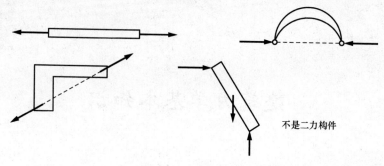

图5-3 二力构件

二力杆：只受两个力作用而平衡的杆件。

3. 加减平衡力系公理与力在刚体中的可传性

加减平衡力系公理：在任一力系中加上一个平衡力系，或从其中减去一个平衡力系，所得新力系与原力系对于刚体的运动效应相同。

这个原理的正确性是显而易见的。因为一个平衡力系不会改变刚体的运动状态，所以，在原来作用于刚体的力系中加上一个或减去一个平衡力系，不致使刚体运动状态发生改变，即新力系与原力系等效。

推论：力在刚体中的可传性——力可以在刚体上沿其作用线移至任意一点而不改变它对刚体的作用效应。

应用二力平衡公理和加减平衡力系公理，可从理论上证明力在刚体中的可传性。如图5-4、图5-5所示。

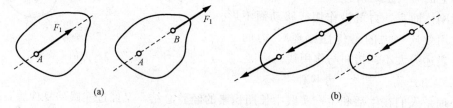

(a)   (b)

图5-4 力在刚体中的可传性（一）

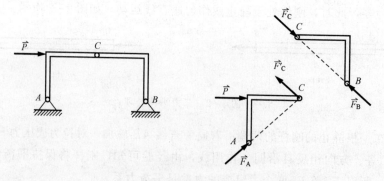

图5-5 力在刚体中的可传性（二）

4. 作用与反作用公理

两个物体间相互作用的力，总是大小相等、方向相反，同时分别作用在两个不同的物体这一定律就是牛顿第三定律，不论物体是静止的或运动着的，这一定律都成立。

5. 力的单位与力的分类

力的基本单位是牛顿（N）。

$$1N = 1kg \cdot m/s^2$$
$$1kN = 1 \times 10^3 N$$

力按其分布的范围可分为集中力（单位：N 或 kN）和分布力。分布力又可分为体分布力（分布集度单位：kN/m^3）、面分布力（分布集度单位：kN/m^2）和线分布力（分布集度单位：kN/m），如图 5-6 所示。分布力还可分为均布力和非均布力。

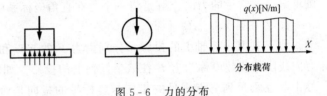

图 5-6　力的分布

5.1.2　力的合成与分解

1. 力的平行四边形法则与力的三角形法则

力的平行四边形法则：同一个点作用两个力的效应可用它们的合力来等效。该合力作用于同一点，方向和大小由平行四边形的对角线确定。如图 5-7 所示。

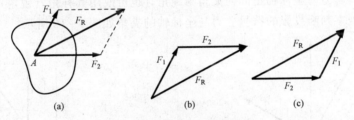

图 5-7　力的平行四边形法则

平行四边形法则可简化为三角形法则，如上图所示，作力矢 F_1，再从 F_1 的终点处作力矢 F_2，最后从 F_1 的起点向 F_2 的终点作力矢，该力矢即为合力 F_R。

推论：三力平衡共面汇交定理——刚体受到三个力作用而平衡时，这三个力必位于同一平面内，且这三个力的作用线要么均相互平行（可看作是相交于无穷远处），要么交于同一点。

三力平衡共面汇交定理可应用力的可传性、力的平行四边形法则以及二力平衡公理加以证明，如图 5-8 所示。

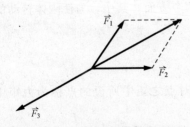

图 5-8　三力平衡共面汇交定理

2. 力系的等效、合力与分力、平面问题与空间问题

力系的等效：若两个力系对物体的作用效应完全一样，则这两个力系互为等效力系。

力系的合力：如果一个力系与一个力等效，则这个力就称为该力系的合力。力系中的各力就称为合力的分力。

平衡力系：一个物体受某力系作用而处于平衡，则此力系称为平衡力系。平衡力系没有合力。

平面问题：若所研究各力的作用线都在同一平面内，则这类问题称为平面问题。平面问题可放在平面坐标系内进行研究。

空间问题：若所研究各力的作用线不在同一平面内，则这类问题称为空间问题。空间问题应放在平面坐标系内进行研究。

3. 力的分解

由于力是矢量，因此可以按照矢量的运算规则将一个力分解成两个或两个以上的分力。

把一个力分解为两个力时，只有在给定两个分力的作用线方位的情况下解答是唯一的，否则解答有无穷多组。把一个力分解为两个已知作用线方位的力时，应该应用平行四边形法则求解。最常见的力的分解是将一个力在直角坐标系中分解为沿直角坐标轴的分力。

4. 力在坐标轴上的投影

力 F 在某坐标轴上的投影，分别由力 F 的起点和终点向该坐标轴引垂线，两垂足之间有向线段的代数值称为力 F 在该坐标轴上的投影。如图 5-9 所示。投影是代数量，其正负号由起点垂足到终点垂足的指向与坐标轴的指向是否相同来判断。显然，力 F 在坐标轴 x 上的投影取决于力 F 与 x 轴之间的夹角。

如果已知力 F 与 x、y、z 轴坐标轴正向的夹角 α、β、γ，则

$$F_x = F\cos\alpha, \quad F_y = F\cos\beta, \quad F_z = F\cos\gamma$$

就是说，一个力在某一轴上的投影，等于该力与沿该轴方向的单位矢量的乘积。

式中的角 α、β、γ 可以是锐角，也可以是钝角，由夹角余弦的符号即可知力的投影为正或为负。有时，若力与坐标轴正向的夹角为钝角，也可改用其补角（锐角）计算力的投影的大小，而根据观察判断投影的符号。力与坐标轴的夹角如图 5-10 所示。

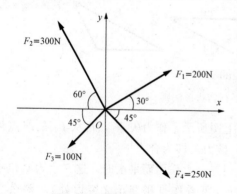

图 5-9　力在坐标上的投影

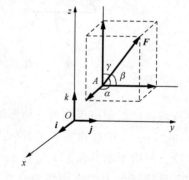

图 5-10　力与坐标轴的夹角

5.1.3　力矩的概念与性质

力对物体的运动效应，包括使物体移动和使物体转动两个方面。其中，力使刚体转动的效应，用力矩来量度。

力矩可分为力对点之矩和力对轴之矩。

1. 力对点之矩

力对点之矩是力使物体绕某点转动的效应的量度。力对点之矩中所说的点称为力矩中心，简称矩心。力对点之矩如图 5-11 所示。

平面力系问题中力对点之矩的定义，平面问题中力对点之矩可看作是代数量，其大小等

于力的大小与矩心到力作用线距离的乘积，正负号按力使静止物体绕矩心转动的方向确定，如果力使静止物体绕矩心转动的方向（通常简单地说力使物体转动的方向或力矩的转向）是逆时针方向时取正号，反之则取负号，即

$$M_O(F) = \pm Fa$$

2. 力偶的概念与性质

（1）力偶的概念。大小相等、方向相反、作用线互相平行但不重合的两个力所组成的力系，称为力偶。力偶是一种最基本的力系，但也是一种特殊力系。

力偶中两个力所组成的平面称为力偶作用面；力偶中两个力作用线之间的垂直距离称为力偶臂。通常用记号 (F, F') 表示力偶，如图 5-12 所示。

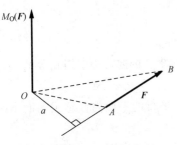

图 5-11 力对点之矩

图 5-12 力偶

（2）力偶的性质。力偶具有一些独特的性质，这些性质在力学理论上和实践上常加以利用。

性质 1：力偶没有合力，它不能用一个力代替，也不能和一个力平衡。

由图 5-12 可知，组成力偶的两个力 F、F' 的矢量和等于零，表明不可能将它们合成为一个合力，也不能和一个力平衡。另外，它们又不满足二力平衡条件（因作用线不同），所以自身不能平衡。

性质 2：力偶对于任一点的矩就等于力偶矩，而与矩心的位置无关。

前面讲过，力对物体绕一点转动的效应是用力矩来表示的，力偶对物体绕某点的转动的效应则可用力偶的两个力对该点的矩之和来量度。现在计算组成力偶的两个力对于任一点的矩之和。

设在平面 P 内有一力偶 (F, F')，如图 5-13（a）所示。任取一点 O，命 F、F' 的作用点 A 及 B 对于点 O 的矢径分别为 r_A 及 r_B，而 B 点相对于 A 点的矢径为 r_{AB}。由图可见，$r_B = r_A + r_{AB}$。于是，力偶的两个力对于 O 点的矩之和为

$$M_O(F, F') = r_A \times F + r_B \times F = r_A \times F + (r_A + r_{AB}) \times F'$$

又 $F = -F'$，因此

$$M_O(F, F') = r_{AB} \times F'$$

矢积 $r_{AB} \times F'$ 是一个矢量，称为力偶矩。力偶矩也可用 M 表示。

由图 5-13 可见，力偶矩 M 的模等于 $F' \times a$，即力偶矩的大小等于力偶的一个力与力偶臂之乘积。M 垂直于 A 点与 F' 所构成的平面，即垂直于力偶所在的平面。M 的指向与力偶在其所在平面内的转向符合右手螺旋法则。因为 O 点是任取的，于是可得力偶的第二个性质。

力偶矩 M 的表示如图 5-13（b）所示。力偶矩的单位与力矩的单位相同，也是牛·米（N·m）等。

性质 3：力偶矩相等的两力偶等效。

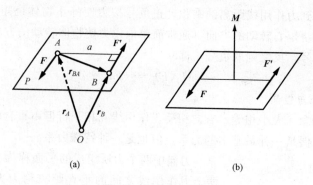

图 5 - 13　力偶矩矢量

由性质 2 可知，力偶对物体的转动效应完全决定于力偶矩。因此，力偶矩相等的两力偶等效。据此，又可推论出力偶的如下两个性质：

性质 4：力偶矩保持不变，力偶可在其作用面内及彼此平行的平面内任意搬动而不改变其对物体的效应。

性质 5：只要力偶矩保持不变，可将力偶的力和臂作相应的改变而不致改变其对物体的效应。

5.1.4　约束与约束反力

力学里考察的物体，有的不受什么限制而可以自由运动，如在空中可以自由飞行的飞机，称为自由体；有的则在某些位置处受到限制而使其沿某些方向的运动成为不可能，如用绳子悬挂而不能下落的重物，支承于墙上而静止不动的屋架等，称为非自由体或受约束体。阻碍物体运动的周围其他物体则称为对该物体的约束。约束是以物体相互接触的方式构成的，上述绳索对于所悬挂的重物和墙对于所支承的屋架都构成了约束。

约束对于物体的作用称为约束力或约束反力，也常简称为反力。与约束力相对应，有些力主动地使物体运动或使物体有运动趋势，这种力称为主动力。如重力、水压力、土压力等等都是主动力，工程上也常称作荷载。

主动力一般是已知的，而约束力则是未知的。但是，某些约束的约束力的作用点、方位或方向，却可根据约束本身的性质加以确定，确定的原则是，约束力的方向总是与约束所能阻止的运动方向相反。

下面是工程中常见的几种约束的实例、简化记号及对应的约束力的表示法。对于指向不定的约束力，图中的指向是根据约束的性质假设的。

1. 柔索

绳索、链条、皮带等属于柔索类约束。由于柔索只能承受拉力，所以柔索给予所系物体的约束力作用于接触点，方向沿柔索中心线背离被约束物体，如图 5 - 14 所示。

2. 光滑接触面

当两物体接触面上的摩擦力可以忽略时，即可看作光滑接触面。这时，不论接触面形状如何，只能阻止接触点沿着通过该点的公法线趋向接触面的运动。所以，光滑接触面的约束力通过接触点，沿接触面在该点的公法线指向被约束物体，如图 5 - 15 所示。

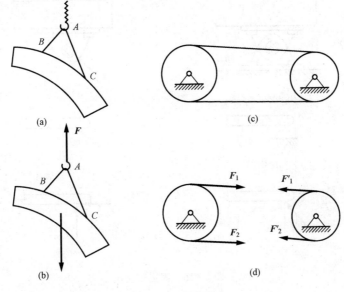

图 5 - 14　柔索约束

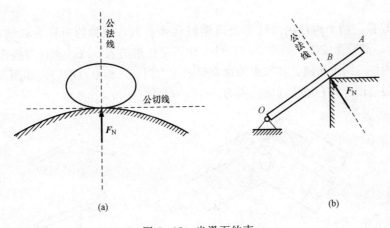

图 5 - 15　光滑面约束

3. 铰支座与铰连接

（1）固定铰支座。工程上常用一种叫做支座的部件，将一个构件支承于基础或另一静止的构件上。如将构件用圆柱形光滑销钉与固定支座连接，该支座就成为固定铰支座，简称铰支座。如图 5 - 16（a）所示是构件与支座连接示意图，销钉不能阻止构件转动，而只能阻止构件在垂直于销钉轴线的平面内的移动。当构件有运动趋势时，构件与销钉可沿任一母线（在图上为一点 A）接触。又因假设销钉是光滑圆柱形的，故可知约束力必作用于接触点 A 并通过销钉中心，如图 5 - 16（b）中的 F_A，但接触点 A 不能预先确定，F_A 的方向实际是未知的。可见，铰支座的约束力在垂直于销钉轴线的平面内，通过销钉中心，方向不定。如图 5 - 16（c）、（d）所示是铰支座的常用简化表示法。铰支座的约束力可表示为一个未知的角度和一个未知大小的力，如图 5 - 16（e）所示，但这种表示法在解析计算中不常采用。常用的方法是将约束力表示为两个互相垂直的力，如图 5 - 16（f）所示。

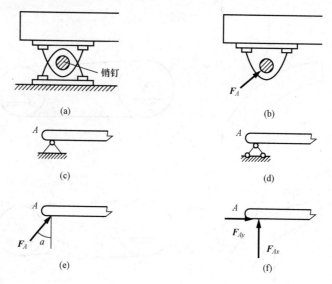

图 5-16 固定铰支座

就平面问题而言，固定铰支座能够限制被约束物体在水平和竖直两个方向上可能的移动。

（2）铰连接。两个构件用圆柱形光滑销钉连接起来，这种约束称为铰链连接，如图 5-17（a）所示，简称为铰接。如图 5-17（b）所示是铰接的表示法。销钉对构件的约束与铰支座的销钉对构件的约束相同，其约束力通常也表示为两个互相垂直的力。如图 5-17（c）所示是左边构件通过销钉对右边构件的约束力。

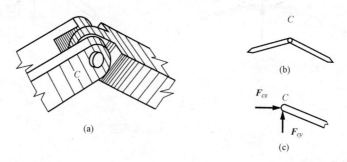

图 5-17 铰链连接

（3）活动铰支座或辊轴支座。将构件用销钉与支座连接，而支座可以沿着支撑面运动，就成为活动铰支座，或称辊轴支座。如图 5-18（a）所示是辊轴支座的示意图，如图 5-18（b）、（c）、（d）所示是辊轴支座的常用简化表示法。假设支承面是光滑的，辊轴支座就不能阻止被约束物体沿着支承面的运动，而一般能阻止物体与支座连接处向着支承面或离开支承面的运动。所以，辊轴支座的约束力通过销钉中心，垂直于支承面，指向不定（即可能是压力或拉力）。如图 5-18（e）所示是辊轴支座约束力的表示法。

4. 球铰链

物体的一端做成球形，固定的支座做成一球窝，将物体的球形端置入支座的球窝内，则构成球铰支座，简称球铰链，如图 5-19（a）所示。球铰支座的示意简图如图 5-19（c）所

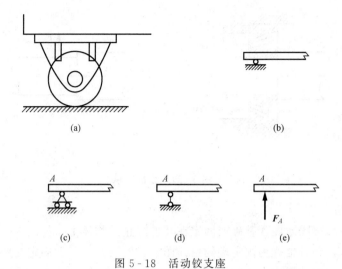

图 5 - 18　活动铰支座

示。球铰支座是用于空间问题中的约束。球窝给予球的约束力必通过球心，但可取空间任何方向。因此可用三个相互垂直的分力来表示如图 5 - 19（b）所示。

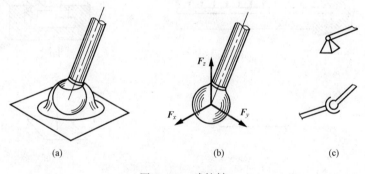

图 5 - 19　球铰链

5．径向轴承与止推轴承

（1）径向轴承。机器中的径向轴承是转轴的约束，它允许转轴转动，但限制转轴在垂直于轴线的任何方向的移动，如图 5 - 20（a）所示。径向轴承的简化表示如图 5 - 20（b）所示，其约束力可用垂直于轴线的两个相互垂直的分力来表示，如图 5 - 20（c）所示。

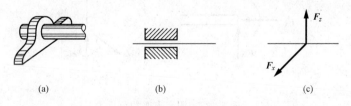

图 5 - 20　径向轴承

（2）止推轴承。止推轴承也是机器中常见的约束，与径向轴承不同之处是它还能限制转轴沿轴向的移动，如图 5 - 21（a）所示。其约束力增加了沿轴线方向的分力，如图 5 - 21（b）所示。

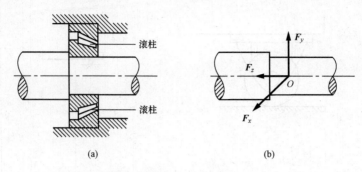

图 5-21　止推轴承

6. 固定支座

将物体的一端牢固地插入基础或固定在其他静止的物体上，如图 5-22（a）、（b）所示，就构成固定支座，有时也称为固定端约束。图 5-22（a）为平面固定支座，图 5-22（b）为空间固定支座，它们的简化表示如图 5-22（c）、（d）所示。

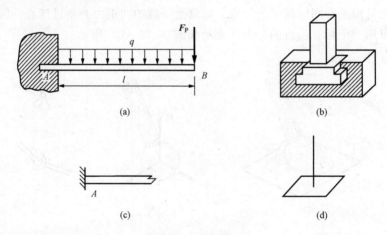

图 5-22　固定支座

从约束对构件的运动限制来说，平面固定支座既能阻止杆端移动，也能阻止杆端转动，因而其约束力必为一个方向未定的力和一个力偶。平面固定支座的约束力表示如图 5-23（a）所示，其中力的指向及力偶的转向都是假设的。

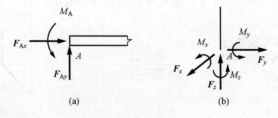

图 5-23　固定支座约束反力

空间固定支座能阻止杆端在空间内任一方向的移动和绕任一轴的转动，所以其约束力必为空间内一个方向未定的力和方向未定的力偶矩矢量。空间固定支座的约束力表示如图 5-23（b）所示，图中力的指向及力偶的转向都是假设的。

5.2 杆件的强度、刚度及稳定性

5.2.1 杆件的基本受力形式

结构杆件的基本受力形式按其变形特点可归纳为以下五种，即拉伸（房架下弦）、压缩（柱）、弯曲（梁）、剪切（铆钉、焊缝）和扭转（转动轴）。它们分别对应于拉力、压力、弯矩、剪力和扭矩。有些情况或者说大多数情况下，结构杆件受两种或两种以上力的作用，产生两种或两种以上基本变形，称为组合变形。例如，偏心受压柱（弯压）、雨篷梁（弯剪扭）等。我们在计算或者验算结构构件时，一定要从三个方面来计算或者验算，即杆件的强度、刚度和稳定性。

5.2.2 杆件强度的基本概念

结构杆件在规定的荷载作用下，保证不因材料强度发生破坏的要求，称为强度要求。即必须保证杆件内的工作应力不超过杆件的许用应力，满足公式 $\sigma = N/A \leqslant [\sigma]$。

5.2.3 刚度的基本概念

结构杆件在规定的荷载作用下，虽有足够的强度，但其变形不能过大，超过了允许的范围，也会影响正常的使用，限制过大变形的要求即为刚度要求。即必须保证杆件的工作变形不超过许用变形，满足公式 $f \leqslant [f]$。

拉伸和压缩的变形表现为杆件的伸长和缩短，用 ΔL 表示，单位为长度。

剪切和扭矩的变形一般较小，可以忽略。

弯矩的变形表现为杆件某一点的挠度和转角，挠度用 f 表示，单位为长度，转角用 θ 表示，单位为角度。当然，也可以求出整个构件的挠度曲线。图 5 - 24 中 C 点的挠度为 y，转角为 θ。

梁的挠度变形主要由弯矩引起，叫弯曲变形，通常我们都是计算梁的最大挠度，简支梁在均布荷载作用下梁的最大挠度作用在梁中，且 $f_{\max} = 5ql^4/(384EI)$。

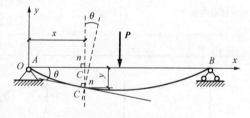

图 5 - 24 梁的挠度

由上述公式可以看出，影响弯曲变形（位移）的因素有：

（1）材料性能。与材料的弹性模量 E 成反比。

（2）构件的截面大小和形状、与截面惯性矩 I 成反比。

（3）构件的跨度。与构件的跨度 L 的 2、3 或 4 次方成正比，该因素影响最大。

截面几何性质：

（1）截面积 A。该截面几何图形的面积，对矩形 $A = bh$。

（2）截面形心。该截面几何图形的形心，用坐标表示，对矩形 $X = b/2$，$Y = h/2$。

（3）惯性矩 I。在任意平面图形中，微面积 dA 与其对于 z 轴的坐标 y 的平方的乘积 $y^2 dA$。

在整个图形范围内的积分 $\int y^2 \mathrm{d}A$，称为此图形对 Z 轴的惯性矩，用 I_z 表示。

$$I_z = bh^3/12, \quad I_y = bh^3/12$$

（4）弹性模量（弹性变形系数）E。材料的性能指标，由试验得出。

钢材：$E = 1.9 \sim 2.2 \times 10^5 \mathrm{MPa}$。

混凝土：$E = 0.147 \sim 0.35 \times 10^5 \mathrm{MPa}$。

木材：$E = 0.098 \sim 0.117 \times 10^5 \mathrm{MPa}$。

5.2.4 杆件稳定性的基本概念

在工程结构中，有些受压杆件比较细长，受力达到一定的数值时，杆件突然发生弯曲，以致引起整个结构的破坏，这种现象称为失稳，也称丧失稳定性。因此受压杆件要有稳定的要求。

一细长的压杆，承受轴向压力 P，当压力 P 增加到一个特定的值 p_{ij} 时，压杆的直线平衡状态失去了稳定，p_{ij} 具有临界的性质，因此称为临界力或临界荷载。两端铰接的压杆，临界力的计算公式为

$$p_{ij} = \frac{\pi^2 EI}{L_0^2} \quad （欧拉公式）$$

式中，L_0 为压杆的计算长度。公式中引用 π，表明它与压杆受力后发生弯曲的曲率有关，该曲率主要与压杆的支撑情况有关，两端铰接时，变形曲线为虚线 l_1，两端固定时，变形曲线为 l_2。式中的 EI 表示杆件的截面刚度。

几种常见的杆端约束长度因数见表 5-1。

表 5-1 　　　　　　　　　　几种常见的杆端约束长度因数

杆端约束情况	两端铰支	一端固定一端自由	一端铰支一端固定	两端固定	两端固定但可沿横向相对移动
μ	1	2	0.7	0.5	1

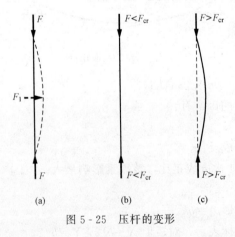

图 5-25 压杆的变形

事实上，我们验算杆件的稳定性，就是要求出杆件的临界应力 σ_a，使之满足公式 $\sigma_a \leqslant [\sigma]$。临界应力 σ_a 等于临界力 p_{ij} 除以压杆的横截面面积 A，临界应力 σ_a 是指在临界力 p_{ij} 作用下，压杆仍处于直线状态（临界力是即将失稳的力，而不是失稳的力）时的应力，也可以这样说，临界应力 σ_a 是指在临界压力 P_{ij} 作用下，i 由压杆的截面形状和尺寸来决定，所以长细比 λ 是影响临界力的综合因素，事实上它综合地反映了压杆的长度、约束情况、截面尺寸和形状等因素对临界应力的影响，一般情况下，λ 是有表可查的。压杆的变形如图 5-25 所示。

5.3　杆件变形的基本形式

5.3.1　杆件的内力与内力分量

内力是工程力学中一个非常重要的概念。内力从广义上讲，是指杆件内部各粒子之间的相互作用力。显然，无荷载作用时，这种相互作用力也是存在的。在荷载作用下，杆件内部粒子的排列发生了改变，这时粒子间相互的作用力也发生了改变。这种由于荷载作用而产生的粒子间相互作用力的改变量，称为附加内力，简称内力。

需要指出的是，受力杆件某横截面上的内力实际上是分布在截面上的各点的分布力系，而工程力学分析杆件某截面上的内力时，一般将分布内力先表示成分布内力向截面的形心简化所得的主矢分量和主矩分量进行求解，而内力的具体分布规律放在下面内容考虑。

受力杆件横截面上可能存在的内力分量最多有四类六个，即轴力 F_N、剪力 $(F_Q)_y$ 和 $(F_Q)_z$、扭矩 M_x、弯矩 M_y 和 M_z。轴力 F_N 是沿杆件轴线方向（与横截面垂直）的内力分量。剪力 $(F_Q)_y$ 和 $(F_Q)_z$ 是垂直于杆件轴线方向（与横截面相切）的内力分量。扭矩 M_x 是力矩矢量沿杆件轴线方向的内力矩分量。弯矩 M_y 和 M_z 是力矩矢量与杆件轴线方向垂直的内力矩分量。

5.3.2　杆件变形的基本形式

实际的构件受力后将发生形状、尺寸的改变，构件这种形状、尺寸的改变称为变形。

杆件受力变形的基本形式有四种，即轴向拉伸和压缩、扭转、剪切、弯曲。

1. 轴向拉伸和压缩变形

轴向拉伸和压缩简称为轴向拉压。其受力特点是外力沿杆件的轴线方向。其变形特点是，拉伸——沿轴线方向伸长而横向尺寸缩小，压缩——沿轴线方向缩短而横向尺寸增大，如图 5-26 所示。轴向受拉的杆件称为拉杆，轴向受压的杆件称为压杆。

土木工程结构中的桁架，由大量的拉压杆组成，如图 5-27 所示。内燃机中的连杆、压缩机中的活塞杆等均属此类。它们都可以简化成图 5-26 所示的计算简图。

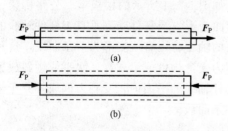

图 5-26　轴向拉伸与压缩

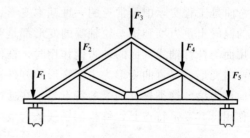

图 5-27　土木工程结构中的桁架

2. 剪切变形

工程中的拉压杆件有时是由几部分连接而成的。在连接部位，一般要有起连接作用的部件，这种部件称为连接件。如图 5-28（a）所示的两块钢板用铆钉（也可用螺栓或销钉）连

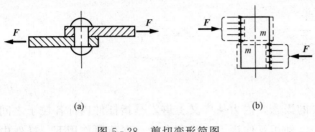

图5-28　剪切变形简图

接成一根拉杆，其中的铆钉（螺栓或销钉）就是连接件。

铆钉、螺栓等连接件的主要受力和变形特点如图5-28（b）所示。作用在连接件两侧面上的一对外力的合力大小相等，均为 F，而方向相反，作用线相距很近，并使各自作用的部分沿着与合力作用线平行的截面 m-m（称为剪切面）发生相对错动，这种变形称为剪切变形。

3. 扭转变形

杆件若受到作用面垂直于轴线的力偶的作用时，将会产生扭转变形。工程中常把产生的变形以扭转变形为主的杆件称为轴。大多数受扭的杆件其横截面为圆形，称为圆轴。圆轴扭转时的变形特点是，各相邻截面产生绕杆件轴线的相对转动，杆件表面的纵向线将变成螺旋线。机械工程中的传动轴通常是圆形截面，建筑工程中常遇到的则是矩形截面。房屋中的雨边梁（图5-29）和雨篷梁（图5-30）均为受扭的杆件。

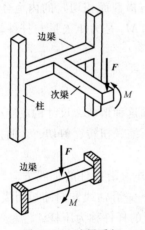

图5-29　边梁受扭

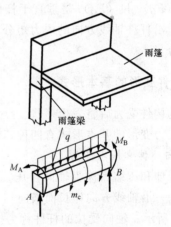

图5-30　雨篷梁受扭

4. 弯曲变形

弯曲是工程实际中最常见的一种基本变形。如图5-31所示的楼板梁、公路桥梁、单位长度的混凝土重力坝和机车轮轴等的变形都是弯曲变形。当杆件受到垂直于杆件轴线的荷载或作用面与杆件轴线共面的外力偶作用时，杆件的轴线将由直线变形为一条曲线，这种变形称为弯曲变形。以弯曲变形为主要变形的杆件称为受弯构件或梁式杆，水平或倾斜放置的梁式杆简称为梁。这类杆件的受力特点是，在通过杆轴线的平面内，受到力偶或垂直于轴线的外力作用。其变形特点是，杆件的轴线被弯成一条曲线。

5.3.3　求解杆件内力的方法

根据已知外力求解杆件横截面上内力的基本方法是截面法。

为求图5-32（a）所示两端受轴向拉力 F 的杆件任一横截面1-1上的内力，可假想用与杆件轴线垂直的平面，在1-1截面处将杆件截开。取左段为研究对象，设右段截面对左段截

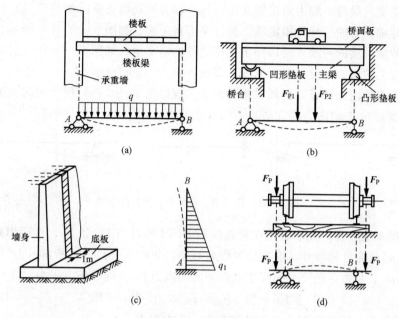

图 5 - 31　弯曲变形

面的作用力用合力 F_1 来代替 [图 5 - 32（b）]，并沿杆轴线方向建立平衡方程

$$F_N - F = 0 \quad F_N = F$$

这种假想将杆件截开成两部分，从而显示并解出内力的方法称为截面法。

图 5 - 32　截面法求解杆件横截面上内力

用截面法计算内力的步骤为：

（1）截。假想沿待求内力所在截面将杆件截开成两部分。

（2）取。取截开后的任一部分作为研究对象。

（3）代。画出保留部分的受力图，其中要把弃去部分对保留部分的作用以截面上的内力代替。

（4）平衡。列出研究对象的平衡方程，计算内力的大小和方向。

在用截面法求解杆件任一横截面上的内力分量时，若内力分量的方向不易判断，则一般采用设正法——按正向假设，若最后求得的内力分量为正号，则表示实际内力分量的方向与假设方向一致，若最后求得的内力分量为负号，则表示实际内力分量的方向与假设方向相反。

5.3.4　弯曲杆（梁）的内力

如前所述，以弯曲变形为主要变形的杆件称为受弯构件或梁式杆，水平或倾斜放置的梁式杆简称为梁。

这里主要讨论几种单跨静定梁的内力和内力图。

工程上常见的单跨静定梁一般可分为如下三类：

（1）简支梁。梁的一端为固定铰支座，另一端为可动铰支座，如图5-33（a）所示。

（2）悬臂梁。梁的一端为固定端，另一端为自由端，如图5-33（b）所示。

（3）外伸梁。梁的一端或两端伸出支座之外的简支梁，如图5-33（c）所示。

梁横截面上的内力分量一般有两项，即剪力F_Q、F_Q和弯矩M。

梁横截面上的内力计算，仍然采用截面法。现以图5-34（a）所示的简支梁为例，说明求梁任一截面m-m上的内力的方法。

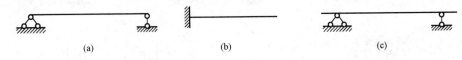

| (a) | (b) | (c) |

图5-33　简支梁、悬臂梁、外伸梁简图

根据梁的平衡条件，先求出梁在荷载作用下的支座反力F_A和F_B，然后用截面法计算其内力。沿m-m截面将梁截开，取左段为研究对象，如图5-34（b）所示，为使梁左段平衡，在横截面m-m上必然存在一个平行于截面方向的内力F_Q。则平衡方程为

$$\sum Fx = 0 \quad F_A - F_Q = 0 \quad F_Q = F_A$$

F_Q是横截面上切向分布内力分量的合力，称为剪力。因剪力F_Q与支座反力F_A组成一力偶，故在横截面m-m上必然存在一个内力偶与之平衡，如图5-34（b）所示。设此内力矩为M，则平衡方程为

$$\sum M_O = 0 \quad M - F_A x = 0 \quad M = F_A x$$

这里的矩心O是横截面m-m的形心。M是横截面上的法向分布内力分量的合力偶矩，称为弯矩。

当然，截面上的内力也可以通过取右段梁为研究对象求得，其结果与取左段为研究对象，求得的结果大小相等、方向相反。

为了使得无论取左段还是取右段梁，得到的同一截面上的剪力和弯矩不仅大小相等，而且符号一致，通常根据梁的变形来规定它们的正负号。

剪力：当截面上的剪力对所取的研究对象内部任一点产生顺时针转向的矩时，为正剪力，反之为负剪力，如图5-35（a）所示。

弯矩：当截面上的弯矩使所取梁段下边受拉、上边受压时，为正弯矩，反之为负弯矩，如图5-35（b）所示。

上述结论可归纳为一个简单的口诀"左上右下，剪力为正；下部受拉，弯矩为正"。

计算梁指定截面上的剪力和弯矩最基本的方法是截面法，其步骤如下：

（1）计算支座反力。

（2）用截面法将梁从需求内力的截面出截为两段。

（3）任取一段为研究对象，画出受力图（一般将剪力和弯矩均假设为正）。

（4）建立平衡方程，求解出剪力和弯矩。

一般情况下，梁上各截面的剪力和弯矩值是随位置不同而变化的。如果沿梁的轴线方向建立x轴，梁横截面的位置用x坐标来表示，则剪力和弯矩应该是x的函数，方程式为

$$F_Q = F_Q(x) \quad M = M(x)$$

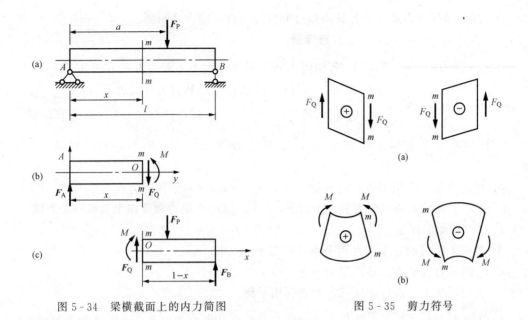

图 5 - 34　梁横截面上的内力简图　　　　　图 5 - 35　剪力符号

上面的函数表达式，称为梁的内力方程，其中第一个方程称为剪力方程，第二个方程称为弯矩方程。

剪力方程和弯矩方程分别表达了梁截面上的剪力和弯矩随截面位置变化的规律。表示剪力和弯矩随梁截面位置的不同而变化的情况的图形，分别称为剪力图和弯矩图。剪力图与弯矩图的绘制方法与轴力图大体相似。剪力图中一般把正剪力画在 x 轴的上方，负剪力画在 x 轴的下方。需要特别注意的是，土木工程中习惯把弯矩画在梁受拉的一侧，即正弯矩画在 x 轴的下方，负弯矩画在 x 轴的上方。

本 章 练 习 题

一、判断题

1. 力有两种作用效果，即力可以使物体的运动状态发生变化，也可以使物体发生变形，在理论力学中只研究力的外效应。

2. 两端用光滑铰链连接的构件是二力构件。

3. 作用在一个刚体上的任意两个力成平衡的必要与充分条件是：两个力的作用线相同，大相等，方向相反。

4. 作用于刚体的力可沿其作用线移动而不改变其对刚体的运动效应。

5. 三力平衡定理指出三力汇交于一点，则这三个力必然互相平衡。

6. 平面汇交力系平衡时，力多边形各力应首尾相接，但在作图时力的顺序可以不同。

7. 约束力的方向总是与约束所能阻止的被约束物体的运动方向一致的。

8. 平面力系向某点简化的主矢为零，主矩不为零，则此力系可合成为一个合力偶，且此力系向任一点简化之主矩与简化中心的位置无关。

9. 若平面力系对一点的主矩为零，则此力系不可能合成为一个合力。

10. 当平面力系的主矢为零时，其主矩一定与简化中心的位置无关。

11. 在平面任意力系中，若其力多边形自行闭合，则力系平衡。

二、选择题

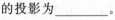

图 5-36 选择题 1 图

1. 若作用在 A 点的两个大小不等的力 $\vec{F_1}$ 和 $\vec{F_2}$，沿同一直线但方向相反，如图 5-36 所示。则其合力可以表示为_____。

A. $\vec{F_1}-\vec{F_2}$ B. $\vec{F_2}-\vec{F_1}$ C. $\vec{F_1}+\vec{F_2}$

2. 作用在一个刚体上的两个力 $\vec{F_A}$、$\vec{F_B}$，满足 $\vec{F_A}=-\vec{F_B}$ 的条件，则该二力可能是_____。

A. 作用力和反作用力或一对平衡的   B. 一对平衡的力或一个力偶

C. 一对平衡的力或一个力和一个力偶   D. 作用力和反作用力或一个力偶

3. 三力平衡定理是_____。

A. 共面不平行的三个力互相平衡必汇交于一点

B. 共面三力若平衡，必汇交于一点

C. 三力汇交于一点，则这三个力必互相平衡

4. 已知 $\vec{F_1}$、$\vec{F_2}$、$\vec{F_3}$、$\vec{F_4}$ 为作用于刚体上的平面共点力系，其力矢关系如图 5-37 所示，为平行四边形，由此_____。

A. 力系可合成为一个力偶

B. 力系可合成为一个力

C. 力系简化为一个力和一个力偶

D. 力系的合力为零，力系平衡

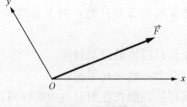

图 5-37 选择题 4 图

5. 将大小为 100N 的力 $\vec{F}$ 沿 x、y 方向分解，若 $\vec{F}$ 在 x 轴上的投影为 86.6N，而沿 x 方向的分力的大小为 115.47N，如图 5-38 所示，则 $\vec{F}$ 在 y 轴上的投影为_____。

A. 0   B. 50N   C. 70.7N   D. 86.6N   E. 100N

6. 已知力 $\vec{F}$ 的大小为 $F=100N$，若 $\vec{F}$ 将沿图 5-39 所示 x、y 方向分解，则 x 向分力的大小为_____ N，y 向分力的大小为_____ N。

A. 86.6   B. 70.0   C. 136.6   D. 25.9   E. 96.6

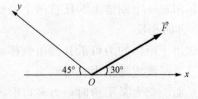

图 5-38 选择题 5 图   图 5-39 选择题 6 图

7. 压杆临界力的大小_____。

A. 与压杆所承受的轴向压力大小有关   B. 与压杆的柔度大小有关

C. 与压杆所承受的轴向压力大小无关   D. 与压杆的柔度大小无关

8. 细长杆承受轴向压力 P 的作用，其临界压力与_____无关。

A. 杆的材质　　　　　　　　　　　　B. 杆的长度

C. 杆承受的压力的大小　　　　　　　D. 杆的横截面形状和尺寸

9. 以下概念有错误的是_____。

A. 构件的失稳也叫屈曲

B. 构件的稳定性是指其是否保持几何平衡状态

C. 临界载荷是从稳定平衡到不稳定平衡的分界点

D. 杆件失稳后压缩力不变

10. 在材料相同的条件下，随着柔度的增大_____。

A. 细长杆的临界应力是减小的，中长杆不是

B. 中长杆的临界应力是减小的，细长杆不是

C. 细长杆相中长杆的临界应力均是减小的

D. 细长杆和中长杆的临界应力均不是减小的

11. 两根材料和柔度都相同的压杆_____。

A. 临界应力一定相等，临界压力不一定相等

B. 临界应力不一定相等，临界压力一定相等

C. 临界应力和压力都一定相等

D. 临界应力和压力都不一定相等

12. 两端铰支细长压杆，若在其长度的一半处加一活动铰支座，则欧拉临界压力是原来的_____倍。

A. 0. 25　　　　　　B. 0. 5　　　　　　C. 2　　　　　　D. 4

13. 若在强度计算和稳定性计算中取相同的安全系数，以下正确的是_____。

A. 满足强度条件的压杆一定满足稳定性条件

B. 满足稳定性条件的压杆一定满足强度条件

C. 满足稳定性条件的压杆不一定满足强度条件

D. 不满足稳定性条件的压杆一定不满足强度条件

三、计算题

1. 支座受力 F，已知 $F=10\text{kN}$，方向如图 5-40 所示，求力 F 沿 x、y 轴及沿 x'、y' 轴分解的结果，并求力 F 在各轴上的投影。

2. 已知 $F_1=100\text{N}$，$F_2=50\text{N}$，$F_3=60\text{N}$，$F_4=80\text{N}$，各力方向如图 5-41 所示，试分别求各力在 x 轴和 y 轴上的投影。

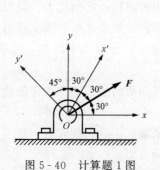

图 5-40　计算题 1 图

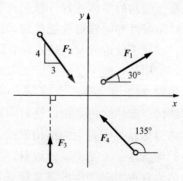

图 5-41　计算题 2 图

第6章

建筑结构基本知识

6.1 建筑结构的类型、特点及应用

1. 建筑结构的概念

所谓建筑结构就是由梁、板、墙（或柱）、基础等基本构件构成的建筑物的承重骨架体系。

2. 建筑结构按材料的不同分类

（1）混凝土结构。混凝土结构是指以混凝土材料为主的结构。混凝土结构包括钢筋混凝土结构、预应力混凝土结构和素混凝土结构等。如图6-1所示。

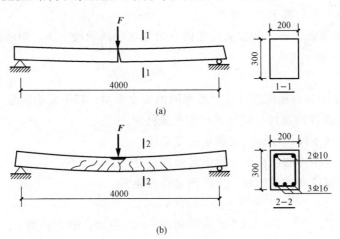

图6-1 素混凝土与钢筋混凝土

混凝土结构的优点：①材料利用合理；②可模性好；③耐久性和耐火性较好，维护费用低；④现浇混凝土结构的整体性好，且通过合适的配筋，可获得较好的延性，适用于抗震、抗爆结构。同时防振性和防辐射性能较好，适用于防护结构；⑤刚度大、阻尼大，有利于结构的变形控制；⑥易于就地取材。缺点是：①自重大；②抗裂性差；③承载力有限；④施工复杂，工序多，工期长，施工受季节、天气的影响较大；⑤混凝土结构一旦破坏，其修复、加固、补强比较困难。

（2）砌体结构。砌体结构是指以块材和砂浆砌筑而成的墙、柱作为建筑物主要受力构件的结构。砌体结构是以受压为主的结构形式。

砌体结构的优点是：①便于就地取材；②成本低廉；③耐久性较好。缺点是：①砌筑劳动强度大；②结构自重大；③构件强度较低，承载力有限。

砌体结构广泛用于多层建筑结构中。

（3）钢结构。钢结构是指主要受力构件采用型钢、钢板加工制造而成的结构。

钢结构的优点是：①强度高；②可靠性好；③容易施工。缺点是：①钢材容易被腐蚀；②耐火性差；③成本较高。

钢结构一般适用于工业建筑及高层建筑结构中。

（4）木结构。木结构是指以木材为主要建筑材料的结构体系。

木结构的优缺点：木材是一种取材容易，加工简便的结构材料。木结构自重较轻，木构件便于运输、装拆，能多次使用。木材受拉和受剪皆是脆性破坏，其强度受木节、斜纹及裂缝等天然缺陷的影响很大，但在受压和受弯时具有一定的塑性。木材处于潮湿状态时，将受木腐菌侵蚀而腐朽。在空气温度、湿度较高的地区，白蚁、蛀虫、家天牛等对木材危害颇大。木材能着火燃烧，但有一定的耐火性能。因此木结构应采取防腐、防虫、防火措施，以保证其耐久性。

木结构一般用于房屋建筑中，也还用于桥梁和塔架。近代胶合木结构的出现，更扩大了木结构的应用范围。

3. 建筑结构按承重结构类型的不同分类

（1）砖混结构。砖混结构是指由砌体和钢筋混凝土材料共同承受外加荷载的结构。主要用于层数不多的民用建筑，如住宅、宿舍、办公楼、旅馆等建筑。

（2）框架结构。框架结构是指由梁、柱刚接而构成承重体系的结构。其主要特点是建筑平面布置灵活。在多层建筑中框架结构是一种常用的结构体系。广泛应用于多层建筑中。框架结构侧向刚度小，属柔性结构，因而对其建造高度应予以控制。框架的合理建造高度一般为 30m 左右。

（3）框架—剪力墙结构。框架—剪力墙结构是指由框架和剪力墙共同承受外加荷载的结构。广泛应用于 20 层左右的工业与民用建筑中。

（4）排架结构。排架结构是指柱与屋架铰接而与基础刚接而成的结构。广泛应用于各种单层工业厂房建筑中。

（5）剪力墙结构。剪力墙结构是指将房屋的内、外墙都作成实体的钢筋混凝土结构。现浇钢筋混凝土剪力墙结构的整体性好，采用大模板等先进施工方法，可缩短工期，节省人力。其缺点是自重大，较难设置大空间的房间。一般 15～50 层的住宅和旅馆等小开间的高层建筑中多采用剪力墙结构。

（6）筒体结构。筒体结构是指由单个或多个筒体所组成的空间结构体系。主要用于高度很大的高层建筑中。筒体结构可分为框架-筒体结构、筒中筒结构和多筒结构。

6.2　混凝土结构

6.2.1　混凝土的物理力学性能

1. 混凝土的强度

（1）立方体抗压强度。立方抗压强度是衡量混凝土强度大小的基本指标，是评价混凝土等级的标准。

《混凝土结构设计规范》（GB 50010—2010）规定，用边长为 150mm 的标准立方体试件，在标准养护条件下（温度 20℃±3℃，相对湿度不小于 90％）养护 28d 后，按照标准试验方法（试件的承压面不涂润滑剂，加荷速度约每秒 0.15～0.3N/mm²）测得的具有 95％保证率的抗压强度，作为混凝土的立方抗压强度标准值，用符号 $f_{cu,k}$ 表示。根据立方体抗压强度标准值 $f_{cu,k}$ 的大小，混凝土强度等级分 C15、C20、C25、C30、C35、C40、C45、C50、C55、C60、C65、C70、C75、C80 共 14 级。其中，C60～C80 属于高强混凝土。

《混凝土结构设计规范》（GB 50010—2010）规定，钢筋混凝土结构的混凝土强度等级不应低于 C15；当采用 HRB335 级钢筋时，混凝土强度等级不宜低于 C20；当采用 HRB400 和 HRB500 级钢筋以及承受重复荷载的构件，混凝土强度等级不得低于 C20。

预应力混凝土结构构件所用的混凝土应满足以下要求：

1）强度高。只有采用高强度混凝土，才能充分发挥高强度钢筋的作用，从而减小构件截面尺寸，减轻自重；才能通过预压使构件获得较高的抗裂性能。

2）快硬、早强。混凝土硬化速度快、早期强度高，可以尽早施加预应力，加快台座、锚具、夹具的周转，加快施工速度。

3）收缩、徐变小。这样的混凝土可以减小由收缩徐变引起的预应力损失。

《混凝土结构设计规范》（GB 50010—2010）规定，预应力混凝土结构的混凝土强度等级不应低于 C30；当采用钢丝、钢绞线、热处理钢筋作为预应力钢筋时，混凝土强度等级不宜低于 C40。

调查分析表明，在结构中采用强度较高的混凝土，对柱、墙、基础等以受压为主的构件及预应力构件有显著的经济效益，因此，设计时可按下列范围选用混凝土强度等级：受弯构件为 C20～C30，受压构件为 C30～C40，预应力构件为 C30～C50，高层建筑底层柱为 C50 或以上。

混凝土结构中，主要是利用它的抗压强度。因此抗压强度是混凝土力学性能中最主要和最基本的指标。

（2）轴心抗压强度。按标准方法制作的 150mm×150mm×300mm 的棱柱体试件，在温度为 20℃±3℃和相对湿度为 90％以上的条件下养护 28d，用标准试验方法测得的具有 95％保证率的抗压强度。

对于同一混凝土，棱柱体抗压强度小于立方体抗压强度。考虑到实际结构构件制作、养护和受力情况，实际构件强度与试件强度之间存在差异，《混凝土结构设计规范》（GB 50010—2010）基于安全取偏低值，规定轴心抗压强度标准值和立方体抗压强度标准值的换算关系为

$$f_{ck} = 0.88k_1k_2f_{cu,k}$$

式中，k_1 为棱柱体强度与立方体强度之比，对不大于 C50 级的混凝土取 0.76，对 C80 取 0.82，其间按线性插值；k_2 为高强混凝土的脆性折减系数，对 C40 取 1.0，对 C80 取 0.87，中间按直线规律变化取值；0.88 为考虑实际构件与试件混凝土强度之间的差异而取用的折减系数。

（3）轴心抗拉强度。混凝土的轴心抗拉强度可以采用直接轴心受拉的试验方法来测定，但由于试验比较困难，目前国内外主要采用圆柱体或立方体的劈裂试验来间接测试混凝土的

轴心抗拉强度。劈拉试验如图 6-2 所示。

2. 混凝土的变形

混凝土的变形有两类，一类是受力变形，混凝土在一次短期荷载、多次重复荷载和长期荷载作用下都将产生变形。另一类是体积变形，包括收缩、膨胀和温度变形。这里只介绍混凝土的徐变和收缩。

（1）混凝土的徐变。混凝土在长期不变荷载作用下，应变随时间继续增长的现象，叫做混凝土的徐变。混凝土的徐变如图 6-3 所示。产生徐变的原因目前研究得尚不够充分。徐变特性主要与时间有关，徐变开

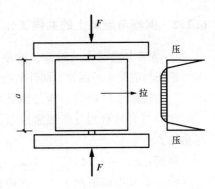

图 6-2 劈拉试验

始时增长较快，以后逐渐减慢，经过较长时间趋于稳定。混凝土的徐变对结构构件产生的不利影响主要是，增大混凝土构件的变形。在预应力混凝土构件中引起预应力损失等。混凝土的徐变除与构件截面的应力大小和时间长短有关外，还与混凝土所处环境条件和混凝土的组成有关。养护条件越好，周围环境的湿度越大，构件加载前混凝土的强度越高，水泥用量越少，混凝土越密实，骨料含量越大，骨料刚度越大，则徐变越小。

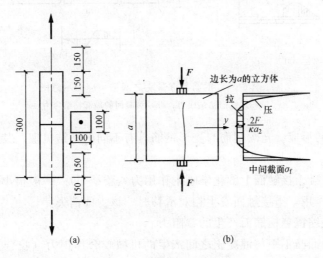

(a)   (b)

图 6-3 混凝土的徐变

（2）混凝土的收缩。混凝土在空气中结硬过程中体积减小的现象称为收缩。

混凝土的收缩变形可延续 2 年以上，但主要发生在初期，2 周可完成全部收缩量的 25%，1 个月约完成 50%。

由于混凝土的收缩，当构件受到约束时，混凝土的收缩就会使构件中产生收缩应力，收缩应力过大，就会使构件产生裂缝，以致影响结构的正常使用。在预应力混凝土构件中混凝土收缩将引起钢筋预应力值损失。

混凝土的收缩主要与下列因素有关：水泥用量越多，水灰比越大，收缩越大；强度等级越高的水泥制成的混凝土收缩越大；骨料的弹性模量大，收缩小；在结硬过程中，周围温度、湿度大，收缩小；混凝土越密实，收缩越小；使用环境温度、湿度大，收缩小。

6.2.2 钢筋与混凝土的共同工作

1. 钢筋与混凝土共同工作的原因

钢筋与混凝土是两种不同性质的材料，在钢筋混凝土结构中之所以能够共同工作，是因为：

（1）混凝土结硬后，能与钢筋牢固地粘结在一起，传递应力。

（2）二者具有相近的线胀系数，不会由于温度变化产生较大的温度应力和相对变形而破坏粘结力。

钢筋：$\alpha_{st}=1.2\times10^{-5}$　混凝土：$\alpha_{ct}=1.0\sim1.5\times10^{-5}$

（3）呈碱性的混凝土可以保护钢筋，使钢筋混凝土结构具有较好的耐久性。

上述三个原因中，钢筋表面与混凝土之间存在粘结作用是最主要的原因。

2. 钢筋与混凝土的粘结作用

（1）粘结的意义。粘结和锚固是钢筋和混凝土形成整体、共同工作的基础（图6-4）。

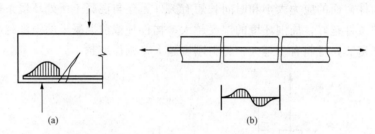

图6-4　钢筋与混凝土之间粘结应力示意图
（a）锚固粘结应力；（b）裂缝间的局部粘结应力

（2）粘结力的形成。光圆钢筋与变形钢筋具有不同的粘结机理，其粘结作用主要由以下三部分组成：

1）钢筋与混凝土接触面上的化学吸附作用力（胶结力）。一般很小，仅在受力阶段的局部无滑移区域起作用，当接触面发生相对滑移时，该力即消失。

2）混凝土收缩握裹钢筋而产生的摩阻力。

3）钢筋表面凹凸不平与混凝土之间产生的机械咬合作用力（咬合力）。对于光圆钢筋，这种咬合力来自于表面的粗糙不平。

变形钢筋与混凝土之间的机械咬合作用主要是由于变形钢筋肋间嵌入混凝土而产生的。

（3）粘结强度

1）测试（图6-5）。

2）计算公式为

$$\tau=\frac{N}{\pi dl}$$

式中　N——钢筋的拉力；

　　　d——钢筋的直径；

　　　l——粘结的长度。

（4）影响粘结的因素。影响钢筋与混凝土粘结强度的因素很多，主要有混凝土强度、保护层厚度及钢筋净间距、横向配筋及侧向压应力，以及浇筑混凝土时钢筋的位

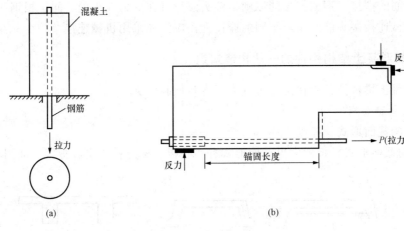

图 6-5 粘结强度测试

置等。

1）光圆钢筋及变形钢筋的粘结强度都随混凝土强度等级的提高而提高，但不与立方体强度成正比。

2）变形钢筋能够提高粘结强度。

3）钢筋间的净距对粘结强度也有重要影响。

4）横向钢筋可以限制混凝土内部裂缝的发展，提高粘结强度。

5）在直接支撑的支座处，横向压应力约束了混凝土的横向变形，可以提高粘结强度。

6）浇筑混凝土时钢筋所处的位置也会影响粘结强度。

3．钢筋的锚固与连接

（1）保证粘结的构造措施

1）对不同等级的混凝土和钢筋，要保证最小搭接长度和锚固长度。

2）为了保证混凝土与钢筋之间有足够的粘结，必须满足钢筋最小间距和混凝土保护层最小厚度的要求。

3）在钢筋的搭接接头内应加密箍筋。

4）为了保证足够的粘结，在光圆钢筋端部应设置弯钩。

5）对大深度混凝土构件应分层浇筑或二次浇捣。

6）除重锈钢筋外，一般钢筋可不必除锈。

（2）钢筋的基本锚固长度。钢筋的基本锚固长度取决于钢筋的强度及混凝土抗拉强度，并与钢筋的外形有关。《混凝土结构设计规范》规定纵向受拉钢筋的锚固长度作为钢筋的基本锚固长度，其计算公式为

$$\text{普通钢筋}: l_a = \alpha \frac{f_y}{f_t} d \quad \text{预应力钢筋}: l_a = \alpha \frac{f_{yp}}{f_t} d$$

式中　l_a——钢筋的基本锚固长度；

　　　α——钢筋的外形系数，按规定选用，光面钢筋取 1.6，带肋钢筋取 1.4；

　f_y、f_{yp}——钢筋的抗拉强度设计值；

　　　f_t——混凝土轴心抗拉强度设计值；

　　　d——钢筋的公称直径。

（3）钢筋的搭接。钢筋搭接的原则是接头应设置在受力较小处，同一根钢筋上应尽量少设接头，机械连接接头能产生较牢固的连接力，应优先采用机械连接。

6.2.3 钢筋混凝土结构构件的一般构造知识

钢筋混凝土梁板按其制作工艺可分为现浇和预制两类。

1. 板的构造要求

（1）板的截面形式及厚度

1）板的截面形式。板的常见截面形式有实心板、槽形板、空心板等。如图6-6～图6-8所示。

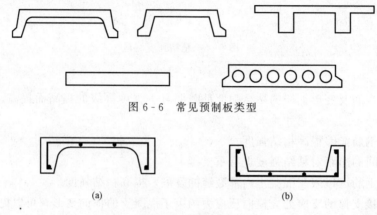

图 6-6　常见预制板类型

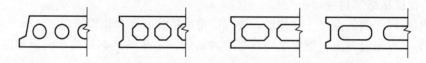

(a)   (b)

图 6-7　槽形板设计

（a）正槽形板；（b）反槽形板

图 6-8　空心板设计

2）板的厚度。板的截面厚度应满足承载力、刚度和抗裂的要求。板的厚度与计算跨度的最小比值见表6-1。

表 6-1　　　　　　　　　　　板的厚度与计算跨度的最小比值

项 次	板的支承情况	板 的 种 类		
		单向板	双向板	悬臂板
1	简支	$l_0/35$	$l_0/45$	——
2	连续	$l_0/40$	$l_0/50$	$l_0/12$

注：l_0 为板的计算跨度。

（2）板的支承长度。现浇板搁置在砖墙上时，$a \geq h$ 且 $a \geq 120$mm；预制板搁置在砖墙上时，$a \geq 100$mm；预制板搁置在钢筋混凝土梁上时，$a \geq 80$mm。

（3）板的配筋

1）板的受力钢筋。板的受力钢筋的作用主要是承受弯矩在板内产生的拉力，设置在板的受拉的一侧，其数量通过计算确定。

　　板常用直径为 8～12mm 的 HPB300 级钢筋，大跨度板常采用 HRB335 级钢筋。为使板内钢筋受力均匀，配置时应尽量采用直径小的钢筋。在同一板块中采用不同直径的钢筋时，其种类一般不宜多于 2 种，钢筋直径差应不小于 2mm，以方便施工。为便于绑扎钢筋和混凝土的浇捣，使钢筋受力均匀，钢筋间距应符合表 6-2 的规定。

表 6-2　　　　　　　　　　　　　受 力 钢 筋 的 间 距

项　次	间　距	跨　中	
		$h<150mm$	$h>150mm$
1	最大	200mm	1.5h 及 250mm
2	最小	70mm	70mm

　　混凝土保护层厚度是指从纵向受力钢筋的外表面到截面边缘的垂直距离，用 C 表示。纵向受力钢筋的混凝土保护层厚度见表 6-3。

表 6-3　　　　　　　　　　纵向受力钢筋的混凝土保护层厚度

环境类别	板、墙、壳			梁			柱		
	≤C20	C20~C45	≥C50	≤C20	C20~C45	≥C50	≤C20	C20~C45	≥C50
一（室内正常环境）	20	15	15	30	25	25	30	30	30
二　a（室内潮湿环境、露天环境等）	—	20	15	—	30	30	—	30	30
二　b（严寒或寒冷地区的露天环境等）	—	25	20	—	35	30	—	35	30
三（滨海室外环境等）	—	30	25	—	40	35	—	40	35

注：基础中纵向受力钢筋的混凝土保护层厚度不应小于 40mm，当无垫层时不应小于 70mm。

　　混凝土保护层有三个作用：①保护纵向钢筋不被锈蚀；②在火灾等情况下，使钢筋的温度上升缓慢；③使纵向钢筋与混凝土有较好的粘结。

　　2）板的分布钢筋。当按单向板设计时，除沿受力方向布置受力钢筋外，还应在垂直受力方向布置分布钢筋。分布钢筋宜采用 HPB300 级（Ⅰ级）和 HRB335 级（Ⅱ级）级的钢筋，常用直径是 6mm 和 8mm。

　　板中分布钢筋的作用：①将板承受的荷载均匀地传给受力钢筋；②承受温度变化及混凝土收缩在垂直板跨方向所产生的拉应力；③在施工中固定受力钢筋的位置。

　　分布钢筋按构造要求配置，单位宽度上分布钢筋的截面面积不宜小于单位长度上受力钢筋截面面积的 15%，且配筋率不宜小于 0.15%。分布钢筋的间距不宜大于 250mm，直径不宜小于 6mm。对于集中荷载较大的情况，分布钢筋的截面面积应适当加大，其间距不宜大于 200mm。

　　2. 梁的构造要求

　　(1) 梁的截面形式及尺寸。

　　1）梁的截面形式。梁最常用的截面形式有矩形和 T 形。此外，根据需要还可做成花篮形、十字形、倒 T 形、倒 L 形、工字形等截面。

　　2）梁的截面尺寸。梁的截面高度 h 与梁的跨度及荷载大小有关。一般按刚度要求初选梁的截面高度。

梁的高度采用 $h = 200$、250、300、$\cdots$、750、800、900、1000mm 等尺寸。800mm 以下的级差为 50mm，以上的为 100mm。

梁的截面宽度 b 为梁肋宽。矩形截面梁的高宽比 h/b 一般取 2.0～3.5；T 形截面梁的 h/b 一般取 2.5～4.0。此外 b 为矩形截面的宽度或 T 形截面的肋宽时，b 一般取为 100mm、（120mm）、150mm、（180mm）、200mm、（220mm）、250mm 和 300mm，250mm 以上的级差为 50mm，括号中的数值仅用于木模。

（2）梁的支承长度。当梁的支座为砖墙或砖柱时：

当梁高 $h \leqslant 500$mm 时，$a \geqslant 180$mm。

当梁高 $h > 500$mm 时，$a \geqslant 240$mm。

当梁支承在钢筋混凝土梁（或柱）上时，$a \geqslant 180$mm。

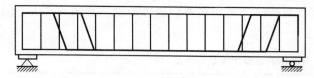

图 6-9　梁的配筋图

（3）梁的配筋（图 6-9）。梁的纵向受力钢筋的作用主要是承受弯矩在梁内产生的拉力，设置在梁截面上的受拉的一侧，其数量通过计算确定。梁中纵向受力钢筋宜采用 HRB335 级和 HRB400 级或 HRB500 级。

①直径。常用直径为 $d = 10 \sim 25$mm。当梁高 $h \geqslant 300$mm 时，$d \geqslant 10$mm；当梁高 $h < 300$mm 时，$d \geqslant 8$mm。直径的选择应当适中，太粗不易加工且与混凝土的粘结力较差；太细则根数增加，在截面内不好布置，甚至降低受弯承载力。在同一构件中采用不同直径的钢筋时，其种类一般不宜过多，钢筋直径差应不小于 2mm，以方便施工。

②间距。为便于混凝土的浇捣，梁纵向受力钢筋间距不应小于：上部钢筋：30mm 和 $1.5d$（d 为纵向受力钢筋的最大直径）；下部钢筋：25mm 和 d。

下部钢筋若多于 2 层，从第 3 层起钢筋水平中距应比下面两层增大 1 倍。

③混凝土保护层。混凝土保护层的厚度不小于 d 并符合表 6-3 的规定。

（4）弯起钢筋和箍筋。

1）弯起钢筋。在跨中承受正弯矩产生的拉力，在靠近支座的弯起段用来承受弯矩和剪力共同产生的主拉应力。

弯起角度：当梁高 $h \leqslant 800$mm 时，采用 45°；当梁高 $h > 800$mm 时，采用 60°。

2）箍筋。箍筋的作用是承受剪力，固定纵筋，和其他钢筋一起形成钢筋骨架。梁的箍筋宜采用 HPB300 级、HRB335 和 HRB400 级钢筋，常用直径是 6、8mm 和 10mm。

（5）架立钢筋和梁侧构造钢筋。

1）架立钢筋。架立钢筋的作用是固定箍筋的位置，与纵向受力钢筋形成骨架，并承受温度变化及混凝土收缩而产生的拉应力，以防止发生裂缝。

直径要求：当梁跨 $l < 4$m 时，不宜小于 8mm；当梁跨 $l = 4 \sim 6$m 时，不宜小于 10mm；当梁跨 $l > 6$m 时，不宜小于 12mm。

2）梁侧构造钢筋。$H_w \geqslant 450$mm 时设置，间距不宜大于 200mm，梁两侧的纵向构造钢筋用拉筋联系，其间距一般为箍筋间距的两倍。

6.3　砌体结构

砌体结构是指以块材和砂浆砌筑而成的墙、柱作为建筑物主要受力构件的结构。砌体结构是以受压为主的结构形式。

1. 砌体结构的优缺点

优点是：①便于就地取材；②成本低廉；③耐久性较好，砖石材料具有良好的耐火性、化学稳定性和大气稳定性；④砖石材料具有较好的隔热、隔声性能；⑤砌体结构施工中不需要特殊的设备。

缺点是：①砌筑劳动强度大；②结构自重大；③构件强度较低，承载力有限。

2. 砌体结构的应用

砌体结构广泛用于多层建筑结构中。我国目前砖砌体材料约占 85% 以上。

6.3.1　砌体分类

砌体是由各种块材和砂浆按一定的砌筑方法砌筑而成的整体。它分为无筋砌体和配筋砌体两大类。无筋砌体又因所用块材不同分为砖砌体、砌块砌体和石砌体。在砌体水平灰缝中配有钢筋或在砌体截面中配有钢筋混凝土小柱的称为配筋砌体。

1. 砖砌体

砖砌体是由砖与砂浆砌筑而成的砌体，其中砖包括实心黏土砖和黏土空心砖。

（1）实心黏土砖（简称实心砖）。实心黏土砖具有全国统一的规格，其尺寸为 240mm×115mm×53mm，它以黏土为主要原料，经过焙烧而成，其保温隔热及耐久性能良好，强度也较高，是最常见的砌体材料。由于黏土材料耗费广大耕地，从保护土地资源考虑，目前实心黏土砖的应用受到政策上的限制。

（2）黏土空心砖（简称空心砖）。为了减轻砌体自重，保护农田资源，近来，我国部分地区生产厂不同孔洞形状和不同孔洞率的黏土空心砖。这种砖由于做成部分孔洞，因此自重较轻，保温隔热性能有了进一步改善。

由于孔洞方向不同，黏土空心砖分为竖孔空心砖和水平孔空心砖两类。竖孔空心砖孔洞率一般为 15%～20%，以免强度降低过多影响使用。砌筑时由于孔洞垂直于受压面，强度较高，可用于承重墙，其强度等级划分同实心砖。水平孔空心砖可采用较大的孔洞率，一般为 40%～60%，以取得更好的隔热、隔声性能。砌筑时孔洞平行于承压面，故强度较低，一般只能用于外承重隔墙或框架填充墙。

在竖孔空心砖型号中，字母 K 表示空心，M 表示模数，P 表示普通。

普通空心砖 KP1 重量较轻，可与标准砖配合使用，且砍砖容易，不需配砖，因此在部分地区用得较多。普通空心砖 KP2 也能与标准砖配合使用，但砍砖较多，施工时尚需辅助规格的配砖。模数空心砖 KM1 不能与普通标准砖配合使用，同时在拐角、T 形接头处，由于错缝要求，还需要辅助规格的配砖。

目前，国家标准对空心砖的孔洞形状、孔洞率及布置方式未作统一规定，因此各地区产品不尽相同。

2. 砌块砌体

砌块砌体由砌块与砂浆砌筑而成，砌块材料有混凝土、粉煤灰等。目前，我国常用的有混凝土中、小型空心砌块和粉煤灰中型砌块。小型砌块高度为 180～350mm，中型砌块高度为 360～900mm。小型砌块可用手工砌筑，中型砌块采用机械施工。大型砌块由于起重设备的限制，很少应用。

3. 配筋砌体

在砌体中配置钢筋或钢筋混凝土时，称为配筋砖砌体。目前，我国采用的配筋砌体有：

（1）网状配筋砖砌体（图 6-10）。在砌体水平灰缝中配置双向钢筋网，可加强轴心受压或偏心受压墙（或柱）的承载能力。

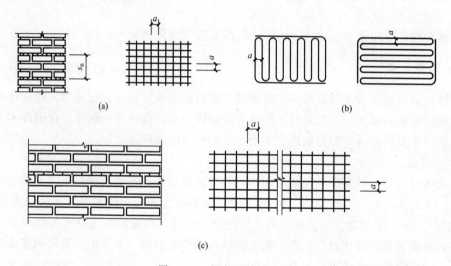

图 6-10　网状配筋砖砌体

（2）纵向配筋砖砌体。在砌体的竖向灰缝中配置纵向钢筋，施工麻烦。

（3）网状配筋砖砌体的构造要求

1）网状配筋砌体中的体积配筋率，不应小于 0.1%，并不应大于 1%。

2）采用钢筋网时，钢筋的直径宜采用 3～4mm。当采用链弯钢筋网时，钢筋的直径不应大于 8mm。

3）钢筋网中的钢筋间距，不应大于 120mm，并不应小于 30mm。

4）钢筋网的竖向间距，不应大于五皮砖，并不应大于 400mm。

5）网状配筋砌体所用的砂浆强度等级不应低于 M7.5。钢筋网应设置在砌体的水平灰缝之中，灰缝厚度应保证钢筋上下至少各有 2mm 后的砂浆层。

4. 组合砌体

组合砌体由砌体和钢筋混凝土组成，钢筋混凝土薄柱也可用钢筋砂浆面层代替。主要用于偏心受压墙、柱。

此外，在砌体结构拐角处或内外墙交接处放置的钢筋混凝土构造柱，也是一种组合砌体，但其作用只是对墙体变形起约束作用，提高房屋抗震能力。

5. 石砌体

石砌体由石材和砂浆或由石材和混凝土砌筑而成。石砌体可用作一般民用建筑的承重墙、柱和基础。

6.3.2 砌体材料及其力学性能

1. 砖石材料

砖石材料一般分为天然石材和人工砖石两类。

（1）天然石材。当自重大于 $18N/m^3$ 的称为重石，如花岗石、石灰石、砂石等；当自重小于 $18N/m^3$ 的称为轻石，如凝灰石、贝壳灰岩等。重石材由于强度大，抗冻性、抗水性、抗汽性均较好，通常用于建筑物的基础和挡土墙等。

（2）人工砖石。经过烧结的普通砖、黏土空心砖、陶土空心砖，以及不经过烧结的硅酸盐砖、矿渣砖、混凝土砌块、土坯等都属于人工砖石。

普通黏土砖全国统一规格为 $240mm \times 115mm \times 53mm$，具有这种尺寸的砖称为标准砖。

空心砖分为三种型号，即 KP1（$240mm \times 115mm \times 90mm$）、KP2（$240mm \times 180mm \times 115mm$）、KM1（$190mm \times 190mm \times 90mm$）。前两种可以与标准砖混砌。

块体的强度等级有：烧结普通砖、烧结多孔砖：MU30、MU25、MU20、MU15、MU10；蒸压灰砂砖、蒸压粉煤灰砖：MU25、MU20、MU15、MU10；块体的强度等级：MU20、MU15、MU10、MU7.5、MU5；石材的强度等级：MU100、MU80、MU60、MU50、MU40、MU30、MU20，MU 为块体（Masonry Unit）的缩写。

2. 砂浆

砂浆是由砂、矿物胶结材料与水按合理配比经搅拌而制成的。砌体结构对砂浆的基本要求有强度、可塑性（流动性）、保水性。砂浆的强度是边长为 70mm 的立方体试块在 $15 \sim 25℃$ 的室内自然条件下养 24h，拆模后再在同样的条件下养护 28d，加压所测得的抗压强度极限值。砂浆的强度等级有 M15、M10、M7.5、M5、M2.5，其中 M 是 Mortar 的缩写。砂浆分为水泥砂浆、混合砂浆（如水泥石灰砂浆、水泥黏土砂浆）、非水泥砂浆（如环氧树脂砂浆）。

6.3.3 砖石和砂浆的选择

1. 砖石和砂浆最低强度等级要求（表 6 - 4）

表 6 - 4　　　　　　　　　　砖石和砂浆最低强度等级要求

基土的潮湿程度	黏土砖		混凝土砌块	石材	混合砂浆	水泥砂浆
	严寒地区	一般地区				
稍潮湿的	MU10	MU10	MU5	MU20	M5	M5
很潮湿的	MU15	MU10	MU7.5	MU20		M5
含饱和水	MU20	MU15	MU7.5	MU20		M7.5

2. 影响砌体抗压强度的主要因素

（1）砖和砂浆的强度。一般情况下，砌体强度随砖和砂浆强度的提高而提高。

（2）砂浆的弹塑性性质。砂浆强度越低，变形越大，转受到的拉应力和剪应力也越大，砌体强度也越低。

（3）砂浆铺砌时的流动性。流动性越大，灰缝越密实，可降低砖的弯剪应力。但流动性过大，会增加灰缝的变形能力，增加砖的拉应力。

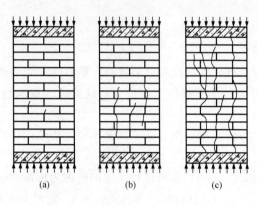

| (a) | (b) | (c) |

图 6-11　砖砌体轴心受压破坏特征

（4）砖的形状和灰缝厚度。灰缝平整、均匀、等厚可以减小弯剪应力。方便施工的条件下，砌块越大越好。

6.3.4　砌体的轴心受压破坏特征

砌体轴心受压破坏的三个阶段：①荷载达到破坏荷载的 50%～70%——单砖出现裂缝；②达到 80%～90%——个别裂缝连成几皮砖通缝；③达到 90%以上——砌体裂成相互不连接的小立柱，最终被压碎或上失稳定而破坏。砖砌体轴心受压破坏特征如图 6-11 所示。

6.3.5　砌体结构一般构造要求

（1）五层及五层以上房屋的墙，以及受振动或层高大于 6m 的墙、柱所用材料的最低强度等级，应符合下列要求：

1）砖采用 MU10。

2）砌块采用 MU7.5。

3）石材采用 MU30。

4）砂浆采用 M5。

注：对安全等级为一级或设计使用年限大于 50 年的房屋，墙、柱所用材料的最低强度等级应至少提高一级。

（2）地面以下或防潮层以下的砌体，潮湿房间的墙，所用材料的最低强度等级应符合表 6-5 的要求。

表 6-5　　地面以下或防潮层以下的砌体、潮湿房间墙所用材料的最低强度等级

基土的潮湿程度	烧结普通砖、蒸压灰砂砖		混凝土砌块	石材	水泥砂浆
	严寒地区	一般地区			
稍潮湿的	MU10	MU10	MU7.5	MU30	M5
很潮湿的	MU15	MU10	MU7.5	MU30	M7.5
含水饱和的	MU20	MU15	MU10	MU40	M10

注：1. 在冻胀地区，地面以下或防潮层以下的砌体，不宜采用多孔砖，若采用时，其孔洞应用水泥砂浆灌实。当采用混凝土砌块砌体时，其孔洞应采用强度等级不低于 C20 的混凝土灌实。

　　2. 对安全等级为一级或设计使用年限大于 50 年的房屋，表中材料强度等级应至少提高一级。承重的独立砖柱截面尺寸不应小于 240mm×370mm，毛石墙的厚度不宜小于 350mm。

　　3. 当有振动荷载时，墙、柱不宜采用毛石砌体。

（3）跨度大于 6m 的屋架和跨度大于下列数值的梁，应在支承处砌体上设置混凝土或钢

筋混凝土垫块。当墙中设有圈梁时，垫块与圈梁宜浇成整体：

1）对砖砌体为 4.8m。

2）对砌块和料石砌体为 4.2m。

3）对毛石砌体为 3.9m。

（4）当梁跨度大于或等于下列数值时，其支承处宜加设壁柱，或采取其他加强措施：

1）对 240mm 厚的砖墙为 6m，对 180mm 厚的砖墙为 4.8m。

2）对砌块、料石墙为 4.8m。

（5）预制钢筋混凝土板的支承长度，在墙上不宜小于 100mm，在钢筋混凝土圈梁上不宜小于 80mm。当利用板端伸出钢筋拉结和混凝土灌缝时，其支承长度可为 40mm，但板端缝宽不小于 80mm，灌缝混凝土不宜低于 C20。

（6）支承在墙、柱上的吊车梁、屋架及跨度大于或等于下列数值的预制梁的端部，应采用锚固件与墙、柱上的垫块锚固：

1）对砖砌体为 9m。

2）对砌块和料石砌体为 7.2m。

（7）填充墙、隔墙应分别采取措施与周边构件可靠连接。

（8）山墙处的壁柱宜砌至山墙顶部，屋面构件应与山墙可靠拉结。

（9）砌块砌体应分皮错缝搭砌，上下皮搭砌长度不得小于 90mm。当搭砌长度不满足上述要求时，应在水平灰缝内设置不少于 $2\phi4$ 的焊接钢筋网片（横向钢筋的间距不宜大于 200mm），网片每端均应超过该垂直缝，其长度不得小于 300mm。

（10）砌块墙与后砌隔墙交接处，应沿墙高每 400mm 在水平灰缝内设置不少于 $2\phi4$、横筋间距不大于 200mm 的焊接钢筋网片。

（11）混凝土砌块房屋，宜将纵横墙交接处的，距墙中心线每边不小于 300mm 范围内的孔洞，采用不低于 C20 灌孔混凝土灌实，灌实高度应为墙身全高。

（12）混凝土砌块墙体的下列部位，如未设圈梁或混凝土垫块，应采用不低于 C20 灌孔混凝土将孔洞灌实：

1）格栅、檩条和钢筋混凝土楼板的支承面下，高度不应小于 200mm 的砌体。

2）屋架、梁等构件的支承面下，高度不应小于 600mm，长度不应小于 600mm 的砌体。

3）挑梁支承面下，距墙中心线每边不应小于 300mm，高度不应小于 600mm 的砌体。

（13）在砌体中留槽洞及埋设管道时，应遵守下列规定：

1）不应在截面长边小于 500mm 的承重墙体、独立柱内埋设管线。

2）不宜在墙体中穿行暗线或预留、开凿沟槽。

注：对受力较小或未灌孔的砌块砌体，允许在墙体的竖向孔洞中设置管线。

（14）夹心墙应符合下列规定：

1）混凝土砌块的强度等级不应低于 MU10。

2）夹心墙的夹层厚度不宜大于 100mm。

3）夹心墙外叶墙的最大横向支承间距不宜大于 9m。

（15）夹心墙叶墙间的连接应符合下列规定：

1）叶墙应用经防腐处理的拉结件或钢筋网片连接。

2）当采用环形拉结件时，钢筋直径不应小于 4mm，当为 Z 形拉结件时，钢筋直径不应小于 6mm。拉结件应沿竖向梅花形布置，拉结件的水平和竖向最大间距分别不宜大于 800mm 和 600mm。对有振动或有抗震设防要求时，其水平和竖向最大间距分别不宜大于 800mm 和 400mm。

3）当采用钢筋网片作拉结件时，网片横向钢筋的直径不应小于 4mm，其间距不应大于 400mm。网片的竖向间距不宜大于 600mm，对有振动或有抗震设防要求时，不宜大于 400mm。

4）拉结件在叶墙上的搁置长度，不应小于叶墙厚度的 2/3，并不应小于 60mm。

5）门窗洞口周边 300mm 范围内应附加间距不大于 600mm 的拉结件。

注：对安全等级为一级或设计使用年限大于 50 年的房屋，夹心墙叶墙间宜采用不锈钢拉结件。

6.3.6 圈梁的构造措施

圈梁是沿建筑物外墙四周及纵横墙内墙设置的连续封闭梁。圈梁的作用是增强房屋的整体性和墙体的稳定性，防止由于地基不均匀沉降或较大振动荷载等对房屋引起的不利影响。

1. 混合结构房屋可以按下列规定设置圈梁

（1）对于车间、仓库、食堂等空旷的单层房屋。砖砌体房屋的檐口标高为 5～8m 时，应在檐口标高处设置圈梁一道，檐口标高大于 8m 时，应增加设置数量。

砌块及料石砌体房屋的檐口标高为 4～5m 时，应在檐口标高处设置圈梁一道，檐口标高大于 5m 时，应增加设置数量。

（2）宿舍、办公楼等多层砌体民用房屋，且层数为 3～4 层时，应在檐口标高处设置圈梁一道。当层数超过 4 层时，应在所有纵横墙上隔层设置。

（3）多层砌体工业厂房，应每层设置现浇钢筋混凝土圈梁。

（4）设置墙梁的多层砌体房屋应在托梁、墙梁顶面和檐口标高处设置现浇钢筋混凝土圈梁，其他楼层处在所有纵横墙上每层设置。

2. 圈梁的构造要求（图 6-12）

（1）圈梁宜连续的设置在同一水平面上，并形成封闭状。当圈梁被门窗洞口截断时，应在洞口上不增设相同截面的附加圈梁。附加圈梁与圈梁的搭接长度不应小于附加圈梁的中部到圈梁中部的垂直间距的 2 倍，且不得小于 1m。

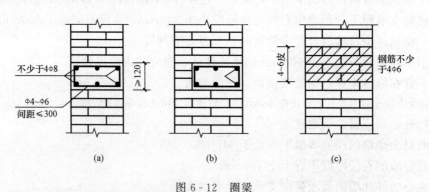

图 6-12 圈梁

（2）圈梁的宽度宜与墙厚相同，当墙厚 $h \geqslant 240$mm 时，其宽度不宜小于 $2h/3$。圈梁高度不应小于 120mm。纵向钢筋不应少于 4 ϕ 10，绑扎接头的搭接长度按受拉钢筋考虑，箍筋间距不应大于 300mm。

(3) 纵横墙交接处的圈梁应有可靠的连接。刚弹性和弹性方案房屋，圈梁应与屋架、大梁等构件可靠连接。

(4) 圈梁兼作过梁时，过梁部分的钢筋应按计算用量另行增配。

(5) 圈梁在房屋的转角处或纵横墙交接处应配置斜向加强筋，如图 6 - 13 所示。

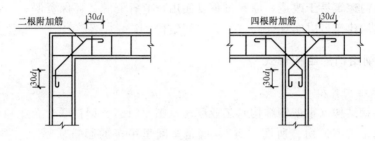

图 6 - 13　圈梁在转角处或纵横墙交接处的附加钢筋

6.4　钢结构

6.4.1　钢结构的基本概念

用型钢或钢板制成基本构件，根据使用要求，通过焊接或螺栓连接等方法，按照一定规律组成的承载机构叫钢结构。钢结构在各项工程建设中的应用极为广泛，如钢桥、钢厂房、钢闸门、各种大型管道容器、高层建筑和塔轨机构等。

钢结构有以下特点：

(1) 材料的强度高，塑性和韧性好。钢材和其他建筑材料诸如混凝土、砖石和木材相比，强度要高得多。因此，特别适用于跨度大或荷载很大的构件和结构。钢材还具有塑性和韧性好的特点。塑性好，结构在一般条件下不会因超载而突然断裂；韧性好，结构对动力荷载的适应性强。良好的吸能能力和延性还使钢结构具有优越的抗震性能。

(2) 钢结构构件断面小、自重轻。钢材的密度虽比混凝土等建筑材料大，但钢结构却比钢筋混凝土结构轻，原因是钢材的强度与密度之比要比混凝土大得多。以同样的跨度承受同样荷载，钢屋架的质量最多不过钢筋混凝土屋架的 1/3 至 1/4，冷弯薄壁型钢屋架甚至接近 1/10，为吊装提供了方便条件。

(3) 钢结构制作简便，加工周期短。钢结构所用的材料单纯而且是成材，加工比较简便，并能使用机械操作。因此，大量的钢结构一般在专业化的金属结构厂做成构件，精确度较高。构件在工地拼装，可以采用安设简便的普通螺栓和高强度螺栓，有时还可以在地面拼装和焊接成较大的单元再进行吊装，以缩短施工周期。小量的钢结构和轻钢屋架，也可以在现场就地制造，随即用简便机具吊装。此外，对已建成的钢结构也比较容易进行改建和加固，用螺栓连接的钢结构还可以根据需要进行拆迁。

(4) 钢结构材质性能均匀，易于检测和控制，可靠性高。

(5) 耐腐蚀性能差，涂料维护费用高。钢材耐腐蚀的性能比较差，必须对结构注意防护。这使维护费用比钢筋混凝土结构高。不过在没有侵蚀性介质的一般厂房中，构件经过彻底除锈并涂上合格的油漆，锈蚀问题并不严重。近年来出现的耐大气腐蚀的钢材具有较好的抗锈性能，已经逐步推广应用。

（6）钢材耐热但不耐火。钢材长期经受100℃辐射热时，强度没有多大变化，具有一定的耐热性能，但温度达150℃以上时，就须用隔热层加以保护。钢材耐火性能差，温度升高，材料强度明显降低，需外加防火涂料或外包混凝土。

（7）钢结构建筑易于改造，原料可重复使用，节省资源，环保资源。

（8）钢结构建筑可以实现大跨度、大空间结构。

6.4.2 建筑钢结构的结构形式

1. 常见钢结构类型

（1）单层钢结构（重型钢结构）工业厂房（图6-14）。钢铁联合企业和重型机械制造业有许多车间属于重型厂房。所谓"重"，就是车间里吊车的起重质量大（常在100t以上），有的作业也经常繁重（24h运转）。

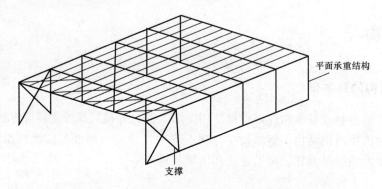

图6-14 单层厂房大型空间（大跨度）钢结构

单层工业厂房常用的结构形式是由一系列的平面承重结构用支撑构件联成空间整体。在这种结构形式中，外荷载主要由平面承重结构承担，纵向水平荷载由支撑承受和传递。平面承重结构又可有多处形式。

（2）大型空间（大跨度）钢结构 ［图6-15（a）、（b）、（c）、（d）、（e）、（f）、（g）］。

1）平板网架结构。

2）网壳结构。

3）空间桁架或空间刚架体系。

4）悬索结构。

5）杂交结构。

6）张拉集成结构。

7）索膜结构。

2. 高层建筑钢结构

根据高度的不同，多层、高层及超高层建筑可采用以下合适的结构形式：［图6-16（a）、（b）、（c）、（d）］

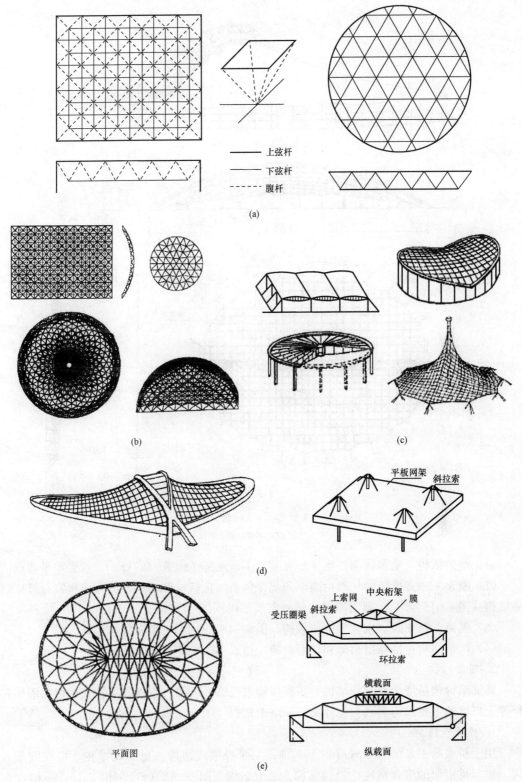

图 6-15　大型空间（大跨度）钢结构（一）

（a）平板网架结构；（b）网壳结构；（c）悬索结构；（d）杂交结构；（e）张拉集成结构

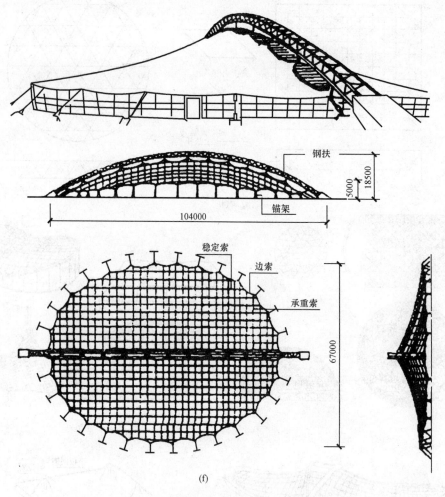

图6-15　大型空间（大跨度）钢结构（二）

(f)索膜结构

（1）刚架结构，梁和柱刚性连接形成多层多跨刚架 [图6-16（a）]，承受水平荷载。

（2）刚架——支撑结构，即由刚架和支撑体系（包括抗剪桁架、剪力墙和核心筒）组成的结构 [图6-16（b）]，即为刚架—抗剪桁架结构。

（3）框筒、筒中筒、束筒等筒体结构，图6-16（c）为一束筒结构形式。

（4）巨型结构包括巨型桁架和巨型框架 [图6-16（d）]。

3. 高耸结构

高耸结构包括塔架和桅杆结构，如高压输电线路的塔架、广播和电视发射用的塔架和桅杆等。塔桅的主要结构形式为桅杆结构和塔架结构 [图6-17（a）、（b）]。

4. 桥梁钢结构

用于桥梁的主要结构形式有以下几种：实腹板梁式结构、桁架式结构、拱或刚架式结构、拱与梁桁架的组合结构、斜拉结构、悬索结构 [图6-18（a）、（b）、（c）、（d）、（e）、（f）]。

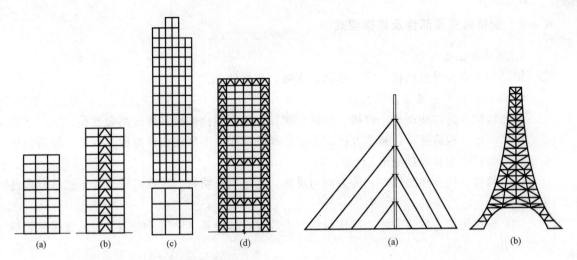

图 6-16　多层、高层及超高层建筑的结构形式

（a）刚架结构；（b）刚架—支撑结构；

（c）框筒、筒中筒、束筒；（d）巨型结构

图 6-17　塔桅结构

（a）桅杆结构；（b）塔架结构

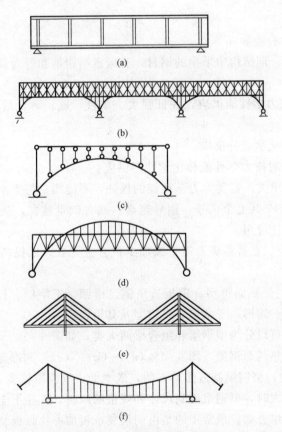

图 6-18　桥梁的主要结构形式

（a）实腹板梁式结构；（b）桁架式结构；（c）拱或刚架式结构；

（d）拱与梁桁架的组合结构；（e）斜拉结构；（f）悬索结构

6.4.3 钢结构主要部件及连接型式

1. 钢结构主要构件

钢结构主要构件包括柱、梁、桁架、支撑、连接件。

2. 钢结构部件主要连接型式

钢结构构件的连接型式：焊接、铆接、螺栓连接、螺栓连接和焊接组合连接。

（1）焊接：构造简单，制造方便，易于自动化操作，不削弱构件截面，省钢，经济。缺点是产生焊接应力和焊接变形。

（2）铆接：韧性和塑性好，传力均匀可靠，易于检查质量。缺点是费工，不经济，现已很少用。

（3）螺栓连接：拆装方便，操作简单，不需要特殊设备，常用于安装节点的连接和装拆式结构中。

（4）高强螺栓连接：受力性能好，耐疲劳好，施工简便，可拆卸，易于掌握操作方法，将逐步取代铆接。

6.4.4 钢结构材料

1. 钢结构材料的种类和规格

（1）钢材的种类。钢结构中采用的钢材，有碳素结构钢和普通低合金钢中的几种。

1）普通碳素钢。

①甲或 A 类：按力学性能供应，保证强度、塑性，硫、磷含量符合相同钢号乙类钢的规定。

②乙或 B 类：按化学成分供应。

③特或 C 类：同时按力学性能和化学性能供应。

结构用钢主要为甲类；乙类无力学性能的保证，不能用；特类钢价格较高，应少用。

普通碳素钢有 1～7 共七个钢号。钢号越高，其含碳量越高，强度越高，塑性越低。其中 3 号钢在结构中广泛应用。

2）普通低合金钢。在普通碳素钢中添加少量合金元素，以提高其强度、耐腐蚀性、冲击韧性等。

3）钢结构构件主要截面类型。钢板、角钢、槽钢、工字钢、H 型钢、T 型钢、圆钢、方管、圆管、十字型、箱形、三角形、多边型及其组合。

钢梁按截面形式可以分为型钢梁和组合梁两大类，如图 6-19 所示。

型钢梁又可分为热轧型钢梁［图 6-19（a）、（b）、（c）］和冷弯薄壁型钢梁［图 6-19（d）、（e）、（f）］两种，型钢梁制造简单方便，成本低，故应用较多。

当荷载和跨度较大时，型钢梁受到尺寸和规格的限制，往往不能满足承载能力或刚度的要求，此时需要采用组合梁。最常用的是由两块翼缘板加一块腹板制成的焊接工字形截面组合梁［图 6-19（g）］，它的构造简单，制造方便，必要时也可采用双层翼缘板组成的截面［图 6-19（i）］。［图 6-19（h）］为由两 T 形钢和钢板组成的焊接梁。对于荷载较大而高度受到限制的梁，可采用双腹板的箱形梁［图 6-19（j）］，这种梁抗扭刚度好。

为了充分发挥混凝土受压和钢材受拉的优势，国内外还广泛研究应用了钢与混凝土组合

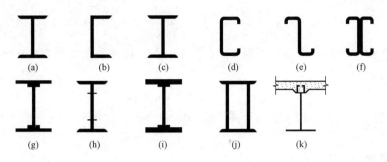

图 6 - 19　型钢梁的种类

（a）、（b）、（c）为热轧开型钢梁　（d）、（e）、（f）为交冷弯薄壁型钢；（g）工字型截面组合梁；
（h）T 型和钢板组成的焊接梁；（i）双层翼板组合梁；（j）双腹板组合梁；（k）钢与混凝土组合梁

梁［图 6 - 19（k）］，可以收到较好的经济效果。

（2）钢材的规格。钢结构所用的钢材主要有圆钢、角钢、槽钢、工字钢、钢管、"H"型钢、冷弯薄壁型钢。

2. 钢结构材料的工艺性能

（1）加工性能。把钢材加工成所需的结构构件，需历经一系列的工序，包括有各种机加工（铣、刨、制孔），切割，冷、热矫正以及焊接等，钢材的工艺性能应满足这些工序的需要，不能在加工过程中出现钢材开裂或材质受损的现象。低碳钢和低合金钢所具备的良好的塑性在很大程度上满足了加工需要。

（2）冷弯性能。钢材的冷弯性能是通过试件 180°弯曲试验来判断的一种综合性能。钢材按原有厚度经表面加工成板状，常温下弯曲 180°后，如外表面和侧面不开裂，也不起层，则认为合格。弯曲时，按钢材牌号和板厚允许有不同的弯心直径 d（可在 0.5～3 板厚范围内变动）。冷弯性能反映钢材经一定角度冷弯后抵抗产生裂纹的能力，是钢材塑性能力及冶金质量的综合指标。一般来说，钢材的冷弯性能指标要比钢的塑性指标更难达到，因为弯曲试验中塑性变形的生成是处于受制约的状态，完全不同于拉伸试件，因此，除了反映钢材的塑性和对冷加工的适应程度以外，还能暴露冶金缺陷（如晶粒组织、夹杂物分布及夹层等），在一定程度上还可以反映钢材的可焊性。冷弯性能是评价钢材工艺性能、力学性能以及钢材质量的一项综合指标，弯曲试验是鉴定钢材质量的一项有效措施。

（3）可焊性。可焊性是指钢材对焊接工艺的适应能力，包括有两方面的要求：一是通过一定的焊接工艺能保证焊接接头具有良好的力学性能；二是施工过程中，选择适宜的焊接材料和焊接工艺参数后，有可能避免焊缝金属和钢材热影响区产生热（冷）裂纹的敏感性。钢材的可焊性评定可分化学成分判别和工艺试验法评定两种方法。化学成分判别即由碳当量的含量来判定钢材的可焊性，即把钢材化学成分中对焊接有显著影响的各种元素，全部折算成碳的含量。碳元素既是形成钢材强度的主要元素，也是影响可焊性的首要元素，含碳量超过一定含量的钢材甚至是不可施焊的。碳当量越高，可焊性越差。

国际焊接学会（IIW）推荐常用低合金结构钢的碳当量计算式为

$$C_E = C + \frac{Mn}{6} + \frac{Cr + Mo + V}{5} + \frac{Ni + Cu}{15}$$

在我国新编的桥梁用结构钢标准中，推荐计算式为：

$$C_E(\%) = C + \frac{Mn}{6} + \frac{Mn}{6} + \frac{Si}{24} + \frac{Ni}{40} + \frac{Cr}{5} + \frac{Mo}{4} + \frac{V}{14}$$

国际上比较一致的看法，碳当量 C_E （％）小于 0.45％，在现代焊接工艺条件下，钢材的可焊性是良好的。

本 章 练 习 题

一、问答题

1. 什么是建筑结构？按照所用材料的不同，建筑结构可以分为哪几类？各有何特点？

2. 什么是地震烈度、抗震设防烈度、抗震设防？

3. 简述建筑结构的发展趋势。

4. 钢筋是如何分类的？可按哪些方面进行分类？如何进行分类？

5. 钢筋的主要指标有哪些？

6. 请简述有明显屈服点钢筋的变形过程。

7. 混凝土的强度等级是根据什么确定的？我国新《混凝土结构设计规范》规定的混凝土强度等级有哪些？

8. 混凝土的立方抗压强度是如何确定的？

9. 混凝土结构的使用环境分为几类？对一类环境中结构混凝土的耐久性要求有哪些？

10. 钢筋混凝土结构对钢筋的性能有哪些要求？

11. 影响钢筋和混凝土粘结强度的主要因素有哪些？为保证钢筋和混凝土之间有足够的粘结力要采取哪些措施？

12. 钢筋混凝土结构有哪些优点和缺点？

13. 混凝土是如何共同工作的？

14. 什么叫少筋梁、适筋梁和超筋梁？在实际工程中为什么应避免采用少筋梁和超筋梁？

15. 如何防止将受弯构件设计成少筋构件和超筋构件？

16. 什么叫配筋率？它对梁的正截面受弯承载力有何影响？

17. 简述梁斜截面受剪破坏的三种形态及其破坏特征。

18. 影响斜截面受剪性能的主要因素有哪些？

19. 构件中配置箍筋的作用是什么？

20. 轴心受压压短柱、长柱的破坏特征各是什么？为什么轴心受压长柱的受压承载力低于短柱？承载力计算时如何考虑纵向弯曲的影响？

21. 什么是受扭构件？试列举实际工程中的受扭构件。

22. 简述钢筋混凝土受扭构件受力特点。

23. 简述砌体结构的优缺点。

24. 简述砌体的种类。

25. 简述砌体的轴心受压破坏特征。

26. 简述影响砌体抗压强度的主要因素。

27. 简述砌体破坏特征？

28. 简述圈梁的构造措施。

29. 简述多层砌块房屋抗震构造措施。

30. 简述底部框架—抗震墙房屋抗震构造措施。

31. 简述多排柱内框架房屋抗震构造措施。

32. 钢材的主要力学性能有哪些？

33. 简述各种因素对钢材的性能的影响。

34. 钢材是如何分类的？

35. 请简述钢材的命名规则。

36. 钢筋的连接主要有哪些方式？

37. 焊接连接的主要方式有哪些？

38. 手工电弧焊、自动或半自动焊的原理是什么？各有何特点？

39. 对接焊缝的构造要求有哪些？

40. 螺栓连接中螺栓的排列方式有哪些？

41. 受拉螺栓连接的受力特点是什么？

42. 高强度螺栓连接的受力机理是什么？与普通螺栓连接有何区别？

43. 螺栓的代号主要有哪些？

二、选择题

1. 钢筋与混凝土这两种性质不同的材料能有效地结合在一起而共同工作，主要是由于_____。

A. 混凝土对钢筋的保护

B. 混凝土对钢筋的握裹

C. 混凝土硬化后，钢筋与混凝土能很好粘结，且两者线膨系数接近

D. 两者线膨系数接近

2. 结构的功能要求概括为_____。

A. 强度、变形、稳定　　　　　　　B. 实用、经济、美观

C. 安全性、适用性和耐久性　　　　D. 承载力、正常使用

3. 下列有关轴心受压构件纵筋的作用，错误的是_____。

A. 帮助混凝土承受压力

B. 增强构件的延性

C. 纵筋能减小混凝土的徐变变形

D. 纵筋强度越高，越能增加构件承载力

4. 梁发生剪压破坏时_____。

A. 斜向棱柱体破坏

B. 梁斜向拉断成两部分

C. 穿过临界斜裂缝的箍筋大部分屈服

D. 以上都对

5. 复合受力下，混凝土抗压强度的次序为_____。

A. $F_{c1} < F_{c2} < F_{c3}$ 　　　　　　　　B. $F_{c2} < F_{c1} < F_{c3}$

C. $F_{c2} < F_{c1} = F_{c3}$ 　　　　　　　　D. $F_{c1} = F_{c2} < F_{c3}$

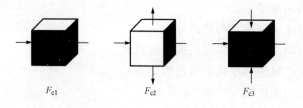

F_{c1} F_{c2} F_{c3}

6. 梁的剪跨比减小时，受剪承载力_____。

A. 减小   B. 增加   C. 无影响   D. 不一定

7. 配置箍筋的梁中，b、f_c、h 三因素_____对提高抗剪承载力最有效。

A. h B. f_c C. b D. h b

8. 钢筋混凝土构件的抗力主要与其_____有关。

A. 材料强度和截面尺寸   B. 材料强度和荷载

C. 只与材料强度   D. 荷载

9. 对于适筋梁，受拉钢筋刚屈服时梁的承载力_____。

A. 达到最大承载力   B. 离最大承载力较远

C. 接近最大承载力   D. 承载力开始下降

10. 混凝土保护层厚度是指_____。

A. 纵向受力钢筋的外边缘至混凝土表面的垂直距离

B. 箍筋外表面至混凝土表面的垂直距离

C. 受力钢筋形心至混凝土表面的垂直距离

D. 受力钢筋合力点至混凝土表面的垂直距离

11. 条件相同的无腹筋梁，由于剪跨比 λ 的不同可能发生剪压、斜压、斜拉破坏，其破坏时承载力为_____。

A. 剪压＞斜压＞斜拉   B. 剪压＝斜压＞斜拉

C. 斜压＞剪压＞斜拉   D. 斜压＞剪压＝斜拉

12. 提高梁的斜截面受剪承载力最有效的措施是_____。

A. 提高混凝土强度等级   B. 加大截面宽度

C. 加大截面高度   D. 增加箍筋或弯起钢筋

13. 无腹筋梁斜截面的破坏形态主要有斜压破坏、剪压破坏和斜拉破坏三种。这三种破坏的性质是_____。

A. 都属于脆性破坏

B. 斜压破坏和斜拉破坏属于脆性破坏，剪压破坏属于延性破坏

C. 斜拉破坏属于脆性破坏，斜压破坏和剪压破坏属于延性破坏

D. 都属于延性破坏

14. 关于受拉钢筋锚固长度 l_a 说法正确的_____。

A. 随混凝土强度等级的提高而增大

B. 钢筋直径的增大而减小

C. 随钢筋等级提高而提高

D. 条件相同，光面钢筋的锚固长度小于变形钢筋

15. 在配置普通箍筋的混凝土轴心受压构件中，箍筋的主要作用是_____。

A. 帮助混凝土受压

B. 提高构件的受剪承载力

C. 防止纵筋在混凝土压碎之前压屈

D. 对混凝土提供侧向约束，提高构件的承载力

16. 次梁与主梁相交处，在主梁上设附加箍筋或吊筋，因为_____。

A. 构造要求，起架立作用

B. 间接加载于主梁腹部将引起斜裂缝

C. 次梁受剪承载力不足

D. 主梁受剪承载力不足

17. 我国规范采用_____强度作为混凝土各种力学指标的代表值。

A. 立方体抗压　　　B. 轴心抗压　　　C. 轴心抗拉　　　D. 劈拉

18. 表示砌体结构中所用砂浆的强度等级的符号是_____。

A. M　　　　　　　B. MU　　　　　　C. Mb　　　　　　D. C

19. 实心黏土砖（简称实心砖）的尺寸是_____。

A. 240×115×53（mm）　　　　　B. 390×115×53（mm）

C. 390×190×53（mm）　　　　　D. 240×53×53（mm）

20. 网状配筋砌体中的体积配筋率，不应小于_____，并不应大于_____。

A. 1%　　　　　　B. 1.5%　　　　　C. 0.1%　　　　　D. 2%

21. 在砌体结构中，K 表示_____，M 表示_____，P 表示_____。

A. 空心　　　　　B. 模数　　　　　C. 普通　　　　　D. 强度

22. 多层砌体工业厂房，应_____设置现浇钢筋混凝土圈梁。

A. 每层　　　　　B. 一层　　　　　C. 二层　　　　　D. 一到三层

23. 构造柱的截面，不宜小于_____。

A. 240mm×240mm　　　　　　B. 250mm×250mm

C. 270mm×270mm　　　　　　D. 300mm×300mm

24. 钢材在低温下，强度_____，塑性_____，冲击韧性_____。

A. 提高　　　　　B. 下降　　　　　C. 不变　　　　　D. 可能提高也可能下降

25. 在构件发生断裂破坏前，有明显先兆的情况是_____的典型特征。

A. 脆性破坏　　　B. 塑性破坏　　　C. 强度破坏　　　D. 失稳破坏

26. 钢材的主要优点有_____。

A. 强度高　　　　B. 可靠性好　　　C. 耐火性好　　　D. 容易施工

27. 钢材的_____钢材在塑性变形和断裂的过程中吸收能量的能力，也是表示钢材抵抗冲击荷载的能力，它是强度与塑性的综合表现。

A. 韧性　　　　　B. 塑性　　　　　C. 可焊性　　　　D. 强度

28. 钢材内部除含有 Fe，C 外，还含有害元素_____。

A. N，O，S，P　　　B. N，O，Si　　　C. Mn，O，P　　　D. Mn，Ti

29. 一般情况下，温度升高，钢材力学性能_____。

A. 升高　　　　　B. 下降　　　　　C. 变化不大

30. 钢材牌号 Q235，Q345，Q390 是根据材料_____命名的。

A. 屈服点　　　　B. 设计强度　　　　C. 标准强度　　　　D. 含碳量

31. 利用通电后焊条和焊件之间产生的强大电弧产生热源，熔化焊条，滴落在焊件上被电弧吹成的小凹槽的溶池中，并与焊件熔化部分结成焊缝，将两焊件连接成一整体的焊接方法是_____。

A. 电弧焊　　　　B. 电阻焊　　　　C. 电渣焊　　　　D. 气焊

32. 钢材是理想的_____。

A. 弹性体　　　　B. 塑性体　　　　C. 弹塑性体　　　　D. 非弹性体

33. 有两个材料分别为 Q235 和 Q345 钢的构件需焊接，采用手工电弧焊，_____采用 E43 焊条。

A. 不得　　　　B. 可以　　　　C. 不宜　　　　D. 必须

34. 大跨度结构应优先选用钢结构，其主要原因是_____。

A. 钢结构具有良好的装配性

B. 钢材的韧性好

C. 钢材接近各向均质体，力学计算结果与实际结果最符合

D. 钢材的重量与强度之比小于混凝土等其他材料

35. 符号 ∟125×80×10 表示_____。

A. 等肢角钢　　B. 不等肢角钢　　C. 钢板　　　　D. 槽钢

36. 当温度从常温下降为低温时，钢材的塑性和冲击韧性_____。

A. 升高　　　　B. 下降　　　　C. 不变　　　　D. 升高不多

37. 钢材的三项主要力学性能为_____。

A. 抗拉强度、屈服强度、伸长率　　　B. 抗拉强度、屈服强度、冷弯

C. 抗拉强度、伸长率、冷弯　　　　　D. 屈服强度、伸长率、冷弯

38. 在普通碳素钢中，随着含碳量的增加，钢材的屈服点和极限强度_____，塑性_____，韧性_____，可焊性_____，疲劳强度_____。

A. 不变　　　　B. 提高　　　　C. 下降　　　　D. 可能提高也有可能下降

39. 某元素超量严重降低钢材的塑性及韧性，特别是在温度较低时促使钢材变脆。该元素是_____。

A. 硫　　　　　B. 磷　　　　　C. 碳　　　　　D. 锰

40. 焊缝连接计算方法分为两类，它们是_____。

A. 手工焊缝和自动焊缝　　　　　　B. 仰焊缝和俯焊缝

C. 对接焊缝和角焊缝　　　　　　　D. 连续焊缝和断续焊缝

三、计算题

截面弯矩设计值 $M=90kN \cdot m$，混凝土强度等级为 C30，钢筋采用 HRB335 级，梁的截面尺寸为 $b \times h = 200mm \times 500mm$，环境类别为一类。试求所需纵向钢筋截面面积 A_s。

第7章

建筑工程施工技术

7.1 土石方工程

7.1.1 土的分类与性质

1. 土的工程分类

土的分类方法较多，如根据土的颗粒级配或塑性指数分类，根据土的沉积年代分类和根据土的工程特点分类等。而土的工程性质对土方工程施工方法的选择、劳动量和机械台班的消耗及工程费用都有较大的影响，应高度重视。在土方施工中，根据土的坚硬程度和开挖方法将土分为八类，分别是松软土、普通土、坚土、砂砾坚土、软石、次坚土、坚石、特坚石（表 7-1）。

表 7-1　　　　　　　　　　土的工程分类与现场鉴别方法

土的分类	土 的 名 称	可松性系数		开挖方法与坚硬程度
		K_s	K'_s	
一类土（松软土）	砂；粉土；冲积砂土层；种植土；泥炭（淤泥）	1.08～1.07	1.01～1.03	能用锹、锄头挖掘
二类土（普通土）	粉质黏土；潮湿黄土；夹有碎石、卵石的砂；种植土；填筑土及粉土混卵（碎）石	1.14～1.12	1.02～1.05	能用锹、条锄挖掘，少许用镐翻松
三类土（坚土）	中等密实的黏土；重粉质黏土、粉质黏土；压实的填筑土	1.24～1.30	1.04～1.07	主要用镐挖掘，少许用锹、条锄挖掘
四类土（砂砾坚土）	坚硬密实的黏性土及含碎石卵石的黏土；粗卵石；密实的黄土；天然级配砂石；软泥炭岩及蛋白石	1.26～1.32	1.06～1.09	整个用镐、条锄挖掘，少许用撬棍挖掘
五类土（软石）	硬质黏土；中等密实的页岩、泥灰岩、白垩土；胶结不紧的砾岩；软的石灰岩	1.30～1.45	1.10～1.20	用镐或撬棍、大锤挖掘，部分用爆破方法开挖
六类土（次坚土）	泥岩；砂岩；砾岩；坚实的页岩；密实的石灰岩；风化花岗岩；片麻岩	1.30～1.45	1.1～1.20	用爆破方法挖掘，部分用风镐挖掘
七类土（坚石）	大理岩；辉绿岩；玢岩；粗、中粒花岗岩；坚实的白云岩、砂岩、砾岩、片麻岩、石灰岩、微风化的安山岩、玄武岩	1.30～1.45	1.10～1.20	用爆破方法开挖
八类土（特坚石）	安山岩；玄武岩；花岗片麻岩、坚实的细粒花岗岩、闪长岩、石英岩、辉长岩、辉绿岩、玢岩	1.45～1.50	1.20～1.30	用爆破方法开挖

注：K_s——最初可松性系数；K'_s——最后可松性系数。

2. 土的基本性质

（1）土的组成。土一般由土颗粒（固相）、水（液相）和空气（气相）三部分组成，这三部分之间的比例关系随着周围条件的变化而变化，三者相互间比例不同，反映出土的物理状态不同，如干燥、稍湿或很湿，密实、稍密或松散。这些指标是最基本的物理性质指标，对评价土的工程性质，进行土的工程分类具有重要意义。

（2）土的物理性质

1）土的可松性与可松性系数。天然土经开挖后，其体积因松散而增加，虽经振动夯实，仍然不能完全复原，这种现象称为土的可松性。

2）土的天然含水量。在天然状态下，土中水的质量与固体颗粒质量之比的百分率叫土的天然含水量，反映了土的干湿程度，用 ω 表示。

3）土的天然密度和干密度。土在天然状态下单位体积的质量，叫土的天然密度（简称密度）。一般黏土的密度为 $1800\sim2000\text{kg/m}^3$，砂土约为 $1600\sim2000\text{kg/m}^3$。

4）土的孔隙比和孔隙率。孔隙比和孔隙率反映了土的密实程度。孔隙比和孔隙率越小土越密实。孔隙比 e 是土的孔隙体积 V_v 与固体体积 V_s 的比值。

5）土的渗透系数。土的渗透性系数表示单位时间内水穿透土层的能力，以 m/d 表示。根据土的渗透系数不同，可分为透水性土（如砂土）和不透水性土（如黏土），它影响施工降水与排水的速度。

7.1.2　土方工程的施工特点

工业与民用建筑工程施工中常见的土方工程有场地平整、基坑（槽）与管淘的开挖、人防工程及地下建筑物的土方开挖、路基填土及碾压等。土方工程的施工有土的开挖或爆破、运输、填筑、平整和压实等主要施工过程，以及排水、降水和土壁支撑等准备工作与辅助施工工作。

土方工程的工程量大，施工工期长，劳动强度大。建筑工地的场地平整，土方工程量可达数百万立方米以上，施工面积达数平方公里，大型基坑的开挖，有的深达20多米。土方施工条件复杂，又多为露天作业，受气候、水文、地质等影响较大，难以确定的因素较多。因此在组织土方工程施工前，必须做好施工组织设计，选择好施工方法和机械设备，制订合理的调配方案，实行科学管理，以保证工程质量，并取得较好的经济效果。

在土方施工中，人工开挖只适用于小型基坑（槽）、管沟及土方量少的场所，对大量土方一般均应采用机械化施工。常用的施工机械有推土机、铲运机、单斗挖土机、装载机等，施工时应正确选用施工机械，加快施工进度。

7.2　地基与基础工程

7.2.1　常用地基处理方法

任何建筑物都必须有可靠的地基和基础。建筑物的全部重量（包括各种荷载）最终将通过基础传给地基，所以，对某些地基的处理及加固就成为基础工程施工中的一项重要内容。在施工过程中如发现地基土质过软或过硬，不符合设计要求时，应本着使建筑物各部位沉降尽量趋于一致，以减小地基不均匀沉降的原则对地基进行处理。

在软弱地基上建造建筑物或构筑物，利用天然地基有时不能满足设计要求，需要对地基进行人工处理，以满足结构对地基的要求。常用的人工地基处理方法有换上地基、重锤夯实、强夯、振冲、砂桩挤密、深层搅拌、堆载预压、化学加固等。

1. 换土地基

当建筑物基础下的持力层比较软弱，不能满足上部荷载对地基的要求时，常采用换土地基来处理软弱地基。这时先将基础下一定范围内承载力低的软土层挖去，然后回填强度较大的砂、碎石或灰土等，并夯至密实。实践证明，换土地基可以有效地处理某些荷载不大的建筑物地基问题，例如，一般的三四层房屋、路堤、油罐和水闸等的地基。换土地基按其回填的材料可分为砂地基、碎（砂）石地基、灰土地基等。

（1）砂地基和砂石地基。砂地基和砂石地基是将基础下一定范围内的土层挖去，然后用强度较大的砂或碎石等回填，并经分层夯实至密实，以起到提高地基承载力、减少沉降、加速软弱土层的排水固结、防止冻胀和消除膨胀土的胀缩等作用。该地基具有施工工艺简单、工期短、造价低等优点。适用于处理透水性强的软弱黏性土地基，但不宜用于湿陷性黄土地基和不透水的黏性土地基，以免聚水而引起地基下沉和降低承载力。

（2）灰土地基。灰土地基是将基础底面下一定范围内的软弱土层挖去，用按一定体积比配合的石灰和黏性土拌和均匀，在最优含水量情况下分层回填夯实或压实而成。该地基具有一定的强度、水稳定性和抗渗性，施工工艺简单，取材容易，费用较低。适用于处理 1～4m 厚的软弱土层。

2. 重锤夯实地基

重锤夯实是用起重机械将夯锤提升到一定高度后，利用自由下落时的冲击能来夯实地基土表面，使其形成一层较为均匀的硬壳层，从而使地基得到加固。该法具有施工简便，费用较低，但布点较密，夯击遍数多，施工期相对较长，同时夯击能量小，孔隙水难以消散，加固深度有限，当土的含水量稍高，易夯成橡皮土，处理较困难等特点。适用于处理地下水位以上稍湿的黏性土、砂土、湿陷性黄土、杂填土和分层填土地基。但当夯击振动对邻近的建筑物、设备以及施工中的砌筑工程或浇筑混凝土等产生有害影响时，或地下水位高于有效夯实深度以及在有效深度内存在软黏土层时，不宜采用。

3. 强夯地基

强夯地基是用起重机械将重锤（一般 8～30t）吊起从高处（一般 6～30m）自由落下，给地基以冲击力和振动，从而提高地基土的强度并降低其压缩性的一种有效的地基加固方法。该法具有效果好、速度快、节省材料、施工简便，但施工时噪声和振动大等特点。适用于碎石土、砂土、黏性土、湿陷性黄土及填土地基等的加固处理。

4. 振冲地基

振冲地基，又称振冲桩复合地基，是以起重机吊起振冲器，启动潜水电机带动偏心块，使振冲器产生高频振动，同时开动水泵，通过喷嘴喷射高压水流成孔，然后分批填以砂石骨料形成一根根桩体，桩体与原地基构成复合地基，以提高地基的承载力，减少地基的沉降量和沉降差的一种快速、经济有效的加固方法。该法具有技术可靠，机具设备简单，操作技术易于掌握，施工简便，节省三材，加固速度快，地基承载力高等特点，振冲法制桩施工工艺如图 7-1 所示。

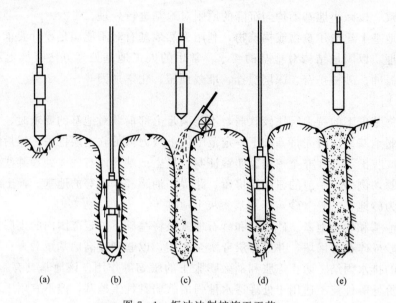

图 7-1　振冲法制桩施工工艺

（a）定位；（b）振冲下沉；（c）加填料；（d）振密；（e）成桩

振冲地基按加固机理和效果的不同，可分为振冲置换法和振冲密实法两类。前者适用于处理不排水、抗剪强度小于 20kPa 的黏性土、粉土、饱和黄土及人工填土等地基。后者适用于处理砂土和粉土等地基，不加填料的振冲密实法仅适用于处理黏土粒含量小于 10％ 的粗砂、中砂地基。

7.2.2　桩基础工程

一般建筑物都应该充分利用地基土层的承载能力，而尽量采用浅基础。但若浅层土质不良，无法满足建筑物对地基变形和强度方面的要求时，可以利用下部坚实土层或岩层作为持力层，这就要采取有效的施工方法建造深基础了。深基础主要有桩基础、墩基础、沉井和地下连续墙等几种类型，其中以桩基最为常用。

1. 桩基的作用和分类

（1）作用。桩基一般由设置于土中的桩和承接上部结构的承台组成，如图 7-2 所示。桩的作用在于将上部建筑物的荷载传递到深处承载力较大的土层上，或使软弱土层挤压，以提高土壤的承载力和密实度，从而保证建筑物的稳定性和减少地基沉降。

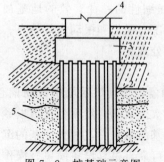

图 7-2　桩基础示意图

1—持力层；2—桩；3—桩基承台；

4—上部建筑物；5—软弱层

绝大多数桩基的桩数不止一根，而将各根桩在上端（桩顶）通过承台连成一体。根据承台与地面的相对位置不同，一般有低承台与高承台桩基之分。前者的承台底面位于地面以下，而后者则高出地面以上。一般说来，采用高承台主要是为了减少水下施工作业和节省基础材料，常用于桥梁和港口工程中。而低承台桩基承受荷载的条件比高承台好，特别在水平荷载作用下，承台周围的土体可以发挥一定的作用。在一般房屋和构筑物中，大多都使用低承台桩基。

（2）分类

1）按承载性质分

①摩擦型桩。摩擦型桩又可分为摩擦桩和端承摩擦桩。摩擦桩是指在极限承载力状态下，桩顶荷载由桩侧阻力承受的桩，端承摩擦桩是指在极限承载力状态下，桩顶荷载主要由桩侧阻力承受的桩。

②端承型桩。端承型桩又可分为端承桩和摩擦端承桩。端承桩是指在极限承载力状态下，桩顶荷载由桩端阻力承受的桩，摩擦端承桩是指在极限承载力状态下，桩顶荷载主要由桩端阻力承受的桩。

2）按桩的使用功能分有竖向抗压桩、竖向抗拔桩、水平受荷载桩、复合受荷载桩。

3）按桩身材料分有混凝土桩、钢桩、组合材料桩。

4）按成桩方法分有非挤土桩（如干作业法桩、泥浆护壁法桩、套筒护壁法桩）、部分挤土桩（如部分挤土灌注桩、预钻孔打入式预制桩等）、挤土桩（如挤土灌注桩、挤土预制桩等）。

5）按桩制作工艺分有预制桩和现场灌注桩。

2. 预制桩和灌注桩的施工

（1）预制桩。预制桩可在工厂或施工现场预制。一般较短的桩多在预制厂生产，而较长的桩则在打桩现场或附近就地预制。现场制作预制桩可采用重叠法，其制作程序为现场布置→场地地基处理、整平→场地地坪浇筑混凝土→支模→绑扎钢筋、安设吊环→浇筑混凝土→养护至 30％强度拆模→支间隔端头模板、刷隔离剂、绑钢筋→浇筑间隔桩混凝土→同法间隔重叠制作第二层桩→养护至 70％强度起吊→达 100％强度后运输、打桩。

预制桩按打桩设备和打桩方法，可分为锤击法、振动法、水冲法等数种方法。

另外在我国沿海软土地基上广泛采用静力压桩。静力压桩是在软土地基上，利用静力压桩机或液压压桩机用无振动的静压力（自重和配重）将预制桩压入土中，是一种沉桩新工艺。

（2）灌注桩。现浇混凝土桩（也称灌注桩）是一种直接在现场桩位上使用机械或人工等方法成孔，然后在孔内安装钢筋笼，浇筑混凝土而成的桩。按其成孔方法不同，可分为钻孔灌注桩、沉管灌注桩、人工挖孔灌注桩、爆扩灌注桩等。

7.2.3　其他常见地基基础

一般工业与民用建筑在基础设计中多采用天然浅基础，它造价低、施工简便。常用的浅基础类型有条形基础、杯形基础、筏形基础和箱形基础等。

1. 条形基础

条形基础包括柱下钢筋混凝土独立基础（图 7 - 3）和墙下钢筋混凝土条形基础（图 7 - 4）。这种基础的抗弯和抗剪性能良好，可在竖向荷载较大、地基承载力不高以及承受水平力和力矩等荷载情况下使用。因高度不受台阶宽高比的限制，故适宜于需要"宽基浅埋"的场合下采用。

条形基础的施工要点有：

（1）基坑（槽）应进行验槽，局部软弱土层应挖去，用灰土或砂砾分层回填夯实至基底相平。基坑（槽）内浮土、积水、淤泥、垃圾、杂物应清除干净。验槽后地基应立即浇筑混凝土，以免地基土被扰动。

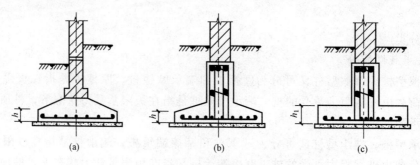

图 7-3　墙下钢筋混凝土独立基础
(a)、(b) 阶梯形；(c) 锥形

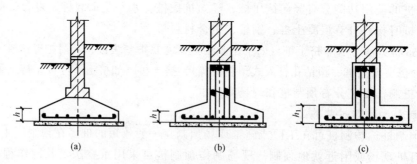

图 7-4　墙下钢筋混凝土条形基础
(a) 板式；(b)、(c) 梁、板结合式

（2）地基达到一定强度后，在其上弹线、支模。铺放钢筋网片时底部用与混凝土保护层同厚度的水泥砂浆垫塞，以保证位置正确。

（3）在浇筑混凝土前，应清除模板上的垃圾、泥土和钢筋上的油污等杂物，模板应浇水加以湿润。

（4）基础混凝土宜分层连续浇筑完成。阶梯形基础的每一台阶高度内应整分浇捣层，每浇筑完一台阶应稍停 0.5～1.0h，待其初步获得沉实后再浇筑上层，以防止下台阶混凝土溢出，在上台阶根部出现烂脖子现象，台阶表面应基本抹平。

（5）锥形基础的斜面部分模板应随混凝土浇捣分段支设并顶压紧，以防模板上浮变形，边角处的混凝土应注意捣实。严禁斜面部分不支模，用铁锹拍实。

（6）基础上有插筋时，要加以固定，保证插筋位置的正确，防止浇捣混凝土时发生移位。混凝土浇筑完毕，外露表面应覆盖浇水养护。

2. 杯形基础

杯形基础常用作钢筋混凝土预制柱基础，基础中预留凹槽（即杯口），然后插入预制柱，临时固定后，即在四周空隙中灌细石混凝土。其形式有一般杯口基础、双杯口基础和高杯口基础等，如图 7-5 所示。

杯形基础除参照板式基础的施工要点外，还应注意以下几点：

（1）混凝土应按台阶分层浇筑，对高杯口基础的高台阶部分按整段分层浇筑。

（2）杯口模板可做成二半式的定型模板，中间各加一块楔形板，拆模时，先取出楔形板，然后分别将两半杯口模板取出。为便于周转宜做成工具式的，支模时杯口模板要固定牢固并压浆。

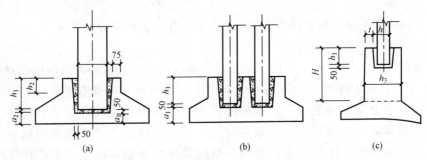

图 7-5　杯形基础形式、构造示意

（a）一般杯口基础；（b）双杯口基础；（c）高杯口基础

（3）浇筑杯口混凝土时，应注意四侧要对称均匀进行，避免将杯口模板挤向一侧。

（4）施工时应先浇注杯底混凝土并振实，注意在杯底一般有 50mm 厚的细石混凝土找平层，应仔细留出。待杯底混凝土沉实后，再浇筑杯口四周混凝土。基础浇捣完毕，在混凝土初凝后终凝前将杯口模板取出，并将杯口内侧表面混凝土凿毛。

（5）施工高杯口基础时，可采用后安装杯口模板的方法施工，即当混凝土浇捣接近杯口底时，再安装固定杯口模板，继续浇筑杯口四周混凝土。

3. 筏形基础

筏形基础由钢筋混凝土底板、梁等组成，适用于地基承载力较低而上部结构荷载很大的场合。其外形和构造上像倒置的钢筋混凝土楼盖，整体刚度较大，能有效地将各柱子沉降调整得较为均匀。筏形基础一般可分为梁板式和平板式两类，如图 7-6 所示。

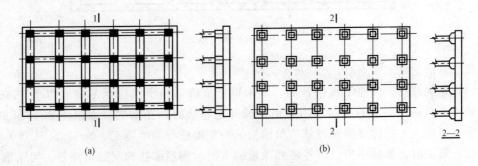

图 7-6　筏形基础

（a）梁板式；（b）平板式

筏形基础的施工要点有：

（1）施工前，如地下水位较高，可采用人工降低地下水位至基坑底不少于 500mm，以保证在无水情况下进行基坑开挖和基础施工。

（2）施工时，可采用先在地基上绑扎底板、梁的钢筋和柱子锚固插筋，浇筑底板混凝土，待达到 25％设计强度后，再在底板上支梁模板，继续浇筑完梁部分混凝土。也可采用底板和梁模板一次同时支好，混凝土一次连续浇筑完成，梁侧模板采用支架支承并固定牢固。

（3）混凝土浇筑时一般不留施工缝，必须留设时，应按施工缝要求处理，并应设置止水带。

（4）基础浇筑完毕，表面应覆盖和洒水养护，并防止地基被水浸泡。

4. 箱形基础

箱形基础是由钢筋混凝土底板、顶板、外墙以及一定数量的内隔墙构成封闭的箱体如图7-7所示，基础中部可在内隔墙开门洞作地下室。该基础具有整体性好，刚度大，调整不均匀沉降能力及抗震能力强，可消除因地基变形使建筑物开裂的可能性，减少基底处原有地基自重应力，降低总沉降量等特点。适用作软弱地基上的面积较小、平面形状简单、上部结构荷载大且分布不均匀的高层建筑物的基础和对沉降有严格要求的设备基础或特种构筑物基础。

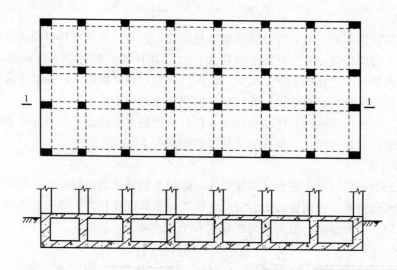

图7-7 箱形基础

箱形基础的施工要点有：

（1）基坑开挖，如地下水位较高，应采取措施降低地下水位至基坑底以下500mm处，并尽量减少对基坑底土的扰动。当采用机械开挖基坑时，在基坑底面以上200～400mm厚的土层，应用人工挖除并清理，基坑验槽后，应立即进行基础施工。

（2）施工时，基础底板、内外墙和顶板的支模、钢筋绑扎和混凝土浇筑，可采取分块进行，其施工缝的留设位置和处理应符合钢筋混凝土工程施工及验收规范有关要求，外墙接缝应设止水带。

（3）基础的底板、内外墙和顶板宜连续浇筑完毕。为防止出现温度收缩裂缝，一般应设置贯通后浇带，带宽不宜小于的800mm，在后浇带处钢筋应贯通，顶板浇筑后，相隔2～4周，用比设计强度提高一级的细石混凝土将后浇带填灌密实，并加强养护。

（4）基础施工完毕，应立即进行回填土。停止降水时，应验算基础的抗浮稳定性，抗浮稳定系数不宜小于1.2，若不能满足时，应采取有效措施，如继续抽水直至上部结构荷载加上后能满足抗浮稳定系数要求为止，或在基础内采取灌水或加重物等，防止基础上浮或倾斜。

7.3　砌体工程

砌体可分为：砖砌体，主要有墙和柱；砌块砌体，多用于定型设计的民用房屋及工业厂房的墙体；石材砌体，多用于带形基础、挡土墙及某些墙体结构；配筋砌体，在砌体水平灰缝中配置钢筋网片或在砌体外部的预留槽沟内设置竖向粗钢筋的组合砌体。此外，还有在非地震区采用的实心砖砌筑的空斗墙砌体。

砌体除应采用符合质量要求的原材料外，还必须有良好的砌筑质量，以使砌体有良好的整体性、稳定性和良好的受力性能，一般要求灰缝横平竖直，砂浆饱满，厚薄均匀，砌块应上下错缝，内外搭砌，接槎牢固，墙面垂直，要预防不均匀沉降引起开裂，要注意施工中墙、柱的稳定性，冬期施工时还要采取相应的措施。

（1）毛石基础。毛石基础是用毛石与水泥砂浆或水泥混合砂浆砌成。所用毛石应质地坚硬、无裂纹、强度等级一般为 MU20 以上，砂浆宜用水泥砂浆，强度等级应不低于 M5。

毛石基础可作墙下条形基础或柱下独立基础。按其断面形状有矩形、阶梯形和梯形等。基础顶面宽度比墙基底面宽度要大于 200mm，基础底面宽度依设计计算而定。梯形基础坡角应大于 60°。阶梯形基础每阶高不小于 300mm，每阶挑出宽度不大于 200mm。如图 7 - 8 所示。

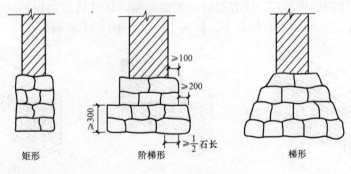

图 7 - 8　毛石基础

（2）砖墙砌体砌筑。

1）材料质量要求。砖墙砌体砌筑一般采用普通黏土砖，外形为矩形体，其尺寸和各部位名称为：长度 240mm，宽度 115mm，厚度 53mm。砖根据它的表面大小不同分大面（240×115），条面（240×53），顶面（115×53）。根据外观分为一等、二等两个等级。根据强度分为 MU10、MU15、MU20、MU25、MU30，单位 MPa（N/mm²）。

在砌筑时有时要砍砖，按尺寸不同分为七分头（也称七分找）、半砖、二寸条和二寸头（也称二分找），如图 7 - 9 所示。

砖的品种、强度等级必须符合设计要求，并应有产品合格证书和性能检测报告，进场后应进行复验，复验抽样数量为同一生产厂家、同一品种、同一强度等级的普通砖 15 万块、多孔砖 5 万块、灰砂砖或粉煤灰砖 10 万块各抽查 1 组。

砌筑时蒸压（养）砖的产品龄期不得少于 28d。

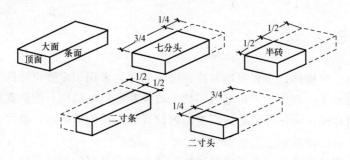

图7-9 砖的名称

用于清水墙、柱表面的砖，应边角整齐，色泽均匀。品质为优等品的砖适用于清水墙和墙体装修，一等品、合格品砖可用于混水墙，中等泛霜的砖不得用于潮湿部位。冻胀地区的地面或防潮层以下的砌体不宜采用多孔砖，水池、化粪池、窨井等不得采用多孔砖。蒸压粉煤灰砖用于基础或受冻融和干湿交替作用的建筑部位时，必须使用一等砖或优等砖。

多雨地区砌筑外墙时，不宜将有裂缝的砖面砌在室外表面。

用于砌体工程的钢筋品种、强度等级必须符合设计要求，并应有产品合格证书和性能检测报告，进场后应进行复验。

设置在潮湿环境或有化学侵蚀性介质的环境中的砌体灰缝内的钢筋应采取防腐措施。

2）砖墙砌体的组砌形式。用普通砖砌筑的砖墙，依其墙面组砌形式不同，常用以下几种，即一顺一丁、三顺一丁、梅花丁，如图7-10、图7-11所示。

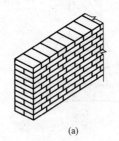
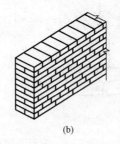
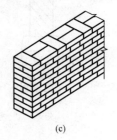

(a)   (b)   (c)

图7-10 砖墙组砌形式

(a) 一顺一丁；(b) 三顺一丁；(c) 梅花丁

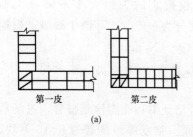
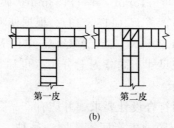
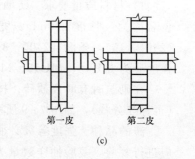

(a)   (b)   (c)

图7-11 砖墙交接处组砌形式

(a) 一砖墙转角（一顺一丁）；(b) 一砖墙丁字交接处（一顺一丁）；(c) 一砖墙十字交接处（一顺一丁）

3）砖墙砌体施工工艺。①抄平弹线，又叫抄平放线；②摆砖样；③立皮数杆；④砌筑、勾缝。

（3）砌块砌体施工。

1）材料质量要求。块材尺寸较大时，称为砌块。砌块外形尺寸可达标准砖的 6～60 倍。高度在 180～380mm 的块体，一般称为小型砌块，高度在 380～940mm 的块体，一般称为中型砌块，大于 940mm 的块体，称为大型砌块。砌块可用粉煤灰、煤矸石作为主要原料或混凝土来制作。各地生产的砌块有煤渣及粉煤灰加生石灰和少量石膏振动成型经蒸气养生制成的粉煤灰硅酸盐砌块，其容重一般为 14～15kN/m³。有煤矸石空心砌块。有以磨细的煅烧煤矸石、生石灰和石膏为胶结材料，以破碎的煤矸石为骨料，配制成混凝土，经振捣成型并加热养护而制成的煤矸石混凝土空心砌块。有普通混凝土空心砌块以及加气混凝土砌块或加气硅酸盐砌块。

混凝土空心砌块一般做成椭圆形孔洞，常用的混凝土砌块如图 7 - 12 所示。

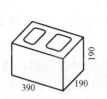 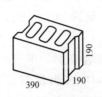 

图 7 - 12　砌块尺寸

砌块的长度应满足建筑模数的要求，在竖向尺寸上结合层高与门窗来考虑，力求型号少，组装灵活，便于生产、运输和安装。砌块的厚度及空心率应根据结构的承载力、稳定性、构造与热工要求决定。

普通混凝土小型空心砌块是指以碎石或卵石为粗骨料制作的混凝土小型空心砌块，主规格尺寸为 390mm×190mm×190mm，空心率为 25％～50％ 的小型砌块，简称普通混凝土小砌块。

轻骨料混凝土小型空心砌块是指以浮石、火山渣、煤渣、自然煤矸石、陶粒为粗骨料制作的混凝土小型空心砌块，简称轻骨料混凝土小砌块。

小砌块的强度等级有 MU20、MU15、MU10、MU7.5、MU5 和 MU3.5。

2）砌块砌体施工工艺。

①用砌块砌筑墙体时，应遵守下列基本规定：

a. 龄期不足 28d 及潮湿的小砌块不得进行砌筑。

b. 应在房屋四角或楼梯间转角处设立皮数杆，皮数杆间距不宜超过 15m。

c. 应尽量采用主规格小砌块，小砌块的强度等级应符合设计要求，并应清除小砌块表面污物和芯柱用小砌块孔洞底部的毛边。

d. 从转角处或定位处开始，内外墙同时砌筑，纵横墙交错搭接，外墙转角处严禁留直槎，宜从两个方面同时砌筑。墙体临时间断处应砌成斜槎，斜槎长度不应小于高度的 2/3（一般按一步脚手架高度控制）。如果留斜槎确有困难，除外墙转角处及抗震设防地区，墙体临时间断处不应留直槎外，可从墙面伸出 200mm 砌成阴阳槎，并沿墙高每三皮砌块（600mm），设拉结筋或钢筋网片，接槎部位宜延至门窗洞口。

e. 应对孔错缝搭砌，个别情况当无法对孔砌筑时，普通混凝土小砌块的搭接长度不应小于90mm，轻骨料混凝土小砌块不应小于120mm。当不能保证此规定时，应在灰缝中设置拉结钢筋或网片。

f. 承重墙体不得采用小砌块与黏土砖等其他块体材料混合砌筑。

g. 严禁使用断裂小砌块或壁肋中有竖向凹形裂缝的小砌块砌筑承重墙体。

②砌体的灰缝应符合下列规定：

a. 砌体灰缝应横平竖直，全部灰缝均应铺填砂浆。水平灰缝的砂浆饱满度不得低于90％，竖缝的砂浆饱满度不得低于80％。砌筑中不得出现瞎缝、透明缝。砌筑砂浆强度未达到设计要求的70％时，不得拆除过梁底部的模板。

b. 砌体的水平灰缝厚度和竖直灰缝宽度应控制在8～12mm，砌筑时的铺灰长度不得超过800mm，严禁用水冲浆灌缝。

c. 当缺少辅助规格小砌块时，墙体通缝不应超过两皮砌块。

d. 清水墙面，应随砌随勾缝，并要求光滑、密实、平整。

e. 拉结钢筋或网片必须放置于灰缝和芯柱内，不得漏放，其外露部分不得随意弯折。

③砂浆的强度等级和品种必须符合要求。砌筑砂浆必须搅拌均匀，随拌随用。盛入灰槽（盆）内的砂浆如有泌水现象时，应在砌筑前重新拌和。水泥砂浆和水泥混合砂浆应分别在拌成后3h和4h内用完，施工期间最高气温超过30℃，必须分别在2h和3h内用完。

砂浆稠度，用于普通混凝土小砌块时宜为50mm，用于轻骨料混凝土小砌块时，宜为70mm。

④混凝土及砌筑砂浆用的水泥、水、骨料、外加剂等必须符合现行国家标准和有关规定。

每一楼层或250m³的砌体，每种强度等级的砂浆至少制作两组（每组6块）试块，每层楼每种强度等级的混凝土至少制作一组（每组3个）试块。

⑤需要移动已砌好砌体的小砌块或被撞动的小砌块时，应重新铺浆砌筑。

⑥小砌块用于框架填充墙时，应与框架中预埋的拉结筋连接，当填充墙砌至顶面最后一皮，与上部结构的接触处宜用实心小砌块斜砌楔紧。

⑦对设计规定的洞口、管道、沟槽和预埋件等，应在砌筑时预留或预埋，严禁在砌好的墙体上打凿。在小砌块墙体中不得预留水平沟槽。

⑧基础防潮层的顶面，应将污物泥土除尽后，方能砌筑上面的砌体。

⑨砌体内不宜设脚手眼。如必须设置时，可用190mm×190mm×190mm小砌块侧砌，利用其孔洞作脚手眼，砌体完工后用C15混凝土填实。但在墙体下列部位不得设置脚手眼：

a. 过梁上部，与过梁成60°角的三角形及过梁跨度1/2范围内。

b. 宽度不大于800mm的窗间墙。

c. 梁和梁垫下及其左右各500mm的范围内。

d. 门窗洞口两侧200mm内和墙体交接处400mm的范围内。

e. 设计规定不允许设脚手眼的部位。

⑩对墙体表面的平整度和垂直度、灰缝的厚度和饱满度应随时检查，校正偏差。在砌完每一楼层后，应校核墙体的轴线尺寸和标高，允许范围内的轴线及标高的偏差，可在楼板上予以校正。

7.4　混凝土结构工程

7.4.1　模板工程施工工艺

模板是使混凝土结构和构件按所要求的几何尺寸成型的模型板。模板系统包括模板和支架系统两大部分，此外，尚须适量的紧固连接件。在现浇钢筋混凝土结构施工中，对模板的要求是保证工程结构各部分形状尺寸和相互位置的正确性，具有足够的承载能力、刚度和稳定性，构造简单，装拆方便。接缝不得漏浆，经济。模板工程量大，材料和劳动力消耗多。正确选择模板形式、材料及合理组织施工对加速现浇钢筋混凝土结构施工和降低工程造价具有重要作用。

1. 木模板

木模板一般是在木工车间或木工棚加工成基本组件（拼板），然后在现场进行拼装。拼板由板条用拼条钉成，如图 7-13 所示。板条厚度一般为 25～50mm，宽度不宜超过 200mm（工具式模板不超过 150mm），以保证在干缩时缝隙均匀，浇水后易于密缝，受潮后不易翘曲。梁底的拼板由于承受较大的荷载要加厚至 40～50mm。拼板的拼条根据受力情况可以平放也可以立放。拼条间距取决于所浇筑混凝土的侧压力和板条厚度，一般为 400～500mm。

（1）基础模板如图 7-14 所示。如土质较好，阶梯形基础模板的最下一级可不用模板而进行原槽浇筑。安装时，要保证上、下模板不发生相对位移。如有杯口还要在其中放入杯口模板。

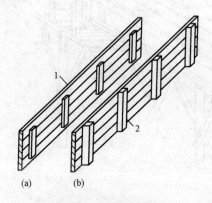

图 7-13　拼板的构图
（a）拼条平放；（b）拼条立放
1—板条；2—拼条

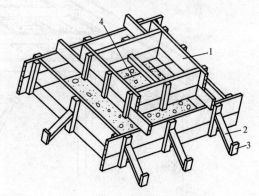

图 7-14　阶梯形基础模板
1—拼板；2—斜撑；3—木桩；4—铁丝

（2）柱子模板。由两块相对的内拼板夹在两块外拼板之间拼成（图 7-15）。也可用短横板（门子板）代替外拼板钉在内拼板上。

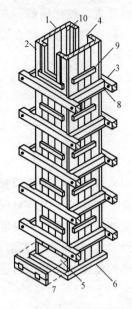

图 7-15　方形柱子的模板
1—内拼板；2—外拼板；3—柱箍；
4—梁缺口；5—清理孔；6—木框；
7—盖板；8—拉紧螺栓；9—拼条；
10—三角板

柱底一般有一钉在底部混凝土上的木框，用以固定柱模板底板的位置。柱模板底部开有清理孔，沿高度每间隔2m开有浇筑孔。模板顶部根据需要开有与梁模板连接的缺口。为承受混凝土的侧压力和保持模板形状，拼板外面要设柱箍。柱箍间距与混凝土侧压力、拼板厚度有关。由于柱子底部混凝土侧压力较大，因而柱模板越靠近下部柱箍越密。

（3）墙模板。混凝土墙体的模板主要由侧板、立档、牵杠、斜撑等组成，如图7-16所示。

（4）梁模板。由底模板和侧模板等组成。梁底模板承受垂直荷载，一般较厚，下面有支架（琵琶撑）支撑。支架的立柱最好做成可以伸缩的，以便调整高度，底部应支承在坚实的地面，楼面或垫以木板。在多层框架结构施工中，应使上层支架的立柱对准下层支架的立柱。支架间应用水平和斜向拉杆拉牢，以增强整体稳定性。当层间高度大于5m时，宜选桁架作模板的支架，以减少支架的数量。梁侧模板主要承受混凝土的侧压力，底部用钉在支架顶部的夹条夹住，顶部可由支承楼板的格栅或支撑顶住。高大的梁，可在侧板中上位置用铁丝或螺栓相互撑拉，梁跨度等于及大于4m时，底模应起拱，若设计无要求时，起拱高度宜为全跨长度的（1～3）/1000。

（5）楼板模板主要承受竖向荷载，目前多用定型模板。它支承在格栅上，格栅支承在梁侧模外的横档上。跨度大的楼板，格栅中间可以再加支撑作为支架系统。

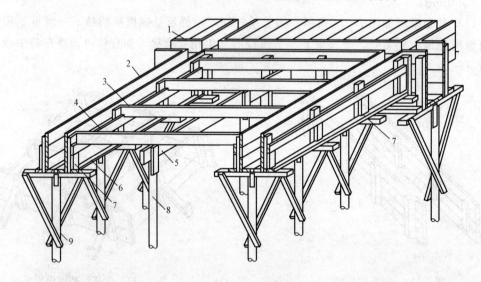

图 7-16　梁及楼板模板
1—楼板模板；2—梁侧模板；3—格栅；4—横档；5—牵档；6—夹条；7—短撑；8—牵杠撑；9—支撑

2. 组合钢模板

组合钢模板由钢模板和配件两大部分组成，它可以拼成不同尺寸、不同形状的模板，以适应基础、柱、梁、板、墙施工的需要。组合钢模尺寸适中，轻便灵活，装拆方便，既适用于人工装拆，也可预拼成大横板、台模等，然后用起重机吊运安装。如图 7-17 所示。

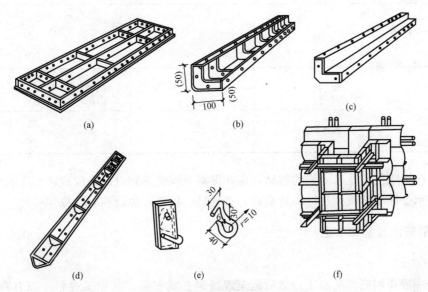

图 7-17　组合钢模板

（a）平模板；（b）阴角模板；（c）阳角模板；（d）连接角模板；（e）U 形卡；（f）附墙柱模

钢模板有通用模板和专用模板两类。通用模板包括平面模板、阴角模板、阳角模板和连接角模，专用模板包括倒棱模板、梁腋模板、柔性模板、搭接模板、可调模板及嵌补模板。我们主要介绍常用的通用模板。平面模板 [图 7-17（a）] 由面板、边框、纵横肋构成。边框与面板常用 2.5～3.0mm 厚钢板冷轧冲压整体成型，纵横肋用 3mm 厚扁钢与面板及边框焊成。为便于连接，边框上有板冷扎连接孔，边框的长向及短向其孔距均一致，以便横竖都能拼接。平模的长度有 1800、1500、1200、900、750、600、450mm 七种规格，宽度有 100～600mm（以 50mm 进级）十一种规格，因而可组成不同尺寸的模板。在构件接头处（如柱与梁接头）及一些特殊部位，可用专用模板嵌补。不足模数的空缺也可用少量木模补缺，用钉子或螺栓将方木与平模边框孔洞连接。阴、阳角模用以成型混凝土结构的阴、阳角，连接角模用作两块平模拼成 90°角的连接件。

3. 模板拆除

现浇混凝土结构模板的拆除日期，取决于结构的性质、模板的用途和混凝土硬化速度。及时拆模，可提高模板的周转，为后续工作创造条件。如过早拆模，因混凝土未达到一定强度，过早承受荷载会产生变形甚至会造成重大的质量事故。

（1）非承重模板（如侧板），应在混凝土强度能保证其表面及棱角不因拆除模板而受损坏时，方可拆除。

（2）承重模板应在与结构同条件养护的试块达到表 7-2 规定的强度方可拆除。还应考虑温度、龄期对混凝土强度的影响。

（3）在拆除模板过程中，若发现混凝土有影响结构安全的质量问题时，应暂停拆除。处理后，方可继续拆除。

表 7-2 经过整体式结构拆模时所需的混凝土强度

项次	结构类型	结构跨度	按设计混凝土强度的标准值百分率计（%）
1	板	≤2	50
		>2，≤8	75
		>8	100
2	梁、拱、壳	≤8	75
		>8	100
3	悬臂梁结构	≤2	75
		>2	100

（4）已拆除模板及其支架的结构，应在混凝土强度达到设计强度后才允许承受全部计算荷载。当承受施工荷载大于计算荷载时，必须经过核算，加设临时支撑。

7.4.2 钢筋工程施工工艺

1. 钢筋加工

钢筋一般在钢筋车间加工，然后运至现场绑扎或安装。其加工过程一般有冷拉、冷拔、调直、剪切、除锈、弯曲、绑扎、焊接等。

（1）钢筋冷拉。钢筋冷拉是在常温下，以超过钢筋屈服强度的拉应力拉伸钢筋，使钢筋产生塑性变形，以提高强度，节约钢材。冷拉时，钢筋被拉直，表面锈渣自动剥落，因此冷拉不但可提高强度，而且还可以同时完成调直、除锈工作。

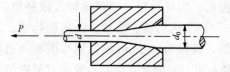

图 7-18 钢筋冷拔试验

（2）钢筋冷拔。冷拔是使 φ6～φ8 的 HPB300 级钢筋通过钨合金拔丝模孔（图 7-18）进行强力拉拔，使钢筋产生塑性变形，其轴向被拉伸、径向被压缩，内部晶格变形，因而抗拉强度提高（提高 50%～90%），塑性降低，并呈硬钢特性。冷拔总压缩率（β）是指由盘条拔至成品钢筋的横截面缩减率。

1）钢筋调直。宜采用机械调直，也可利用冷拉进行调直。采用冷拉方法调直钢筋时，HPB235 级钢筋的冷拉率不宜大于 4%，HRB335、HRB400 级钢筋的冷拉率不宜大于 1%。除利用冷拉调直钢筋外，粗钢筋还可采用锤直和拔直的方法，直径 4～14mm 的钢筋可采用调直机进行。调直机具有使钢筋调直、除锈和切断三项功能。冷拔低碳钢丝在调直机上调直后，其表面不得有明显擦伤，抗拉强度不得低于设计要求。

2）钢筋除锈。钢筋的表面应洁净，油渍、漆污和用锤敲击时能剥落的浮皮、铁锈等应在使用前清除干净。在焊接前，焊点处的水锈应清除干净。钢筋的除锈，宜在钢筋冷拉或钢丝调直过程中进行，这对大量钢筋的除锈较为经济省工。用机械方法除锈，如采用电动除锈机除锈，对钢筋的局部除锈较为方便。手工（用钢丝刷、砂盘）喷砂和酸洗等除锈，由于费工费料．现已很少采用。

3）钢盘切断。钢筋下料时须按下料长度切断。钢筋切断可采用钢筋切断机或手动切断器。手动切断器一般只用于小于 φ12 的钢筋，钢筋切断机可切断小于 φ40 的钢筋。切断时根据下料长度，统一排料，先断长料，后断短料，减少短头，减少损耗。

4）钢筋弯曲。钢筋下料之后，应按钢筋配料单进行划线，以便将钢筋准确地加工成所规定的尺寸。当弯曲形状比较复杂的钢筋时，可先放出实样，再进行弯曲。钢筋弯曲宜采用弯曲机，弯曲机可弯 φ 6～φ 40 的钢筋。小于 φ 25 的钢筋当无弯曲机时，也可采用板钩弯曲。目前钢筋弯曲机着重承担弯曲粗钢筋。为了提高工效，工地常自制多头弯曲机（一个电动机带动几个钢筋弯曲盘）以弯曲细钢筋。

加工钢筋的允许偏差，受力钢筋顺长度方向全长的净尺寸偏差不应超过 ±10mm，弯起筋的弯折位置偏差不应超过 ±20mm，箍筋内净尺寸偏差不应超过 5mm。

2. 钢筋连接

（1）钢筋焊接。采用焊接代替绑扎，可改善结构受力性能，提高工效，节约钢材，降低成本。结构的有些部位，如轴心受拉和小偏心受拉构件中的钢筋接头，应焊接。普通混凝土中直径大于 22mm 的钢筋和轻骨料混凝土中直径大于 20mm 的 HRB335 级钢筋及直径大于 25mm 的 HRB335、HRB400 级钢筋，均宜采用焊接接头。

钢筋的焊接，应采用闪光对焊、电弧焊、电渣压力焊和电阻点焊。钢筋与钢板的 T 形连接，宜采用埋弧压力焊或电弧焊。

（2）钢筋机械连接。钢筋焊接的接头形式、焊接工艺和质量验收，应符合《钢筋焊接及验收规程》（JGJ 18—2012）的规定。钢筋机械连接常用挤压连接和锥螺纹套管连接两种形式，如图 7-19、图 7-20 所示，是近年来大直径钢筋现场连接的主要方法。

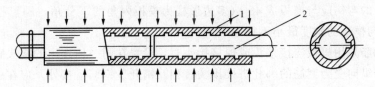

图 7-19　钢筋径向挤压连接原理图
1—钢套筒；2—被连接的钢筋

1）钢筋挤压连接。钢筋挤压连接也称钢筋套筒冷压连接。它是将需连接的变形钢筋插入特制钢套筒内，利用液压驱动的挤压机进行径向或轴向挤压，使钢套筒产生塑性变形，使它紧紧咬住变形钢筋实现连接。它适用于竖向、横向及其他方向的较大直径变形钢筋的连接。与焊接相比，它具有节省电能、不受钢筋可焊性的影响、不受气候影响、无明火、施工简便和接头可靠度高等特点。

2）钢筋套管螺纹连接。钢筋套管螺纹连接分锥套管和直套管螺纹两种形式。用于这种连接的钢套管内壁，用专用机床加工有螺纹，钢筋的对端头也在套丝机上加工有与套管匹配的螺纹。连接时，在对螺纹检查无油污和损伤后，先用手旋入钢筋，然后用扭矩扳手紧固至规定的扭矩即完成连接。它施工速度快、

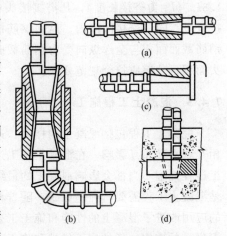

图 7-20　钢筋锥套管螺纹连接
（a）两根直钢筋连接；（b）一根直钢筋与一根弯钢筋连接；（c）在金属结构上安装钢筋；（d）在混凝土构件中插接钢筋

不受气候影响、质量稳定、对中性好。

（3）钢筋绑扎连接。绑扎目前仍为钢筋连接的主要手段之一，尤其是板筋。钢筋绑扎时，应采用铁丝扎牢。板和墙的钢筋网，除外围两行钢筋的相交点全部扎牢外，中间部分交叉点可相隔交错扎牢，保证受力钢筋位置不产生偏移。梁和柱的钢筋应与受力钢筋垂直设置。弯钩叠合处应沿受力钢筋方向错开设置。钢筋绑扎搭接接头的末端与钢筋弯起点的距离，不得小于钢筋直径的 10 倍，接头宜设在构件受力较小处。钢筋搭接处，应在中部和两端用铁丝扎牢。受拉钢筋和受压钢筋的搭接长度及接头位置要符合《混凝土结构工程施工质量验收规范》（GB 50204—2015）的规定。

3. 钢筋的绑扎与安装

钢筋加工后，进行绑扎、安装。钢筋绑扎、安装前，应先熟悉图纸。核对钢筋配料单和钢筋加工牌，研究与有关工种的配合，确定施工方法。

钢筋的接长、钢筋骨架或钢筋网的成型应优先采用焊接或机械连接，若不能采用焊接（如缺乏电焊机或焊机功率不够）或骨架过大过重不便于运输安装时，可采用绑扎的方法。钢筋绑扎一般采用 20～22 号铁丝，铁丝过硬时，可经退火处理。绑扎时应注意钢筋位置是否准确，绑扎是否牢固，搭接长度及绑扎点位置是否符合规范要求。板和墙的钢筋网，除靠近外围两行钢筋的相交点全部扎牢外，中间部分的相交点可相隔交错扎牢，但必须保证受力钢筋不产生位移。双向受力的钢筋，须全部扎牢。梁和柱的箍筋，除设计有特殊要求时，应与受力钢筋垂直设置。箍筋弯钩迭合处，应沿受力钢筋方向错开设置。柱中的竖向钢筋搭接时，角部钢筋的弯钩应与模板成 45°（多边形柱为模板内角的平分角，圆形柱应与模板切线垂直），弯钩与模板的角度最小不得小于 15°。

当受力钢筋采用机械连接接头或焊接接头时，设置在同一构件内的接头宜相互错开。同一构件中相邻纵向受力钢筋的绑扎搭接接头宜相互错开。钢筋搭接处，应在中心和两端用铁丝扎牢。在受拉区域内，HPB300 级钢筋绑扎接头的末端应做弯钩。绑扎搭接接头中钢筋的横向净距不应小于钢筋直径，且不应小于 25mm。钢筋绑扎搭接接头连接区段的长度为 $1.3L_i$（L_i 为搭接长度），凡搭接接头中点位于该连接区段长度内的搭接接头均属于同一连接区段。同一连接区段内，纵向钢筋搭接接头面积百分率为该区段内有搭接接头的纵向受力钢筋截面面积与全部纵向受力钢筋截面面积的比值。同一连接区段内，纵向受拉钢筋搭接接头面积百分率应符合规范要求。

7.4.3 混凝土工程施工

混凝土工程包括混凝土的拌制、运输、浇筑、捣实和养护等施工过程。各个施工过程既相互联系又相互影响，在混凝土施工过程中除按有关规定控制混凝土原材料质量外，任一施工过程处理不当都会影响混凝土的最终质量。因此，如何在施工过程中控制每一施工环节，是混凝土工程需要研究的课题。随着科学技术的发展，近年来混凝土外加剂发展很快。它们的应用改进了混凝土的性能和施工工艺。此外，自动化、机械化的发展，纤维混凝土和碳素混凝土的应用，新的施工机械和施工工艺的应用，也大大改变了混凝土工程的施工面貌。

1. 混凝土制备

混凝土制备应采用符合质量要求的原材料。按规定的配合比配料，混合料应拌和均匀，以保证结构设计所规定的混凝土强度等级，满足设计提出的特殊要求（如抗冻、抗渗等）和施工和易性要求，并应符合节约水泥，减轻劳动强度等原则。

2. 混凝土搅拌机选择

（1）搅拌机的选择。混凝土搅拌是将各种组成材料拌制成质地均匀、颜色一致、具备一定流动性的混凝土拌和物。若混凝土搅拌得不均匀就不能获得密实的混凝土，影响混凝土的质量，所以搅拌是混凝土施工工艺中很重要的一道工序。由于人工搅拌混凝土质量差，消耗水泥多，而且劳动强度大，所以只有在工程量很少时才用人工搅拌。一般均采用机械搅拌。

混凝土搅拌机按其搅拌原理分为自落式和强制式两类。

（2）搅拌制度的确定。为了获得质量优良的混凝土拌和物，除正确选择搅拌机外，还必须正确确定搅拌制度，即搅拌时间、投料顺序和进料容量等。

（3）混凝土搅拌站。混凝土拌和物在搅拌站集中拌制，可以做到自动上料、自动称量、自动出料和集中操作控制，机械化、自动化程度大大提高，劳动强度大大降低，使混凝土质量得到改善，可以取得较好的技术经济效果。施工现场可根据工程任务的大小、现场的具体条件、机具设备的情况，因地制宜的选用，如采用移动式混凝土搅拌站等。

为了适应我国基本建设事业飞速发展的需要，一些大城市已开始建立混凝土集中搅拌站，目前的供应半径为 15~20km。搅拌站的机械化及自动化水平一般较高，用自卸汽车直接供应搅拌好的混凝土，然后直接浇筑入模。这种供应商品混凝土的生产方式，在改进混凝土的供应，提高混凝土的质量以及节约水泥、骨料等方面，有很多优点。

3. 混凝土的运输

对混凝土拌和物运输的要求是，运输过程中，应保持混凝土的均匀性，避免产生分层离析现象，运输工作应保证混凝土的浇筑工作连续进行，运送混凝土的容器应严密，其内壁应平整光洁，不吸水，不漏浆，粘附的混凝土残渣应经常清除。

4. 混凝土的浇筑

混凝土浇筑要保证混凝土的均匀性和密实性，要保证结构的整体性、尺寸准确和钢筋、预埋件的位置正确，拆模后混凝土表面要平整、光洁。

浇筑前应检查模板、支架、钢筋和预埋件的正确位置，并进行验收。由于混凝土工程属于隐蔽工程，因而对混凝土量大的工程、重要工程或重点部位的浇筑，以及其他施工中的重大问题，均应随时填写施工记录。

（1）浇筑要求。

1）防止离析。浇筑混凝土时，混凝土拌和物由料斗、漏斗、混凝土输送管、运输车内卸出时，如自由倾落高度过大，由于粗骨料在重力作用下，克服黏着力后的下落动能大，下落速度较砂浆快，因而可能形成混凝土离析。因此，混凝土自高处倾落的自由高度不应超过 2m，在竖向结构中限制自由倾落高度不宜超过 3m，否则应沿串筒、斜槽、溜管等下料。

2）正确留置施工缝。混凝土结构大多要求整体浇筑。若因技术或组织上的原因不能连续浇筑时，且停顿时间有可能超过混凝土的初凝时间，则应事先确定在适当位置留置施工缝。由于混凝土的抗拉强度约为其抗压强度的 1/10，因而施工缝是结构中的薄弱环节，宜留在结构剪力较小的部位，同时要方便施工。柱子的施工缝宜留在基础顶面、梁或吊车梁牛腿的下面、吊车梁的上面、无梁楼盖柱帽的下面，如图 7-21 所示。和板连成整体的大截面梁应留在板底面以下 20~30mm 处，当板下有梁托时，留置在梁托下部。单向板应留在平行于板短边的任何位置。有主次梁的楼盖宜顺着次梁方向浇筑，施工缝应留在次梁跨度的中间 1/3 长度范围内，如图 7-22 所示。墙可留在门洞口过梁跨中 1/3 范围内，也可留在纵横墙的交接处。双向受力的楼板、大体积混凝土结构、拱、薄壳、多层框架等及其他复杂的结构，应按设计要求留置施工缝。

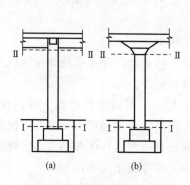

(a)   (b)

图 7-21　柱子的施工缝位置

（a）梁板式结构；（b）无梁楼盖结构

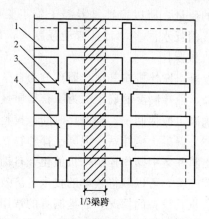

1/3梁跨

图 7-22　有主次梁楼盖的施工缝位置

1—楼板；2—柱；3—次梁；4—主梁

在施工缝处继续浇筑混凝土时，应除掉水泥浮浆和松动石子，并用水冲洗干净，待已浇筑的混凝土的强度不低于 1.2MPa 时才允许继续浇筑，在结合面应先铺抹一层水泥浆或与混凝土砂浆成分相同的砂浆。

（2）浇筑方法。

1）现浇多层钢筋混凝土框架结构的浇筑。浇筑这种结构首先要划分施工层和施工段，施工层一般按结构层划分，而每一施工层如何划分施工段，则要考虑工序数量、技术要求、结构特点等。要做到木工在第一施工层安装完模板，准备转移到第二施工层的第一施工段上时，该施工段所浇筑的混凝土强度应达到允许工人在上面操作的强度（1.2MPa）。

施工层与施工段确定后，就可求出每班（或每小时）应完成的工程量，据此选择施工机具和设备，并计算其数量。

混凝土浇筑前应做好必要的准备工作，如模板、钢筋和预埋管线的检查和清理以及隐蔽工程的验收，浇筑用脚手架、走道的搭设和安全检查，根据试验室下达的混凝土配合比通知单准备和检查材料，并做好施工用具的准备等。

浇筑柱子时，施工段内的每排柱子应由外向内对称地顺序浇筑，不要由一端向另一端推进，预防柱子模板因湿胀造成受推倾斜，而误差积累难以纠正。截面在 400mm×400mm 以内，或有交叉箍筋的柱子，应在柱子模板侧面开孔用斜溜槽分段浇筑，每段高度不超过 2m。截面积在 400mm×400mm 以上、无交叉箍筋的柱子，如柱高不超过 4.0m，可从柱顶浇筑，如用轻骨料混凝土从柱顶浇筑，则柱高不得超过 3.5m。柱子开始浇筑时，底部应先浇筑一层厚 50～100mm 与所浇筑混凝土成分相同的水泥砂浆。浇筑完毕，如柱顶处有较大厚度的砂浆层，则应加以处理。柱子浇筑后，应间隔 1～1.5h，待所浇混凝土拌和物初步沉实，再筑浇上面的梁板结构。

梁和板一般应同时浇筑，从一端开始向前推进。只有当梁高大于 1m 时才允许将梁单独浇筑，此时的施工缝留在楼板板面下 20～30mm 处。梁底与梁侧面注意振实，振动器不要直接触及钢筋和预埋件。楼板混凝土的虚铺厚度应略大于板厚，用表面振动器或内部振动器振实，用铁插尺检查混凝土厚度，振捣完后用长的木抹子抹平。

为保证捣实质量，混凝土应分层浇筑，每层厚度见表 7-3。

表 7-3

混凝土浇筑层的厚度

项次	捣实混凝土的方法		浇筑层厚度/mm
1	插入式振动		振动器作用部分长度的 1.25 倍
2	表面振动		200
3	人工捣固	(1) 在基础或无筋混凝土和配筋稀疏的结构中	250
		(2) 在梁、墙、板、柱结构中	200
		(3) 在配筋密集的结构中	150
4	轻骨料混凝土	插入式振动	300
		表面振动（振动时需要加荷）	200

浇筑叠合式受弯构件时，应按设计要求确定是否设置支撑，且叠合面应根据设计要求预留凸凹差（当无要求时，凸凹为 6mm），形成自然粗糙面。

2) 大体积混凝土结构浇筑。大体积混凝土结构在工业建筑中多为设备基础，在高层建筑中多为厚大的桩基承台或基础底板等，整体性要求较高，往往不允许留施工缝，要求一次连续浇筑完毕。

①大体积混凝土结构浇筑方案为保证结构的整体性，混凝土应连续浇筑，要求每一处的混凝土在初凝前就被后部分混凝土覆盖并捣实成整体，根据结构特点不同，可分为全面分层、分段分层、斜面分层等浇筑方案，如图 7-23 所示。

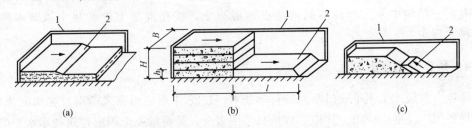

图 7-23　大体积混凝土浇筑方案图

(a) 全面分层；(b) 分段分层；(c) 斜面分层

1—模板；2—新浇筑的混凝土

a. 全面分层。当结构平面面积不大时，可将整个结构分为若干层进行浇筑，即第一层全部浇筑完毕后，再浇筑第二层，如此逐层连续浇筑，直到结束。为保证结构的整体性，要求次层混凝土在前层混凝土初凝前浇筑完毕。若结构平面面积为 $A(\mathrm{m}^2)$，浇筑分层厚为 $h(\mathrm{m})$，每小时浇筑量为 $Q(\mathrm{m}^2/\mathrm{h})$，混凝土从开始浇筑至初凝的延续时间为 t 小时（一般等于混凝土初凝时间减去混凝土运输时间）。

b. 分段分层。当结构平面面积较大时，全面分层已不适应，这时可采用分段分层浇筑方案。即将结构分为若干段，每段又分为若干层，先浇筑第一段各层，然后浇筑第二段各层，如此逐段逐层连续浇筑，直至结束。为保证结构的整体性，要求次段混凝土应在前段混凝土初凝前浇筑并与之捣实成整体。若结构的厚度为 $H(\mathrm{m})$，宽度为 $b(\mathrm{m})$，分段长度为

$L(m)$，为保证结构的整体性，则应满足式（7-1）的条件。

$$L \leqslant QT/b(H-h) \tag{7-1}$$

c. 斜面分层。当结构的长度超过厚度的3倍时，可采用斜面分层的浇筑方案。这时振捣工作应从浇筑层斜面下端开始，逐渐上移，且振动器应与斜面垂直。

②早期温度裂缝的预防厚大钢筋混凝土结构由于体积大，水泥水化热聚积在内部不易散发，内部温度显著升高，外表散热快，形成较大内外温差，内部产生压应力，外表产生拉应力，如内外温差过大（25℃以上），则混凝土表面将产生裂缝。当混凝土内部逐渐散热冷却，产生收缩，由于受到基底或已硬化混凝土的约束，不能自由收缩，而产生拉应力。温差越大，约束程度越高，结构长度越大，则拉应力越大。当拉应力超过混凝土的抗拉强度时即产生裂缝，裂缝从基底向上发展，甚至贯穿整个基础。要防止混凝土早期产生温度裂缝，就要降低混凝土的温度应力。控制混凝土的内外温差，使之不超过25℃，以防止表面开裂控制混凝土冷却过程中的总温差和降温速度，以防止基底开裂。早期温度裂缝的预防方法主要有优先采用水化热低的水泥（如矿渣硅酸盐水泥）；减少水泥用量；掺入适量的粉煤灰或在浇筑时投入适量的毛石；放慢浇筑速度和减少浇筑厚度，采用人工降温措施（拌制时，用低温水，养护时用循环水冷却）浇筑后应及时覆盖，以控制内外温差，减缓降温速度，尤应注意寒潮的不利影响；必要时，取得设计单位同意后，可分块浇筑，块和块间留1m宽后浇带，待各分块混凝土干缩后，再浇筑后浇带。分块长度可根据有关手册计算，当结构厚度在1m以内时，分块长度一般为20～30m。

③泌水处理。大体积混凝土另一特点是上、下浇筑层施工间隔时间较长，各分层之间易产生泌水层，它将使混凝土强度降低，并产生酥软、脱皮、起砂等不良后果。采用自流方式和抽吸方法排除泌水，会带走一部分水泥浆，影响混凝土的质量。泌水处理措施主要有同一结构中使用两种不同坍落度的混凝土，或在混凝土拌和物中掺减水剂，都可减少泌水现象。

7.4.4　预应力混凝土工程

预应力混凝土工程是一门新兴的科学技术，1928年由法国弗来西奈首先研究成功以后，在世界各国广泛推广应用。其推广数量和范围多少，是衡量一个国家建筑技术水平的重要标志之一。我国1950年开始采用预应力混凝土结构，现在无论在数量以及结构类型方面均得到迅速发展。预应力技术已经从开始的单个构件发展到预应力结构新阶段。如无粘结预应力现浇平板结构、装配式整体预应力板柱结构、预应力薄板叠台板结构、大跨度部分预应力框架结构等。

与普通混凝土相比，预应力混凝土除了提高构件的抗裂度和刚度外，还具有减轻自重，增加构件的耐久性，降低造价等优点。

预应力混凝土按施工方法的不同可分为先张法和后张法两大类，按钢筋张拉方式不同可分为机械张拉、电热张拉与自应力张拉法等。

1. 先张法预应力混凝土

先张法是在浇筑混凝土之前，先张拉预应力钢筋，并将预应力筋临时固定在台座或钢模上，待混凝土达到一定强度（一般不低于混凝土设计强度标准值的75%），混凝土与预应力筋具有一定的粘结力时，放松预应力筋，使混凝土在预应力筋的反弹力作用下，使构件受拉区的混凝土承受预压应力。预应力筋的张拉力，主要是由预应力筋与混凝土之间的粘结力传递给混凝土。

图 7 - 24 为预应力混凝土构件先张法（台座）生产示意图。图 7 - 25 为先张法预应力混凝土施工工艺流程。

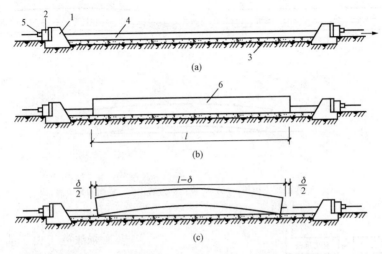

图 7 - 24　先张法台座示意图

（a）预应力筋张拉；（b）混凝土灌注与养护；（c）放松预应力筋

1—台座承力结构；2—横梁；3—台面；4—预应力筋；5—锚固夹具；6—混凝土构件

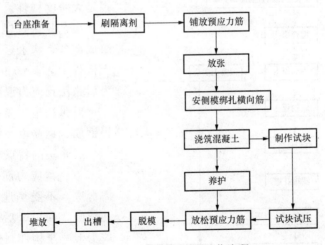

图 7 - 25　先张法施工工艺流程

2. 后张法预应力混凝土施工

后张法施工是在浇筑混凝土构件时，在放置预应力筋的位置处预留孔道，待混凝土达到一定强度（一般不低于设计强度标准值的 75%），将预应力筋穿入孔道中并进行张拉，然后用锚具将预应力筋锚固在构件上，最后进行孔道灌浆。预应力筋承受的张拉力通过锚具传递给混凝土构件，使混凝土产生预压应力。图 7 - 26 为预应力混凝土构件后张法施工示意图。图 7 - 26（a）为制作混凝土构件并在预应力筋的设计位置上预留孔道，待混凝土达到规定的强度后，穿入预应力筋进行张拉。图 7 - 26（b）为预应力筋的张拉，用张拉机械直接在构件上进行张拉，混凝土同时完成弹性压缩。图7-26（c）为预应力筋的锚固和孔道灌浆，预应力筋的张拉力通过构件两端的锚具，传递给混凝土构件，使其产生预压应力，最后进行孔道灌浆。

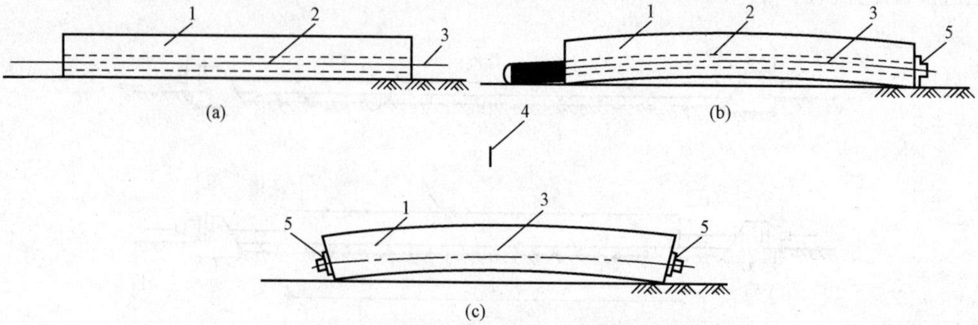

图7-26　后张法施工示意图

（a）制作混凝土构件；（b）张拉预应力筋；（c）锚固和孔道灌浆

1—混凝土构件；2—预留孔道；3—预应力筋；4—千斤顶；5—锚具

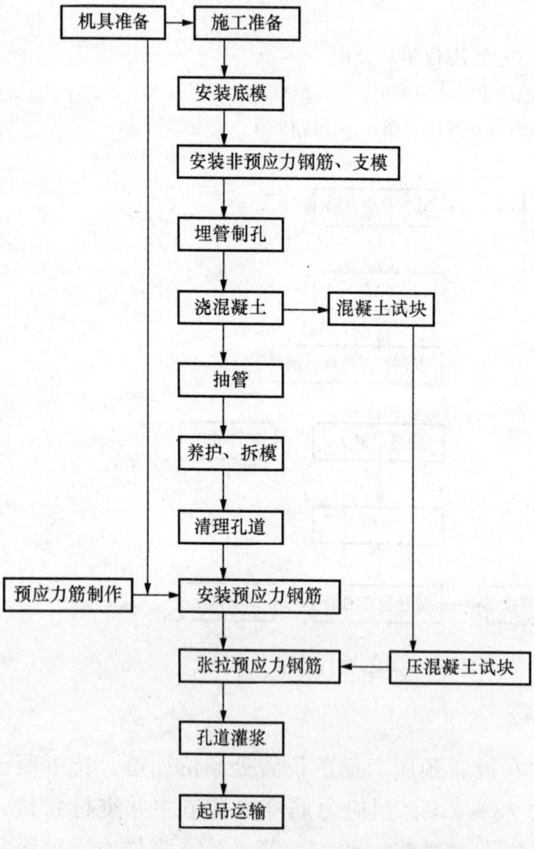

图7-27　后张法施工工艺流程

后张法施工由于直接在混凝土构件上进行张拉，故不需要固定的台座设备，不受地点限制，适用于在施工现场生产大型预应力混凝土构件，特别是大跨度构件。后张法施工工序较多，工艺复杂，锚具作为预应力筋的组成部分，将永远留置在预应力混凝土构件上，不能重复使用。图7-27为后张法预应力混凝土施工工艺流程。

后张法施工常用的预应力筋有单根钢筋、钢筋束、钢绞线束等。

后张法的特点有：

（1）预应力筋在构件上张拉，不需台座，不受场地限制，张拉力可达几百吨，所以，后张法适用于大型预应力混凝土构件制作。

（2）锚具为工作锚。预应力筋用锚具固定在构件上，不仅在张拉过程中起作用，而且在工作过程中也起作用，永远停留在构件上，成为构件的一部分。

（3）预应力传递靠锚具。

7.5　高层建筑主体结构工程

7.5.1　高层建筑施工特点

高层建筑是城市化、工业化和科学技术发展的产物。城市工商业的迅速发展，人口的猛增，建设用地的日渐紧张，促使建筑向空中发展。我国高层建筑大规模的建设，也标志着我国的施工技术和施工能力又上了一个新台阶。高层建筑施工的特点如下：

1. 工程量大，造价高

我国当前每栋高层建筑平均建筑面积为 14 620m²，相当于全部竣工工程平均每栋建筑面积 3110m² 的 4.7 倍，实际工程量还大于此倍数。高层建筑平均造价较全部竣工工程平均造价贵 47%～67%。

2. 工期长、季节性施工（雨期施工、冬期施工）不可避免

我国全部竣工建筑单栋工期平均为 10 个月左右，高层建筑平均为 2 年左右。因此，必须充分利用全年时间，合理部署，才能缩短工期。

3. 高空作业突出

高空作业要重点解决好材料、制品、机具设备和人员的垂直运输问题。在施工全过程中，要认真做好高空安全保护、防火、用水、用电、通信、临时厕所等问题，防止物体坠落打击事故。

4. 基础工程施工难度大

高层建筑基础的埋深越来越大，施工复杂性日益突出，造价进一步提高，其中深基坑支护技术已成为地基基础工程领域的一个难点、热点问题。高层建筑的基础，不论筏形基础、箱形基础还是桩基复合基础，都有较厚的钢筋混凝土底板，属于大体积混凝土结构，其施工技术和施工组织也都比一般混凝土结构复杂。因此，需认真研究深基坑开挖、支护及大体积混凝土施工技术。

5. 施工用地紧张

高层建筑一般在市区施工，施工用地紧。要尽量压缩现场暂设工程，减少现场材料、制品、设备储存量，根据现场条件合理选择机械设备，充分利用工厂化、商品化成品。

6. 主体结构施工技术复杂

目前，国内高层建筑以现浇钢筋混凝土结构为主，并逐步发展钢结构、钢—混凝土组合结构和混合结构，因此需要着重研究各种工业化模板、钢筋连接、高性能混凝土配制与运输及钢结构安装等施工技术。

7. 装饰、防水、设备要求较高

为了美化街景、丰富城市面貌，高层建筑的立面处理要求高。深基础、地下室、墙面、屋面、厨房、卫生间的防水和管道冷凝水要处理好。高层建筑的设备繁多，高级装修、装饰多，从施工前期就要安排好加工定货，在结构施工阶段就要提前插入装修设备施工，保证施工质量。

8. 工程项目多，工种多，涉及单位多，管理复杂

大型复杂的高层建筑，总、分包涉及单位多，协作关系涉及许多部门，必须精心施工，

加强集中管理。

9. 层数多、工作面大，需进行平行流水立体交叉作业

高层建筑标准层占主体工程的主要部分，设计基本相同，便于组织逐层循环流水作业。同时高层建筑工作面大，装修设备工程可以在结构阶段较早插入，进行立体交叉作业。

7.5.2 高层建筑主体结构施工用机械设备

目前，我国高层建筑主体结构施工，常用的机械设备有塔式起重机、施工电梯和混凝土泵送设备等。

1. 塔式起重机

塔式起重机是目前高层建筑施工的重要垂直运输设备，主要有轨道式塔式起重机、附着式塔式起重机和内爬式塔式起重机，其中尤以附着式塔式起重机和内爬式塔式起重机应用最为广泛。国产自升塔式起重机如图 7-28 所示。

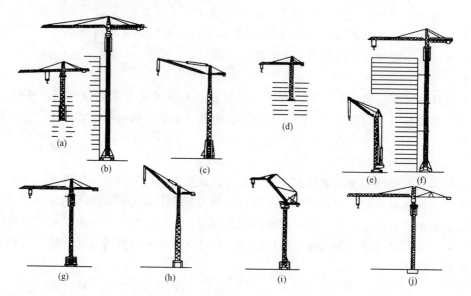

图 7-28　高层建筑施工用国产塔式起重机示意图

(a) QT80A 型塔式起重机；(b) QT4-10、QT4-10A、QTZ200 型塔式起重机；(c) TQ90 型塔式起重机；

(d) QT5-4/20 型塔式起重机；(e) QTG60 型塔式起重机；(f) ZT120 型塔式起重机；

(g) QT80 型塔式起重机；(h) TQ60/80 型塔式起重机；

(i) Z80、ZT80 型塔式起重机；(j) QTF80 型塔式起重机

（1）轨道式塔式起重机。轨道式塔式起重机分为上回转式（塔顶回转）和下回转式（塔身回转）两类。它能负荷在直线和弧形轨道上行走，能同时完成垂直和水平运输，使用安全，生产效率高。但需要铺设轨道，且装拆和转移不便，台班费用较高。

（2）附着式塔式起重机。附着式塔式起重机分为上回转、小车变幅或俯仰变幅起重机械。塔身由标准节组成，相互间用螺栓连接，并用附着杆锚固在建筑结构上。

（3）内爬式塔式起重机。内爬式塔式起重机亦分为上回转、小车变幅或俯仰变幅起重机械。其塔身支撑在建筑结构的梁、板上或电梯井壁的预留孔内，塔身的自由高度为 30m，楼层中嵌固段高度为 10~14m，起重机上部的荷载通过支承系统和楔紧装置传给楼板结构。

根据施工经验，16 层及其以下的高层建筑采用轨道式塔式起重机最为经济；25 层以上的高层建筑，宜选用附着式塔式起重机或内爬式塔式起重机。

2. 施工电梯

施工电梯又称外用施工电梯，是一种安装于建筑物外部，供运送施工人员和建筑器材用的垂直提升机械。采用施工电梯运送施工人员上下楼层，可节省工时，减轻工人体力消耗，提高劳动生产率。因此，施工电梯被认为是高层建筑施工不可缺少的关键设备之一。

施工电梯一般分为齿轮齿条驱动电梯和绳轮驱动电梯两类。

（1）齿轮齿条驱动施工电梯。齿轮齿条驱动施工电梯由塔架（又称立柱，包括基础节、标准节、塔顶天轮架节）、吊厢、地面停机站、驱动机组、安全装置、电控柜站、门机电联锁盒、电缆、电缆接受筒、平衡重、安装小吊杆等组成，如图 7 - 29 所示。塔架由钢管焊接格构式矩形断面标准节组成，标准节之间采用套柱螺栓连接，其特点是刚度好，安装迅速；电机、减速机、驱动齿轮、控制柜等均装设在吊厢内，检查、维修、保养方便；采用高效能的锥鼓式限速装置，当吊厢下降速度超过 0.65m/s 时，吊厢会自动制动，从而保证不发生坠落事故；可与建筑物拉结，并随建筑物施工进度而自升接高，升运高度可达 100～150m。

齿轮齿条驱动施工电梯按吊厢数量分为单吊厢式和双吊厢式，吊厢尺寸一般为 3m×1.3m×2.7m；按承载能力分为两级，一级载重量为 1000kg 或乘员 11～12 人，另一级载重量为 2000kg 或乘员 24 人。

（2）绳轮驱动施工电梯。绳轮驱动施工电梯是近年来开发的新产品，由三角形断面钢管塔架、底座、单吊厢、卷扬机、绳轮系统及安全装置等组成，如图 7 - 30 所示。其特点是结

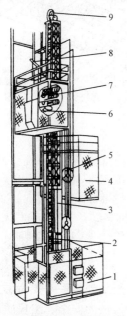

图 7 - 29　齿轮齿条驱动
施工电梯示意图

1—外笼；2—导轨架；3—对重；4—吊厢；
5—电缆导向装置；6—锥鼓减速器；
7—传动系统；8—吊杆；9—天轮

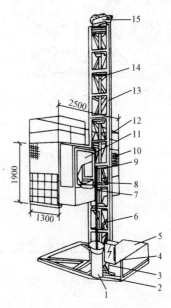

图 7 - 30　绳轮驱动施工电梯
（SFD-1000 型）示意图

1—盛线筒；2—底座；3—减振器；4—电器厢；5—卷扬机；
6—引线器；7—电缆；8—安全机构；9—限速机构；
10—吊厢；11—驾驶室；12—围栏；13—立柱；
14—连接螺栓；15—柱顶

构轻巧、构造简单、用钢量少、造价低、能自升接高。吊厢平面尺寸为 2.5m×1.3m，可载货 1000kg 或乘员 8～10 人。因此，绳轮驱动施工电梯在高层建筑施工中的应用逐渐扩大。

3. 混凝土泵送设备

高层建筑施工中，采用泵送混凝土技术有效地解决了混凝土量巨大的基础施工以及占总垂直运输 70%左右的上部结构混凝土的运输问题，配以布料杆或布料机，还可以方便地进行混凝土浇筑，从而极大地提高了混凝土施工的机械化水平。

混凝土泵按是否移动分为固定式、牵引式和汽车式三种。牵引式混凝土泵，是将混凝土泵装在可移动的底盘上，由其他运输工具牵引到工作地点。汽车式混凝土泵简称混凝土泵车，是将混凝土泵装设在载重卡车底盘上，由于这种泵车大都装有三节折叠式臂架的液压操纵布料杆，故又称为布料杆泵车。

按驱动方式分为挤压式混凝土泵（图7-31）和柱塞式混凝土泵（图7-32）。目前，液压柱塞式混凝土泵采用较多。柱塞式混凝土泵主要由两个液压油缸、两个混凝土缸、分配阀、料斗、Y形连通管及液压系统组成。其特点是工作压力大、排量大、输送距离长，因而比较受施工单位的欢迎。但是，泵的造价高，维修复杂。

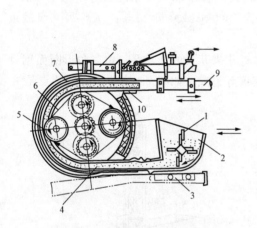

图 7-31　挤压式混凝土泵

1—搅拌叶片；2—料斗；3—料斗移动油缸；
4—挤压胶管；5—滚轮；6—链条；
7—垫板；8—缓冲架；9—配管
系统；10—密封套

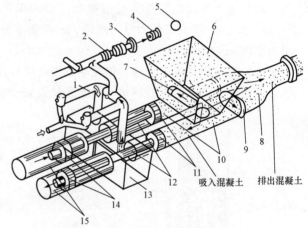

图 7-32　柱塞式混凝土泵

1—水洗装置换向阀；2—水洗用高压软管；3—水洗用法兰；
4—清洗活塞；5—海绵球；6—受料斗；7—吸入端水平片阀；
8—Y形连通管；9—排出端垂直片阀；10—混凝土缸；
11—混凝土活塞；12—活塞杆；13—水箱；
14—液压活塞；15—液压油缸

7.5.3　高层建筑施工脚手架工程

脚手架是高层建筑施工中必须使用的重要工具设备，特别是外脚手架在高层建筑施工中占有相当重要的位置，它使用量大，技术要求复杂，对施工人员的安全、工程质量、施工进度、工程成本以及邻近建筑物和场地影响都很大，与多层建筑施工用的外脚手架比较有许多不同之处，对其选型、设计计算、构造和安全技术有着严格的要求。

高层建筑施工用外脚手架主要有悬挑式脚手架、附着升降式脚手架、悬吊式脚手架等。

1. 悬挑式脚手架

悬挑式外脚手架是利用建筑结构外边缘向外伸出的悬挑结构来支承外脚手架，将脚手架的荷载全部或部分传递给建筑结构。悬挑脚手架的关键是悬挑支承结构，它必须有足够的强度、刚度和稳定性，并能将脚手架的荷载传递给建筑结构。

在高层建筑施工中，遇到以下三种情况时，可采用悬挑式外脚手架：

（1）±0.000 以下结构工程回填土不能及时回填，而主体结构工程必须立即进行，否则将影响工期。

（2）高层建筑主体结构四周为裙房，脚手架不能直接支承在地面上。

（3）超高层建筑施工，脚手架搭设高度超过了架子的容许搭设高度，因此将整个脚手架按容许搭设高度分成若干段，每段脚手架支承在由建筑结构向外悬挑的结构上。

2. 附着升降式脚手架

附着升降式脚手架是指仅需搭设一定高度并附着于工程结构上，依靠自身的升降设备和装置，随工程结构施工逐层爬升，并能实现下降作业的外脚手架。这种脚手架适用于现浇钢筋混凝土结构的高层建筑。

附着升降脚手架，按爬升构造方式分为导轨式、主套架式、悬挑式、吊拉式（互爬式）等（图 7-33）。其中主套架式、吊拉式采用分段升降方式；悬挑式、轨道式既可采用分段升降，亦可采用整体升降。无论采用哪一种附着升降式脚手架，其技术关键是：

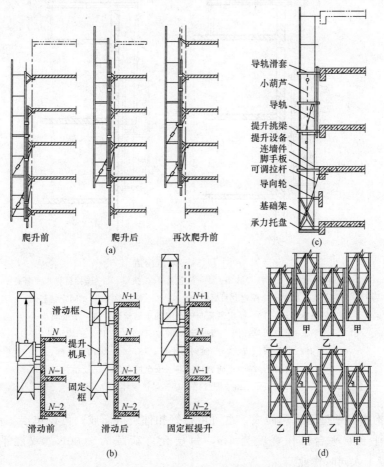

图 7-33　几种附着升降脚手架示意图

（a）导轨式；（b）主套架式；（c）悬挑式；（d）吊拉式

（1）与建筑物有牢固的固定措施。

（2）升降过程均有可靠的防倾覆措施。

（3）设有安全防坠落装置和措施。

（4）具有升降过程中的同步控制措施。

3. 悬吊式脚手架

悬吊式脚手架又称吊篮，它结构轻巧、操纵简单、安装和拆除速度快、升降和移动方便，在玻璃和金属幕墙的安装、外墙钢窗及装饰物的安装、外墙面涂料施工、外墙面的清洁、保养、修理等作业中得到广泛应用，它也适用于外墙面其他装饰施工。

吊篮的构造是由结构顶层伸出挑梁，挑梁的一端与建筑结构连接固定，挑梁的伸出端上通过滑轮和钢丝绳悬挂吊篮。

吊篮按升降的动力分有手动和电动两类。前者利用手扳葫芦进行升降，后者利用特制的电动卷扬机进行升降。

手动吊篮多为工地自制。它由吊篮、手扳葫芦、吊篮绳、安全绳、保险绳和悬挑钢架组成，如图7-34所示。

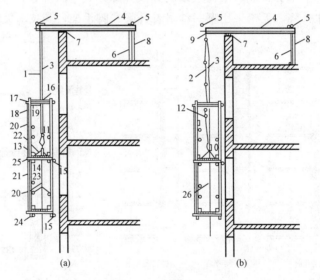

图7-34 吊篮构造

1—钢丝绳；2—链杆式链条；3—安全绳；4—挑梁；5—连接挑梁水平杆；

6—挑梁与建筑物固定立杆；7—垫木；8—临时支柱；9—固定链杆式

链条钢丝绳；10—固定吊篮与安全绳的短钢丝绳；11—手扳葫芦；

12—手拉葫芦；13—挡脚板；14—工作平台；15—护墙轮；

16—护头棚；17、25—横向水平杆；18、24—纵向水平杆；

19—立杆；20—正面斜撑；21—安全网；22—吊篮吊钩；

23—护身栏；26—吊篮架体

吊篮结构由薄壁型钢组焊而成，也可由钢管扣件组搭而成。可设单层工作平台，也可设置双层工作平台。平台工作宽度为1m，每层允许荷载为7000N。双层平台吊篮自重约600kg，可容4人同时作业。

电动吊篮多为定型产品，由吊篮结构、吊挂、电动提升机构、安全装置、控制柜、靠墙托轮系统及屋面悬挑系统等部件组成。吊篮脚手本身采用组合结合，其标准段分为 2、2.5m 及 3m 几种不同长度，根据需要，可拼装成 4、5、6、7、7.5、9、10m 等不同长度。吊篮脚手骨架用型钢或镀铸钢管焊成。

7.5.4　高层建筑主体结构施工

我国高层建筑在相当长的时期内是以钢筋混凝土结构为主，而高层钢筋混凝土主体结构施工最为关键的是混凝土的成型。在高层混凝土主体结构施工中，常见的施工方法有用于浇筑大空间水平构件的台模、密肋楼盖模壳，用于浇筑竖向构件的大模板、滑动模板、爬升模板等成套模板施工技术。

高层混凝土主体结构施工，应符合《混凝土结构工程质量验收规范》（GB 50204—2015）、《高层建筑混凝土结构技术规程》（JGJ 3—2010）及其他规范、规程的规定。

1. 主体结构施工方案选择

（1）框架结构施工方案。现浇框架结构的板、梁、柱混凝土均采用在施工现场就地浇筑的施工方法。这种方法整体性好，适应性强，可散装散拆或整装散拆，但施工现场工作量大，需要大量的模板，需解决好钢筋的加工成型和现浇混凝土的拌制、运输、浇灌、振捣、养护等问题。现浇框架结构柱、梁模板可采用组合式钢模板、胶合板模板，也可采用滑模施工。

（2）剪力墙结构施工方案。现浇剪力墙结构可采用大模板、滑动模板、爬升模板、隧道模等施工工艺。

1）大模板工艺广泛用于现浇剪力墙结构施工中，具有工艺简单、施工速度快、结构整体性好、抗震性能强、装修湿作业少、机械化施工程度高等优点。大模板建筑的内承重墙均用大模板施工，外墙逐步形成现浇、预制和砌筑三种做法，楼板可根据不同情况采用预制、现浇或预制和现浇相结合。

2）滑动模板工艺用于现浇剪力墙结构施工中，结构整体性好，施工速度快。楼板一般为现浇，也可以采用预制。

3）爬升模板工艺兼有大模板墙面平整和滑模在施工过程中不支拆模板、速度快的优点。

4）隧道模是将承重墙体施工和楼板施工同时进行的全现浇工艺，做到一次支模，一次浇筑成型。因此结构整体性好，墙体和顶板平整。

（3）筒体结构施工方案。钢筋混凝土筒体的竖向承重结构均采用现浇工艺，以确保高层建筑的结构整体性，模板可采用工具式组合模板、大模板、滑动模板或爬升模板。

内筒与外筒（柱）之间的楼板跨度常达 8～12m，一般采用现浇混凝土楼板或以压型钢板、混凝土薄板作永久性模板的现浇叠合楼板，也有采用预制肋梁现浇叠合楼板。

2. 楼板结构施工

高层建筑楼板结构施工所用的模板有台模、模壳、永久性模板（包括预制薄板和压型钢板）等。这些模板的共同特点是安装和拆模迅速、人力消耗少、劳动强度低。下面主要介绍台模和模壳施工。

（1）台模施工。台模亦称飞模，是一种由平台板、梁、支架、支撑、调节支腿及配件组成的工具式模板。适用于高层建筑大柱网、大空间的现浇钢筋混凝土楼盖施工，尤其适用于无柱帽的无梁楼盖结构。它可以整体支设、脱模、运转，并借助起重机械从浇筑完的楼盖下飞出，转移到上一层重复使用。

台模的规格尺寸，主要根据建筑物结构的开间（柱网）和进深尺寸以及起重机械的吊运能力来确定。一般按开间（柱网）进深尺寸设置一台或多台。

台模的类型较多，大致分为立柱式、桁架式、悬架式三类。

1）立柱式台模。立柱式台模包括钢管组合式台模和门架式台模等，是台模最基本的类型，应用比较广泛。立柱式台模承受的荷载，由立柱直接传给楼面。

图7-35所示是由组合钢模板、钢管脚手架组装的台模。台模安装就位后，用千斤顶调整标高，然后在立柱下垫上垫块并楔上木楔。拆模时，用千斤顶顶住台模，撤去垫块和木模，随即装上车轮，然后将台模推至楼层外侧临时搭设的平台上，再用起重机吊运至下一施工位置。

图7-36所示是用门架组装的台模。每两个相对门架间用钢管剪刀撑连成整体。沿房间进深方向，各对门架之间也用钢管斜撑相连。台模外侧安装上栏杆，护身栏杆高出楼面1.2m。拆模时，四个底托留下不动，其余底托全部松开，并升起挂住。在留下的四个底托处安放四个挂架，每个挂架挂一个手拉葫芦。手拉葫芦的吊钩吊住通长的下角钢，适当拉紧。松开四个留下的底托，使台模面板脱离混凝土。放松手拉葫芦，将台模落在地滚轮上。将台模向外推出，至塔式起重机吊住外侧吊环，继续外推，直到塔式起重机吊住内侧吊环，将台模吊起，运到下一施工位置。

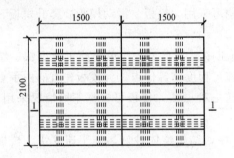

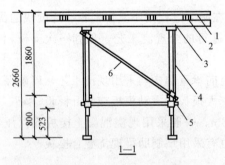

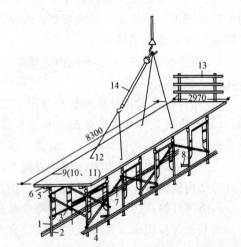

图7-35　钢管组合式台模

1—组合钢模板；2—次梁；3—主梁；
4—立柱；5—水平撑；6—斜撑

图7-36　门架式台模

1—门架（下部安装连接件）；2—底托（插入门架）；
3—交叉拉杆；4—通长角钢；5—顶托；6—大龙骨；
7—人字支撑；8—水平拉杆；9—小龙骨；
10—木板；11—薄钢板；12—吊环；
13—护身栏；14—电动环链

2）桁架式台模。桁架式台模是将台模的面板和龙骨放置在两榀或多榀上下弦平行的桁架上，以桁架作为台模的竖向承重构件，如图 7 - 37 所示。适用于大柱网（大开间）、大进深、无柱帽的板柱（板墙）结构施工。

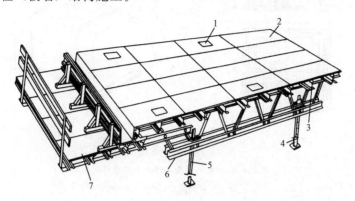

图 7 - 37　桁架式台模
1—吊装盒；2—面板；3—龙骨；4—底座；5—可调钢支腿；6—铝合金桁架；7—操作平台

3）悬架式台模。这是一种无支腿式台模，即台模不是支设在楼面上，而是支设在建筑物的墙、柱结构所设置的托架上。因此，台模的支设不需要考虑楼面结构的强度，从而可以减少台模需要多层配置的问题。另外，这种台模可以不受建筑物层高不同的影响，只需按开间（柱网）和进深进行设计即可。悬架式台模的构造如图 7 - 38 所示。

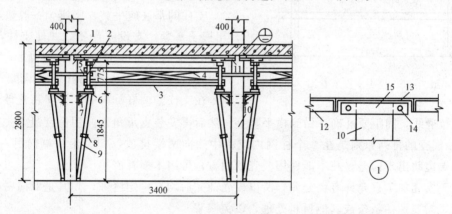

图 7 - 38　悬架式台模
1—楼板；2—桁架；3—水平剪刀撑；4—垂直剪刀撑；5—$\phi48\times3.5$ 连接杆 $l=900$；
6—倒拔榫；7—钢牛腿；8—扣件；9—钢支撑；10—柱子；11—翻转翼板；12—台模板；
13—钢盖板；14—螺栓；15—柱箍

另外，为了脱模时台模顺利推出，悬架式台模的纵向两侧装有可翻转 90°的活动翻转翼板，活动翼板下部用铰链与固定平板连接。

（2）模壳施工。采用大跨度、大空间结构，是目前高层公共建筑（如图书馆、商店、办公楼等）普遍采用的一种结构体系，为了减轻结构自重，提高抗震性能和增加室内顶棚的造型美观，往往采用密肋型楼盖。

密肋楼盖根据结构形式，分为双向密肋楼盖和单向密肋楼盖。用于前者施工的模壳称为 M 型模壳，用于后者施工的模壳称为 T 型模壳。图 7 - 39 所示为聚丙烯塑料模壳。

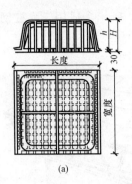
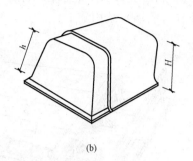

图 7-39　聚丙烯塑料模壳

（a）M 型塑料模壳；（b）T 型塑料模壳

注：h 为肋高，$H=h+30\text{mm}$。

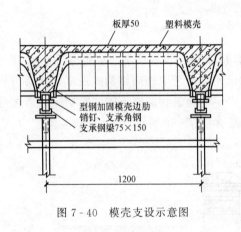

图 7-40　模壳支设示意图

模壳支设如图 7-40 所示，其操作要点如下：

1）施工前，要根据图纸设计尺寸，结合模壳规格，绘制出支模排列图。按施工流水段做好材料、工具准备。

2）支模时，先在楼地面上弹出密肋梁的轴线，然后立起支柱。

3）支柱的基底应平整、坚实，一般垫通长脚手板，用楔子塞紧。支设要严密，并使支柱与基底呈垂直。凡支设高度超过 3.5m 时，每隔 2m 高度应采用钢管与支柱拉结，并与结构柱连接牢固。

4）在支柱整调好标高后，再安装龙骨。安装龙骨时要拉通线，间距要准确，做到横平竖直，然后再安装支承角钢，用销钉锁牢。

5）模壳的排列原则是在一个柱网内应由中间向两端排放，切忌由一端向另一端排列，以免两端边肋出现偏差。凡不能使用模壳的地方，可用木模补嵌。

由于模壳加工只允许有负公差，所以模壳铺完后均有一定缝隙，尤其是双向密肋楼板缝隙较大，需要用油毡条或其他材料处理，以免漏浆。

6）模壳的脱壳剂应使用水溶性脱模剂，避免与模壳起化学反应。

3．大模板施工

大模板施工技术是采用工具式大型模板，配以相应的起重吊装机械，以工业化生产方式在施工现场浇筑混凝土墙体的一种成套模板技术。其工艺特点是以建筑物的开间、进深、层高的标准化为基础，以大型工业化模板为主要施工手段，以现浇钢筋混凝土墙体为主导工序，组织有节奏的均衡施工。目前，大模板工艺已成为剪力墙结构工业化施工的主要方法之一。

大模板工程建筑体系大体上分为三类，即内墙现浇、外墙预制（简称内浇外板或内浇外挂）；内外墙全现浇（全现浇）；内墙现浇外墙砌筑（简称内浇外砌）。

（1）大模板构造。大模板由板面系统、支撑系统、操作平台和附件组成，如图 7-41 所示。

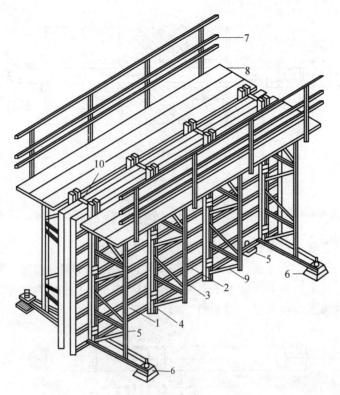

图 7 - 41　大模板构造示意图

1—面板；2—水平肋；3—支撑桁架；4—竖肋；5—水平调整装置；

6—垂直调整装置；7—栏杆；8—脚手板；9—穿墙螺栓；

10—固定卡具

1）面板系统：包括面板、横肋、竖肋等。面板是直接与混凝土接触的部分，要求表面平整、拼缝严密、刚度较大、能多次重复使用。竖肋和横肋是面板的骨架，用于固定面板，阻止面板变形，并将混凝土侧压力传给支撑系统。为调整模板安装时的水平标高，一般在面板底部两端各安装一个地脚螺栓。

面板一般采用厚 4～6mm 的整块钢板焊成，或用厚 2～3mm 的定型组合钢模板拼装，还可采用 12～24mm 厚的多层胶合板、敷膜竹胶合板以及铸铝模板、玻璃钢面板等。

2）支撑系统：包括支撑架和地脚螺栓。其作用是传递水平荷载，防止模板倾覆。除了必须具备足够的强度外，尚应保证模板的稳定。每块大模板设 2～4 个支撑架，支撑架上端与大模板竖肋用螺栓连接，下部横杆端部设有地脚螺栓，用以调节模板的垂直度。

3）操作平台：包括平台架、脚手板和防护栏杆。操作平台是施工人员操作的场所和运输的通道，平台架插放在焊于竖肋上的平台套管内，脚手板铺在平台架上。每块大模板还设有铁爬梯，供操作人员上下使用。

4）附件：大模板附件主要包括穿墙螺栓和上口铁卡子等。穿墙螺栓用以连接固定两侧的大模板，承受混凝土的侧压力，保证墙体的厚度。一般采用 $\phi 30$ 的 45 号圆钢制作。一端制成螺纹，长 100mm，用以调节墙体厚度，可适用于 140～200mm 的墙厚施工，另一端采用钢销和键槽固定（图 7 - 42）。螺纹外面应罩以钢套管，防止落入水泥浆，影响使用。

为了能使穿墙螺栓重复使用，防止混凝土粘结穿墙螺栓，并保证墙体厚度，螺栓应套以

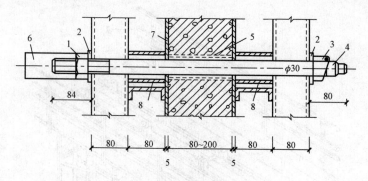

图 7-42　穿墙螺栓构造

1—螺母；2—垫板；3—板销；4—螺杆；5—塑料套管；6—螺纹保护套；7—模板

与墙厚相同的塑料套管。拆模后，将塑料套管剔出周转使用。

上口铁卡子主要用于固定模板上部，控制墙体厚度和承受部分混凝土侧压力。模板上部要焊上卡子支座，施工时将上口铁卡子安入支座内固定。铁卡子应多刻几道刻槽，以适应不同厚度的墙体。铁卡子和铁卡子支座如图 7-43 所示。

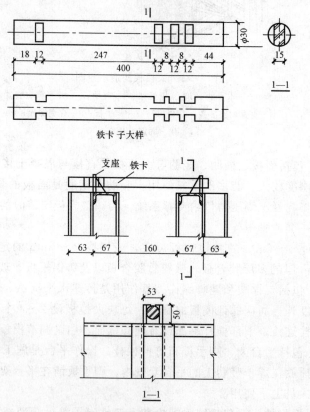

图 7-43　铁卡子和铁卡子支座

（2）大模板类型。大模板按构造外形分有平模、小角模、大角模、筒形模等。

1）平模：分为整体式平模、组合式平模和拼装式平模。

整体式平模是以整面墙制作一块模板，结构简单、装拆灵活、墙面平整。但模板通用性差，并需用小角模解决纵、横墙角部位模板的拼接处理，仅适用于大面积标准住宅的施工（图 7 - 44）。

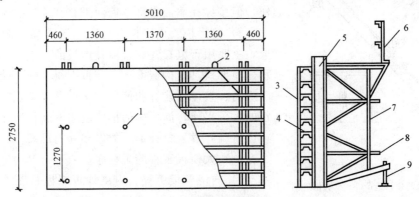

图 7 - 44　整体式平模

1—穿墙螺栓孔；2—吊环；3—面板；4—横肋；5—竖肋；6—护身栏杆；

7—支撑立杆；8—支撑横杆；9—φ32 丝杠

组合式平模是以建筑物常用的轴线尺寸作基数拼制模板，并通过固定于大模板板面的角模把纵横墙的模板组装在一起，同时浇筑纵横墙的混凝土。为适应不同开间、进深尺寸的需要，组合式平模可利用模数条模板加以调整。

拆装式平模是将板面、骨架等部件之间的连接全都采用螺栓组装，这样比组合式大模板更便于拆改，也可减少因焊接而产生的模板变形。面板可选用钢板、木质板面、钢框胶合板模板、中型组合钢模板等。

2）小角模：是为适应纵横墙一起浇筑而在纵横墙相交处附加的一种模板，通常用∟100×10 的角钢制成。小角模设置在平模转角处，可使内模形成封闭支撑体系，模板整体性好，组拆方便，墙面平整，但模板拼缝多，墙面修理工作量大，加工精度要求高。如图 7 - 45所示。

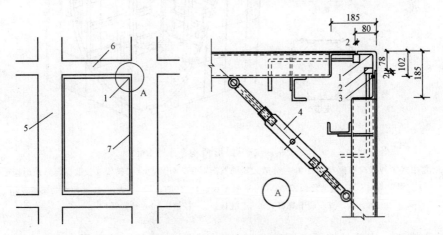

图 7 - 45　小角模连接构造

1—小角模；2—偏心压杆；3—合页；4—花篮螺栓；5—横墙；6—纵墙；7—平模

3）大角模：是由上下四个大合页连接起来的两块平模、三道活动支撑和地脚螺栓等组

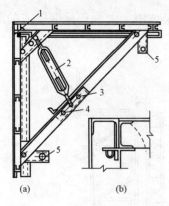

图 7-46 大角模构造示意

（a）大角模构造；（b）合页构造

1—合页；2—花篮螺栓；3—固定销子；

4—活动销子；5—地脚螺栓

成，如图 7-46 所示。采用大角模施工可使纵横墙混凝土同时浇筑，结构整体性好，墙体阴角方正，模板装拆方便，但接缝在墙面中部，墙面平整度差。

4）筒形模：由平模、角模和紧伸器（脱模器）等组成，主要用于电梯井、管道井内模的支设，如图 7-47 所示。筒形模具有构造简单、装拆方便、施工速度快、劳动工效高、整体性能好和使用安全可靠等特点。随着高层建筑的大量兴建，筒形模的推广应用发展很快，许多模板公司已研制开发了各种形式的电梯井筒形模。

（3）大模板工程施工程序。

1）内浇外板工程。内浇外板工程是以单一材料或复合材料的预制混凝土墙板作为高层建筑的外墙，内墙采用大模板支模，现场浇筑混凝土。其主要施工程序是准备工

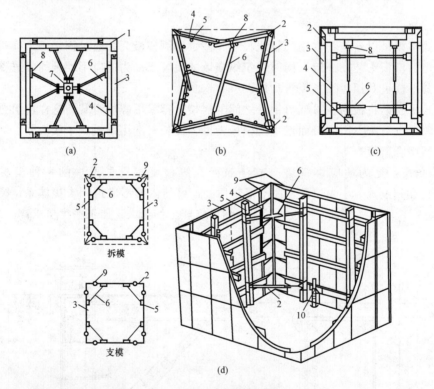

图 7-47 筒形模构造示意图

（a）集中式紧伸器筒形模；（b）、（c）分散式紧伸器筒形模；（d）组合式铰接（分散操作）筒形模透视图

1—固定角模；2—活动角模铰链；3—平面模板；4—横肋；5—竖肋；6—紧伸器（脱模器）；

7—调节螺杆；8—连接板；9—铰链；10—地脚螺栓

作→安装大模板→安装外墙板→固定模板上口→预检→浇筑内墙混凝土→其他工序。

准备工作主要包括模板编号、抄平放线、敷设钢筋、埋设管线、安装门窗洞口模板或门窗框等。其他工序主要包括拆模、墙面修整、墙体养护、板缝防水处理、水平结构施工及内

外装饰等。

大模板组装前要进行编号，并绘制单元模板组合平面图。每道墙的内外两块大模板取同一数字编号，并应标以正号、反号以示区分。

2）内外墙全现浇工程。内外墙全现浇工程是以现浇钢筋混凝土外墙取代预制外墙板。其主要施工程序是准备工作→挂外架子→安装内横墙大模板→安装内纵墙大模板→安装角模→安装外墙内侧大模板→合模前钢筋隐检→安装外墙外侧大模板→预检→浇筑墙体混凝土→其他工序。

3）内浇外砌工程。内浇外砌工程是内墙采用大模板现浇混凝土，外墙为砖墙砌筑，内、外墙交接处采用钢筋拉结或设置钢筋混凝土构造柱咬合，适用于层数较少的高层建筑。其主要施工程序是准备工作→外墙砌筑→安装大模板→预检→浇筑内墙混凝土→其他工序。

（4）大模板拆模。在常温条件下，墙体混凝土强度超过 $1N/mm^2$（常温养护需 8～10h）时方准拆模。拆模顺序为先拆内纵墙模板，再拆横墙模板，最后拆除角模和门洞口模板。单片模板拆除顺序为拆除穿墙螺栓、拉杆及上口卡具→升起模板底脚螺栓→再升起支撑架底脚螺栓→使模板自动倾斜脱离墙面并将模板吊起。

模板拆除后，应及时清理干净，并按规定堆放。拆模时要注意保护大模板、穿墙螺栓和卡具等，以便重复使用。

4. 滑模施工

滑模（即液压滑动模板）施工技术，是利用一套 1m 多高的模板及液压提升设备，按照工程设计的平面尺寸组成滑模装置，连续不断地进行竖向现浇混凝土构件施工的一种成套模板技术。其工艺特点是模板一次组装成型、装拆工序少、能连续滑升作业、施工速度快、工业化程度高、结构整体性能好。滑模工艺是高层现浇混凝土剪力墙结构和筒体结构采用的主要工业化施工方法之一。

（1）滑模装置构造。滑模装置主要由模板系统、操作平台系统、液压提升系统及施工精度控制系统等部分组成（图 7-48）。

1）模板系统。模板系统包括模板、围圈、提升架等。

模板：又称作围板，依靠围圈带动沿混凝土的表面向上滑动。其主要作用是承受混凝土的侧压力、冲击力和滑升时的摩擦阻力，并使混凝土按设计要求的截面形状成型。模板按其所在部位和作用的不同，可分为内模板、外模板、堵头模板、角模以及阶梯形变截面处的衬模板、圆形变截面结构中的收分模板等。一般以钢模板为主。

围圈：又称作围檩，主要作用是使模板保持组装的平面形状，并将模板与提升架连接成整体。围圈可用角钢、槽钢或工字钢制作，通常按建筑物所需要的结构形状上下各布置一道，其间距一般为 500～700mm。当提升架之间的布置距离大于 2.5m 或操作平台的桁架直接支承在围圈上时，可在上下围圈之间加设腹杆，形成平面桁架，如图 7-49 所示。

提升架：又称作千斤顶架，是安装千斤顶并与围圈、模板连接成整体的主要构件。其主要作用是控制模板、围圈由于混凝土的侧压力和冲击力而产生的位移变形，同时承受作用于整个模板上的竖向荷载，并将这些荷载传递给千斤顶和支承杆。当提升机具工作时，通过提升架带动围圈、模板及操作平台等一起向上滑动。提升架按构造形式可分为单横梁"Ⅱ"形架、双横梁"开"形架及单立柱"Γ"形架等。图 7-50 为目前广泛使用的钳形提升架。

2）操作平台系统。操作平台系统包括操作平台、内外吊脚手架及某些增设的辅助平

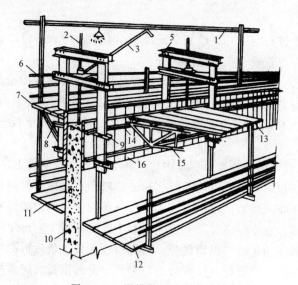

图 7-48　滑模装置构造示意图

1—支架；2—支承杆；3—油管；4—千斤顶；5—提升架；6—栏杆；7—外平台；
8—外挑架；9—收分装置；10—混凝土墙；11—外吊平台；12—内吊平台；
13—内平台；14—上围圈；15—桁架；16—模板

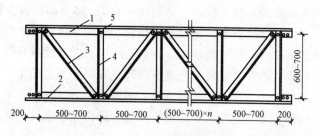

图 7-49　桁架式围圈

1—上围圈；2—下围圈；3—斜腹杆；4—垂直腹杆；5—连接螺栓

台等。

操作平台：滑模的操作平台是绑扎钢筋、浇筑混凝土、提升模板等的操作场所，也是钢筋、混凝土、预埋件等材料和千斤顶、振捣器等小型备用机具的暂时存放场地。按楼板施工工艺的不同要求，操作平台可采用固定式或活动式。

吊脚手架：又称下辅助平台或吊架，主要用以检查墙（柱）混凝土质量并进行修饰，以及调整和拆除模板（包括洞口模板）、引设轴线、标高、支设梁底模板等。外吊脚手架悬挂在提升架外侧立柱和三角挑架上，内吊脚手架悬挂在提升架内侧立柱和操作平台上。

3）液压提升系统。液压提升系统包括液压千斤顶、液压控制台、油路和支承杆等。

液压千斤顶：又称为穿心式液压千斤顶或爬升器。其中心穿过支承杆，在液压动力作用下沿支承杆爬升，以带动提升架、操作平台和模板随之一起上升。按其卡头形式的不同分为滚珠式和楔块式。

目前，国内滑模液压千斤顶型号主要有滚珠式 GYD-35 型、GYD-60 型、楔块式 QYD-35 型、QYD-60 型、QYD-100 型、松卡式 SQD-90-35 型和松卡式 GSD-35 型等型号。

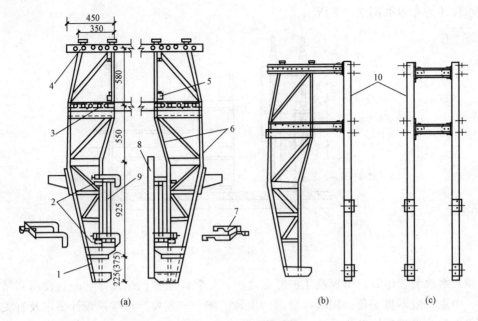

图 7 - 50　钳形提升架

（a）提升架与围圈、模板的连接；（b）转角处提升架；（c）十字交叉处提升架

1—接长脚；2—顶紧螺栓；3—下横梁；4—上横梁；5—顶紧螺栓；

6—立柱；7—扣件；8—模板；9—围圈；10—直腿立柱

液压控制台是液压传动系统的控制中心，主要由电动机、齿轮油泵、换向阀、溢流阀、液压分配器和油箱等组成。

油路系统是连接控制台到千斤顶的液压通路，主要由油管、管接头、液压分配器和截止阀等元、器件组成。油管一般采用高压无缝钢管和高压橡胶管两种，其耐压力不得小于油泵额定压力的 1.5 倍。油管与液压千斤顶连接处宜采用高压橡胶管。

支承杆：又称爬杆、千斤顶杆等，是千斤顶向上爬升的轨道，也是滑模的承重支柱。它支承着作用于千斤顶的全部荷载。

支承杆按使用情况分为工具式和非工具式两种。工具式可以回收，非工具式支承杆直接浇筑在混凝土中。为了节约钢材用量，应尽可能采用可回收的工具式支承杆。

直径 25mm 圆钢支承杆常采用螺纹连接、榫接和坡口焊接三种连接方法，如图 7 - 51 所示。

近年来，我国相继研制了一批额定起重量为 6～10t 的大吨位千斤顶（如 GYD-60 型、QYD-60 型、QYD-100 型、松卡式 SQD-90-35 型），与之配套的支承杆可采用 $\phi48mm\times3.5mm$ 的钢管（钢管支承杆长度宜为 4～6m）。用钢管作支承杆使用，大大提高了抗失稳能力，因此不仅可以加大脱空长度，而且可以布置在混凝土体内或体外。钢管支承杆接头，可采用螺纹连接、焊接和销钉连接。钢管作为工具式支承杆和在混凝土体外布置时，也可采用脚手架扣件连接。钢

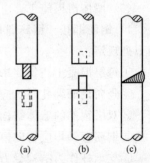

图 7 - 51　支承杆的连接

（a）螺纹连接；（b）榫接；（c）焊接

管支承杆体外布置如图7-52所示。

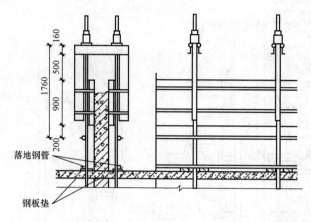

图7-52　钢管支承杆体外布置

（2）滑模装置组装。滑模施工的特点之一，是将模板一次组装好，一直使用到结构施工完毕，中途一般不再变化。因此，滑模的组装工作，一定要严格按照设计要求及有关操作技术规定进行。滑模组装顺序如图7-53所示。

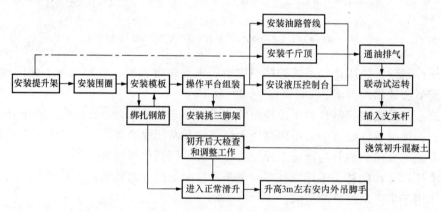

图7-53　滑模组装顺序

（3）墙体滑模施工。

1）钢筋绑扎。钢筋绑扎应与混凝土浇筑及模板的滑升速度相配合。钢筋绑扎时，应符合下列规定：

①每层混凝土浇筑完毕后，在混凝土表面上至少应有一道已绑扎的横向钢筋。

②竖向钢筋绑扎时，应在提升架上部设置钢筋定位架，以保证钢筋位置准确。

③双层钢筋的墙体结构，钢筋绑扎后，双层钢筋之间应有拉结筋定位。

④钢筋弯钩均应背向模板，以防模板滑升时被弯钩挂住。

⑤支承杆作为结构受力筋时，其接头处的焊接质量必须满足有关钢筋焊接规范的要求。

2）混凝土施工。为滑模施工配制的混凝土，除必须满足设计强度、抗渗性、耐久性等要求外，还必须满足滑模施工的特殊要求，如出模强度、凝结时间、和易性等。

浇筑混凝土之前，要合理划分施工区段，安排操作人员，以使每个区段的浇筑数量和时间大致相等。混凝土的浇筑必须满足下列规定：

①必须分层均匀交圈浇筑，每一浇筑层的混凝土表面应在同一水平面上，并有计划地变换浇筑方向，以保证模板各处的摩擦阻力相近，防止模板产生扭转和结构倾斜。

②分层浇筑的厚度以 200～300mm 为宜，各层浇筑的间隔时间应不大于混凝土的凝结时间。当间隔时间超过时，对接槎处应按施工缝的要求处理。

③在气温高的季节，宜先浇筑内墙，后浇筑阳光直射的外墙；先浇筑直墙，后浇筑墙角和墙垛；应先浇筑厚墙，后浇筑薄墙。

④预留孔洞、门窗口、烟道口、变形缝及通风管道等两侧的混凝土，应对称均衡浇筑。

混凝土振捣时，振捣器不得直接触及支承杆、钢筋和模板，并应插入前一层混凝土内。在模板滑动过程中，不得振捣混凝土。

⑤模后的混凝土必须及时修整和养护。常用的养护方法有浇水养护和养护液养护。混凝土浇水养护的开始时间应视气温情况而定，夏期施工时，不应迟于脱膜后 12h，浇水次数应适当增多。当采用养护液封闭养护时，应防止漏喷、漏刷。

3）模板滑升。模板的滑升分为初升、正常滑升和末升三个阶段。

①初升阶段：模板的初升应在混凝土达到出模强度，浇筑高度为 700mm 左右时进行。开始初升前，为了实际观察混凝土的凝结情况，必须先进行试滑升。试滑升时，应将全部千斤顶同时升起 5～10cm，然后用手指按已脱模的混凝土，若混凝土表面有轻微的指印，而表面砂浆已不粘手，或滑升时耳闻"沙沙"的响声时，即可进入初升。

模板初升至 200～300mm 高度时，应稍作停歇，对所有提升设备和模板系统进行全面修整后，方可转入正常滑升。

②正常滑升阶段：模板经初升调整后，即可按原计划的正常班次和流水段，进行混凝土和模板的随浇随升。正常滑升时，每次提升的总高度应与混凝土分层浇筑的厚度相配合，一般为 200～300mm。两次滑升的间隔停歇时间，一般不宜超过 1.5h，在气温较高的情况下，应增加 1～2 次中间提升，中间提升的高度为 1～2 个千斤顶行程。

模板的滑升速度，取决于混凝土的凝结时间、劳动力的配备、垂直运输的能力、浇筑混凝土的速度以及气温等因素。在常温下施工，滑升速度为 150～350mm/h，最慢不应少于 100mm/h。

为保证结构的垂直度，在滑升过程中，操作平台应保持水平。各千斤顶的相对高差不得大于 40mm，相邻两个千斤顶的升差不得大于 20mm。

③末升阶段：当模板升至距建筑物顶部高 1m 左右时，即进入末升阶段。此时应放慢滑升速度，进行准确的抄平和找正工作。整个抄平找正工作应在模板滑升至距离顶部标高 20mm 以前做好，以便使最后一层混凝土能均匀交圈。混凝土末浇结束后，模板仍应继续滑升，直至与混凝土脱离为止。

4）停滑措施。如因气候、施工需要或其他原因而不能连续滑升时，应采取可靠的停滑措施：

①停滑前，混凝土应浇筑到同一水平面上。

②停滑过程中，模板应每隔 0.5～1h 提升一个千斤顶行程，直至模板与混凝土不再粘结为止，但模板的最大滑空量，不得大于模板高度的 1/2。

③当支承杆的套管不带锥度时，应于次日将千斤顶顶升一个行程。

④框架结构模板的停滑位置，宜设在梁底以下 100~200mm 处。

⑤对于因停滑造成的水平施工缝，应认真处理混凝土表面，用水冲走残渣，先浇筑一层按原配合比配制的减半石子混凝土，然后再浇筑上面的混凝土。

⑥继续施工前，应对液压系统进行全部检查。

5）滑模装置的拆除。滑模装置拆除时，应制定可靠的措施，确保操作安全。提升系统的拆除可在操作平台上进行，千斤顶留待与模板系统同时拆除。滑模系统的拆除分为高空分段整体拆除和高空解体散拆。条件允许时应尽可能采取高空分段整体拆除，地面解体的方法。

分段整体拆除的原则是先拆除外墙（柱）模板（连同提升架、外挑架、外吊架一起整体拆下），后拆内墙（柱）模板。

（4）楼板结构施工。滑模施工中，楼板与墙体的连接，一般分为预制安装与现浇两类。采用滑模施工的高层建筑，由于结构抗震要求，宜采用现浇楼板结构。楼板结构的施工方法主要有逐层空滑楼板并进法、先滑墙体楼板跟进法和先滑墙体楼板降模法等。

1）逐层空滑楼板并进施工工艺。逐层空滑楼板并进又称"逐层封闭"或"滑一浇一"，其工艺特点是滑升一层墙体，施工一层楼板。

逐层空滑现浇楼板施工做法是当每层墙体模板滑升至上一层楼板底标高位置时，停止墙体混凝土浇筑，待混凝土达到脱模强度后，将模板连续提升，直至墙体混凝土脱模，再向上空滑至模板下口与墙体上皮脱空一段高度为止（脱空高度根据楼板的厚度而定），然后将操作平台的活动平台板吊开，进行现浇楼板支模、绑扎钢筋和浇筑混凝土的施工，如图 7-54 所示。如此逐层进行，直至封顶。

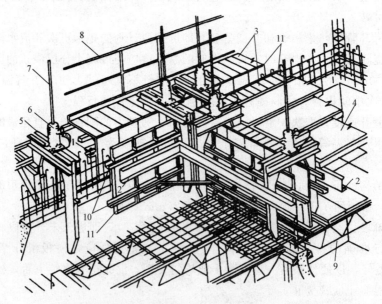

图 7-54　逐层空滑现浇楼板施工

1—外围梁；2—内围梁；3—固定平台板；4—活动平台板；5—提升架；6—千斤顶；
7—支承杆；8—栏杆；9—楼板桁架支模；10—围圈；11—模板

逐层空滑现浇楼板施工工艺，将滑模连续施工改变为分层间断周期性施工。因此，每层墙体混凝土，都有初试滑升、正常滑升和完成滑升 3 个阶段。

逐层空滑现浇楼板施工是在吊开活动平台板后进行的，与一般楼板施工相同，可采用传统的支模方法。为了加快模板的周转，也可采用早拆模板体系。

2）先滑墙体楼板跟进施工工艺。先滑墙体楼板跟进施工是当墙体连续滑升数层后，楼板自下而上地逐层插入施工。该工艺在墙体滑升阶段即可间隔数层进行楼板施工，墙体滑升速度快，楼板施工与墙体施工互不影响，但需要解决好墙体与楼板连接问题，及墙体在施工阶段的稳定性。

先滑墙体楼板跟进施工的具体做法是楼板施工时，先将操作平台的活动平台板揭开，由活动平台的洞口吊入楼板的模板、钢筋和混凝土等材料，也可由设置在外墙窗口处的受料挑台将所需材料吊入房间，再用手推车运至施工地点。

现浇楼板与墙体的连接方式主要有钢筋混凝土键连接和钢筋销凹槽连接两种。如图 7-55、图 7-56 所示。

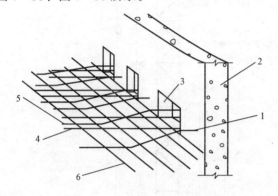

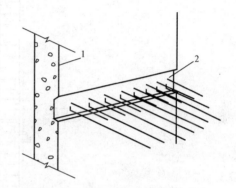

图 7-55　钢筋混凝土键连接
1—混凝土墙伸出弯起钢筋；2—混凝土墙；
3—预留洞口；4—洞中穿过的受力钢筋
（或分布筋）；5—洞中穿过的弯起
钢筋；6—分布筋（或受力筋）

图 7-56　水平嵌固凹槽
1—墙体；2—凹槽

3）先滑墙体楼板降模施工工艺。先滑墙体楼板降模施工是针对现浇楼板结构而采用的一种施工工艺。其具体做法是当墙体连续滑升到顶或滑升至 8～10 层高度后，将事先在底层按每个房间组装好的模板，用卷扬机或其他提升机具，提升到要求的高度，再用吊杆悬吊在墙体预留的孔洞中，然后进行该层楼板的施工。当该层楼板的混凝土达到拆模强度要求时（不得低于 15MPa），可将模板降至下一层楼板的位置，进行下一层楼板的施工。此时，悬吊模板的吊杆也随之接长。这样，施工完一层楼板，模板降下一层，直到完成全部楼板的施工，降至底层为止。

对于楼层较多的高层建筑，一般应以 10 层高度为一个降模段，按高度分段配置模板，进行降模的施工。

采用降模法施工时，现浇楼板与墙体的连接方式，基本与采用间隔数层楼板跟进施工工艺的做法相同。

5. 爬模施工

爬升模板简称爬模，是综合大模板与滑模工艺特点形成的一种成套模板技术，具有大模板和滑模的共同优点。适用于高层建筑外墙外侧和电梯井筒内侧无楼板阻隔的现浇混凝土竖向结构施工，其他竖向现浇混凝土构件仍采用大模板或组合式中小型模板施工。在采取适当措施后，外墙内侧和电梯井筒外侧的模板也可同时采用爬模施工。

爬模施工工艺分为模板与爬架互爬、爬架与爬架互爬、模板与模板互爬及整体爬模等类型。

（1）模板与爬架互爬。模板与爬架互爬是最早采用并广泛使用的一种爬模工艺，是以建筑物的钢筋混凝土墙体为支承主体，通过附着于已完成的钢筋混凝土墙体上的爬升支架或大模板，利用连接爬升支架与大模板的爬升设备，使一方固定，另一方作相对运动，交替向上爬升，来完成模板的爬升、下降、就位和校正等工作。爬升模板由大模板、爬升支架和爬升设备三部分组成，如图 7 - 57 所示。模板与爬架互爬工艺流程如图 7 - 58 所示。

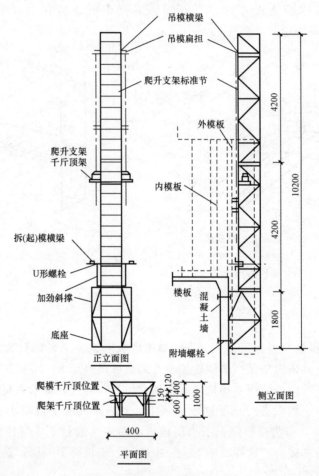

图 7 - 57　液压爬升模板构造

1）爬升模板安装。进入现场的爬模装置（包括大模板、爬升支架、爬升设备、脚手架及附件等），应按设计要求及有关规范、规程验收，合格后方可使用。

爬升模板安装前，应检查工程结构上预埋螺栓孔的直径和位置是否符合图纸要求，如有偏差应及时纠正。

爬升模板的安装顺序是底座→立柱→爬升设备→大模板。底座安装时，先临时固定部分穿墙螺栓，待校正标高后，再固定全部穿墙螺栓。立柱宜采取先在地面组装成整体，然后安

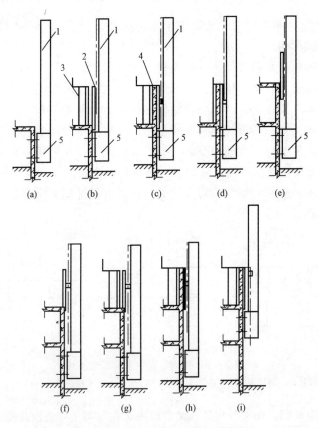

图 7 - 58　模板与爬架互爬工艺流程

（a）首层墙体完成后安装爬升支架；（b）外模板安装于支架上、绑扎钢筋、安装内模
板；（c）浇筑第二层墙体混凝土；（d）拆除内模板；（e）第三层楼板施工；（f）爬升外
模板、校正并固定于上一层；（g）绑扎第三层墙体钢筋、安装内模板；（h）浇筑第三层
墙体混凝土；（i）爬升模板支架，将底座固定于第二层墙体上

1—爬升支架；2—外模板；3—内模板；4—墙体混凝土；5—底座

装的方法。立柱安装时，先校正垂直度，再固定与底座相连接的螺栓。模板安装时，先加以临时固定，待就位校正后，再正式固定。所有穿墙螺栓均应由外向内穿入，在内侧紧固。

模板安装完毕后，应对所有连接螺栓和穿墙螺栓进行紧固检查。并经试爬升验收合格后，方可投入使用。

2）爬升。爬升前，首先要仔细检查爬升设备的位置、牢固程度、吊钩及连接杆件等，在确认符合要求后方可正式爬升。

正式爬升时，应先拆除与相邻大模板及脚手架间的连接杆件，使各个爬升模板单元系统分开。然后收紧千斤顶钢丝绳，拆卸穿墙螺栓。在爬升大模板时拆卸大模板的穿墙螺栓，在爬升支架时拆卸底座的穿墙螺栓。同时检查卡环和安全钩，调整好大模板或爬升支架重心，使其保持垂直，防止晃动与扭转。

爬升时要稳起、稳落，平稳就位，防止大幅度摆动和碰撞。要注意不要使爬升模板被其他构件卡住，若发现此现象，应立即停止爬升，待故障排除后，方可继续爬升。爬升完毕应及时固定，并应将小型机具和螺栓收拾干净，不可遗留在操作架上。每个单元的爬升，应在一个工作台班内完成。遇六级以上大风，一般应停止作业。

3) 爬升模板拆除。拆除时要先清除脚手架上的垃圾杂物，拆除连接杆件，经检查安全可靠后，方可大面积拆除。

拆除爬升模板的顺序是爬升设备→大模板→爬升支架。

拆除爬升模板的设备，可利用施工用的起重机，也可在屋面上装设人字形拔杆或台灵架进行拆除。拆下的爬升模板要及时清理、整修和保养，以便重复利用。

(2) 模板与模板互爬。模板与模板互爬是一种无架液压爬模工艺，是将外墙外侧模板分成 A、B 两种类型，A 型与 B 型模板交替布置，互相爬升。A 型模板为窄板，高度要大于两个层高；B 型模板要按建筑物外墙尺寸配制，高度均略大于层高，与下层外墙稍有搭接，避免漏浆和错台。A 模布置在外墙与内墙交接处，或大开间外墙的中部。模板与模板互爬工艺流程如图 7-59 所示。

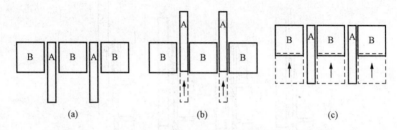

图 7-59 模板与模板互爬工艺流程
(a) 模板就位，浇筑混凝土；(b) A 型模板爬升；(c) B 型模板爬升就位，浇筑混凝土

(3) 爬架与爬架互爬。爬架与爬架互爬是以固定在混凝土外表面的爬升挂靴为支点，以摆线针轮减速机为动力，通过内外爬架的相对运动，使外墙外侧大模板随同外爬架相应爬升。当大模板达到规定高度，借助滑轮滑动就位。爬架与爬架互爬工艺流程如图 7-60 所示。

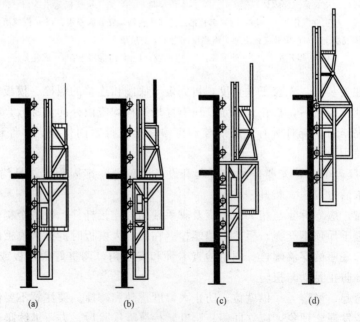

图 7-60 爬架与爬架互爬工艺流程
(a) 退出模板，安装挂靴；(b) 外架支撑，内架爬升；(c) 内架支撑，外架爬升；(d) 模板就位

（4）整体爬模施工。整体爬模施工工艺是近几年在高层建筑施工中形成的一种爬模技术。其主要组成部分有内、外爬架和内、外模板。内爬架置于墙角，通过楼板孔洞，立在短横扁担上，并用穿墙螺栓传力于下层的混凝土墙体。外爬架传力于下层混凝土外墙体。内、外爬架与内、外模板相互依靠、交替爬升。整体爬模如图 7 - 61 所示。

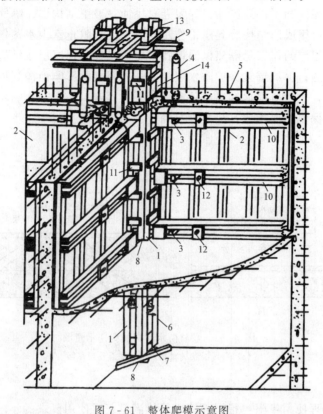

图 7 - 61 整体爬模示意图

1—内爬架；2—内模板；3—固定插销；4—动力提升机构；5—混凝土墙体；

6—穿墙螺栓；7—短横扁担；8—内爬架通道；9—顶架；10—横肋；

11—级板；12—垫板；13—外爬架；14—外模架

目前，整体爬模施工工艺分为倒链提升整体爬模施工、电动整体爬模施工、液压整体爬模施工三种类型。

7.6 防水工程

防水技术是保证工程结构不受水侵蚀的一项专门技术，在土木工程施工中占有重要地位。防水工程质量的好坏，直接影响到土木工程的寿命。

防水工程按其构造做法分为结构防水和材料防水两大类。结构防水，主要是依靠结构构件材料自身的密实性及其某些构造措施（坡度、埋设止水带等），使结构构件起到防水作用。材料防水，是在结构构件的迎水面或背水面以及接缝处，附加防水材料做成防水层，以起到防水作用，如卷材防水、涂料防水、刚性材料防水层防水等。

7.6.1 屋面防水工程

1. 卷材防水屋面的构造

卷材防水屋面是用胶黏剂将卷材逐层粘结铺设而成的防水屋面,如图 7-62 所示。卷材防水屋面分为保温屋面和不保温屋面,保温卷材屋面一般由结构层、隔气层、保温层、找平层、防水层和保护层组成。结构层起承重作用;隔气层能阻止室内水蒸气进入保温层,以免影响保温效果;保温层的作用是隔热保温;找平层用以找平保温层或结构层;防水层主要防止雨雪水向屋面渗透;保护层是保护防水层免受外界因素的影响而遭到损坏。其中隔气层和保温层可设可不设,主要应根据气温条件和使用要求而定。

不保温屋面与保温屋面相比,只是没有隔气层和保温层。

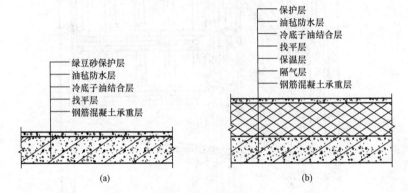

图 7-62 卷材防水屋面的构造示意图
(a) 不保温卷材屋面;(b) 保温卷材屋面

2. 术语

(1) 防水层合理使用年限:指屋面防水层能满足正常使用要求的年限。

(2) 一道防水设防:具有单独防水能力的一道防水层。

(3) 合成高分子防水卷材:以合成橡胶、合成树脂或它们两者的共混体为基料,加入适量的化学助剂和填充料等,经不同工序加工而成可卷曲的片状防水材料,或把上述材料与合成纤维等复合形成两层或两层以上可卷曲的片状防水材料。

(4) 分格缝:在屋面找平层、刚性防水层、刚性保护层上预先留设的缝。

(5) 满粘法:铺贴防水卷材时,卷材与基层采用全部粘结的施工方法。

(6) 空铺法:铺贴防水卷材时,卷材与基层在周边一定宽度内粘结,其余部分不粘结的施工方法。

(7) 点粘法:铺贴防水卷材时,卷材或打孔卷材与基层采用点状粘结的施工方法。

(8) 条粘法:铺贴防水卷材时,卷材与基层采用条状粘结的施工方法。

(9) 冷粘法:在常温下采用胶粘剂等材料进行卷材与基层、卷材与卷材间粘结的施工方法。

(10) 热熔法:采用火焰加热器熔化热熔型防水卷材底层的热熔胶进行粘结的施工方法。

(11) 自粘法:采用带有自粘胶的防水卷材进行粘结的施工方法。

（12）热风焊接法：采用热空气焊枪进行防水卷材搭接粘合的施工方法。

（13）倒置式屋面：将保温层设置在防水层上的屋面。

（14）架空屋面：在屋面防水层上采用薄型制品架设一定高度的空间，起到隔热作用的屋面。

（15）蓄水屋面：在屋面防水层上蓄一定高度的水，起到隔热作用的屋面。

（16）种植屋面：在屋面防水层上铺以种植介质，并种植物的屋面。

7.6.2 基本规定

防水工程施工工艺要求严格细致，在施工工期安排上应避开雨期或冬期施工。《屋面工程技术规范》（GB 50345—2012）规定，屋面工程应根据建筑物的性质、重要程度、使用功能要求以及防水层耐用年限等，将屋面防水分为四个等级，见表 7-4。

表 7-4 屋面防水等级和设防要求

项　目	屋　面　防　水　等　级			
	Ⅰ	Ⅱ	Ⅲ	Ⅳ
建筑物类别	特别重要的民用建筑和对防水有特殊要求的工业建筑	重要的工业与民用建筑、高层建筑	一般的工业与民用建筑	非永久性的建筑
防水层耐用年限	25 年	15 年	10 年	5 年
防水层选用材料	宜选用合成高分子防水卷材、高聚物改性沥青防水卷材、合成高分子防水涂料、细石防水混凝土等材料	宜选用高聚物改性沥青防水卷材、合成高分子防水卷材、金属板材、合成高分子防水涂料、高聚物改性沥青防水涂料、细石混凝土、平瓦、油毡瓦等材料	宜选用三毡四油沥青防水卷材、高聚物改性沥青防水卷材、合成高分子防水卷材、金属板材、高聚物改性沥青防水涂料、合成高分子防水涂料、细石混凝土、平瓦、油毡瓦等材料	可选用二毡三油沥青防水卷材、高聚物改性沥青防水涂料等材料
设防要求	三道或三道以上防水设防	二道防水设防	一道防水设防	一道防水设防

多年的防水工程实践证明，重要、高级的建筑，屋面工程如采用低档次的防水材料和简单的防水设防是难以保证使用功能的要求的。而一般性建筑如采用高档次的防水材料和防水构造，就会加大建筑工程的造价，在某种意义上讲会造成浪费。因此，根据建筑物的性质、重要程度、使用功能要求以及防水层合理使用年限、建筑结构特点等，结合我国当前经济发展阶段，将屋面工程划分成几个不同的等级是完全必要的。

屋面防水等级主要是在防水层合理使用年限内保证屋面不发生渗漏的前提下，从屋面防水的功能要求出发，按渗漏可能造成的影响程度来进行划分的。由于建筑物的使用功能不同，有些建筑物如果屋面一旦发生渗漏，可能会引起爆炸，造成伤亡；有些建筑物如果屋面渗水，会使重要设备或珍贵物品遭到破坏，或产品受到污染和损坏；有些建筑物如果屋面渗漏，会对生产、生活带来极大影响和不便；有些建筑物如果屋面渗漏，会使室内装饰污染、霉变，影响使用功能和美观。

因此在划分屋面防水等级时，按渗漏造成的影响程度，考虑以下几种情况：①渗漏后会造成巨大损失，直至人身伤亡；②渗漏后会造成重大的经济损失；③渗漏后会造成一般经济损失，或影响正常工作、生活；④渗漏后会影响美观。在确保屋面防水层合理使用年限内不得渗漏的要求下，确定将屋面防水划分为四个等级。

不同的防水等级应有相应的防水层合理使用年限。防水层合理使用年限是指屋面防水层能满足正常使用要求的期限。根据我国当前的经济发展水平、建筑物使用功能和重要程度、当前防水材料的质量状况，以及防水层的工作条件和工作环境综合考虑后，规范规定了防水层合理使用年限。

由于不同的防水材料有不同的耐久性，因此对防水等级高的屋面工程，就要选用高档次的防水材料，并进行多道设防，以满足防水层合理使用年限的要求。对防水等级低的屋面工程，可以选用低档次的防水材料，进行一道设防，这样防水层的合理使用年限相对就会短一些。

7.6.3　找平层与保温层

1. 找平层

（1）找平层的种类和技术要求。防水层的基层从广义上讲包括结构基层和直接依附防水层的找平层，从狭义上讲，防水层的基层是指在结构层上面或保温层上面起到找平作用并作为防水层依附的层次，俗称找平层。防水层的基层是防水层依附的一个层次，为了保证防水层不受变形的影响，基层应有足够的刚度和强度，它变形小，坚固，当然还要有足够的排水坡度，使雨水迅速排出。目前作为防水层基层的找平层有细石混凝土、水泥砂浆和沥青砂浆，它们的技术要求见表7-5。

表7-5　　　　　　　　　　　　找平层厚度及技术要求

类　别	基　层　种　类	厚度/mm	技　术　要　求
水泥砂浆找平层	整体混凝土	15～20	1：2.5～1：3（水泥：砂）体积比，水泥强度等级不低于32.5级
	整体或板状材料保温层	20～25	
	装配式混凝土板、松散材料保温层	20～30	
细石混凝土	松散材料保温层	30～35	混凝土强度等级不低于C20
沥青砂浆找平层	整体混凝土	15～20	质量比为1：8（沥青：砂）
	装配式混凝土板、整体或板状材料保温层	20～25	

从表中可以看出由于细石混凝土刚性好、强度大，适用于基层较松软的保温层上或结构层刚度差的装配式结构上。而在多雨或低温气候条件时，混凝土和砂浆无法施工和养护，可采用沥青砂浆，但因为它造价高，工艺繁，采用较少。

找平层是防水层的依附层，其质量好坏将直接影响到防水层的质量，所以要求找平层必须做到“五要”、“四不”、“三做到”。五要：一要坡度准确、排水流畅，二要表面平整，三要坚固，四要干净，五要干燥。四不：一是表面不起砂，二是表面不起皮，三是表面不酥松，四是不开裂。三做到：一要做到混凝土或砂浆配比准确，二要做到表面二次压光，三要做到充分养护。

但是，不同材料的防水层对找平层的各项性能要求也有些侧重，有些要求必须严格，达不到就会直接危害防水层的质量，造成对防水层的损害，有些可要求低些，有些还可以不予要求，见表 7 - 6。

表 7 - 6　　　　　　　　　　不同防水层对找平层的要求

项　目	卷材防水层		涂膜防水层	密封材料	刚性防水层	
	实铺	点铺、空铺			混凝土防水层	砂浆防水层
坡度	足够排水坡	足够排水坡	足够排水坡	无要求	一般要求	一般要求
强度	较好强度	一般要求	较好强度	坚硬整体	一般要求	较好强度
表面平整	不积水	不积水	严格要求不积水	一般要求	一般要求	一般要求
起砂起皮	不允许	少量允许	严禁出现	严禁出现	无要求	无要求
表面裂缝	少量允许	不限制	不允许	不允许	无要求	无要求
干净	一般要求	一般要求	一般要求	严格要求	一般要求	一般要求
干燥	干燥	干燥	干燥	严格干燥	无要求	无要求
光面或毛面	光面	均可	光面	光面	均可	毛面
混凝土原表面	允许铺贴	允许铺贴	刮浆平整	表面处理	允许直接施工	允许直接施工

（2）坡度准确的必要性。平屋面防水技术是以防为主，以排为辅，首先要有可靠的防水设防，不得渗漏。将屋面雨水在一定时间内迅速排走，是减少渗漏很有效的方法，这就要求屋面有一定的排水坡度。过去规定平屋面坡度不小于 2％，当时是考虑减小材料找坡的厚度，减轻荷载和造价。但实际上 2％ 的坡度施工时很难准确掌握，在施工允许误差范围内常常会造成积水或排水不畅。后来修订规范时提出在建筑允许情况下，即顶层室内有吊顶或室内允许有坡度时应首先采取结构找坡，坡度尽量大些，可以在 3％～5％ 或 5％ 以上。材料找坡也要求不小于 2％。同时，对天沟、檐沟的排水坡度也作出规定，其纵向坡度不应小于1％，沟底水落差不得超过 200mm，这就是说天沟排水线路长不得超过 20m。因此，找平层施工时，必须拉线找坡，按照排水线路先作出坡度标志，以获得准确的排水坡度。检查时可采用 2m 靠尺进行检查或在雨后检查有否积水现象。

（3）找平层应设置分格缝。找平层设置分格缝是规范的规定。依附防水层的找平层因温差变形或砂浆干缩而开裂，它会直接影响到防水层，拉裂防水层使屋面漏水，因此规定在找平层上预设分格缝，使找平层的变形集中于分格缝，减少其他部位开裂，细石混凝土或水泥砂浆找平层不大于 6m，沥青砂浆找平层不大于 4m，并宜设在板端缝上。找平层施工时可预先埋入木条或聚苯乙烯泡沫板条，待找平层有一定强度后，取出木条，泡沫条则可以不取出。也可以待找平层有一定强度后用切割机锯出分格缝。防水层施工时，可在分格缝中填密封材料或在缝上采取增强和空铺方法，使防水层受拉区加大而避免防水层被拉裂。

（4）细石混凝土和水泥砂浆找平层应充分养护。众所周知，水泥在水化过程中需要一定量的水分才能充分水化形成强度，一旦脱水，就会降低强度，使表面酥松、起砂，而且会加大找平层的干缩变形，大大降低找平层的质量。但目前由于种种原因作业者对找平层的养护极不注意，他们认为找平层被防水层覆盖后是看不见的，因此任意施工造成找平层质量低劣的问题屡见不鲜。充分养护，一是要求及时，待混凝土或砂浆的水泥终凝且有一定强度后应立即进行养护，二是要求有一定时间，时间太短不起作用，一般应在一周以上。养护可采取浇水、洒水。塑料薄膜覆盖或喷养护液，这要看环境条件而定，采用塑料薄膜覆盖是个可行的办法。

（5）提高找平层质量的几种方法。目前防水层找平层质量缺陷主要是强度低、裂纹多、表面缺陷严重。因此，除上述设置分格缝，加强养护等方法外，目前还提倡改进施工工艺，精心施工，掺入外掺材料等方法来提高其质量。

首先应提倡结构找坡，在浇筑结构混凝土或施工找坡层时应精心施工，提高基层的平整度，如果能做到随浇（结构混凝土）随抹的工艺，即原浆抹平压光，那么找平层的质量为最佳。这样会对施工增加难度，当结构层不能达到平整要求，应做找平层时，也应尽量减小其厚度。

在找平层水泥砂浆中掺入一定量石灰，成为混合砂浆，如1:1:2.5，它完全能满足强度要求，而且会大大减少裂缝的产生。目前在砂浆中掺入微沫剂，减少用水量，或掺入抗裂聚丙烯纤维，即每立方米加入0.7～1kg短切纤维，可以大大地提高砂浆抗裂性能。

当结构层较平整，而找平层较薄时，应采用聚合物砂浆（或干粉砂浆）。聚合物掺量控制在聚灰比2%～3%，即在1:3水泥砂浆或1:1:2.5混合砂浆中加入水泥量2%～3%的聚合物胶粉（当胶水固含量50%左右时，掺入4%～6%的聚合物胶水），它硬化快，不但提高强度，而且减少开裂。

减少开裂的另一个方法是在砂浆中压入抗碱玻纤网格布或聚丙烯网格布。即在施工中先铺一层砂浆，再将网格布铺平，再用砂浆埋住，相当于配筋砂浆，这样抗裂性、整体性提高更大。

因此目前提高找平层质量最有效的作法，首先应精心施工，减小找平层厚度，提高砂浆质量，再加上抗裂纤维或网格布，砂浆中掺入一定量聚合物，这些措施所增加的费用并不大，而找平层的质量就有了保证。

2. 保温层

（1）我国保温材料的发展。我国保温材料发展缓慢，20世纪70年代前一直使用水泥加发泡剂制成的泡沫混凝土和性能差、密度大的炉渣。70年代后期才开始生产密度小、热导率低的膨胀珍珠岩和膨胀蛭石，很快得到普遍推广。后来又逐步开发岩棉、微孔硅酸钙、加气混凝土等。这些松散材料强度低，常常采用水泥作为胶结材料，现场拌制浇筑。由于这些材料吸水率极高，一般能达到百分之几百，一旦浸水，不但不能保证保温功能，还会导致防水层起鼓，后来又开发出憎水珍珠岩制品，乳化沥青珍珠岩，或将屋面做成排气屋面，但始终无法解决它本身高吸水率这一致命的弱点。直到90年代中期，由于我国化工工业的发展，聚苯乙烯泡沫板、硬泡聚氨酯和泡沫玻璃的出现，才彻底地解决了保温材料不吸水（低吸水率）这一困扰人们几十年的难题，这三种材料密度小、不吸水、热导率低、强度高、耐久性好，尤其是属于无机材料的泡沫玻璃和挤出式聚苯乙烯泡沫板，已成为我国较理想的建筑保温材料，同时也使倒置式屋面这一优越的屋面构造形式成为现实。使高吸水率的保温材料使用受到一定限制和逐步被淘汰，排气屋面这种构造复杂、施工繁琐的工艺也可以不予采用了。

（2）保温材料的现状。保温材料既起到阻止冬期室内热量通过屋面散发到室外，同时也防止夏季室外热量（高温）传到室内，它起到保温和隔热的双重作用，有人称之为"绝热"。

如今室内空调普及，冬天要防止热量散发，夏天要防止冷气向室外传导，以减少能源的消耗，所以提高建筑工程的保温、隔热性能，节约能源是国家的一项重要国策。

我国目前屋面保温层按形式可分为松散材料保温层、板状保温层和整体现浇保温层三种；按材料性质可分为有机保温材料和无机保温材料；按吸水率可分为高吸水率和低吸水率保温材料。保温材料的分类及品种举例见表 7-7。

表 7-7   **保温材料分类及品种举例**

分类方法	类　型	品　种　举　例
按形状划分	松散材料	炉渣、膨胀珍珠岩、膨胀蛭石、岩棉
	板状材料	加气混凝土、泡沫混凝土、微孔硅酸钙、憎水珍珠岩、聚苯泡沫板、泡沫玻璃
	整体现浇材料	泡沫混凝土、水泥蛭石、水泥珍珠岩、硬泡聚氨酯
按材性划分 换吸水率划分	有机材料	聚苯乙烯泡沫板、硬泡聚氨酯
	无机材料	泡沫玻璃、加气混凝土、泡沫混凝土、蛭石、珍珠岩
	高吸水率（>20%）	泡沫混凝土、加气混凝土、珍珠岩、憎水珍珠岩、微孔硅酸钙
	低吸水率（<6%）	泡沫玻璃、聚苯乙烯泡沫板、硬泡聚氨酯

（3）排气屋面。保温层材料当采用吸水率低（$\omega<6\%$）的材料时，它们不会再吸水，保温性能就能得到保证。如果保温层采用吸水率大的材料，施工时如遇雨水或施工用水侵入，造成很大含水率时，则应使它干燥，但许多工程已施工找平层，一时无法干燥，为了避免因保温层含水率高而导致防水层起鼓，使屋面在使用过程中逐渐将水分蒸发（需几年或几十年时间），过去采取称为"排气屋面"的技术措施，也有人称呼吸屋面，如图 7-63、图 7-64 所示。就是在保温层中设置纵横排气道，在交叉处安放向上的排气管，目的是当温度升高，水分蒸发，气体沿排气道、排气管与大气连通，不会产生压力，潮气还可以从孔中排出。排气屋面要求排气道不得堵塞，确实收到了一定效果。所以在规范中规定如果保温层含水率过高（超过 15% 以上）时，不管设计时有否规定，施工时都必须作排气屋面处理。当然如果采用低吸水率保温材料，就可以不采取这种作法了。

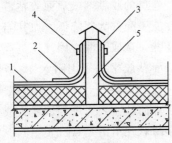

图 7-63 排汽出口构造
1—防水层；2—附加防水层；3—密封材料；
4—金属箍；5—排汽管

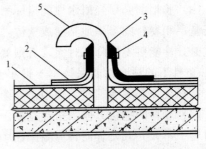

图 7-64 排汽出口构造
1—防水层；2—附加防水层；3—密封材料；
4—金属箍；5—排汽管

（4）板状保温材料的施工要求。板状保温材料品种多，无论采用哪种保温材料，板材性能及施工后的含水率均要符合设计要求。施工时还要求基层平整、干净、干燥，板块铺设时要垫稳铺平铺实以防压断，分层铺设的板块上下层应错缝，板间缝隙应用同类碎料嵌实。厚度误差应不超过±5%，且不大于4mm。

板状保温材料均较轻，施工时不但要垫实，还应粘结，一般用低标号水泥砂浆，否则遇下雨会飘浮，或被大风刮走。一般在施工板状保温层时，应立即做保护层。如遇两层铺设，板缝应错开，不要上下重缝。

7.6.4　卷材防水层

1. 防水卷材的种类

卷材是以合成橡胶、树脂或高分子聚合物改性沥青、普通沥青等经不同工序加工而成的可卷曲的片状防水材料，一般分为合成高分子防水卷材、高分子聚合物改性沥青防水卷材、沥青卷材三大类，现在又增加了金属卷材新品种。

2. 卷材防水层的施工要点

（1）卷材厚度是保证防水工程质量的一个关键。为了保证防水层的设防质量，保证它的耐久性和耐穿刺性，防水层除必须具有一定材性要求外，还应有一定的厚度。一定的厚度是为了抵御防水层受外力作用，如基层的变形、风雨和自然环境侵蚀，及人为的穿刺导致防水层的损害。因此，规范对不同材性的材料组成的防水层的厚度作出规定。

（2）配套材料质量应足够重视。防水层除大面使用的卷材外，还应有许多相配套的材料，如卷材与基层的粘结胶、卷材搭接缝粘结胶或粘结胶带、密封胶、增强层材料、端头封口固定压条，复杂部位涂膜增强材料、节点密封材料等等。这些材料在防水层中也常常起到关键作用，如果接缝粘结胶，如果它的性能（包括施工性）不佳，水从缝中漏入卷材底下就不能起到防水作用。目前合成高分子卷材采用高性能双面粘胶带密封条进行密封粘结，防水可靠度大大提高，完善了高分子卷材的整体质量。过去就是由于接缝粘结胶质量差，工艺繁琐，虽然卷材防水性能好，但还经常出现接缝处漏水，失去了卷材高性能防水的效果。所以配套材料虽然用量少（局部使用），但很关键，作为整体防水体系是不容忽视的，必须有足够重视，在检查材料质量时，更要认真检查这些容易被忽视的少量材料的质量，才能确保防水工程质量。

（3）胶粘剂必须经耐水性能指标测试。如上所述，卷材的胶粘剂或双面胶粘带是将卷材粘于基层和卷材间牢固地粘结成整体，在任何情况下性能不允许大幅降低，尤其当接缝受水浸泡时，性能更不能降低过大，否则就会损坏粘结而开缝，造成渗漏，因此规范规定在浸水168h条件下的粘合性能保持率不得小于70%。接缝双面粘胶带是采用耐水性材料制作的，这个指标往往都大大超过，使用是安全的。

（4）卷材的搭接方向、搭接宽度。卷材铺贴的搭接方向，主要考虑到坡度大或受振动时卷材易下滑，尤其是含沥青（温感性大）的卷材，高温时软化下滑是常有发生的。对于高分子卷材铺贴方向要求不严格，为便于施工，一般顺屋脊方向铺贴，搭接方向应顺流水方向，不得逆流水方向，避免流水冲刷接缝，使接缝损坏。垂直屋脊方向铺卷材时，应顺大风方向。当卷材叠层铺设时，上下层不得相互垂直铺贴，以免在搭接缝垂直交叉处形成挡水条。卷材铺贴搭接方向见表7-8。

表 7 - 8　　　　　　　　　　　　卷 材 铺 贴 搭 接 方 向

屋面坡度	铺 贴 方 向 和 要 求
>3%	卷材宜平行屋脊方向，即顺平面长向为宜
3%～15%	卷材可平行或垂直屋脊方向铺贴
>15%或受振动	沥青卷材应垂直屋脊铺，改性沥青卷材宜垂直屋脊铺，高分子卷材可平行或垂直屋脊铺
>25%	应垂直屋脊铺，并应采取固定措施，固定点还应密封

卷材搭接宽度，分长边、短边和不同的铺贴工艺以及不同的卷材类别综合考虑，同时根据习惯做法和参考国外的规范而定的，这里当然考虑了较大的保险系数，使接缝防水质量得到保证，不允许开裂渗漏。卷材搭接宽度见表 7 - 9。

表 7 - 9　　　　　　　　　　　　卷 材 搭 接 宽 度

铺贴方法　卷材种类		短边搭接/mm		长边搭接/mm	
		满粘法	空铺、点粘、条粘法	满粘法	空铺、点粘、条粘法
沥青防水卷材		100	150	70	100
高聚物改性沥青防水卷材		80	100	80	100
合成高分子防水卷材	胶粘剂	80	100	80	100
	胶粘带	50	60	50	60
	单焊缝	60 有效焊接宽度不小于 25			
	双焊缝	80 有效焊接宽度 10×2 空腔宽			

（5）卷材冷粘法施工工艺。冷粘法施工是指在常温下采用胶粘剂等材料进行卷材与基层、卷材与卷材间粘结的施工方法。一般合成高分子卷材采用胶粘剂、胶粘带粘贴施工，聚合物改性沥青采用冷玛瑞脂粘贴施工。卷材采用自粘胶铺贴施工也属该施工工艺。该工艺在常温下作业，不需要加热或明火，施工方便、安全，但要求基层干燥，胶粘剂的溶剂（或水分）充分挥发，否则不能保证粘结质量。

冷粘贴施工，选择的胶粘剂应与卷材配套、相容且粘结性能满足设计要求。

1）涂刷胶粘剂。底面和基层表面均应涂胶粘剂。卷材表面涂刷基层胶粘剂时，先将卷材展开摊铺在旁边平整干净的基层上，用长柄滚刷蘸胶粘剂，均匀涂刷在卷材的背面，不得涂刷得太薄而露底，也不能涂刷过多而产生聚胶。还应注意在搭接缝部位不得涂刷胶粘剂，此部位留作涂刷接缝胶粘剂，留置宽度即卷材搭接宽度。

涂刷基层胶粘剂的重点和难点与基层处理剂相同，即阴阳角、平立面转角处、卷材收头处、排水口、伸出屋面管道根部等节点部位。这些部位有增强层时应用接缝胶粘剂，涂刷工具宜用油漆刷。涂刷时，切忌在一处来回涂滚，以免将底胶"咬起"，形成凝胶而影响质量。条粘法、点粘法应按规定的位置和面积涂刷胶粘剂。

2）卷材的铺贴。各种胶粘剂的性能和施工环境不同，有的可以在涂刷后立即粘贴卷材，有的得待溶剂挥发一部分后才能粘贴卷材，尤以后者居多，因此要控制好胶粘剂涂刷与卷材铺贴的间隔时间。一般要求基层及卷材上涂刷的胶粘剂达到表干程度，其间隔时间与胶粘剂性能及气温、湿度、风力等因素有关，通常为 10～30min，施工时可凭经验确定，用指触不粘手时即可开始粘贴卷材。间隔时间的控制是冷粘贴施工的难点，这对粘结力和粘结的可靠性影响甚大。

卷材铺贴时应对准已弹好的粉线，并且在铺贴好的卷材上弹出搭接宽度线，以便第二幅卷材铺贴时，能以此为准进行铺贴。

平面上铺贴卷材时，一般可采用以下两种方法进行：一种是抬铺法，在涂布好胶粘剂的卷材两端各安排一个工人，拉直卷材，中间根据卷材的长度安排 $1\sim4$ 人，同时将卷材沿长向对折，使涂布胶粘剂的一面向外，抬起卷材，将一边对准搭接缝处的粉线，再翻开上半部卷材铺在基层上，同时拉开卷材使之平整。操作过程中，对折、抬起卷材、对粉线、翻平卷材等工序，几人均应同时进行。另一种是滚铺法，将涂布完胶粘剂并达到要求干燥度的卷材用 $\phi50\sim\phi100mm$ 的塑料管或原来用来装运卷材的纸筒芯重新成卷，使涂布胶粘剂的一面朝外，成卷时两端要平整，不应出现笋状，以保证铺贴时能对齐粉线，并要注意防止砂子、灰尘等杂物粘在卷材表面。成卷后用一根 $\phi30\times1500mm$ 的钢管穿入中心的塑料管或纸筒芯内，由两人分别持钢管两端，抬起卷材的端头，对准粉线，固定在已铺好的卷材顶端搭接部位或基层面上，抬卷材两人同时匀速向前展开卷材，并随时注意将卷材边缘对准线，并应使卷材铺贴平整，直到铺完一幅卷材。

每铺完一幅卷材，应立即用干净而松软的长柄压辊滚压（一般重 $30\sim40kg$），使其粘贴牢固。滚压应从中间向两侧边移动，做到排气彻底。

平面立面交接处，则先粘贴好平面，经过转角，由下向上粘贴卷材，粘贴时切勿拉紧，要轻轻沿转角压紧压实，再往上粘贴，同时排出空气，最后用手持压辊滚压密实，滚压时要从上往下进行。

3）搭接缝的粘贴。卷材铺好压粘后，应将搭接部位的结合面清除干净，可用棉纱沾少量汽油擦洗。然后采用油漆刷均匀涂刷接缝胶粘剂，不得出现露底、堆积现象。涂胶量可按产品说明控制，待胶粘剂表面干燥后（指触不粘）即可进行粘合。粘合时应从一端开始，边压合边驱除空气，不许有气泡和皱折现象，然后用手持压辊顺边认真仔细滚压一遍，使其粘结牢固。三层重叠处最不易压严，要用密封材料预先加以填封，否则将会成为渗水通道。

搭接缝全部粘贴后，缝口要用密封材料封严，密封时用刮刀沿缝刮涂，不能留有缺口，密封宽度不应小于 10mm。

（6）卷材热粘贴施工工艺。热粘贴是指采用热玛琋脂或采用火焰加热熔化热熔防水卷材底层的热熔胶进行粘结的施工方法。常用的有 SBS 或 APP（APAO）改性沥青热熔卷材、热玛琋脂或热熔改性沥青粘结胶粘贴的沥青卷材或改性沥青卷材。这种工艺主要针对含有沥青为主要成分的卷材和胶粘剂，它采取科学有效的加热方法，对热源作了有效的控制，为以沥青为主的防水材料的应用创造了广阔的天地，同时取得良好的防水效果。

厚度小于 3mm 的卷材严禁采用热熔法施工，因为小于 3mm 的卷材在加热热熔底胶时极易烧坏胎体或烧穿卷材。大于 3mm 的卷材在采用火焰加热器加热卷材时既不能过分加热，以免烧穿卷材或使底胶焦化，也不能加热不充分，以免卷材不能很好与基层粘牢。所以必须加热均匀，来回摆动火焰，使沥青呈光亮即止。热熔卷材铺贴常采取滚铺法，即边加热卷材边立即滚推卷材铺贴于基层，并用刮板用力推刮排出卷材下的空气，使卷材铺平，不皱折，不起泡，与基层粘贴牢固。推刮或滚压时，以卷材两边接缝处溢出沥青热熔胶为最适宜，并将溢出的热熔胶回刮封边。铺贴卷材也应弹好标线，铺贴应顺直，搭接尺寸准确。

热玛琋脂或热熔改性沥青粘结胶加热的温度应符合规定，沥青玛琋脂加热温度不应高于

240℃，使用温度不低于 190℃，而热熔改性沥青粘结胶只要加热熔化就可以施工，温度不超过 90℃。粘结层厚度，沥青玛琋脂为 1～1.5mm，作为面层时可以厚些，可达 1.5～2mm。而改性沥青粘结胶常作为涂膜层兼做胶粘剂，厚度由设计决定。施工时涂刮必须均匀，不得过厚而堆积。热熔卷材可采用满粘法或条粘法铺贴。

（7）铺贴自粘卷材施工工艺。自粘贴卷材施工是指自粘型卷材的铺贴方法。自粘型卷材在工厂生产时，在其底面涂有一层压敏胶，胶粘剂表面敷有一层隔离纸。施工时只要剥去隔离纸，即可直接铺贴。自粘型卷材通常为高聚物改性沥青卷材，施工一般可采用满粘法和条粘法进行铺贴，采用条粘法时，需与基层脱离的部位可在基层上刷一层石灰水或加铺一层撕下的隔离纸。铺贴时为增加粘结强度，基层表面也应涂刷基层处理剂。干燥后应及时铺贴卷材，可采用滚铺法或抬铺法进行。

（8）卷材热风焊接施工工艺。热风焊接施工是指采用热空气加热热塑性卷材的粘合面，进行卷材与卷材接缝粘结的施工方法，卷材与基层间可采用空铺、机械固定、胶粘剂粘结等方法。热风焊接主要适用于树脂型（塑料）卷材。焊接工艺结合机械固定使防水设防更有效。目前采用焊接工艺的材料有 PVC 卷材、高密度和低密度聚乙烯卷材。这类卷材热收缩值较高，最适宜有埋置的防水层，宜采用机械固定、点粘或条粘工艺。它强度大，耐穿刺好，焊接后整体性好。

热风焊接卷材在施工时，首先应将卷材在基层上铺平顺直，切忌扭曲、皱折，并保持卷材清洁，尤其在搭接处，要求干燥、干净，更不能有油污、泥浆等，否则会严重影响焊接效果，造成接缝渗漏。如果采取机械固定的，应先行用射钉固定，若胶粘结的，也需要先行粘合，留准搭接宽度。焊接时应先焊长边，后焊短边，否则一旦有微小偏差，长边很难调整。

热风焊接卷材防水施工工艺的关键是接缝焊接，焊接的参数是加热温度和时间，而加热的温度和时间与施工时的气候，如温度、湿度、风力等有关。优良的焊接质量必须使用经培训而真正熟练掌握加热温度、时间的工人才能保证。否则温度低或加热时间过短，会形成假焊，焊接不牢。温度过高或加热时间过长，会烧焦或损害卷材本身。当然漏焊、跳焊更是不允许的。

（9）复合防水施工。复合防水施工，主要是指涂料和卷材复合使用的一种施工方法，涂料是无接缝的防水涂膜层，但它现场施工，均匀性不好，强度不大，而卷材在工厂生产，均匀性好，强度高，厚度完全可以保证，但接缝施工繁琐，工艺复杂，不能十全十美。如果两者上下组合使用，形成复合防水层，弥补了各自的不足，使防水层的设防更可靠。尤其在复杂部位，卷材剪裁接缝多，转角处有涂料配合，大大提高施工质量。

目前做法有采用无溶剂聚氨酯涂料或单组分聚氨酯涂料上面复合合成高分子防水卷材的做法，聚氨酯涂料既是涂膜层，又是可靠的粘结层。另一种是热熔 SBS 改性沥青涂料，它的粘结力强，涂刮后上部可粘合成高分子卷材，也可以粘贴改性沥青卷材。如 SBS 改性沥青热熔卷材，热熔改性沥青涂料的固体含量接近 100%，又不含水分或挥发溶剂，对卷材不侵蚀，固化或冷却后与卷材牢固地粘结，卷材的接缝还可以采用原来的连接方法，即冷粘、焊接、热熔等，也可以采用涂膜材料进行粘结。施工时，热熔涂料应一次性涂厚，按照每幅卷材宽度涂足厚度并立即展开卷材进行滚铺。铺贴卷材时，应从一端开始粘牢，滚动平铺，及时将卷材下空气挤出，但注意在涂膜固化前不能来回行走踩踏，如需行走得用垫板，以免造成表面不平整。待整个大面铺贴完毕，涂料固化时，再行粘结搭接缝。聚氨酯一般应在第二天进行，热熔改性沥青当温度下降后即可进行。

（10）卷材收头应固定牢固，密封严密。卷材铺到天沟、檐口、泛水立面时端头应固定牢固，这是因为卷材在后期热作用下收缩，末端首先受力最易脱开，雨水会逐步从开口处渗入卷材下部而导致屋面渗漏。因此规范对端头固定提出具体要求，不管采用满粘法，还是采取空铺法、点粘法、条粘法，在卷材末端 800mm 范围内均应全粘贴，尤其在泛水立面，在卷材末端处要用金属压条对卷材端头钉压固定，然后再用密封胶将其封严，并沿女儿墙用聚合物水泥砂浆抹压，以避免翘边、开口。

3. 涂膜防水层

防水涂料及胎体增强材料的种类和性能包括：

（1）防水涂料。防水涂料是一种流态或半流态物质，涂布在屋面基层表面，经溶剂或水分挥发，或各组分间的化学反应，形成有一定弹性和一定厚度的薄膜，使基层表面与水隔绝，起到防水密封作用。防水涂料能在屋面上形成无接缝的防水涂层，涂膜层的整体性好，并能在复杂基层上形成连续的整体防水层。因此特别适用于形状复杂的屋面。或在Ⅰ级、Ⅱ级防水设防的屋面上作为一道防水层与卷材复合使用，可以很好地弥补卷材防水层接缝防水可靠性差的缺陷，也可以与卷材复合共同组成一道防水层，在防水等级为Ⅲ级的屋面上使用。

用于屋面工程的防水涂料有高聚物改性沥青防水涂料或合成高分子防水涂料。

（2）涂膜防水常规施工程序是：施工准备工作→板缝处理及基层施工→基层检查及处理→涂刷基层处理剂→节点和特殊部位附加增强处理→涂布防水涂料、铺贴胎体增强材料→防水层清理与检查整修→保护层施工。

其中，板缝处理和基层施工及检查处理是保证涂膜防水施工质量的基础，防水涂料的涂布和胎体增强材料的铺设是最主要和最关键的工序，这道工序的施工方法取决于涂料的性质和设计方法。

涂膜防水的施工与卷材防水层一样，也必须按照"先高后低、先远后近"的原则进行，即遇有高低跨屋面，一般先涂布高跨屋面，后涂布低跨屋面。在相同高度的大面积屋面上，要合理划分施工段，施工段的交接处应尽量设在变形缝处，以便于操作和运输顺序的安排，在每段中要先涂布离上料点较远的部位，后涂布较近的部位。先涂布排水较集中的水落口、天沟、檐口，再往高处涂布至屋脊或天窗下。先作节点、附加层，然后再进行大面积涂布。一般涂布方向应顺屋脊方向，如有胎体增强材料时，涂布方向应与胎体增强材料的铺贴方向一致。

7.6.5 地下防水工程

1. 防水方案及防水措施

（1）防水方案。地下工程的防水方案，应遵循"防、排、截、堵结合、刚柔相济、因地制宜、综合治理"的原则。常用的防水方案有以下三类：

1）结构自防水。依靠防水混凝土本身的抗渗性和密实性来进行防水。

2）设防水层。即在结构物的外侧增加防水层，以达到防水的目的。

3）渗排水防水。利用盲沟、渗排水层等措施来排除附近的水源以达到防水目的。

地下工程的防水等级分为 4 级，见表 7-10。

表 7 - 10		地下工程的防水等级
防水等级标准	标 准	适 用 范 围
一级	不允许渗水，结构表面无湿渍	人员长期停留的场所；因有少量湿渍会使物品变质、失效的储物场所及严重影响设备正常运转和危及工程安全运营的部位；极重要的战备工程
二级	不允许渗水，结构表面可有少量湿渍	人员经常活动的场所；在有少量湿渍的情况下不会使物品变质、失效的储物场所及基本不影响着被正常运转和工程安全运营的部位；重要的战备工程
三级	有少量漏水点，不得有线流和漏泥砂	人员临时活动的场所；一般战备工程
四级	有漏水点，不得有线流和漏泥砂	对渗漏水无严格要求的工程

（2）防水措施。地下防水工程一般按使用材料分为刚性防水层（如防水混凝土、防水砂浆所构成的防水层）、柔性防水层（如防水卷材、有涂料机防水涂料构成的防水层）。各种防水材料在使用过程中，都能起到防水作用。对于较深的地下工程，设计一般是采用刚性防水加外墙柔性防水双层防护的方法。

防水混凝土适用于防水等级为 1～4 级的地下整体式混凝土结构。不适用环境温度高于 80℃或处于耐侵蚀系数小于 0.8 的侵蚀性介质中使用的地下工程。

水泥砂浆防水适用于混凝土或砌体结构的基层上采用多层抹面的水泥砂浆防水层。不适用环境有侵蚀性、持续振动或温度高于 80℃的地下工程。

卷材防水适用于受侵蚀性介质或受振动作用的地下工程主体迎水面铺贴的防水。

涂料防水适用于受侵蚀性介质或受振动作用的地下工程主体迎水面或背水面的防水。

塑料板防水适用于铺设在初期支护与二次衬砌间的防水。

金属板防水适用于抗渗性能要求较高的地下工程中以金属板材焊接而成的防水层。

2. 混凝土刚性防水层

（1）控制混凝土迎水钢筋保护层厚度不应小于 50mm，防水混凝土内部设置的钢筋或绑扎铁丝，不得接触模板。固定模板用的螺栓必须穿过混凝土结构时，可采用工具式螺栓或螺栓加堵头，螺栓加焊方形止水环。

（2）防水混凝土拼命物在运输后如出现离析，必须进行二次搅拌。当坍落度损失后不能满足施工要求时，应加入原来水灰比的水泥浆或二次掺加减水剂进行搅拌，严禁直接加水。（天气热时施工方为了浇灌顺利会不按规范要求操作，工人在混凝土中加水。）

（3）防水混凝土应连续浇筑，宜少留施工缝，在浇筑大面积、大体积混凝土时，首先在配置混凝土宜尽量延长混凝土的初凝时间，配置水化热低的混凝土。其次根据施工情况尽量快速浇筑混凝土（配置多台混凝土泵），避免出现混凝土初凝引起冷缝。

（4）水平施工缝浇灌混凝土前，应将其表面浮浆和杂物清除，先铺净浆，再铺 30～50mm 厚的 1∶1 水泥砂浆或涂刷混凝土界面剂，并及时浇灌混凝土。垂直施工缝浇灌前，应将其表面清理干净，并涂刷混凝土界面剂或水泥净浆，并及时浇灌混凝土。

（5）控制好防水混凝土的变形缝、施工缝、后浇带、穿墙管道、埋设件等设置和构造要求。

（6）防水混凝土浇灌完后应加强养护，养护时间不得少于14d。

3. 卷材防水

地下工程卷材防水层的防水方法有两种，即外防水法和内防水法。外防水法分为外防外贴法和外防内贴法两种施工方法。一般情况下大多采用外贴法。

（1）外贴法施工。外贴法施工是垫层上铺好底面防水层后，先进行底板和墙体结构的施工，再把底面防水层延伸铺贴在墙体结构的外侧表面上，最后在防水层外侧砌筑保护墙。

外贴法施工程序：首先在垫层四周砌筑永久性保护墙，高度300～500mm，其下部应干铺油毡条一层，其上部砌筑临时性保护墙。然后铺设混凝土底板垫层上的油毡防水层，并留出墙身油毡防水层的接头。继而进行混凝土底板和墙身的施工，拆除临时保护墙，铺贴墙体的油毡防水层，最后砌永久保护墙。为使油毡防水层与基层表面紧密贴合，充分发挥防水效能，永久性保护墙按5m分段并且与防水层之间空隙用水泥砂浆填实。外贴法施工应先铺贴平面，然后铺贴立面，平、立面交接处应交叉搭接，临时性保护墙宜采用石灰砂浆砌筑以便于拆除。

（2）内贴法施工。内贴法施工是垫层边沿上先砌筑保护墙，油毡防水层一次铺贴在垫层和保护墙上，最后进行底板和墙体结构的施工。

内贴法施工程序：首先在垫层四周砌筑永久性保护墙，然后在垫层上和永久性保护墙上铺贴油毡防水层，防水层上面铺15～30mm厚的水泥砂浆保护层，最后进行混凝土底板和墙体结构的施工。内贴法施工应先铺立面，然后铺平面。铺贴立面时，应先铺转角，再铺大面。

卷材地下防水工程施工一般采用外贴法施工，只有在施工条件受到限制，外贴法施工不能进行时，方采用内贴法施工。

外贴法与内贴法相比较，其优点是防水层不受结构沉陷的影响，施工结束后即可进行试验且易修补，在灌筑混凝土时，不致碰坏保护墙和防水层，能及时发现混凝土的缺陷并进行补救。但其施工期较长，土方量较大且易产生塌方现象，不能利用保护墙做模板，转角接槎处质量较差。

4. 涂膜防水工程

地下工程涂膜防水工程是在潮湿基面土选用湿固性涂料，含有吸水能力组分的涂料、水性涂料，抗震结构则选用延伸性好的涂料，处于侵蚀性介质中的结构应选用耐侵蚀涂料。常用的涂料有聚氨酯防水涂料、硅橡胶防水涂料等。

涂膜防水层的底面必须清洁、无浮浆、无水珠、不渗水，使用油溶性或非湿固性等涂料，基面应保持干燥。涂膜防水层施工的方法有涂刷法或喷涂法，但不得少于2遍，涂喷后一层的涂料必须待前一层涂料结膜后方可进行，涂刷或喷涂必须均匀。第二层的涂刷方向应与第一层垂直。凡遇到平面与立面连接的阴阳角，均需铺设化纤无纺布、玻璃纤维布等胎体增强材料。大面积防水层为增强防水效果，也可加胎体增强材料。当平面部位最后一层涂膜完全固化，经检查验收合格后，可虚铺一层石油沥青纸胎油毡保护隔离层。铺设时可用少许胶粘剂点粘固定，以防在浇筑细石混凝土时发生位移。平面部位防水层尚应在隔离层上做40～50mm厚细石混凝土保护层，浇筑时必须防止油毡隔离层和涂膜防水层损坏。立面部位在围护结构上涂布最后一道防水层后，可随即直接粘贴 5～10mm 厚的聚乙烯泡沫塑料片材作软保护层，也可在面层涂膜固化后用点粘固定。粘贴泡沫塑料片材时拼缝要严密。

涂膜防水层施工的一般步骤为：清理基层→平面涂布处理剂→平面防水层施工→平面部位铺贴油毡隔离层→平面部位浇筑细石混凝土保护层→修补混凝土立墙表面→立墙外侧涂布处理和防水层水层施立→立墙防水层处粘贴聚乙烯泡沫塑料保护层→基坑回填。

7.6.6　卫生间防水施工

卫生间一般有较多穿过楼地面或墙体的管道，平面形状复杂且面积较小。卫生间、厨房应以各种涂膜防水代替卷材防水，可以使卫生间、厨房的地面和墙面形成一个封闭严密的整体防水层，从而提高防水工程质量。如果采用卷材防水施工，因剪口和接缝较多，很难粘结牢固、密封严密。

1. 卫生间楼地面聚氨酯防水施工

聚氨酯涂膜防水材料是双组分化学反应固化型的高弹性防水涂料，多以甲、乙双组分形式使用。主要材料有聚氨酯涂膜防水材料甲组分、聚氨酯涂膜防水材料乙组分和无机铝盐防水剂等。施工用辅助材料应各有二甲苯、醋酸乙酯、磷酸等。

地面聚氨酯防水涂料形成较厚的涂膜，具有橡胶的弹性，延伸性能好、抗拉强度高，但原料成本高。施工时要求准确称量配合、搅拌均匀、分层施工，防水基要求具有较好的防滑度。

施工操作程序：清理基层→涂布底胶→配置聚氨酯涂膜防水涂料→涂膜防水施工→做好保护层。

2. 卫生间楼地面氯丁胶乳沥青防水涂料施工

二布六油防水层的工艺流程：基层找平处理→满刮一遍氯丁胶沥青水泥腻子→满刮第一遍涂料→做细部构造加强层→铺贴玻璃布，同时刷第二遍涂料→刷第三遍涂料→铺贴玻纤网格布，同时刷第四遍涂料→涂刷第五遍涂料→涂刷第六遍涂料并及时撒砂粒→蓄水试验→按设计要求做保护层和面层→防水层二次试水，验收。

3. 质量要求

水泥砂浆找平层做完后，应对其平整度、强度、坡度和干燥度进行预检验收。防水涂料应有产品质量证明书以及现场取样的复检报告。施工完成的氯丁胶乳沥青涂膜防水层，不得有起鼓、裂纹、孔洞缺陷。末端收头部位应粘贴牢固，封闭严密，成为一个整体的防水层。做完防水层的卫生间，经 24h 以上的蓄水检验，无渗漏水现象方为合格。要提供检查验收记录，连同材料质量证明文件等技术资料一并归档备查。

4. 蓄水试验

卫生间防水施工完后在卫生间内蓄水 50～100mm 深的水，蓄水时间不得少于 24 小时，以检查卫生间防水层的质量。

7.7　装饰装修工程

7.7.1　装饰工程概述

建筑装饰工程是采用适当的材料和正确的构造，以科学的施工工艺方法，为保护建筑主体结构，满足人们的视觉要求和使用功能，从而对建筑物和主体结构的内外表面进行的装设和修饰，并对建筑及其室内环境进行艺术加工和处理。其主要作用是保护结构体，延长使用寿命，美化建筑，增强艺术效果，优化环境，创造使用条件。建筑装饰工程是建筑施工的重要组成部分，主要包括抹灰、吊顶、饰面、玻璃、涂料、裱糊、刷浆和门窗等工程。

装饰工程施工的主要特点是项目繁多，工程量大，工期长，用工量大，造价高，装饰材料和施工技术更新快，施工管理复杂。因此从业人员必须提高自身的技术水平，不断改革装饰材料和施工工艺，这对提高工程质量，缩短工期，降低成本尤为重要。

装饰工程施工前，必须组织材料进场，并对其进行检查、加工和配制；必须做好机械设备和施工工具的准备；必须做好图纸审查、制定施工顺序与施工方法、进行材料试验和试配工作、组织结构工程验收和工序交接检查、进行技术交底等有关技术准备工作；必须进行预埋件、预留洞的埋设和基层的处理等。

装饰工程的施工顺序对保证施工质量起着控制作用。室外抹灰和饰面工程的施工，一般应自上而下进行。高层建筑采取措施后，可分段进行。室内装饰工程的施工，应待屋面防水工程完工后，并在不致被后续工程所损坏和污染的条件下进行。室内抹灰在屋面防水工程完工前施工时，必须采取防护措施。室内吊顶、隔墙的罩面板和花饰等工程，应待室内地（楼）面湿作业完工后施工。室内装饰工程的施工顺序，应符合下列规定：

（1）抹灰、饰面、吊顶和隔断工程，应待隔墙、钢木门、窗框、暗装管道、电线管和电器预埋件、预制钢筋混凝土楼板灌缝完工后进行。

（2）钢木门窗及其玻璃工程，根据地区气候条件和抹灰工程的要求，可在湿作业前进行。铝合金、塑料、涂色镀锌钢板门窗及其玻璃工程，宜在湿作业完工后进行，如需在湿作业前进行，必须加强保护。

（3）有抹灰基层的饰面板工程、吊顶及轻型花饰安装工程，应待抹灰工程完工后进行。

（4）涂料、刷浆工程以及吊顶、隔断、罩面板的安装，应在塑料地板、地毯、硬质纤维等地（楼）面的面层和明装电线施工前，管道设备试压后进行。木地（楼）板面层的最后一遍涂料，应待裱糊工程完工后进行。

（5）裱糊工程应待顶棚、墙面、门窗及建筑设备的涂料和刷浆工程完工后进行。

7.7.2 抹灰工程施工工艺

抹灰是将各种砂浆、装饰性石屑浆、石子浆涂抹在建筑物的墙面、顶棚、地面等表面上，除了保护建筑物外，还可以作为饰面层起到装饰作用。

抹灰工程按使用材料和装饰效果分为一般抹灰和装饰抹灰。一般抹灰适用于石灰砂浆、水泥砂浆、混合砂浆、聚合物水泥砂浆、膨胀珍珠岩水泥砂浆、麻刀灰、纸筋灰、石膏灰等抹灰工程。装饰抹灰的底层和中层与一般抹灰做法基本相同，其面层主要有水刷石、水磨石、斩假石、干粘石、喷涂、滚涂、弹涂、仿石和彩色抹灰等。

1. 一般抹灰施工

抹灰一般分三层，即底层、中层和面层（或罩面）如图 7-65 所示。底层主要起与基层粘结的作用，厚度一般为 5~9mm，要求砂浆有较好的保水性，其稠度较中层和面层大，砂浆的组成材料要根据基层的种类不同而选用相应的配合比。底层砂浆的强度不能高于基层强度，以免抹灰砂浆在凝结过程中产生较强的收缩应力，破坏强度较低的基层，从而产生空

264

鼓、裂缝、脱落等质量问题。中层起找平的作用，砂浆的种类基本与底层相同，只是稠度稍小，中层抹灰较厚时应分层，每层厚度应控制面层起装饰作用，要求涂抹光滑、洁净，因此要求用细砂，或用麻刀、纸筋灰浆。各层砂浆的强度要求应为底层＞中层＞面层，并不得将水泥砂浆抹在石灰砂浆或混合砂浆上，也不得把罩面石膏灰抹在水泥砂浆层上。

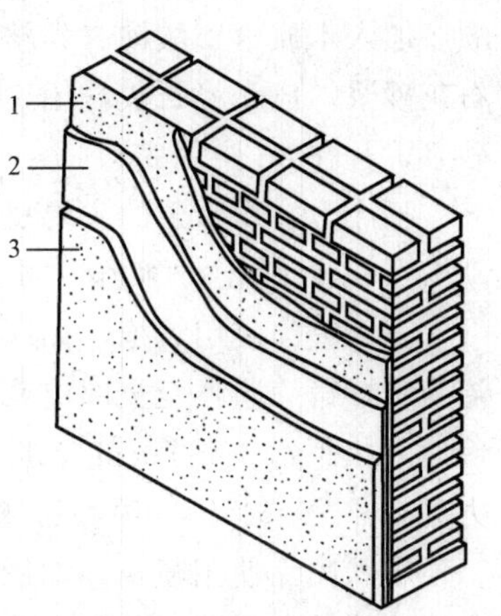

抹灰层的平均总厚度，不得大于下列规定：

（1）顶棚是板条、空心砖、现浇混凝土的为 15mm，是预制混凝土的为 18mm，是金属网的为 20mm。

（2）内墙的普通抹灰为 18～20mm，高级抹灰为 25mm。

图 7-65　一般抹灰
1—底层；2—中层；3—面层

（3）外墙为 20mm，勒脚及突出墙面部分为 25mm。

（4）石墙为 35mm。

（5）当抹灰厚度不小于 35mm 时，应采取加强措施。

涂抹水泥砂浆每遍厚度宜为 5～7mm，涂抹石灰砂浆和水泥混合砂浆每遍厚度宜为 7～9mm。面层抹灰经赶平压实后的厚度，麻刀石灰不得大于 3mm，纸筋石灰、石膏灰不得大于 2mm。

2. 装饰抹灰施工

装饰抹灰与一般抹灰的区别在于两者具有不同的装饰面层，其底层和中层的做法与一般抹灰基本相同。下面介绍几种主要装饰面层的施工工艺：

（1）水刷石施工。水刷石饰面，是将水泥石子浆罩面中尚未干硬的水泥用水冲刷掉使各色石子外露，形成具有"绒面感"的表面。水刷石是石粒类材料饰面的传统做法，这种饰面耐久性强具有良好的装饰效果，造价较低，是传统的外墙装饰做法之一。

水刷石面层施工的操作方法及施工过程如下：基层处理→抹灰层、冲筋（标筋、灰筋）→抹底层灰→弹分格线、粘分格条→抹面层石渣浆→起条、勾缝→养护。

水刷石是一项传统工艺，由于其操作技术要求较高，洗刷浪费水泥，墙面污染后不易清洗，故现今较少采用。

（2）干粘石施工。干粘石是将干石子直接粘在砂浆层上的一种装饰抹灰做法。装饰效果与水刷石差不多，但湿作业量小，节约原材料，又能明显提高工效。

干粘石面层操作方法和施工过程如下：抹粘结层→甩石子→压石子→起分格条与修整。

干粘石操作简便，但日久经风吹雨打易产生脱粒现象，现在已较少采用。

（3）斩假石施工。斩假石又称剁斧石，是在水泥砂浆基层上涂抹水泥石子浆，待硬化后，用剁斧、齿斧及各种凿子等工具剁出有规律的石纹，使其类似天然花岗石、玄武石、青条石的表面形态，即为斩假石。

（4）聚合物水泥砂浆的喷涂、滚涂与弹涂施工。

1）喷涂施工。喷涂是把聚合物水泥砂浆用砂浆泵或喷斗将砂浆喷涂于外墙面形成的装饰抹灰。

材料要求：浅色面层用白水泥，深色面层用普通水泥；细骨料用中砂或浅色石屑，含泥量不大于 3％，过 3mm 孔筛。

聚合物砂浆应用砂浆搅拌机进行拌和。先将水泥、颜料、细骨料干拌均匀，再边搅拌边顺序加入木质素磺酸钠（先溶于少量水中）、108胶和水，直至全部拌匀为止。如果是水泥石灰砂浆，应先将石灰膏用少量水调稀，再加入水泥与细骨料的干拌料中。拌和好的聚合物砂浆，宜在2h内用完。

喷涂聚合物砂浆的主要机具设备有空气压缩机（0.6立方/ming）、加压罐、灰浆泵、振动筛（5mm筛孔）、喷枪、喷斗、胶管（25mm）、输气胶管等。

波面喷涂使用喷枪，如图7-66所示。第一遍喷到底层灰变色即可，第二遍喷至出浆不流为度，第三遍喷至全部出浆，表面均匀呈渡状，不挂流，颜色一致。喷涂时枪头应垂直于墙面，相距约30~50cm，其工作压力，在用挤压式灰浆泵时为0.1~0.15MPa，空压机压力为0.4~0.6MPa。喷涂必须连续进行，不宜接槎。

粒状喷涂使用喷斗，如图7-67所示。第一遍满喷盖住底层，收水后开足气门喷布碎点，快速移动喷斗，勿使出浆，第二、三遍应有适当间隔，以表面布满细碎颗粒、颜色均匀不出浆为原则。喷斗应与墙面垂直，相距约30~50cm。

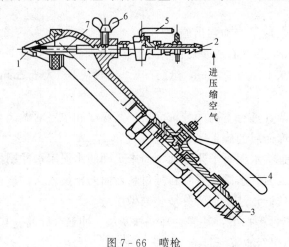

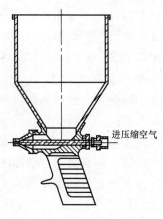

图7-66 喷枪　　　　　　　　　　　　图7-67 喷斗

1—喷嘴；2—压缩空气接头；3—砂浆皮管接头；4—砂浆
控制阀；5—压缩空气控制阀；6—顶丝；7—喷气管

2）滚涂施工。滚涂是将2~3mm厚带色的聚合物水泥砂浆均匀地涂抹在底层上，用平面或刻有花纹的橡胶、泡沫塑料滚子在罩面层上直上直下施滚涂拉，并一次成活滚出所需花纹。

滚涂饰面的底、中层抹灰与一般抹灰相同。中层一般用1:3水泥砂浆，表面搓平实。然后根据图纸要求，将尺寸分匀以确定分格条位置，弹线后贴分格条。

抹灰面干燥后，喷涂机硅溶液一遍。滚涂操作有干滚和湿滚两种。干滚法是滚子不蘸水，滚于上下来回后再向下滚一遍，达到表面均匀拉毛即可，滚出的花纹较粗，但工效高。湿滚法为滚子蘸水上墙，并保持整个表面水量一致，滚出的花纹较细，但比较费工。

3）弹涂施工。弹涂是利用弹涂器（图7-68）将不同色彩的聚合物水泥砂浆弹在色浆面层上，形成有类似于干粘石效果的装饰面。

弹涂基层除砖墙基体应先用1:3水泥砂浆抹找平层并找平外，一般混凝土等表面较为平整的基体，可直接刷底色浆后弹涂。基体应干燥、平整、棱角规则。

（5）假面砖。假面砖又称仿面砖，适用于装饰外墙面，远看像贴面砖，近看才是彩色砂浆抹灰层上分格。

假面砖抹灰层由底层灰、中层灰、面层灰组成。底层灰宜用1：3水泥砂浆，中层灰宜用1：1水泥砂浆，面层灰宜用5：1：9水泥石灰砂浆（水泥，石灰膏；细砂），按色彩需要掺入适量矿物颜料，成为彩色砂浆。面层灰厚3～4mm。

待中层灰凝固后，洒水湿润，抹上面层彩色砂浆，要压实抹平。待面层灰收水后，用铁梳或铁辊顺着靠尺由上而下划出竖向纹，纹深约1mm，竖向纹划完后，再按假面砖尺寸，弹出水平线，将靠尺靠在水平线上，用铁刨或铁勾顺着靠尺划出横向沟，沟深约3～4mm。全部划好纹、沟后，清扫假面砖表面。

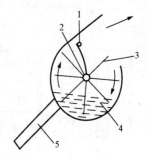

图 7-68　弹涂器工作
原理示意图

1—挡棍；2—中轴；3—弹棒；
4—色浆；5—把手

（6）仿石。仿石适用于装饰外墙。仿石抹灰层由底层灰、结合层及面层灰组成。底层灰用12mm厚1：3水泥砂浆，结合层用水泥浆（内掺水重3‰～5‰的108胶），面层用10mm厚1：0.5：4水泥石灰砂浆。

7.7.3　饰面工程施工工艺

饰面工程是指将块料面层镶贴（或安装）在墙柱表面以形成装饰层。块料面层的种类基本可分为饰面砖和饰面板两大类。饰面砖分有釉和无釉两种。包括釉面瓷砖、外墙面砖、陶瓷锦砖、玻璃锦砖、劈离砖以及耐酸砖等；饰面板包括天然石饰面板（如大理石、花岗石和青石板等）、人造石饰面板（如预制水磨石板、合成石饰面板等）、金属饰面板（如不锈钢板、涂层钢板、铝合金饰面板等）、玻璃饰面板、木质饰面板（如胶合板、木条板）、裱糊墙纸饰面板等。

1. 饰面砖镶贴

（1）施工准备。饰面砖的基层处理和找平层砂浆的涂抹方法与装饰抹灰基本相同。

饰面砖在镶贴前，应根据设计对釉面砖和外墙面砖进行选择，要求挑选规格一致，形状平整方正，不缺棱掉角，不开裂和脱釉，无凹凸扭曲，颜色均匀的面砖及各种配件。按标准尺寸检查饰面砖，分出符合标准尺寸和大于或小于标准尺寸三种规格的饰面砖，同一类尺寸应用于同一房间或同一面墙上，并做到接缝均匀一致。陶瓷锦砖应根据设计要求选择好色彩和图案，统一编号，便于镶贴时依号施工。

釉面砖和外墙面砖镶贴前应先清扫干净，然后置于清水中浸泡。釉面砖浸泡到不冒气泡为止，一般约2～3h。外墙面砖则带隔夜浸泡、取出晾干。以饰面砖表面有潮湿感，手按无水迹为准。

饰面砖镶贴前应进行预排，预排时应注意同一墙面的横竖排列，均不得有一行以上的非整砖。非整砖应排在最不醒目的部位或阴角处，用接缝宽度调整。

外墙面砖预排时应根据设计图纸尺寸，进行排砖分格并绘制大样图。一般要求水平缝应与旋脸、窗台齐平，竖向要求阴角及窗口处均为整砖，分格按整块分匀，并根据已确定的缝子大小做分格条和划出皮数杆。对墙、墙垛等处要求先测好中心线、水平分格线和阴阳角垂直线。

（2）釉面砖镶贴。

1）墙面镶贴方法。釉面砖的排列方法有"对缝排列"和"错缝排列"两种，如图 7-69 所示。

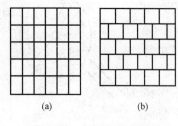

图 7-69 釉面砖镶贴形式
(a) 矩形砖对缝；(b) 方形砖对缝

2）顶棚镶贴方法。镶贴前，应把墙上的水平线翻到墙顶交接处（四边均弹水平线），校核顶棚方正情况，阴阳角应找直，并按水平线将顶棚找平。如果墙与顶棚均贴釉面砖时，则房间要求形状规则，阴阳角都须方正，墙与顶棚成 90°直角，排砖时，非整砖应留在同一方向，使墙顶砖缝交圈。镶贴时应先贴标志块，间距一般为 1.2m，其他操作与墙面镶贴相同。

（3）外墙釉面砖镶贴。外墙釉面砖镶贴由底层灰、中层灰、结合层及面层组成。外墙釉面砖的镶贴形式由设计而定。矩形釉面砖宜竖向镶贴，釉面砖的接缝宜采用离缝，缝宽不大于 10mm。釉面砖一般应对缝排列，不宜采用错缝排列。

（4）外墙锦砖（马赛克）镶贴。外墙贴锦砖可采用陶瓷锦砖或玻璃锦砖。锦砖镶贴由底层灰、中层灰、结合层及面层等组成。锦砖的品种、颜色及图案选择由设计而定。锦砖是成联供货的，所镶贴墙面的尺寸最好是砖联尺寸的整倍数，尽量避免将联拆散。

2. 大理石板、花岗石板、青石板、预制水磨石板等饰面板的安装

（1）小规格饰面板的安装。小规格大理石板、花岗石板、青石板、预制水磨石板，板材尺寸小于 300mm×300mm，板厚 8～12mm，粘贴高度低于 1m 的踢脚线板、勒脚、窗台板等，可采用水泥砂浆粘贴的方法安装。

1）踢脚线粘贴。用 1∶3 水泥砂浆打底，找规矩，厚约 12mm，用刮尺刮平，划毛。待底子灰凝固后，将经过湿润的饰面板背面均匀地抹上厚 2～3mm 的素水泥浆，随即将其贴于墙面，用木锤轻敲，使其与基层粘结紧密。随之用靠尺找平，使相邻各块饰面板接缝齐平，高差不超过 0.5mm，并将边口和挤出拼缝的水泥擦净。

2）窗台板安装。安装窗台板时，先校正窗台的水平。确定窗台的找平层厚度，在窗口两边按图纸要求的尺寸在墙上剔槽。多窗口的房屋剔槽时要拉通线，并将窗口找平。

清除窗台上的垃圾杂物，洒水润湿。用 1∶3 干硬性水泥砂浆或细石混凝土抹找平层，用刮尺刮平，均匀地撒上干水泥，待水泥充分吸水呈水泥浆状态，再将湿润后的板材平稳地安上，用木锤轻轻敲击，使其平整并与找平层有良好粘结。在窗口两侧墙上的剔槽处要先浇水润湿，板材伸入墙面的尺寸（进深与左右）要相等。板材放稳后，应用水泥砂浆或细石混凝土将嵌入墙的部分塞密堵严。窗台板接槎处注意平整，并与窗下槛在同一水平面上。

若有暗炉片槽，且窗台板长向由几块拼成，在横向挑出墙面尺寸较大时，应先在窗台板下预埋角铁，要求角铁埋置的高度、进出尺寸一致，其表面应平整。并用较高标号的细石混凝土灌注，过一周后再安装窗台板。

3）碎拼大理石。大理石厂生产光面和镜面大理石时，裁割的边角废料，经过适当的分类加工，可作为墙面的饰面材料，能取得较好的装饰效果。如矩形块料、冰裂状块料、毛边碎块等各种形体的拼贴组合，都会给人以乱中有序、自然优美的感觉。主要是采用不同的拼法和嵌缝处理，来求得一定的饰面效果。

（2）湿法铺贴工艺。湿法铺贴工艺适用于板材厚为 20～30mm 的大理石、花岗石或预

制水磨石板，墙体为砖墙或混凝土墙。

湿法铺贴工艺是传统的铺贴方法，即在竖向基体上预挂钢筋网，用铜丝或镀锌铁丝绑扎板材并灌水泥砂浆粘牢。这种方法的优点是牢固可靠，缺点是工序繁琐，卡箍多样，板材上钻孔易损坏，特别是灌注砂浆易污染板面和使板材移位。

采用湿法铺贴工艺，墙体应设置锚固体。砖墙体应在灰缝中预埋 φ6 钢筋钩，钢筋钩中距为 500mm 或按板材尺寸，当挂贴高度大于 3m 时，钢筋钩改用 φ10 钢筋，钢筋钩埋入墙体内深度应不小于 120mm，伸出墙面 30mm，混凝土墙体可射入 3.7mm×62mm 的射钉，中距也为 500mm 或按材尺寸，射钉打入墙体内 30mm，伸出墙面 32mm。

挂贴饰面板之前，将 φ6 钢筋网焊接或绑扎于锚固件上。钢筋网双向中距为 500mm 或按板材尺寸。

在饰面板上、下边各钻不少于两个直径为 5mm 的孔，孔深 15mm，清理饰面板的背面。用双股 18 号铜丝穿过钻孔，把饰面板绑牢于钢筋网上。饰面板的背面距墙面应不小于 50mm。

饰面板的接缝宽度可垫木楔调整，应确保饰面板外表面平整、垂直及板的上沿平顺。

每安装好一行横向饰面板后，即进行灌浆。灌浆前，应浇水将饰面板背面及墙体表面湿润，在饰面板的竖向接缝内填塞 15～20mm 深的麻丝或泡沫塑料条以防漏浆（光面、镜面和水磨石饰面板的竖缝，可用石膏灰临时封闭，并在缝内填塞泡沫塑料条）。

拌和好的 1∶2.5 水泥砂浆，将砂浆分层灌注到饰面板背面与墙面之间的空隙内，每层灌注高度为 150～200mm，且不得大于板高的 1/3，并插捣密实。待砂浆初凝后，应检查板面位置，如有移动错位应拆除重新安装，若无移位，则可安装上一行板。施工缝应留在饰面板水平接缝以下 50～100mm 处。

突出墙面的勒脚饰面板安装，应待墙面饰面板安装完工后进行。

待水泥砂浆硬化后，将填缝材料清除。饰面板表面清洗干净。光面和镜面的饰面经清洗晾干后，方可打蜡擦亮。

（3）干法铺贴工艺。干法铺贴工艺，通常称为干挂法施工，即在饰面板材上直接打孔或开槽，用各种形式的连接件与结构基体用膨胀螺栓或其他架设金属连接，而不需要灌注砂浆或细石混凝土。饰面板与墙体之间留出 40～50mm 的空腔。这种方法适用于 30m 以下的钢筋混凝土结构基体上，不适用于砖墙和加气混凝土墙。

3. 金属饰面板施工

金属饰面板主要有彩色压型钢板复合墙板、铝合金板和不锈钢板等。

（1）彩色压型钢板复合墙板。彩色压型钢板复合墙板，是以波形彩色压型钢板为面板，以轻质保温材料为芯层，经复合而成的轻质保温墙板，适用于工业与民用建筑物的外墙挂板。

（2）铝合金板墙面施工。铝合金板墙面装饰，主要用在同玻璃幕墙或大玻璃窗配套，或商业建筑的入口处的门脸、柱面及招牌的衬底等部位，或用于内墙装饰，如大型公共建筑的墙裙等。

铝合金板有方形板和条形板，方形板有正方形板、矩形板及异形板。条形板一般是指宽度在 150mm 以内的窄条板材，长度 6m 左右，厚度多为 0.5～1.5mm。根据其断面及安装形式的不同，通常又可分为铝合金板或铝合金扣板。条板断面的一般形式，如图 7-

70 所示。扣板断面的形式，如图 7 - 71 所示。另外，还有铝合金蜂窝板，其断面呈蜂窝腔。

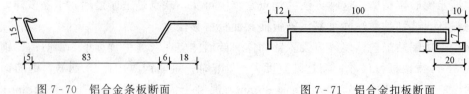

图 7 - 70　铝合金条板断面　　　　　　图 7 - 71　铝合金扣板断面

4. 玻璃幕墙施工

玻璃幕墙是近代科学技术发展的产物，是高层建筑时代的显著特征，其主要部分由饰面玻璃和固定玻璃的骨架组成。其主要特点是建筑艺术效果好，自重轻，施工方便，工期短。但玻璃幕墙造价高，抗风、抗震性能较弱，能耗较大，对周围环境可能形成光污染。

（1）玻璃幕墙分类。

1）明框玻璃幕墙。明框玻璃幕墙的玻璃板镶嵌在铝框内，成为四边有铝框的幕墙构件，幕墙构件镶嵌在横梁上，形成横梁、主框均外露且铝框分格明显的立面。明框玻璃幕墙构件的玻璃和铝框之间必须留有空隙，以满足温度变化和主体结构位移所必需的活动空间。空隙用弹性材料（如橡胶条）充填，必要时用硅酮密封胶（耐候胶）予以密封。

2）隐框玻璃幕墙。隐框玻璃幕墙是将玻璃用结构胶粘结在铝框上，大多数情况下不再加金属连接件。因此，铝框全部隐蔽在玻璃后面。形成大面积全玻璃镜面。

隐框幕墙的玻璃与铝框之间完全靠结构胶粘结。结构胶要承受玻璃的自重及玻璃所承受的风荷载和地震作用、温度变化的影响，因此，结构胶的质量好坏至关重要。

3）半隐框玻璃幕墙。半隐框玻璃幕墙是将玻璃两对边嵌在铝框内，另两对边用结构胶粘在铝框上，形成半隐框玻璃幕墙。立柱外露、横梁隐蔽的称竖框横隐幕墙，横梁外露、立柱隐蔽的称为竖隐横框幕墙。

4）全玻幕墙。为游览观光需要，在建筑物底层、顶层及旋转餐厅的外墙，使用玻璃板，其支承结构采用玻璃肋，称之为全玻幕墙。

高度不超过 4.5m 的全玻璃幕墙，可以用下部直接支承的方式来进行安装，超过 4.5m 的全玻璃幕墙，宜用上部悬挂方式安装。

（2）玻璃幕墙的安装工序。定位放线→骨架安装（立柱的安装、横梁的安装）→玻璃安装→耐候胶嵌缝。

5. 裱糊工程施工

裱糊施工是目前国内外使用较为广泛的施工方法，可用在墙面、顶棚、梁柱等上作贴面装饰。墙纸的种类较多，工程中常用的有普通墙纸、塑料墙纸和玻璃纤维墙纸。从表面装饰效果看，有仿锦缎、静电植绒、印花、压花、仿木、仿石等墙纸。按照装饰施工的规范要求，在不同基层上的复台墙纸、塑料墙纸、墙布及带胶墙纸裱贴。主要工序有：基层处理→弹分格线→裁纸→焖水→刷胶→裱贴→成品保护。

7.7.4　楼地面工程施工工艺

1. 楼地面的组成及分类

（1）楼地面的组成。楼地面是房屋建筑底层地坪与楼层地坪的总称。主要由面层、垫层和基层构成。

（2）楼地面的分类。按向层材料分有土、灰土、三合土、菱苦土、水泥砂浆、混凝土、水磨石、马赛克、水泥花砖和塑料地面等。按面层结构分有整体面层（如灰土、菱苦土、三合土、水泥砂浆、混凝土、现浇水磨石、沥青砂浆和沥青混凝土等）、块料面层（如缸砖、塑料地板、拼花木地板、马赛克、水泥花砖、预制水磨石块、大理石板材、花岗石板材等）和涂布地面等。

2. 楼地面的施工

（1）基层施工。

1）抄平弹线，统一标高。检测各个房间的地坪标高，并将统一水平标高线弹在各房间四壁上，离地面 500mm 处。

2）楼面的基层是楼板，应做好楼板板缝灌浆、堵塞工作和板面清理工作。

3）地面的基层多为土。地面下的填土应采用素土分层夯实。土块的粒径不得大于 50mm，每层虚铺厚度，用机械压实不应大于 30mm，用人工夯实不应大于 200mm，每层夯实后的干密度应符合设计要求。回填土的含水率应按照最佳含水率进行控制，太干的土要洒水湿润，太湿的土应晾干后使用，遇有橡皮土必须挖除更换，或将其表面挖松 100～150mm，掺入适量的生石灰（其粒径小于 5mm，每平方米掺 6～10kg），然后再夯实。

用碎石、卵石或碎砖等作地基表面处理时，直径应为 40～60mm，并应将其铺成一层，采用机械压进适当湿润的土中，其深度不应小于 400mm，在不能使用机械压实的部位，可采用夯打压实。淤泥、腐殖土、冻土、耕植土、膨胀土和有机含量大于 8% 的土，均不得用作地面下的填土。

地面下的基土，经夯实后的表面应平整，用 2m 靠尺检查，要求其土表面凹凸不大于 15mm，标高应符合设计要求，其偏差应控制在 0～50mm。

（2）垫层施工。

1）刚性垫层。刚性垫层指用水泥混凝土、水泥碎砖混凝土、水泥炉渣混凝土和水泥石灰炉渣混凝土等各种低强度等级混凝土做的垫层。混凝土垫层的厚度一般为 60～100mm。混凝土强度等级不宜低于 C10，粗骨料粒径不应超过 50mm，并不得超过垫层厚度的 2/3，混凝土配合比按普通混凝土配合比设计进行试配。其施工要点如下：

①清理基层，检测弹线。

②浇筑混凝土垫层前，基层应洒水湿润。

③浇筑大面积混凝土垫层时，应纵横每 6～10m 设中间水平桩，以控制厚度。

④大面积浇筑宜采用分仓浇筑的方法，要根据变形缝位置、不同材料面层的连接部位或设备基础位置情况进行分仓，分仓距离一般为 3～4m。

2）柔性垫层。柔性垫层包括用土、砂、石、炉渣等散状材料经压实的垫层。砂垫层厚度不小于 60mm，应适当浇水并用平板振动器振实；砂石垫层的厚度不小于 100mm，要求粗细颗粒混合摊铺均匀，浇水使砂石表面湿润，碾压或夯实至不松动为止。根据需要可在垫层上做水泥砂浆、混凝土、沥青砂浆或沥青混凝土找平层。

（3）整体面层施工。

1）水泥砂浆面层。水泥砂浆地面面层的厚度应不小于 20mm，一般用硅酸盐水泥、普通硅酸盐水泥，用中砂或粗砂配制，配合比为 1∶2～1∶2.5（体积比）。

面层施工前，先按设计要求测定地坪面层标高，校正门框，将垫层清扫干净洒水湿润，表面比较光滑的基层，应进行凿毛，并用清水冲洗干净。铺抹砂浆前，应在四周墙上弹出一道水平基准线，作为确定水泥砂浆面层标高的依据。面积较大的房间，应根据水平基准线在四周墙角处每隔1.5～2m用1∶2水泥砂浆抹标志块，以标志块的高度做出纵横方向通长的标志筋来控制面层厚度。

面层铺抹前，先刷一道含4%～5%的108胶水泥浆，随即铺抹水泥砂浆，用刮尺赶平，并用木抹子压实，在砂浆初凝后终凝前，用铁抹子反复压光三遍。砂浆终凝后铺盖草袋、锯末等浇水养护。当施工大面积的水泥砂浆面层时，应按设计要求留分格缝，防止砂浆面层产生不规则裂缝。

水泥砂浆面层强度小于5MPa之前，不准上人行走或进行其他作业。

2）细石混凝土面层。细石混凝土面层可以克服水泥砂浆面层干缩较大的弱点。这种面层强度高，干缩值小。与水泥砂浆面层相比，它的耐久性更好，但厚度较大，一般为30～40mm。混凝土强度等级不低于C20，所用粗骨料要求级配适当，粒径不大于15mm，且不大于面层厚度的2/3。用中砂或粗砂配制。

细石混凝土面层施工的基层处理和找规矩的方法与水泥砂浆面层施工相同。

铺细石混凝土时，应由里向门口方向进行铺设，按标志筋厚度刮平拍实后，稍待收水，即用钢抹子预压一遍，待进一步收水，即用铁滚筒交叉滚压第三～五遍或用表面振动器振捣密实，直到表面泛浆为止，然后进行抹平压光。细石混凝土面层与水泥砂浆面层基本相同，必须在水泥初凝前完成抹平工作，终凝前完成压光工作，要求其表面色泽一致，光滑无抹子印迹。

钢筋混凝土现浇楼板或强度等级不低于C15的混凝土垫层兼面层时，可用随捣随抹的方法施工，在混凝土楼地面浇捣完毕，表面略有吸水后即进行抹平压光。混凝土面层的压光和养护时间和方法与水泥砂浆面层同。

3）现制水磨石面层。水磨石地面构造层如图7-72所示。

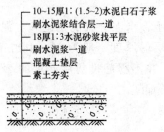

- 10～15厚1∶(1.5～2)水泥白石子浆
- 刷水泥浆结合层一道
- 18厚1∶3水泥砂浆找平层
- 刷水泥浆一道
- 混凝土垫层
- 素土夯实

图7-72　水磨石地面构造层次

水磨石地面面层施工，一般是在完成顶棚、墙面等抹灰后进行。也可以在水磨石楼面、地面磨光两遍后再进行顶棚、墙面抹灰，但对水磨石面层应采取保护措施。水磨石地面施工工艺流程如下：基层清理→浇水冲洗湿润→设置标筋→铺承泥砂浆找平层→养护→嵌分格条→铺抹水泥石子浆→养护→研磨→打蜡抛光。

水磨石面层所用的石子应用质地密实、磨面光亮。如硬度不大的大理石、白云石、方解石或质地较硬的花岗石、玄武石、辉绿石等。石子应洁净无杂质，石子粒径一般为4～12mm。白色或浅色的水磨石面层，应采用白色硅酸盐水泥，深色的水磨石面层应采用普通硅酸盐水泥或矿渣硅酸盐水泥，水泥中掺入的颜料应选用遮盖力强、耐光性、耐候性、耐水性和耐酸碱性好的矿物颜料。掺量一般为水泥用量的3%～6%，也可由试验确定。

（4）板块面层施工。板块面层是在基层上用水泥砂浆或水泥浆、胶粘剂铺设块料面层（如水泥花砖、预制水磨石板、花岗石板、大理石板、马赛克等）形成的楼面面层。

1）施工准备。铺贴前，应先挂线检查地面垫层的平整度，弹出房间中心"十"字线，然后由中央向四周弹出分块线，同时在四周墙壁上弹出水平控制线。按照设计要求进行试拼试排，在块材背面编号，以便安装时对号入座，根据试排结果，在房间的主要部位弹上互相垂直的控制线并引至墙上，用于检查和控制板块的位置。

2）大理石板、花岗石板及预制水磨石板地面铺贴。主要施工过程为：板材浸水→摊铺结合层→铺贴→灌缝→上蜡磨亮。

3）水泥花砖和混凝土板地面施工。铺贴方法与预制水磨石板铺贴基本相同，板材缝隙宽度为水泥花砖不大于 2mm，预制混凝土板不大于 6mm。

4）陶瓷锦砖地面施工。主要施工过程为铺贴→拍实→揭纸→灌缝、拨缝→养护。

5）陶瓷铺地砖与墙地砖面层施工。铺贴前应先将地砖浸水湿润后阴干备用，阴干时间一般 3～5d，以地砖表面有潮湿感但手按无水迹为准。

（5）地毯面层施工。

1）地毯的分类。按地毯的材质分类有纯毛地毯、混纤地毯、化纤地毯、塑料地毯。

2）地毯的铺设方法。地毯的铺设方法分为活动式与固定式两种。

（6）木质地面施工。木质地面施工通常有架铺和实铺两种。架铺是在地面上先做出木格栅，然后在木格栅上铺贴基面板，最后在基面板上镶铺面层木地板。实铺是在建筑地面上直接拼铺木地板。

7.7.5 涂料及刷浆工程工艺

涂料敷于建筑物表面并与基体材料很好地粘结，干结成膜后，既对建筑物表面起到一定的保护作用，又能起到建筑装饰的效果。

涂料主要由胶粘剂、颜料、溶剂和辅助材料等组成。涂料的品种繁多，按装饰部位不同有内墙涂料、外墙涂料、顶棚涂料、地面涂料；按成膜物质不同有油性涂料（也称油漆）、有机高分子涂料、无机高分子涂料、有机无机复合涂料；按涂料分散介质不同有溶剂型涂料、水性涂料、乳液涂料（乳胶漆）。涂料工程施工技术有：

（1）基层处理。混凝土和抹灰表面为基层表面时，基层表面必须坚实、无酥板、脱层、起砂、粉化等现象，否则应铲除。基层表面要求平整，如有孔洞、裂缝，须用同种涂料配制的腻子批嵌，除去表面的油污、灰尘、泥土等，清洗干净。对于施涂溶剂型涂料的基层，其含水率应控制在 8% 以内，对于施涂乳液型涂料的基层，其含水率应控制在 10% 以内。

木材基层表面，应先将木材表面上的灰尘，污垢应清除，并把木材表面的缝隙、毛刺等用腻子填补磨光，木材基层的含水率不得大于 12%。金属基层表面，应将灰尘、油渍、锈斑、焊渣、毛刺等清除干净。

（2）涂料施工。涂料施工主要操作方法有刷涂、滚涂、喷涂、刮涂、弹涂、抹涂等。

1）刷涂。刷涂是人工用刷子蘸上涂料直接涂刷于被饰涂面。要求不流、不挂、不皱、不漏、不露刷痕。刷涂一般不少于两道，应在前一道涂料表面干后再涂刷下一道。两道施涂间隔时间由涂料品种和涂刷厚度确定，一般为 2～4h。

2）滚涂。滚涂是利用涂料辊子蘸上少量涂料，在基层表面上下垂直来回滚动施涂。阴角及上下口一般需先用排笔、鬃刷刷涂。

3）喷涂。喷涂是一种利用压缩空气将涂料制成雾状（或粒状）喷出，涂于被饰涂面的机械施工方法。其操作过程为：

①将涂料调至施工所需黏度，将其装入贮料罐或压力供料筒中。

②打开空压机，调节空气压力，使其达到施工压力，一般为 0.4～0.8MPa。

③喷涂时，手握喷枪要稳，涂料出口应与被涂面保持垂直，喷枪移动时应与喷涂面保持平行。喷距 500mm 左右为宜，喷枪运行速度应保持一致。

④喷枪移动的范围不宜过大，一般直接喷涂 700～800mm 后折回，再喷涂下一行，也可选择横向或竖向往返喷涂。

⑤涂层一般两遍成活。横向喷涂一遍，竖向再涂一遍。两遍之间间隔时间由涂料品种及喷涂厚度而定，要求涂膜应厚薄均匀、颜色一致、平整光滑，不出现露底、皱纹、流挂、钉孔、气泡和失光现象。

4）刮涂。刮涂是利用刮板，将涂料厚浆均匀地批刮于涂面上，形成厚度为 1～2mm 的厚涂层。这种施工方法多用于地面等较厚层涂料的施涂。

刮涂施工的方法为：

①腻子一次刮涂厚度一般不应超过 0.5mm，孔眼较大的物面应将腻子填嵌实，并高出物面，待干透后再进行打磨。待批刮腻子或者厚浆涂料全部干燥后，再涂刷面层涂料。

②刮涂时应用力按刀，使刮刀与饰面成 50°～60°角刮涂。刮涂时只能来回刮 1～2 次，不能往返多次刮涂。

③遇有圆、棱形物面可用橡皮刮刀进行刮涂。刮涂地面施工时，为了增加涂料的装饰效果，可用划刀或记号笔刻出席纹、仿木纹等各种图案。

5）弹涂。先在基层刷涂 1～2 道底涂层，待其干燥后通过机械的方法将色浆均匀地溅在墙面上，形成 1～3mm 左右的圆状色点。弹涂时，弹涂器的喷出口应垂直正对被饰面，距离 300～500mm，按一定速度自上而下，由左至右弹涂。选用压花型弹涂时，应适时将彩点压平。

6）抹涂。先在基层刷涂或滚涂 1～2 道底涂料，待其干燥后，使用不锈钢抹灰工具将饰面涂料抹到底层涂料上。一般抹 1～2 遍，间隔 1h 后再用不锈钢抹子压平。涂抹厚度内墙为 1.5～2mm，外墙为 2～3mm。

在工厂制作组装的钢木制品和金属构件，其涂料宜在生产制作阶段施工，最后一遍安装后在现场施工。现场制作的构件，组装前应先施涂一遍底子油（干油性且防锈的涂料），安装后再施涂。

（3）喷塑涂料施工。

1）喷塑涂料的涂层结构。按喷塑涂料层次的作用不同，其涂层构造分为封底涂料、主层涂料、罩面涂料。按使用材料分为底油、骨架和面油。喷塑涂料质感丰富、立体感强，具有乳雕饰面的效果。

①底油。底油是涂布在基层上的涂层。它的作用是渗透到基层内部，增强基层的强度，同时又对基层表面进行封闭，并消除基层表面有损于涂层附着的因素，增加骨架涂料与基层之间的结合力。作为封底涂料，可以防止硬化后的水泥砂浆抹灰层中的可溶性盐渗出而破坏面层。

②骨架。骨架是喷塑涂料特有的一层成型层，是喷塑涂料的主要构成部分。使用特制大

口径喷枪或喷斗，喷涂在底油之上，再经过滚压，即形成质感丰富，新颖美观的立体花纹图案。

③面油。面油是喷塑涂料的表面层。面油内加入各种耐晒彩色颜料，使喷塑涂层具有理想的色彩和光感。面油分为水性和油性两种，水性面油无光泽，油性面油有光泽，但目前大都采用水性面油。

2）喷塑涂料施工。喷涂程序：刷底油→喷点料（骨架材料）→滚压点料→喷涂或刷涂面层。

底油的涂刷用漆刷进行，要求涂刷均匀不漏刷。

喷点施工的主要工具是喷枪，喷嘴有大、中、小三种，分别可喷出大点、中点和小点。施工时可按饰面要求选择不同的喷嘴。喷点操作的移动速度要均匀，其行走路线可根据施工需要由上向下或左右移动。喷枪在正常情况下喷嘴距墙 $50\sim60\mathrm{cm}$ 为宜。喷头与墙面成 $60°\sim90°$ 夹角，空压机压力为 0.5MPa。如果喷涂顶棚，可采用顶棚喷涂专用喷嘴。如果需要将喷点压平，则喷点后 $5\sim10\mathrm{min}$ 便可用胶辊蘸松节水，在喷涂的圆点上均匀地轻滚，将圆点压扁，使之成为具有立体感的压花图案。

喷涂面油应在喷点施工 12min 进行，第一道滚涂水性面油，第二道可用油性面油，也可用水性面油。如果基层有分格条，面油涂饰后即行揭去，对分格缝可按设计要求的色彩重新描绘。

（4）多彩喷涂施工。多彩喷涂具有色彩丰富、技术性能好、施工方便、维修简单、防火性能好、使用寿命长等特点，因此运用广泛。

多彩喷涂的工艺可按底涂、中涂、面涂，或底涂、面涂的顺序进行。

1）底涂施工。底层涂料的主要作用是封闭基层，提高涂膜的耐久性和装饰效果。底层涂料为溶剂性涂料，可用刷涂、滚涂或喷涂的方法进行操作。

2）中涂施工。中层为水性涂料，涂刷 $1\sim2$ 遍，可用刷涂、滚涂及喷涂施工。

3）面涂（多彩）喷涂施工。中层涂料干燥 $4\sim8\mathrm{h}$ 后开始施工。操作时可采用专用的内压式喷枪，喷涂压力为 $0.15\sim0.25\mathrm{MPa}$，喷嘴距墙 $300\sim400\mathrm{mm}$，一般一遍成活，如涂层不均匀，应在 4h 内进行局部补喷。

（5）聚氨酯仿瓷涂料层施工。这种涂料是以聚氨酯-丙烯酸树脂溶液为基料，加入优质大白粉、助剂等配制而成的双组分固化型涂料。涂膜外观是瓷质状，其耐沾污性、耐水性及耐候性等性能均较优异。可以涂刷在木质、水泥砂浆及混凝土饰面上，具有优良的装饰效果。

聚氨酯仿瓷复层涂料一般分为底涂、中涂和面涂三层，其操作要点如下：

1）基层表面应平整、坚实、干燥、洁净，表面的蜂窝、麻面和裂缝等缺陷应采用相应的腻子嵌平。金属材料表面应除锈，有油渍斑污者，可用汽油、二甲苯等溶剂清理。

2）底涂施工。底涂施工可采用刷涂、滚涂、喷涂等方法进行。

3）中涂施工。中涂一般均要求采用喷涂，喷涂压力依照材料使用说明，喷嘴口径一般为 $\phi4$。根据不同品种，将其甲乙组分进行混合调制或直接采用配套中层涂料均匀喷涂，如果涂料太稠，可加入配套溶液或醋酸丁酯进行稀释。

4）面涂施工。面涂可用喷涂、滚涂或刷涂方法施工，涂层施工的间隔时间一般在 $2\sim4\mathrm{h}$

之间。

仿瓷涂料施工要求环境温度不低于5℃，相对湿度不大于85％，面涂完成后保养3～5d。

本 章 练 习 题

一、简答题

1. 土方工程的施工特点有哪些？

2. 土的物理性质主要有哪些？

3. 常用地基的处理方法主要有哪些？

4. 桩的作用有哪些？简述它的分类。

5. 砖墙砌体的主要组砌形式有哪些？简述砖墙砌体施工工艺。

6. 简述模板的分类与各种模板的施工工艺。

7. 简述组合钢模板的主要构件。

8. 简述模板拆除的顺序。

9. 简述先张法预应力混凝土施工工艺流程。

10. 排架结构吊装工艺的准备工作有哪些？

11. 简述单层工业厂房结构的柱子绑扎与吊升的方法。

12. 简述吊车梁的平面位置的校正的方法。

13. 卷材防水屋面的构造方法有哪些？

14. 简述屋面防水等级和设防要求。

15. 屋面分格缝如何设置？

16. 卷材的搭接方向、搭接宽度有何要求？

17. 简述涂膜防水常规施工程序。

18. 简述抹灰工程施工工艺。

19. 饰面工程施工工艺类型有哪些？

二、选择题

1. 土的天然含水量是指_____之比的百分率。

A. 土中水的质量与所取天然土样的质量

B. 土中水的质量与土的固体颗粒质量

C. 土的孔隙与所取天然土样体积

D. 土中水的体积与所取天然土样体积

2. 土方建筑时，常以土的_____作为土的夯实标准。

A. 可松性　　　　B. 天然密度　　　　C. 干密度　　　　D. 含水量

3. 换土垫层法中，_____只适用于地下水位较低，基槽经常处于较干燥状态下的一般黏性土地基的加固。

A. 砂垫层　　　　B. 砂石垫层　　　　C. 灰土垫层　　　　D. 卵石垫层

4. 在夯实地基法中，_____适用于处理高于地下水位0.8m以上稍湿的黏性土、砂土、湿陷性黄土、杂填土和分层填土地基的加固处理。

A. 强夯法　　　　B. 重锤夯实法　　　　C. 挤密桩法　　　　D. 砂石桩法

5._____适用于处理碎石土、砂土、低饱和度的黏性土、粉土、湿陷性黄土及填土地基等的深层加固。

　　A. 强夯法　　　　　B. 重锤夯实法　　　　C. 挤密桩法　　　D. 砂石桩法

6._____适用于处理地下水位以上天然含水率为 12％～25％、厚度为 5～15m 的素填土、杂填土、湿陷性黄土以及含水率较大的软弱地基等。

　　A. 强夯法　　　　　B. 重锤夯实法　　　　C. 灰土挤密桩法　D. 砂石桩

7. 打桩的入土深度控制，对于承受轴向荷载的摩擦桩，应_____。

　　A. 以贯入度为主，以标高作为参考　　　B. 仅控制贯入度不控制标高

　　C. 以标高为主，以贯入度作为参考　　　D. 仅控制标高不控制贯入度

8. 正式打桩时宜采用_____的方式，可取得良好的效果。

　　A. "重锤低击，低提重打"　　　　　　B. "轻锤高击，高提重打"

　　C. "轻锤低击，低提轻打"　　　　　　D. "重锤高击，高提重打"

9. 模板按_____分类，可分为基础模板、柱模板、梁模板、楼板模板、墙模板等。

　　A. 建筑部件　　　B. 结构类型　　　C. 施工方法　　　D. 材料

10. 跨度大于_____m 的板，现浇混凝土达到立方体抗压强度标准值的 100％时方可拆除底模板。

　　A. 8　　　　　　　B. 6　　　　　　　C. 2　　　　　　D. 7.5

11. 悬挑长度为 2m、混凝土强度为 C40 的现浇阳台板，当混凝土强度至少应达到_____时方可拆除底模板。

　　A. 70％　　　　　　B. 100％　　　　　C. 75％　　　　　D. 50％

12. 模板的拆除顺序应按设计方案进行。当无规定时，应按顺序_____拆除混凝土模板。

　　A. 先支后拆，后支先拆　　　　　　　B. 先拆先支，后支后拆

　　C. 先拆次承重模板，后拆承重模板　　D. 先拆复杂部分，后拆简单部分

13. 浇筑柱子混凝土时，其根部应先浇_____。

　　A. 10mm 厚水泥浆　　　　　　　　　B. 5～10mm 厚水泥砂浆

　　C. 50～100mm 厚水泥砂浆　　　　　　D. 500mm 厚石子增加一倍的混凝土

14. 浇筑混凝土时，为了避免混凝土产生离析，自由倾落高度不应超过_____m。

　　A. 1.5　　　　　　B. 2.0　　　　　　C. 2.5　　　　　D. 3.0

15. 当混凝土浇筑高度超过_____m 时，应采取串筒、溜槽或振动串筒下落。

　　A. 2　　　　　　　B. 3　　　　　　　C. 4　　　　　　D. 5

16. 砌砖墙留斜槎时，斜槎长度不应小于高度的_____。

　　A. 1/2　　　　　　B. 1/3　　　　　　C. 2/3　　　　　D. 1/4

17. 砖砌体留直槎时应加设拉结筋拉结筋沿墙高每_____mm 设一层。

　　A. 300　　　　　　B. 500　　　　　　C. 700　　　　　D. 1000

18. 砌砖墙留直槎时，必须留成阳槎并加设拉结筋拉结筋沿墙高每 500mm 留一层，每层按_____mm 墙厚留一根，但每层最少为 2 根。

　　A. 370　　　　　　B. 240　　　　　　C. 120　　　　　D. 60

19. 预应力先张法施工适用于_____。

A. 现场大跨度结构施工　　　　　　　B. 构件厂生产大跨度构件

C. 构件厂生产中、小型构件　　　　　D. 现在构件的组并

20. 先张法施工时，当混凝土强度至少达到设计强度标准值的_____时，方可放张。

A. 50％　　　　　B. 75％　　　　　C. 85％　　　　　D. 100％

21. 后张法施工较先张法的优点是_____。

A. 不需要台座、不受地点限制　　　　B. 工序少

C. 工艺简单　　　　　　　　　　　　D. 锚具可重复利用

22. 当屋面坡度大于15％或受震动时，沥青防水卷材的铺贴方向应_____。

A. 平行于屋脊　　　　　　　　　　　B. 垂直于屋脊

C. 与屋脊呈45°角　　　　　　　　　D. 上下层相互垂直

23. 当屋面坡度大于_____时，应采取防止沥青卷材下滑的固定措施。

A. 3％　　　　　B. 10％　　　　　C. 15％　　　　　D. 25％

第8章

工程建设项目管理

8.1 工程建设程序

8.1.1 工程建设程序的含义

工程建设程序是指建设项目从设想、选择、评估、设计、施工到竣工验收、投入生产整个建设过程中，各项工作必须遵循的先后次序的法则。这个法则是在人们认识客观规律的基础上制定出来的，是建设项目科学决策和顺利进行的重要保证。按照建设项目内在联系和发展过程，建设程序分为若干阶段，这些发展阶段有严格的次序，不能任意颠倒。工程项目虽然千差万别，但它们都应遵循科学的建设程序，每一位建设工作者必须严格遵守工程项目建设的内在规律和组织制度。

8.1.2 工程建设程序的主要工作内容

在我国，现行规定的工程建设程序如下：

1. 项目建议书阶段

项目建议书是要求建设某一具体项目的建议性文件，是投资决策前对拟建项目及其轮廓的设想。项目建议书的主要作用是为推荐拟建项目作出说明，论述项目建设的必要性、条件的可行性和获利的可能性，供基本建设管理部门选择并确定是否进行下一步工作。

项目建议书的内容视项目的不同而有繁有简，但一般应包括以下几个方面：

(1) 建设项目提出的必要性和依据。

(2) 产品方案、拟建规模和建设地点的初步设想。

(3) 资源情况、建设条件、协作关系等的初步分析。

(4) 投资估算和资金筹措设想。

(5) 经济效益和社会效益的估计。

2. 可行性研究阶段

项目建议书一经批准，即可着手进行可行性研究，对项目在技术上是否可行和经济上是否合理进行科学的分析和论证。可行性研究报告是确定建设项目、编制设计文件的重要依据，因而编制可行性研究报告必须有相当的深度和准确性。

大中型项目的可行性研究报告一般应包括以下几个方面：

(1) 根据经济预测、市场预测确定的建设规模和产品方案。

(2) 资源、原材料、燃料、动力、供水、交通运输条件。

(3) 建厂条件和厂址方案。

（4）技术工艺、主要设备选型和相应的技术经济指标。

（5）主要单项工程、公用辅助设施、配套工程。

（6）环境保护、城市规划、防震、防洪等要求和采取的相应措施方案。

（7）企业组织、劳动定员和管理制度。

（8）建设进度和工期。

（9）投资估算和资金筹措。

（10）经济效益和社会效益。

3. 项目设计阶段

设计工作开始前，项目业主按建设监理制的要求委托建设工程监理。在监理企业的协助下，根据可行性研究报告，作好勘察和调查研究工作，落实外部建设条件，进行设计招标，确定设计方案和设计单位。

对于一般建设项目，设计过程一般划分为两个阶段进行，即初步设计阶段和施工图设计阶段。重大项目和技术复杂项目，可根据不同行业的特点和需要，在初步设计阶段之后增加技术设计（扩大初步设计）阶段。

4. 建设准备阶段

项目在开工建设之前要切实做好各项准备工作，其主要内容包括：

（1）征地、拆迁和场地平整。

（2）完成施工用水、电、路等工程。

（3）组织设备、材料订货。

（4）准备必要的施工图纸。

（5）组织施工招标投标，择优选定施工单位。

5. 施工阶段

建设项目经批准新开工建设，项目即进入了施工阶段，按设计要求施工安装，建成工程实体。项目新开工时间是指建设项目设计文件中规定的任何一项永久性工程第一次正式破土开始施工的日期。铁路、公路、水库等需要进行大量土、石方的工程，以开始进行土、石方工程的时间作为正式开始开工时间。工程地质勘察、平整场地、旧有建筑物的拆除、临时建筑、施工用临时道路和水电等施工不算正式开工。

6. 交付使用前准备

项目业主在监理企业的协助下，根据建设项目或主要单项工程生产的技术特点，及时组织专门班子或机构，有计划地抓好交付使用前准备工作，保证项目建成后能及时投产或投入使用。交付使用前准备工作，主要包括人员培训、组织准备、技术准备、物资准备等。

7. 竣工验收阶段

竣工验收是工程建设过程的最后一环，是全面考核基本建设成果、检验设计和工程质量的重要步骤，也是基本建设程序转入生产使用的标志。

申请建设项目验收需要做好整理技术资料、绘制项目竣工图纸、编制项目决策等准备工作。

对大中型项目应当经过初验，然后再进行最终的验收竣工。简单、小型项目可以一次性进行全部项目的竣工验收。竣工验收合格后可以交付使用。同时按规定实施保障，保修期限在《建设工程质量管理条例》中有详细规定。

8. 项目后评估阶段

建设项目后评估是工程项目竣工投产、生产运营一段时间后，再对项目的立项决策、设计施工、竣工投产、生产运营等全过程进行系统评估的一种经济活动，是固定资产投资管理的一项重要的内容，也是固定资产投资管理的最后一个环节。通过建设项目后评估以达到肯定成绩、总结经验、研究问题、吸取教训、提出建议、改进工作、不断提高项目决策水平和投资效果的目的。

8.2 工程建设的主要管理制度

8.2.1 建设项目决策评估制度

建设项目可行性研究与评估是我国投资项目决策程序中十分重要的一个环节，也是建设项目前期工作的一项重要内容。它的科学性、客观性和可靠性，直接影响决策的质量，可以说它是决定建设项目优劣的关键，是实现建设项目投资决策科学化、民主化、制度化的重要基础。而在现行作为直接为投资决策提供依据的可行性研究与评估报告中，有关项目环境保护方面的内容和分析十分有限，这与我国实施可持续发展战略的宏观背景显得不相适宜。人类正面临有史以来最严峻的资源衰竭、能源紧张和环境危机，这将对人类生存和发展产生巨大影响。对发展中国家尤其是处在体制转型时期的经济欠发达国家而言，政府的环境政策是减缓生态与环境破坏，改善环境质量最为重要的手段。早在八十年代初期，我国政府就明确规定把环境保护作为中国的一项基本国策，并先后制定了《中华人民共和国环境保护法》、《中华人民共和国水污染防治法》、《中华人民共和国大气污染防治法》、《中华人民共和国海洋保护法》、《中华人民共和国森林保护法》等一系列法规。九十年代以后，又制定了《中国21世纪议程——中国21世纪人口、环境与发展白皮书》，进而将实施可持续发展确定为我国经济、社会、资源与环境相互协调和持续发展的基本战略。因此，在可行性研究与评估中强化环境保护意识、深化项目环境保护方面的分析不仅是必要的，而且也是可能和可行的。

在建设项目中实施建设项目决策评估制度的重要性在于：

（1）有利于提高项目前期准备的工作效率。按照我国现行的项目建设程序，项目在可行性研究阶段还应当进行项目环境影响评价。实际操作中，通常是先编制完成可行性研究报告，然后编制项目环境影响报告并对项目进行环境影响评价。若在可研阶段，对环境保护方面的内容未予充分考虑，环境影响评价往往不易顺利通过。有时，不得不回过头来重新修改可行性研究报告中的工艺技术方案，调整投资估算，甚至进行更大篇幅的改动。这样既延长了项目前期工作周期，也在一定程度上造成人力、物力资源浪费。

（2）有利于项目投资科学决策。传统的经济增长是依靠投入大量的人力、物力、财务，消耗资源和能源，单纯追求国民生产总值为目标的粗放型经营方式。在可持续发展的观念和目标的影响下，新的经济理论，一改过去单一追求经济利益的方式，把近期利益和长远目标结合起来，转变成为追求实现人口增长、经济发展、生态环境之间持久的平衡发展。因此，我国已将资源合理利用和各地的环境保护纳入各级政府主要官员的政绩考核。各级决策者们在项目决策前会比以往任何时候都更加关注拟建项目的环境保护问题。同时随着全民环境意识和法制观念的不断增强，项目业主和企业家们在投资决策前也会希望获得更多的项目环境保护方面的信息。

（3）有利于筹集项目建设资金。现行的可持续发展战略，使那些经济、社会、环境效益都好的建设项目在投资方面更容易获得国家宏观经济政策的倾斜。这类项目在争取国外投资方面也同样具有优势。国际金融组织和国外政府对贷款项目的环境问题十分重视。特别是世界银行在项目决策程序中实行了环保一票否决制，因此在争取利用世界银行贷款进行项目开发建设时，尤其要处理好开发利用与环境治理保护之间的关系，求得社会经济发展同资源开发、人口与环境之间的协调。

8.2.2 项目法人责任制度

国有企事业单位在进行经营性大中型建设工程建设时，必须在建设阶段组建项目法人。项目法人的组建可根据《中华人民共和国公司法》（以下简称公司法）的规定设立有限责任公司，或国有独资公司、股份有限公司等。从而实现由项目法人对建设项目的策划、资金筹措、建设实施、经营管理、债务偿还、资产的增值保值等实行全过程负责的制度，进一步建立和完善投资的约束机制，规范建设单位的市场行为。

项目法人的设立时间，应是在项目建议书被批准后，一般由项目投资方及时组建项目法人筹备组，来具体负责项目法人的筹建工作，并在申报项目可行性研究报告时，同时提出项目法人组建方案。项目可行性报告经过审查批准后，便可正式成立项目法人，并按有关规定确保资金及时到位和办理公司设立登记。不组建项目法人的项目，不予审批可行性研究报告。对于国家的重点建设项目的公司章程，须报国家发改委备案。除此之外的建设项目的公司章程，可按隶属关系分别向主管的有关部门或当地发改委备案。

8.2.3 工程招标投标制度

1. 招标范围

按照我国的招标投标法，以下项目宜采用招标的方式确定承包人：

（1）大型基础设施、公用事业等关系社会公共利益、公众安全的项目。

（2）全部或部分使用国有资金或者国家融资的项目。

（3）使用国际组织或者外国政府资金的项目。

2. 招标方式

《中华人民共和国招标投标法》规定，招标分公开招标和邀请招标两种方式。

（1）公开招标。公开招标是指招标人在公共媒体上发布招标公告，提出招标项目和要求，符合条件的一切法人或者组织都可以参加投标竞争，都有同等竞争的机会。按规定应该招标的建设工程项目，一般都应采用公开招标的方式。

（2）邀请招标。邀请招标指招标人事先考察和筛选，将投标邀请书发给某些特定的法人或者组织，邀请其参加投标。

根据我国的有关规定，有下列情况之一的，经批准可以进行邀请招标：

1）项目技术复杂或有特殊要求，只有少量几家潜在投标人可供选择的。

2）受自然地域环境限制的。

3）涉及国家安全、国家秘密或者抢险救灾，适宜招标但不宜公开招标的。

4）拟公开招标的费用与项目的价值相比，不值得的。

5）法律、法规规定不宜公开招标的。

招标人采用邀请招标方式，应当向三个以上具备承担招标项目能力的、资信良好的特定法人或者其他组织发出投标的邀请书。

（3）招标的程序。招标过程可以分为招标准备阶段、招标投标阶段和决标成交阶段等三个阶段。招标准备阶段工作的内容主要包括择优选择招标代理机构、向有关行政监督部门备案、编制招标文件、编制标底等。招标投标阶段工作的内容主要包括对外发布招标公告、投标人资格预审、确定投标人、组织投标人勘探工程建设项目的现场、书面澄清和修改招标文件、投标人编制投标文件、投标文件送达及签收。决标成交阶段工作的主要内容包括开标、评标，宣布中标单位，发出中标通知书，订立书面合同，并向有关行政监督部门提交关于招标投标情况方面的报告。

8.2.4　工程建设的监理制度

国家推行建筑工程监理制度。国务院可以规定实行强制监理的建筑工程的范围。

1. 建设工程监理概念

建设工程监理是指具有相应资质等级的工程监理企业，受建设单位的委托，承担其项目管理工作，并对承包单位履行建设工程合同的行为进行监督和管理。其项目管理工作包括投资控制、进度控制、质量控制、合同管理、信息管理和组织与协调工作。

2. 推行建设工程监理制度的目的

我国推行建设工程监理制度的目的是：

（1）确保工程建设质量。

（2）提高工程建设水平。

（3）充分发挥投资效益。

3. 建设工程监理的工作性质

（1）工程监理单位是建筑市场的主体之一，建设工程监理以一种高智能的有偿技术服务。在国际上把这类服务归为工程咨询（工程顾问）服务。

（2）从事建设工程监理活动，应当遵守国家有关法律、行政法规，严格执行工程建设程序、国家工程建设强制性标准和有关标准、规范，遵循守法、诚信、公平、科学的原则，认真履行委托监理合同。

（3）工程监理企业与建设单位应当在实施建设工程监理前以书面形式签订委托监理合同。合同条款中应当明确合同履行期限，工作范围和内容，双方的责任、权利和义务，监理酬金及其支付方式，合同争议的解决方法等。

4. 工程建设监理的依据

根据《中华人民共和国建筑法》和《建设工程质量管理条例》等规定，工程建设监理的依据有国家法律、行政法规、国家现行的技术规范、技术标准、工程建设文件、设计文件和设计图纸、依法签订的各类工程合同文件等。

5. 建设工程监理的范围

建设部在其下发的关于《建设工程监理范围和规模标准规定》中规定了下列建设工程必须实行监理：

（1）国家重点建设工程。即依据《国家重点建设项目管理办法》所确定的对国民经济和社会发展有重大影响的骨干项目。

（2）大中型公用事业工程。即工程项目总投资在3千万以上的供水、供电、供气、供热等市政工程项目，科技、教育、文化等建设项目，体育、旅游、商业等建设项目，卫生、社会福利等建设项目，其他公用事业的建设项目。

（3）成片开发建设的住宅小区工程。即建筑面积在5万 m^2 以上的住宅工程项目。

（4）利用外国政府或者国际组织贷款、援助资金的工程项目。包括使用世界银行、亚洲开发银行等国际组织贷款资金的建设项目，使用外国政府及其机构贷款资金的建设项目，使用国际组织或者外国政府援助资金的建设项目。

（5）国家规定必须实行监理的其他工程。项目总投资在3千万以上关系社会公共利益的公众安全的交通运输、水利建设、城市基础设施、生态环境保护、信息产业、能源等基础设施建设项目，以及学校、影剧院、体育场馆等建设项目。

6. 工程建设监理的工作程序

工程建设监理一般应按下列程序进行：

（1）编制工程建设监理规划。

（2）按工程建设进度、分专业编制工程建设监理实施细则。

（3）按照建设监理细则进行建设监理。

（4）参与工程竣工预验收，签署建设监理意见。

（5）建设监理业务完成后，向项目法人提交工程建设监理档案资料。

7. 工程建设监理的内容

工程建设监理的工作任务是"三控、两管、一协调"，即质量控制、投资控制、工期控制、合同管理、信息管理、组织协调。而"三控制"又是监理工作的中心任务，围绕这个任务，其监理的主要业务内容有：

（1）立项阶段。监理工作内容主要有：协助业主准备项目报建手续；项目可行性研究的咨询和（或）监理；技术经济论证；编制工程建设概算；组织设计任务书编制。

（2）设计阶段。监理工作内容主要有：结合工程项目的特点，收集设计所需要的技术经济资料；编写设计要求文件；组织工程项目设计方案竞赛或设计招标，协助业主选择勘察设计单位；拟订和商谈设计委托合同的内容；向设计单位提供设计所需的基础资料；配合设计单位开展技术经济分析，搞好设计方案的比选，优化设计；配合设计进度，协调设计部门与有关部门（如消防、环保、土地、人防、防汛、园林，以及供水、排水、供电、供热、电信等）之间的工作；协调各设计单位之间的工作；参与主要设备、材料的选型；审核工程的估算和概算；审核主要设备、材料清单；审核工程项目的设计图纸；检查和控制设计进度；组织设计文件的报批。

（3）施工招标阶段。监理工作内容主要有：拟订工程项目施工招标的方案并征得业主同意；准备工作项目施工招标条件；办理施工招标申请；编写施工招标文件；编制标底，并经业主认可后，报送所在地建设行政主管部门审核；组织工程项目施工招标工作；组织现场勘探与答疑会，回答投标人提出的问题；组织开标、评标及决标工作；协助业主与中标单位商签承包合同。

（4）材料物资采购供应。对于由业主负责采购的材料、设备等物资，监理工程师应负责进行制订计划、监督合同执行和供应工作。具体监理工作内容主要有：制订材料物资供应计划和相应的资金需求计划；通过质量、价格、供货期、售后服务等条件的分析和比选，确定材料、设备等物资的供应厂家；拟订并商签材料、设备的订货合同；监督合同的实施，确保材料设备的及时供应。

(5) 施工阶段。目前，我国工程监理工作大多仍然只限于本阶段，其监理工作内容主要有：协助业主编写开工报告；确定承包商，选择分包单位；审批施工组织设计、施工技术方案和施工进度计划；审查承包商的材料、设备采购清单；检查工程中所使用的材料、构件和设备的规格与质量；检查施工技术措施和安全防护措施；检查工程进度和施工质量，验收分部分项工程，签署工程预付款、进度款；督促承包商严格履行工程承包合同，调解合同双方的争议，公平处理索赔事项；协商处理工程设计变更，并报业主决定；督促整理合同文件和技术档案资料；组织设计单位和施工单位进行工程竣工初步验收，提出竣工验收报告；审查工程结算。

(6) 合同管理。监理工作内容主要有：拟订本工程项目的合同体系及合同管理制度，包括合同草案的拟订、会签、协商、修改、审批、签署、保管等工作制度及流程；协助业主拟订工程项目的各类合同条款，并参与各类合同的商谈；合同执行情况的分析和跟踪管理；协助业主处理与工程项目有关的索赔事宜及合同纠纷事宜。

8.2.5　项目承发包合同管理制度

(1) 承包建设工程的单位应当持有依法取得的资质证书，并在其资质等级许可的业务范围内承揽工程。

禁止建筑施工企业超越本企业资质等级许可的业务范围或者以任何形式用其他建筑施工企业的名义承揽工程。禁止建筑施工企业以任何形式允许其他单位或者个人使用本企业的资质证书、营业执照，以本企业的名义承揽工程。

(2) 大型建筑工程或者结构复杂的建筑工程，可以由两个以上的承包单位联合共同承包。联合共同承包的各方对承包合同的履行承担连带责任。

8.2.6　施工项目经理制度

1. 施工项目经理的性质

2003 年 2 月 27 日《国务院关于取消第二批行政审批项目和改变一批行政审批项目管理方式的决定》(国发〔2003〕5 号) 规定，取消建筑施工企业项目经理资质核准，由注册建造师代替，并设立过渡期。

建筑业企业项目经理资质管理制度向建造师执业资格过渡的时间定为五年，即从国发〔2003〕5 号文印发之日起至 2008 年 2 月 27 日止。过渡期内，凡持有项目经理资质证书或者建造师注册证书的人员，经其所在企业聘用后均可担任工程项目施工的项目经理。过渡期满后，大中型工程项目施工的项目经理必须由取得建造师注册证书的人员担任；但取得建造师注册证书的人员是否担任工程项目施工的项目经理，由企业自主决定。

在全面实施建造师执业资格制度后仍然要落实项目经理岗位责任制。项目经理岗位是保证工程项目建设质量、安全、工期的重要岗位。

建筑施工企业项目经理 (以下简称项目经理)，是指受企业法定代表人委托对工程项目施工过程全面负责的项目管理者，是建筑施工企业法定代表人在工程项目上的代表人。

建造师是一种专业人士的名称，而项目经理是一个工作岗位的名称，应注意这两个概念的区别和关系。取得建造师执业资格的人员表示其知识和能力符合建造师执业的要求，但其在企业中的工作岗位则由企业视工作需要和安排而定。

2. 施工项目经理的任务

项目经理在承担工程项目施工管理过程中，应履行下列职责：

（1）贯彻执行国家和工程所在地政府的有关法律、法规和政策，执行企业的各项规章制度。

（2）严格财务制度，加强财务管理，正确处理国家、企业和个人的利益关系。

（3）执行项目承包合同中由项目经理负责履行的各项条款。

（4）对工程项目施工进行有效控制，执行有关技术规范和标准，积极推广应用新技术，确保工程质量和工期，实现安全、文明生产，努力提高经济效益。

项目经理在承担工程项目施工的管理过程中，应当按照建筑施工企业与建设单位签订的工程承包合同，与本企业法定代表人签订项目承包合同，并在企业法定代表人授权范围内，行使以下管理权力：

（1）组织项目管理班子。

（2）以企业法定代表人的代表身份处理所承担的工程项目有关的外部关系，受托签署有关合同。

（3）指挥工程项目建设的生产经营活动，调配并管理进入工程项目的人力、资金、物资、机械设备等生产要素。

（4）选择施工作业队伍。

（5）进行合理的经济调配。

（6）企业法定代表人授予的其他管理权力。

施工企业项目经理往往是一个施工项目施工方的总组织者、总协调者和总指挥者，他所承担的管理任务不仅依靠所在的项目经理部的管理人员来完成，还依靠整个企业各职能管理部门的指导、协作、配合和支持。

项目经理的任务包括项目的行政管理和项目管理两个方面，其在项目管理方面的主要任务是：

（1）施工安全管理。

（2）施工成本管理。

（3）施工进度管理。

（4）施工质量控制。

（5）工程合同管理。

（6）工程信息管理。

（7）工程组织与协调等。

3. 施工项目经理的责任

项目经理应承担施工安全和质量的责任，要加强对建筑业企业项目经理市场行为的监督管理。对发生重大工程质量安全事故或市场违法违规行为，项目经理必须依法予以严肃处理。

项目经理对施工承担全面管理的责任，工程项目施工应建立以项目经理为首的生产经营管理系统，实行项目经理负责制。项目经理在工程项目施工中处于中心地位，对工程项目施工负有全面管理的责任。

8.2.7　建设工程质量保修制度

　　《中华人民共和国建筑法》第六十二条、《建设工程质量管理条例》第三十九条均明确规定，建筑工程实行质量保修制度。

　　所谓质量保修制度，指对建筑工程在交付使用后的一定期限内发现的工程质量缺陷，由施工企业承担修复责任的制度。质量缺陷是指建筑工程的质量不符合工程建设强制性标准以及合同的约定。建筑工程作为一种特殊的耐用消费品，一旦建成后将长期使用。建筑工程在建设中存在的质量问题，在工程竣工验收时被发现的，必须经修复完好后，才能作为合格工程交付使用。有些质量问题在竣工验收时未被发现，而在使用过程中的一定期限内逐渐暴露出来，施工企业应根据质量保修制度的要求无偿予以修复，以维护用户的利益。

　　1. 工程质量保修的范围

　　（1）地基基础工程和主体结构工程。这两项工程的质量问题直接关系建筑物的安危，一般是不允许出现质量隐患的，一旦存在质量问题，也很难通过修复的方法解决。规定对这两项工程实行保修制度，实际上要求施工企业必须确保其质量。

　　（2）屋面防水工程。由于房屋建筑工程中的屋面漏水问题很常见，也很突出，因此，法律中将此项单独列出。

　　（3）其他土建工程。指除屋面防水工程以外的其他土建工程，如地面、楼面、门窗工程等。

　　（4）电气管线、上下水管线的安装工程。包括电气线路、开关、电表的安装，电气照明器具的安装，给水管道、排水管道的安装等。

　　（5）供热、供冷系统工程。包括暖气管道及设备、中央空调设备等的安装工程。

　　（6）装修工程。指建筑过程中的装修，属于房屋建造活动的组成部分。

　　（7）其他应当保修的项目范围。

　　2. 工程质量保修的期限

　　根据 2000 年 1 月 30 日国务院颁布的《建设工程质量管理条例》第四十条和 2000 年 6 月 30 日建设部颁布的《房屋建筑质量保修方法》第七条的规定，下列工程的最低保修期限为：

　　（1）地基工程和主体结构工程，为设计文件规定的该工程的合理使用年限。

　　（2）屋面防水工程、有防水要求的卫生间、房间和外墙面的防渗漏为 5 年。

　　（3）电气管线、给排水管道、设备安装为 2 年。

　　（4）供热与供冷系统为 2 个采暖期、供冷期。

　　（5）装修工程为 2 年。

　　（6）其他项目的保修期限由建设单位约定。

　　质量保修期从工程竣工验收合格之日起计算。

8.3 工程建设项目的管理

8.3.1 工程建设项目管理的含义

建设工程项目管理的含义是，自项目开始至项目完成，通过项目策划和项目控制，以使项目的费用目标、进度目标和质量目标得以实现。该定义的有关字段的含义如下："自项目开始至项目完成"指的是项目的实施阶段。"项目策划"指的是目标控制前的一系列筹划和准备工作。"费用目标"对业主而言是投资目标，对施工方而言是成本目标。

8.3.2 工程建设项目管理的类型

一个建设工程项目往往由许多参与单位承担不同的建设任务和管理任务，各参与单位的工作性质、工作任务和利益不尽相同，因此就形成了代表不同利益方的项目管理。

按建设工程项目不同参与方的工作性质和组织特征划分，项目管理有以下几种类型：

（1）业主方的项目管理。

（2）设计方的项目管理。

（3）施工方的项目管理。

（4）建设物资供货方的项目管理。

（5）建设项目总承包方的项目管理。

由于业主方是建设工程项目的实施过程（生产过程）的总集成者——人力资源、物资资源和知识的集成，业主方也是建设工程项目生产过程的总组织者，因此对于一个建设工程项目而言，业主方的项目管理往往是该项目的项目管理的核心。

8.3.3 工程建设项目管理的主要工作内容

工程建设项目管理的目标是通过管理工作来实现的，即为了实现项目的目标而对项目进行全过程的、多方位的管理。

站在不同的角度，对工程建设项目管理的工作具有不同的描述。

1. 按照一般管理的工作过程，工程建设项目管理可分为预测、决策、计划、实施、反馈等工作。

2. 按照系统工作方法，工程建设项目管理可分为确定目标、制订方案、跟踪检查等工作。

3. 按照工程建设项目实施过程，其管理的主要工作可分为：

（1）决策阶段的主要工作。

1）项目建议书。

2）可行性研究。

3）项目立项。

4）各项审批。

（2）策划阶段的主要工作。

1）编制咨询委托纲要。

2）工程建设项目程序策划。

3）选择项目班子成员。

4）确定组织机构。

（3）设计阶段（施工前准备工作）的主要内容。

1）提出设计要求，组织设计方案评选。

2）选择设计单位及其他咨询机构。

3）协调设计过程。

4）编制概（预）算。

5）安排保险。

（4）招投标阶段的主要工作内容。

1）选择发包方式。

2）准备招标文件，组织招标。

3）选择承包商。

4）建立项目实施控制系统。

（5）施工阶段的主要工作。

1）实施过程的监督和控制。

2）组织协调，会议安排。

3）审核付款。

4）费用控制。

（6）竣工验收、交付使用阶段的主要工作。

1）编制结算。

2）组织试用。

3）竣工验收，交付使用。

8.3.4　工程建设项目管理的职能

建设单位在建设项目的生命周期内，用系统工程的理论、观点和方法，进行有效地规划、决策、组织、协调、控制等系统性的、科学的管理活动，从而按既定目标完成建设项目。

建设项目管理的职能如下：

（1）决策职能。建设项目的建设过程是一个系统的决策过程，每一建设阶段的启动靠决策。前期决策对项目的设计、施工及项目建成后的运行，均产生重要的影响。

（2）计划职能。即把项目的全过程、全部目标和全部活动都纳入计划轨道，用动态的计划系统协调与控制整个项目，使建设项目协调有序地实现预期目标。正因为有了计划职能，各项工作都是可预见的、可控制的。

（3）组织职能。这一职能是通过建立以项目经理为中心的组织系统实现的。给这个系统确定职责，授予权力，实行合同制，健全规章制度，进行有效地运转，确保项目目标的实现。

（4）协调职能。由于建设项目实施的各阶段、相关的层次、相关的部门之间，存在着大量的结合部。在结合部内部存在着复杂的关系和矛盾，处理不好，便会形成协作配合的障碍，影响项目目标的实现。故应通过项目管理的协调职能进行协调，排除障碍，确保系统的正常运转。

（5）控制职能。建设项目的主要目标的实现，是以控制职能为保证手段的。这是因为，偏离预定目标的可能性是经常存在的，必须通过决策、计划、协调、信息反馈等手段，采用科学的管理方法，纠正偏差，确保目标的实现。

8.4 施工项目管理

8.4.1 施工项目管理的过程

1. 施工项目管理与建设项目管理的区别

施工项目管理与建设项目管理是两种平等的工程项目管理分支，虽然在管理对象上施工项目管理与建设项目管理有部分重合，因此使两种项目管理关系密切，但它们在管理主体上、管理范围上、管理内容上、管理任务上都有本质的区别，不能混为一谈，更不能以建设项目管理代替施工项目管理。

2. 施工项目管理的全过程

施工项目管理的对象，是施工项目寿命周期各阶段的工作。施工项目寿命周期可分为五个阶段，构成了施工项目管理有序的全过程。

（1）投标、签约阶段。业主单位对建设项目进行设计和建设准备，具备了招标条件以后，便发出招标广告（或邀请函），施工单位见到招标广告或邀请函后，从中作出投标决策至中标签约，实质上就是在进行施工项目的工作。这是施工项目寿命周期的第一阶段，可称为立项阶段。本阶段的最终管理目标是签订工程承包合同。这一阶段主要进行以下工作：

1）建筑施工企业从经营战略的高度作出是否投标争取承包该项目的决策。

2）决定投标以后，从多方面（企业自身、相关单位、市场、现场等）掌握大量信息。

3）编制既能使企业盈利，又有竞争力，可望中标的投标书。

4）如果中标，则与招标方进行谈判，依法签订工程承包合同，使合同符合国家法律、法规和国家计划，符合平等互利、等价有偿的原则。

（2）施工准备阶段。施工单位与招标单位签订了工程承包合同，交易关系正式确立以后，便应组建项目经理部，然后以项目经理部为主，与企业经营层和管理层、业主单位进行配合，进行施工准备，使工程具备开工和连续施工的基本条件。这一阶段主要进行以下工作：

1）成立项目经理部，根据工程管理的需要建立机构，配备管理人员。

2）编制施工组织设计，主要是施工方案、施工进度计划和施工平面图，用以指导施工准备和施工。

3）制订施工项目管理规划，以指导施工项目管理活动。

4）进行施工现场准备，使现场具备施工条件，利于进行文明施工。

5）编写开工申请报告，待批开工。

（3）施工阶段。施工阶段是自开工至竣工的实施过程。在这一过程中，项目经理部既是决策机构，又是责任机构。经营管理层、业主单位、监理单位的作用是支持、监督与协调。这一阶段的目标是完成合同规定的全部施工任务，达到验收、交工的条件。这一阶段主要进行以下工作：

1）按施工组织设计的安排进行施工。

2）在施工中努力作好动态控制工作，保证质量目标、进度目标、造价目标、安全目标、节约目标的实现。

3）管好施工现场，实行文明施工。

4）严格履行工程承包合同，处理好内外关系，管好合同变更及索赔。

5）作好原始记录、协调、检查、分析等工作。

（4）验收、交工与竣工结算阶段。这一阶段可称作结束阶段。与建设项目的竣工验收阶段协调同步进行。其目标是对项目成果进行总结、评价，对外结清债权债务，结束交易关系。本阶段主要进行以下工作：

1）为保证工程正常使用而作必要的技术咨询和服务。

2）进行工程回访，听取使用单位意见，总结经验教训，观察使用中的问题，进行必要的维护、维修和保修。

3）在预验的基础上接受正式验收。

4）整理、移交竣工文件，进行财务结算，总结工作，编制竣工总结报告。

5）办理工程交付手续。

6）项目经理部解体。

（5）用后服务阶段。施工项目管理的最后阶段，即在交工验收后，按合同规定的责任期进行用后服务、回访与保修，其目的是保证使用单位正常使用，发挥效益。在该阶段中主要进行以下工作的技术咨询和服务：

1）为保证工程正常使用而作必要的技术咨询和服务。

2）进行工程回访，听取使用单位意见，总结经验教训，观察使用中的问题，进行必要的维护、维修和保修。

3）进行沉陷、抗震性能测试等，并服务于宏观事业。

8.4.2　施工项目管理组织机构

1. 施工项目管理组织机构的职能和作用

施工项目管理组织机构与企业管理组织机构是局部与整体的关系。组织机构设置的目的是为了进一步充分发挥项目管理功能，提高项目整体管理效率，以达到项目管理的最终目标。因此，企业在推行项目管理中合理设置项目管理组织机构是一个至关重要的问题。高效率的组织体系和组织机构的建立是施工项目管理成功的组织保证。

（1）组织的概念。组织有两种含义：组织的第一种含义是作为名词出现的，指组织机构。组织机构是按一定领导体制、部门设置、层次划分、职责分工、规章制度和信息系统等构成的有机整体，是社会人的结合形式，可以完成一定的任务，并为此而处理人和人、人和事、人和物的关系。组织的第二种含义是作为动词出现的，指组织行为（活动），即通过一定权力和影响力，为达到一定目标，对所需资源进行合理配置，处理人和人、人和事、人和物关系的行为（活动）。管理职能是通过两种含义的有机结合而产生和起作用的。

施工项目管理组织，是指为进行施工项目管理，实现组织职能而进行组织系统的设计与建立、组织运行和组织调整三个方面。组织系统的设计与建立，是指经过筹划、设计，建成一个可以完成施工项目管理任务的组织机构，建立必要的规章制度，划分并明确岗位、层次、部门的责任和权力，建立和形成管理信息系统及责任分担系统，并通过一定岗位和部门内人员的规范化活动和信息流通实现组织目标。

（2）组织的职能。组织职能是项目管理基本职能之一，其目的是通过合理设计和职权关系结构来使各方面的工作协同一致。项目管理的组织职能包括五个方面：

1）组织设计。组织设计是指选定一个合理的组织系统，划分各部门的权限和职责，确立各种基本的规章制度。包括生产指挥系统组织设计、职能部门组织设计等等。

2）组织联系。组织联系是规定组织机构中各部门的相互关系，明确信息流通和信息反馈的渠道，以及它们之间的协调原则和方法。

3）组织运行。组织运行是按分担的责任完成各自的工作，规定各组织体的工作顺序和业务管理活动的运行过程。组织运行要抓好三个关键性问题，一是人员配置，二是业务交圈，三是信息反馈。

4）组织行为。组织行为是指应用行为科学、社会学及社会心理学原理，来研究、理解和影响组织中人们的行为、言语、组织过程、管理风格以及组织变更等。

5）组织调整。组织调整是指根据工作的需要、环境的变化，分析原有的项目组织系统的缺陷、适应性和效率性，对原组织系统进行调整和重新组合，包括组织形式的变化、人员的变动、规章制度的修订或废止、责任系统的调整以及信息流通系统的调整等。

（3）施工项目管理组织机构的作用。

1）组织机构是施工项目管理的组织保证。项目经理在启动项目实施之前，首先要做组织准备，建立一个能完成管理任务，令项目经理指挥灵便、运转自如、效率很高的项目组织机构——项目经理部，其目的就是提供进行施工项目管理的组织保证。一个好的组织机构，可以有效地完成施工项目管理目标，有效地应付环境的变化，有效地供给组织成员生理、心理和社会需要，形成组织力，使组织系统正常运转，产生集体思想和集体意识，完成项目管理任务。

2）形成一定的权力系统以便进行集中统一指挥。权力由法定和拥戴产生。法定来自于授权，拥戴来自于信赖。法定或拥戴都会产生权力和组织力。组织机构的建立，首先是以法定的形式产生权力。权力是工作的需要，是管理地位形成的前提，是组织活动的反映。没有组织机构，便没有权力，也没有权力的运用。权力取决于组织机构内部是否团结一致，越团结，组织就越有权力、越有组织力，所以施工项目组织机构的建立要伴随着授权，以便权力的使用能够实现施工项目管理的目标。要合理分层，层次多，权力分散，层次少，权力集中。所以要在规章制度中把施工项目管理组织的权力阐述明白，固定下来。

3）形成责任制和信息沟通体系。责任制是施工项目组织中的核心问题。没有责任也就不称其为项目管理机构，也就不存在项目管理。一个项目组织能否有效地运转，取决于是否有健全的岗位责任制。施工项目组织的每个成员都应肩负一定责任，责任是项目组织对每个成员规定的一部分管理活动和生产活动的具体内容。信息沟通是组织力形成的重要因素。信息产生的根源在组织活动之中，下级（下层）以报告的形式或其他形式向上级（上层）传递信息，同级不同部门之间为了相互协作而横向传递信息。越是高层领导，越需要信息，越要深入下层获得信息。原因就是领导离不开信息，有了充分的信息才能进行有效决策。由此可见组织机构非常重要，在项目管理中是一个焦点。一个项目经理建立了理想有效的组织系统，他的项目管理就成功了一半。项目组织一直是各国项目管理专家普遍重视的问题。据国际项目管理协会统计，各国项目管理专家的论文，有 1/3 是有关项目组织的。我国建筑业体制的改革及推行、施工项目管理的研究等，说到底就是个组织问题。

2. 施工项目管理组织机构的设置原则

（1）目的性的原则。施工项目组织机构设置的根本目的是产生组织功能，实现施工项目管理的总目标。从这一根本目标出发，就会因目标设事、因事设机构定编制，按编制设岗位定人员，以职责定制度授权力。

（2）精干高效原则。施工项目组织机构的人员设置，以能实现施工项目所要求的工作任务（事）为原则，尽量简化机构，做到精干高效。人员配置要从严控制二三线人员，力求一专多能，一人多职。同时还要增加项目管理班子人员的知识含量，着眼于使用和学习锻炼相结合，以提高人员素质。

（3）管理跨度和分层统一的原则。管理跨度也称管理幅度，是指一个主管人员直接管理的下属人员数量。跨度大，管理人员的接触关系增多，处理人与人之间关系的数量随之增大。跨度（N）与工作接触关系数（C）的关系公式是有名的邱格纳斯公式，是个几何级数，当 $N=10$ 时，$C=5210$。故跨度太大时，领导者及下属常会出现应接不暇之烦。组织机构设计时，必须使管理跨度适当。然而跨度大小又与分层多少有关。不难理解，层次多，跨度会小，层次少，跨度会大。这就要根据领导者的能力和施工项目的大小进行权衡。美国管理学家戴尔曾调查 41 家大企业，管理跨度的中位数是 6～7 人之间。对施工项目管理层来说，管理跨度更应尽量少些，以集中精力于施工管理。在鲁布格工程中，项目经理下属 33 人，分成了所长、课长、系长、工长四个层次，项目经理的跨度是 5。项目经理在组建组织机构时，必须认真设计切实可行的跨度和层次，画出机构系统图，以便讨论、修正、按设计组建。

（4）业务系统化管理原则。由于施工项目是一个开放的系统，由众多子系统组成一个大系统，各子系统之间，子系统内部各单位工程之间，不同组织、工种、工序之间，存在着大量结合部，这就要求项目组织也必须是一个完整的组织结构系统，恰当分层和设置部门，以便在结合部上能形成一个相互制约、相互联系的有机整体，防止产生职能分工、权限划分和信息沟通上相互矛盾或重叠。要求在设计组织机构时以业务工作系统化原则为指导，周密考虑层间关系、分层与跨度关系、部门划分、授权范围、人员配备及信息沟通等，使组织机构自身成为一个严密的、封闭的组织系统，能够为完成项目管理总目标而实行合理分工及协作。

（5）弹性和流动性原则。工程建设项目的单件性、阶段性、露天性和流动性是施工项目生产活动的主要特点，必然带来生产对象数量、质量和地点的变化，带来资源配置的品种和数量变化。于是要求管理工作和组织机构随之进行调整，以使组织机构适应施工任务的变化。这就是说，要按照弹性和流动性的原则建立组织机构，不能一成不变。要准备调整人员及部门设置，以适应工程任务变动对管理机构流动性的要求。

（6）项目组织与企业组织一体化原则。项目组织是企业组织的有机组成部分，企业是它的母体，归根结底，项目组织是由企业组建的。从管理方面来看，企业是项目管理的外部环境，项目管理的人员全部来自企业，项目管理组织解体后，其人员仍回企业。即使进行组织机构调整，人员也是进出于企业人才市场的。施工项目的组织形式与企业的组织形式有关，不能离开企业的组织形式去谈项目的组织形式。

3. 施工项目管理组织结构的形式

组织形式也称组织结构的类型，是指一个组织以什么样的结构方式去处理层次、跨度、部门设置和上下级关系。施工项目组织的形式与企业的组织形式是不可分割的。加强施工项目管理就必须进行企业管理体制和内部配套改革。施工项目的组织形式有以下几种：

（1）工作队式项目组织。

1）特征。

①项目经理在企业内招聘或抽调职能人员组成管理机构（工作队），由项目经理指挥，独立性大。

②项目管理班子成员在工程建设期间与原所在部门断绝领导与被领导关系。原单位负责人员负责业务指导及考察，但不能随意干预其工作或调回人员。

③项目管理组织与项目同寿命。项目结束后机构撤销，所有人员仍回原所在部门和岗位。

2）适用范围。这是按照对象原则组织的项目管理机构，可独立地完成任务，相当于一个实体。企业职能部门处于服从地位，只提供一些服务。这种项目组织类型适用于大型项目、工期要求紧迫的项目、要求多工种多部门密切配合的项目。因此，它要求项目经理素质要高，指挥能力要强，有快速组织队伍及善于指挥来自各方人员的能力。

3）优点。

①项目经理从职能部门抽调或招聘的是一批专家，他们在项目管理中配合、协同工作，可以取长补短，有利于培养一专多能的人才并充分发挥其作用。

②各专业人才集中在现场办公，减少了扯皮和等待时间，办事效率高，解决问题快。

③项目经理权力集中，运权的干扰少，故决策及时，指挥灵便。

④由于减少了项目与职能部门的结合部，项目与企业的结合部关系弱化，故易于协调关系，减少了行政干预，使项目经理的工作易于开展。

⑤不打乱企业的原建制，传统的直线职能制组织仍可保留。

4）缺点。

①各类人员来自不同部门，具有不同的专业背景，互相不熟悉，难免配合不力。

②各类人员在同一时期内所担负的管理工作任务可能有很大差别，因此很容易产生忙闲不均，可能导致人员浪费。特别是对稀缺专业人才，难以在企业内调剂使用。

③职工长期离开原单位，即离开了自己熟悉的环境和工作配合对象，容易影响其积极性的发挥。而且由于环境变化，容易产生临时观点和不满情绪。

④职能部门的优势无法发挥作用。由于同一部门人员分散，交流困难，也难以进行有效的培养、指导，削弱了职能部门的工作。当人才紧缺同时又有多个项目需要按这一形式组织时，或者对管理效率有很高要求时，不宜采用这种项目组织类型。

（2）部门控制式项目组织。

1）特征。这是按职能原则建立的项目组织。它并不打乱企业现行的建制，把项目委托给企业某一专业部门或委托给某一施工队，由被委托的部门（施工队）领导，在本单位选人组合负责实施项目组织，项目终止后恢复原职。

2）适用范围。这种形式的项目组织一般适用于小型的、专业性较强、不需涉及众多部门的施工项目。

3）优点。

①人才作用发挥较充分。这是因为由熟人组合办熟悉的事，人事关系容易协调。

②从接受任务到组织运转启动，时间短。

③职责明确，职能专一，关系简单。

④项目经理无需专门训练便容易进入状态。

4）缺点。

①不能适应大型项目管理需要，而真正需要进行施工项目管理的工程正是大型项目。

②不利于对计划体系下的组织体制（固定建制）进行调整。

③不利于精简机构。

（3）矩阵制项目组织。

1）特征。

①项目组织机构与职能部门的结合部同职能部门数相同。多个项目与职能部门的结合部呈矩阵状。

②把职能原则和对象原则结合起来，既发挥职能部门的纵向优势，又发挥项目组织的横向优势。

③专业职能部门是永久性的，项目组织是临时性的。职能部门负责人对参与项目组织的人员有组织调配、业务指导和管理考察。项目经理将参与项目组织的职能人员在横向上有效地组织在一起，为实现项目目标协同工作。

④矩阵中的每个成员或部门，接受原部门负责人和项目经理的双重领导。

但部门的控制力大于项目的控制力。部门负责人有权根据不同项目的需要和忙闲程度，在项目之间调配本部门人员。一个专业人员可能同时为几个项目服务，特殊人才可充分发挥作用，免得人才在一个项目中闲置又在另一个项目中短缺，大大提高人才利用率。

⑤项目经理对"借"到本项目经理部来的成员，有权控制和使用。当感到人力不足或某些成员不得力时，他可以向职能部门求援或要求调换，辞退回原部门。

⑥项目经理部的工作有多个职能部门支持，项目经理没有人员包袱。但要求在水平方向和垂直方向有良好的信息沟通及良好的协调配合，对整个企业组织和项目组织的管理水平和组织渠道畅通提出了较高的要求。

2）适用范围。

①适用于同时承担多个需要进行项目管理工程的企业。在这种情况下，各项目对专业技术人才和管理人员都有需求，加在一起数量较大。采用矩阵制组织可以充分利用有限的人才对多个项目进行管理，特别有利于发挥稀有人才的作用。

②适用于大型、复杂的施工项目。因大型复杂的施工项目要求多部门、多技术、多工种配合实施，在不同阶段，对不同人员，有不同数量和搭配各异的需求。显然，部门控制式机构难以满足这种项目要求，混合工作队式组织又因人员固定而难以调配。人员使用固化，不能满足多个项目管理的人才需求。

3）优点。

①它兼有部门控制式和工作队式两种组织的优点，即解决了传统模式中企业组织和项目组织相互矛盾的状况，把职能原则与对象原则融为一体，求得了企业长期例行性管理和项目

一次性管理的一致性。

②能以尽可能少的人力，实现多个项目管理的高效率。由于通过职能部门的协调，一些项目上的闲置人才可以及时转移到需要这些人才的项目上去，防止人才短缺，项目组织因此具有弹性和应变力。

③有利于人才的全面培养。可以使不同知识背景的人在合作中相互取长补短，在实践中拓宽知识面，发挥了纵向的专业优势，可以使人才成长有深厚的专业训练基础。

4）缺点。

①由于人员来自职能部门，且仍受职能部门控制，故凝聚在项目上的力量减弱，往往使项目组织的作用发挥受到影响。

②管理人员如果身兼多职地管理多个项目，便往往难以确定管理项目的优先顺序，有时难免顾此失彼。

③双重领导。项目组织中的成员既要接受项目经理的领导，又要接受企业中原职能部门的领导。在这种情况下，如果领导双方意见和目标不一致，乃至有矛盾时，当事人便无所适从。要防止这一问题产生，必须加强项目经理和部门负责人之间的沟通，还要有严格的规章制度和详细的计划，使工作人员尽可能明确在不同时间内应当干什么工作。

④矩阵制组织对企业管理水平、项目管理水平、领导者的素质、组织机构的办事效率、信息沟通渠道的畅通，均有较高要求，因此要精于组织、分层授权、疏通渠道、理顺关系。由于矩阵制组织的复杂性和结合部多，造成信息沟通量膨胀和沟通渠道复杂化，致使信息梗阻和失真。于是，要求协调组织内部的关系时必须有强有力的组织措施和协调办法以排除难题。因此，层次、职责、权限要明确划分。有意见分歧难以统一时，企业领导要出面及时协调。

（4）事业部制项目组织。

1）特征。

①企业成立事业部，事业部对企业来说是职能部门，对企业外来说享有相对独立的经营权，可以是一个独立单位。事业部可以按地区设置，也可以按工程类型或经营内容设置。事业部能较迅速适应环境变化，提高企业的应变能力，调动部门积极性。当企业向大型化、智能化发展并实行作业层和经营管理层分离时，事业部制是一种很受欢迎的选择，既可以加强经营战略管理，又可以加强项目管理。

②在事业部（一般为其中的工程部或开发部，对外工程公司是海外部）下边设置项目经理部。项目经理由事业部选派，一般对事业部负责，有的可以直接对业主负责，是根据其授权程度决定的。

2）适用范围。事业部制项目组织适用于大型经营性企业的工程承包，特别是适用于远离公司本部的工程承包。需要注意的是，一个地区只有一个项目，没有后续工程时，不宜设立地区事业部，也即它适用于在一个地区内有长期市场或一个企业有多种专业化施工力量时采用。在此情况下，事业部与地区市场同寿命。地区没有项目时，该事业部应予撤销。

3）优点。事业部制项目组织有利于延伸企业的经营职能，扩大企业的经营业务，便于开拓企业的业务领域。还有利于迅速适应环境变化以加强项目管理。

4）缺点。按事业部制建立项目组织，企业对项目经理部的约束力减弱，协调指导的机会减少，故有时会造成企业结构松散，必须加强制度约束，加大企业的综合协调能力。

8.4.3　施工项目经理

1. 施工项目经理在企业中的地位

施工项目经理是施工企业项目经理的简称（以下简称项目经理），是施工承包企业法定代表人在施工项目上的代表人。因此项目经理在项目管理中处于中心地位，是项目管理成败的关键。

（1）项目经理是施工承包企业法人代表在项目上的全权委托代理人。从企业内部看，项目经理是施工项目全过程所有工作的总负责人，是项目的总责任者，是项目动态管理的体现者，是项目生产要素合理投入和优化组合的组织者。从对外方面看，作为企业法人代表的企业经理，不直接对每个建设单位负责，而是由项目经理在授权范围内对建设单位直接负责。由此可见，项目经理是项目目标的全面实现者，既要对建设单位的成果性目标负责，又要对企业效率性目标负责。

（2）项目经理是协调各方面关系，便之相互紧密协作、配合的桥梁和纽带。他对项目管理目标的实现承担着全部责任，即承担合同责任，履行合同义务，执行合同条款，处理合同纠纷，受法律的约束和保护。

（3）项目经理对项目实施进行控制，是各种信息的集散中心。自下、自外而来的信息，通过各种渠道汇集到项目经理的手中。项目经理又通过指令、计划和办法，对下、对外发布信息，通过信息的集散达到控制的目的，使项目管理取得成功。

（4）项目经理是施工项目责、权、利的主体。这是因为，项目经理是项目总体的组织管理者，即他是项目中人、财、物、技术、信息和管理等所有生产要素的组织管理人。他不同于技术、财务等专业的总负责人。项目经理必须把组织管理职责放在首位。项目经理首先必须是项目的责任主体，是实现项目目标的最高责任者，而且目标的实现还应该不超出限定的资源条件。责任是实现项目经理责任制的核心，它构成了项目经理工作的压力和动力，是确定项目经理权力和利益的依据。对项目经理的上级管理部门来说，最重要的工作之一就是把项目经理的这种压力转化为动力。其次项目经理必须是项目的权力主体。权力是确保项目经理能够承担起责任的条件与手段，所以权力的范围，必须视项目经理责任的要求而定。如果没有必要的权力，项目经理就无法对工作负责。项目经理还必须是项目的利益主体。利益是项目经理工作的动力，是由于项目经理负有相应的责任而得到的报酬，所以利益的形式及利益的多少也应该视项目经理的责任而定。如果没有一定的利益，项目经理就不愿负有相应的责任，也不会认真行使相应的权力，项目经理也难以处理好国家、企业和职工的利益关系。

2. 施工项目经理的责、权、利

（1）施工项目经理的职责。由原建设部颁发的（建建〔1995〕1号）《建筑施工企业项目经理资质管理办法》（以下简称《办法》）中规定，项目经理对项目施工负有全面管理的责任，在承担工程项目管理过程中，履行下列职责：

1）贯彻执行国家和工程所在地政府的有关法律、法规和政策，执行企业的各项管理制度。

2）严格财经制度，加强财经管理，正确处理国家、企业与个人的利益关系。

3）执行项目承包合同中由项目经理负责履行的各项条款。

4）对工程项目施工进行有效控制，执行有关技术规范和标准，积极推广应用新技术，确保工程质量和工期，实现安全、文明生产，努力提高经济效益。各施工承包企业都应制订本企业的项目经理管理办法，规定项目经理的职责，对上述的四大职责制定实施细则。上述职责概括起来就是执行法规、处理利益关系、履行合同、目标控制。

（2）施工项目经理的权限。赋予施工项目经理一定的权力是确保项目经理承担相应责任的先决条件。为了履行项目经理的职责，施工项目经理必须具有一定的权限，这些权限应由企业法人代表授予，并用制度具体确定下来。施工项目经理应具有以下权限：

1）用人决策权。项目经理应有权决定项目管理机构班子的设置，选择、聘任有关人员，对班子内的成员的任职情况进行考核监督，决定奖惩，乃至辞退。当然，项目经理的用人权应当以不违背企业的人事制度为前提。

2）财务决策权。在财务制度允许的范围内，项目经理应有权根据工程需要和计划的安排，作出投资动用，流动资金周转，固定资产购置、使用、大修和计提折旧的决策，对项目管理班子内的计酬方式、分配办法、分配方案等作出决策。

3）进度计划控制权。项目经理应有权根据项目进度总目标和阶段性目标的要求，对项目建设的进度进行检查、调整，并在资源上进行调配，从而对进度计划进行有效的控制。

4）技术质量决策权。项目经理应有权批准重大技术方案和重大技术措施，必要时召开技术方案论证会，把好技术决策关和质量关。防止技术上决策失误，主持处理重大质量事故。

5）设备、物资采购决策权。项目经理应有对采购方案、目标、到货要求、乃至对供货单位的选择、项目库存策略等进行决策，对由此而引起的重大支付问题作出决策。原建设部在《办法》中对施工项目经理的管理权力作了以下规定：

①组织项目管理班子。

②以企业法人代表人的代表身份处理与所承担的工程项目有关的外部关系，受委托签署有关合同。

③指挥工程项目建设的生产经营活动，调配并管理工程项目的人力、资金、物资、机械设备等生产要素。

④选择施工作业队伍。

⑤进行合理的经济分配。

⑥企业法定代表人授予的其他管理权力。

（3）施工项目经理的利益。项目经理的利益应体现合理激励原则。因此必须有两种利益，即物质利益和精神奖励。为了进行文明建设，应对精神奖励给予充分重视。关于物质利益，项目经理部应根据预算合理计取劳动成本，项目经理应视同企业管理人员正常取费，项目利润应全部上缴企业，对项目人员的奖励可通过由企业以奖励性质返还一部分盈利的方式实现。项目亏损时，按企业规定扣发工资。

关于精神奖励，可采用表扬、奖励、记功、晋级、提职等方式实现。应努力做到以精神奖励为主、物质奖励为辅，这是符合行为科学原理的。

3. 施工项目经理的素质和选拔

（1）施工项目经理的素质。选择什么样的人担任项目经理，取决于两个方面：一是看施工项目的需要，不同的项目需要不同素质的人才；另一方面还要看施工企业具备人选的素质，一般包括政治素质、领导素质、知识素质、实践经验、身体素质等。

（2）施工项目经理的选拔条件。根据《办法》第三章规定，项目经理资质分为一、二、三、四级。其中：

1）一级项目经理。担任过一个一级建筑施工企业资质标准要求的工程项目或两个二级建筑施工企业资质标准要求的工程项目施工管理工作的主要负责人，并已取得国家认可的高级或者中级专业技术职称者。

2）二级项目经理。担任过两个工程项目，其中至少一个为二级建筑施工企业资质标准要求的工程项目施工管理工作的主要负责人，并已取得国家认可的中级或者初级专业技术职称者。

3）三级项目经理。担任过两个工程项目，其中至少一个为三级建筑施工企业资质标准要求的工程项目施工管理工作的主要负责人，并已取得国家认可的中级或初级专业技术职称者。

4）四级项目经理：担任过两个工程项目，其中至少一个为四级建筑施工企业资质标准要求的工程项目施工管理工作的主要负责人，并已取得国家认可的初级专业技术职称者。

（3）项目经理的资质考核和注册。建设部在《办法》第十六条规定，项目经理资质考核主要包括以下内容：

1）申请人的技术职称证书、项目经理培训合格证（复印件）。

2）申请人从事建设工程项目管理工作简历和主要业绩。

3）有关方面对建设工程项目管理水平、完成情况（包括工期、效益、工程质量、施工安全）的评价。

4）其他有关情况。《办法》第十七条规定，项目经理资质考核完成后，由各省、自治区、直辖市建设行政主管部门和国务院各部门认定注册，发给相应等级的项目经理资质证书。其中一级项目经理须报建设部认可后方能发给资质证书。该证书由建设部统一印制，全国通用。《办法》第二十七条规定，已取得项目经理资质证书的，各企业应给予其相应的企业管理人员待遇，并实行项目岗位工资和奖励制度。

本 章 练 习 题

1. 我国工程建设程序包括哪些阶段？
2. 施工项目管理具有哪些特征？
3. 建设工程项目管理有哪些职能？
4. 施工项目管理的内容有哪些？
5. 施工项目经理的职责有哪些？

参 考 文 献

[1] 王崇杰．房屋建筑学［M］．北京：中国建筑工业出版社，2008．

[2] 中华人民共和国国家标准．房屋建筑制图统一标准（GB/T 50001—2001）［S］．北京：中国计划出版社，2007．

[3] 中华人民共和国国家标准．建筑抗震设计规范（GB 50011—2010）［S］．北京：中国建筑工业出版社，2010．

[4] 范文昭．建筑材料［M］．北京：中国建筑工业出版社，2007．

[5] 高琼英．建筑材料［M］．湖北：武汉理工大学出版社，2006．

[6] 刘兵．建筑电气与施工用电［M］．北京：中国电子工业出版社，2006．

[7] 李旭伟．安装施工工艺［M］．北京：高等教育出版社，2003．

[8] 白建红．建设工程材料及施工试验知识问答［M］．北京：中国建筑工业出版社，2008．

[9] 张义琢．安全员专业基础知识［M］．北京：中国建筑工业出版社，2007．

[10] 赵研．建筑识图与构造［M］．北京：中国建筑工业出版社，2003．

[11] 余胜光．建筑施工技术［M］．2版．湖北：武汉理工大学出版社，2008．

[12] 刘仁松．建筑工程施工工艺［M］．2版．重庆：重庆大学出版社，2002．

[13] 姚谨英．建筑施工技术管理实训［M］．北京：高等教育出版社，2007．

[14] 岑欣华．建筑力学与结构基础［M］．北京：中国建筑工业出版社，2004．

[15] 杨太生．砌体结构［M］．2版．湖北：武汉理工大学出版社，2003．

[16] 廖春红．建筑工程测量［M］．2版．湖北：中国地质大学出版社，2007．

[17] 张忠．主体结构工程施工［M］．2版．湖北：中国地质大学出版社，2007．